Das Geographische Seminar

Herausgegeben von
PROF. DR. RAINER DUTTMANN
PROF. DR. RAINER GLAWION
PROF. DR. HERBERT POPP
PROF. DR. RITA SCHNEIDER-SLIWA

BERTHOLD HORNETZ UND RALPH JÄTZOLD

Savannen-, Steppen- und Wüstenzonen

Natur und Mensch in Trockenregionen

westermann

Prof. Dr. Berthold Hornetz (Jg. 1954). Geboren in Mandern. Geographie- und Bodenkunde-Studium in Trier. Reisen bereits als Student nach Indien und Ostafrika. 1983 bis 1984 Gymnasiallehrer in Koblenz, ab 1984 Projektmitarbeiter von Prof. Jätzold für Kenia. Von 1987 bis 1989 Wissenschaftlicher Mitarbeiter des Radicin-Instituts für landwirtschaftliche Bakteriologie in Iserlohn. 1989 bis 1995 Hochschulassistent an der Universität Trier. Ab 1987 eigene Forschungsprojekte in Kenia, vor allem bezüglich der Verbesserung der Landnutzung in semiariden Gebieten. Habilitation darüber 1995, dann Privatdozent und seit 2001 apl. Professor an der Universität Trier.

Prof. Dr. Ralph Jätzold (Jg. 1933). Geboren in Leipzig. Geographie-Studium in Tübingen und Kiel. Forschungen in den halbtrockenen und trockenen Gebieten Afrikas, Nord- und Südamerikas sowie Australiens, größere anwendungsorientierte Projekte in Ostafrika. Reisen in fast alle Savannen-, Steppen- und Wüstenzonen der Erde.
1959 bis 1966 Wissenschaftlicher Mitarbeiter an der TH Karlsruhe und Universität Tübingen. Wissenschaftlicher Rat und Professor für Wirtschaftsgeographie in Heidelberg 1966 bis 1969, Professor für Biogeographie in Saarbrücken 1969 bis 1970, Professor für Kultur- und Regionalgeographie (im Sinne von regionalisierender Geographie) seit Ende 1970 in Trier, emeritiert 1999.

© Westermann Schulbuchverlag GmbH, Braunschweig 2003

1. Auflage 2003
Verlagslektorat: Rainer Aschemeier
Herstellung: Barbara Thomas
Umschlagfoto: R. Jätzold
Druck und Bindung: westermann druck GmbH, Braunschweig

ISBN 3-14-**16 0315**-4

Inhalt

Vorwort 9

Einleitung 11

1. **GEMEINSAME MERKMALE UND NATURRÄUMLICHE WESENSZÜGE SEMIARIDER UND ARIDER ZONEN** 13
1.1 **Klimatische Definition** 13
1.2 **Anpassungen der Pflanzenwelt an Wassermangel** 17
1.2.1 Physiologische Anpassungen 18
1.2.2 Physiognomische Anpassungen 23
1.2.2.1 Blattveränderung bzw. -verlust 23
1.2.2.2 Anpassung durch besondere Wuchsformen 24
1.2.2.3 Wasserspeicherung (Sukkulenz) 25
1.2.3 Indirekte Anpassungen 26
1.3 **Grasland als naturräumliche Gemeinsamkeit halbtrockener Geozonen** 26

2. **TROCKEN- UND DORNSAVANNENZONEN** 28
2.1 **Die Verbreitung der Savannenzonen und ihre klimatischen Ursachen** 28
2.2 **Die Naturraumausstattung** 32
2.2.1 Klimacharakteristik 32
2.2.1.1 Die Klimate der Trockensavannenzone 32
2.2.1.2 Die Klimate der Dornsavannenzone 36
2.2.2 Die natürliche Vegetation 38
2.2.2.1 Die Hauptzonen Trockensavanne und Dornsavanne 38
2.2.2.2 Regionale Vegetationsformationen: Trockenwälder, Dorngehölze und edaphische Grassavannen 42
2.2.2.3 Hygrische und höhenbedingte Subzonen 43
2.2.3 Bio- und wirtschaftsgeographisch wichtige Tiere 45
2.2.4 Zonale Formung des Reliefs und Zonengliederung durch das Relief 47
2.2.4.1 Klimabedingte Reliefbesonderheiten 47
2.2.4.2 Reliefbedingte Regionen 49

2.2.5	Gewässerverhältnisse	52
2.3	**Das Naturraumpotenzial der Savannenzonen im Hinblick auf Nutzungs- und Entwicklungsmöglichkeiten**	**53**
2.3.1	Das ökoklimatische Kulturpflanzen- und Weidepotenzial	53
2.3.1.1	Methodische Ansätze zur Ausweisung von agro- und pastroökologischen Klimazonen	53
2.3.1.2	Die wichtigsten agro- und pastroökologischen Zonen der halbtrockenen und vorherrschend trockenen Savannenzonen	57
2.3.2	Differenzierung des Potenzials durch zonale und azonale/intrazonale Bodentypen	64
2.4.	**Traditionelle Lebens- und Wirtschaftsformen**	**68**
2.4.1	Jäger- und Sammlerkulturen	68
2.4.1.1	Aborigines in Australien	69
2.4.1.2	Buschleute (San) der Kalahari	71
2.4.1.3	Indianische Gruppen im Gran Chaco von Paraguay	74
2.4.2	Nomadismus und Halbnomadismus	75
2.4.2.1	Verbreitung, Formen und bestandsökologische Grundlagen der traditionellen Wanderweidewirtschaft	75
2.4.2.2	Zum Problem der Tragfähigkeit der Weiden	78
2.4.2.3	Nomaden in der Transformation - neuere Entwicklungen und Möglichkeiten	79
2.4.3	Wander- und Wechselfeldbau	82
2.4.4	Agropastoralismus	84
2.4.5	Kleinbäuerliche Daueranbausysteme	88
2.4.6	Zonaltypische traditionelle Haus- und Siedlungsformen in den Savannenzonen	91
2.5	**Überprägungen der Savannenzonen in kolonialer und postkolonialer Zeit**	**94**
2.5.1	Agrarische Pionier- und Großbetriebe: Farmen, Plantagen und Ranchingbetriebe	94
2.5.2	Die Bevölkerungsexplosion und Nutzungsausdehnung	101
2.6	**Junge Veränderungen, heutige Situation und weitere Entwicklung**	**103**
2.6.1	Produktion der einheimischen Kleinbetriebe für den Weltmarkt	103
2.6.2	Agrobusiness	107
2.6.3	Zur Nutzung der Reserveräume und Stabilisierung der Produktion	110
2.6.3.1	Möglichkeiten zur Neudefinition der Trockengrenze	111

2.6.3.2 Nutzungsintensivierung durch angepasste
        Landnutzungsmethoden 114
2.6.3.3 Landnutzungsplanung, Ressourcenmanagement und
        ländliche Regionalentwicklung 118
2.7   **Umwelt- und Erhaltungsprobleme in den Savannenzonen
      und ihre Lösungsmöglichkeiten** 121
2.7.1   Dürren und Dürremanagement 121
2.7.2   Vegetations- und Bodendegradierung bis zur Desertifikation ... 127
2.7.3   Nationalparks und andere Schutzgebiete 133

3.   **STEPPENZONEN** 139
3.1   **Die Verbreitung der Steppenzonen und ihre
      klimatischen Ursachen** 141
3.2   **Die Naturraumausstattung** 143
3.2.1   Klimacharakteristik 143
3.2.1.1 Sommerfeuchte Steppenzonen 143
3.2.1.2 Sommertrockene Steppenzonen 146
3.2.1.3 Steppen- und Steppengehölzregionen ohne
        ausgeprägte Regenzeit 148
3.2.2   Die natürliche Vegetation 148
3.2.2.1 Waldsteppenzone 149
3.2.2.2 Hochgrassteppenzone (Wiesensteppe, Langgras-Prärie,
        Feuchtsteppe) 150
3.2.2.3 Übergangssteppenzone (Mischgras-Prärie) 153
3.2.2.4 Kurzgrassteppenzone (Trockensteppe) 154
3.2.2.5 Wüstensteppenzone 156
3.2.2.6 Azonale Sonderformation: Salzsteppen 157
3.2.2.7 Isolierte Sonderformationen: die Trockenregionen
        Australiens 157
3.2.3   Bio- und wirtschaftsgeographisch wichtige Tiere 159
3.2.4   Zonale Formung des Reliefs und Zonengliederung
        durch das Relief 165
3.2.4.1 Klimabedingte Reliefbesonderheiten und Abtragungsformen ... 165
3.2.4.2 Reliefbedingte Steppenregionen 166
3.2.5   Typische Bodenzonierung 167
3.2.6   Wasserhaushalt und Gewässerverhältnisse 168
3.3   **Das Naturraumpotenzial im Hinblick auf Nutzungs- und
      Entwicklungsmöglichkeiten** 169
3.3.1   Anbauzonen 169
3.3.2   Weidewirtschaftspotenziale 171
3.4   **Traditionelle Lebens- und Wirtschaftsformen** 175

3.4.1	Verdrängte und ausgestorbene spezialisierte Jäger- und Sammlerkulturen	175
3.4.2	Traditionelle Wanderweidewirtschaft	177
3.4.3	Alte bäuerliche Kulturen in den Steppen	178
3.4.4	Zonaltypische traditionelle Wohn- und Siedlungsformen	179
3.5	**Überprägungen der Steppenzonen durch Kolonisation in historischer Zeit**	**181**
3.5.1	Gelenkte Aufsiedelung durch Landverteilung an Bauern	181
3.5.2	Pionier-Kolonisation durch Landnahme	182
3.6	**Jüngere Veränderungen, heutige Situation und weitere Entwicklung**	**189**
3.6.1	Die Konzentration zu Großbetrieben	189
3.6.2	Jüngere Anbauausweitung in die Trockensteppen	190
3.6.3	Veränderungen in ehemaligen Kolonialländern	191
3.6.4	Die Sesshaftwerdung der Nomaden und Wiederkehr des Nomadismus	192
3.6.5	Modernes Ranching	194
3.6.6	Großflächige Bewässerung	196
3.6.7	Heutige Stellung der Steppenregionen in der Weltwirtschaft	197
3.7	**Erhaltungs- und Umweltprobleme in den Steppenzonen und ihre Lösungsmöglichkeiten**	**201**
3.7.1	Bekämpfung von Bodenverlust, Bodenverschlechterung und anderer Potenzialzerstörungen	201
3.7.2	Nationalparks und andere Schutzgebiete	205
3.7.3	Inwertsetzung attraktiver Regionen in den Steppenzonen durch sanften Tourismus	207
4.	**HALBWÜSTEN- UND WÜSTENZONEN**	**209**
4.1	**Die Verbreitung der stark ariden Zonen und ihre klimatischen Ursachen**	**209**
4.1.1	Ursachen und klimagenetische Wüstentypen	210
4.1.2	Klimatische Schwellenwerte für Halbwüsten und Wüsten	211
4.2	**Die Naturraumausstattung**	**213**
4.2.1	Klimacharakteristik der Halbwüsten	213
4.2.2	Klimacharakteristik der Wüsten	213
4.2.3	Die natürliche Vegetation: Biogeographische Halbwüsten- und Wüstensubzonen	218
4.2.3.1	Dornstrauch-Halbwüsten	218
4.2.3.2	Hartlaubstrauch-Halbwüsten	219
4.2.3.3	Rutenstrauch-Halbwüsten	219
4.2.3.4	Schopfbaum-Halbwüsten	220

4.2.3.5 Sukkulenten-Halbwüsten 220
4.2.3.6 Typische Zwergstrauch-Halbwüsten 221
4.2.3.7 Dornpolster-Halbwüsten 222
4.2.3.8 Gras-Halbwüsten 222
4.2.3.9 Nebelpflanzen-Halbwüsten 223
4.2.3.10 Halophyten-Halbwüsten 223
4.2.3.11 Wüstensubzonen nach der Vegetationsverteilung 224
4.2.3.12 Intra- und azonale Wüsten 225
4.2.4 Bio- und wirtschaftsgeographisch wichtige Tiere 225
4.2.5 Zonale Formung des Reliefs und Zonengliederung
       durch das Relief 229
4.2.5.1 Die reliefbedingten Wüstenregionen 229
4.2.5.2 Klimabedingte Reliefbesonderheiten 231
**4.3 Das Naturraumpotenzial im Hinblick auf wirtschaftliche
       Nutzungs- und Entwicklungsmöglichkeiten** 233
4.3.1 Das Weidepotenzial nach pastroökologischen Zonen 233
4.3.2 Differenzierung des Potenzials durch die Bodenverhältnisse 236
4.3.3 Die Wasserverhältnisse für Versorgungs- sowie
      Bewässerungsmöglichkeiten und die Salzgewinnung 238
4.4 Traditionelle Lebens- und Wirtschaftsformen 240
4.4.1 Jäger und Sammler, eine aussterbende Reliktform 240
4.4.2 Wanderweidewirtschaft: Nomadismus und Teilnomadismus ...242
4.4.3 Die traditionelle Oasenkultur 243
4.4.4 Zonaltypische traditionelle Wohn- und Siedlungsformen 246
4.5 Junge Veränderungen und heutige Situation 247
4.5.1. Großranching und kommerzielle Chancen-Beweidung
       in den Halbwüsten 247
4.5.2 Große Bewässerungsprojekte 248
4.5.3 Verkehrserschließung und Wüstentourismus 253
4.5.4 Heutige Stellung in der Weltwirtschaft 255
4.5.5 Azonale Einflüsse durch Lagerstätten 257
4.6 Erhaltungs-, Entwicklungs- und Umweltprobleme 259
4.6.1 Ausdehnung der Wüsten infolge Bevölkerungszunahme
      und Sesshaftwerdung 259
4.6.2 Ansiedlung von Nomaden oder Unterstützung
      ihrer Lebensweise? 260
4.6.3 Wasserkonzentrationsanbau in den Halbwüsten:
      neue Perspektiven für altes Wissen? 263
4.6.4 Störungen durch Übernutzung
      der Wasservorkommen und Versalzung 264
4.6.5 Nationalparks und andere Schutzgebiete 266

4.6.6	Besondere Zukunftschancen durch Nutzung der Sonnenenergie	.269
5.	**AUSBLICK AUF FORSCHUNGSNOTWENDIGKEITEN**	.271
6.	**LITERATUR**	.273
7.	**STICHWORTVERZEICHNIS**	.300

Vorwort

In der von RALPH JÄTZOLD eingeführten und von BERTHOLD HORNETZ weitergeführten mehrsemestrigen Vorlesung über die Geozonen als Grundgerüst der Regionalgeographie war ein Semester den semiariden und ariden Zonen gewidmet. Das Skriptum davon war jeweils schnell vergriffen, so dass ein Druck im Geographischen Seminar mit seiner Reihe über die Zonen der Erde angeraten schien. Diese halbtrockenen und trockenen Zonen waren da noch nicht behandelt, ausgenommen die, zu dem von KLAUS ROTHER verfassten Band über die mediterranen Zonen gehörenden semiariden Subzonen.

Unsere Motivation, sich an der Darstellung der Zonen in der Reihe des Geographischen Seminars zu beteiligen, kommt von unserer Überzeugung der wichtigen Stellung der Zonen im System der Geographie.
Eine Lehre von den Landschaftsgürteln oder, wissenschaftlicher ausgedrückt, Geozonen ist das Grundgerüst der Regionalen Geographie. Darüber gibt LESER (2000, S. 58 f.) eine eindrucksvolle Übersicht. Der Betrachtung von individuellen Raumeinheiten muss eine systematische vorangehen, in der die kausalen und funktionalen Zusammenhänge deutlich werden. Sie beginnt bei den Geozonen, auch Ökozonen genannt (SCHULTZ 1988, 1995, 2000) oder kombiniert ausgedrückt Geoökozonen (MÜLLER-HOHENSTEIN 1989). Diese gliedern sich in Öko-Subzonen und Öko-Regionen (SCHULTZ 2000, S. 10 f.), umfassender ausgedrückt in Geosubzonen bzw. Georegionen, und die Differenzierung endet bei den kleinsten geographisch relevanten Raumeinheiten, den Geotopen, die ihrerseits aus Pedotopen, Biotopen, Urbanotopen usw. zusammengesetzt sind. Es ist die zonierende, regionalisierende und schließlich kleinräumig typisierende Regionalgeographie. Sie ist damit die nomothetische Lehre von den Räumen, die von der Geographie eigentlich vor der ideographischen Beschreibung zu leisten ist. Deshalb kommen sowohl Zonen als Regionen im Titel vor, obwohl in dieser Einführungsdarstellung eine systematische Regionalisierung innerhalb der Zonen nicht am Platze ist, denn sie würde zu einem dicken Handbuch führen. Das muss das

Ergebnis einer größeren Teamarbeit sein, und die Ergebnisse gehören in das Internet. Das Buch *Ecoregions* von BAILEY (1998) ist auch nur eine Einführung in die Zonen.

Man könnte sich aber fragen, ist es im Computerzeitalter, das jederzeit den Zugriff auf ungeheuere Informationsmengen ermöglicht, überhaupt noch sinnvoll, so ein Einführungsbuch zu schreiben? Es ist notwendiger denn je, denn die über das Internet weltweit aufgeladene Unmenge an elektronischer Information erfordert geradezu eine handliche Einführung mit dem Basiswissen als Gerüst, in das die abrufbare Spezialinformation je nach Bedarf eingehängt werden kann. So wird die Fähigkeit zur Auswahl des Wichtigen geschaffen, und aus der Informationsflut kann dann das notwendige Wissensgebäude aufgebaut werden, ohne Gefahr zu laufen, in ihr zu ertrinken.

Die lateinischen Namen bei Tieren und Pflanzen sind der wissenschaftlichen Exaktheit halber eingefügt. Sie gehören nur für naturwissenschaftlich Interessierte zum Basiswissen.

Den Herausgebern, vor allem dem bei der Manuskriptentstehung noch amtierenden PROF. DR. HARTMUT LESER und dem bei der schwierigen Endphase verantwortlichen PROF. DR. RAINER DUTTMANN danken wir für ihr Verständnis für unsere Bemühungen um die zonale Geographie, und dem WESTERMANN VERLAG mit seinem Redakteur REINER JÜNGST sind wir für sein Festhalten an der zonalen Konzeption als einer wichtigen Methode der Geographie sehr verbunden.

Bei der Berechnung der Aridität haben die Studentinnen RENATE KELLER und SONJA SCHILL in dankenswerter Weise geholfen, bei weiteren Hilfsarbeiten haben sich ANDREA GROSS, MEIKE KRÜGER und GUIDO BÜRGER bewährt. Ein Dank gilt auch Frau GERTRUDE KRANZ für die mühsame Schreibarbeit, die durch viele eingefügte Verbesserungen manchmal schon einer Entzifferungskunst gleichkam. Die Zeichner und Kartographen HANS DENKSCHERZ, ERWIN und MARTIN LUTZ haben viel geleistet bei der Visualisierung der Karten und Diagramme, wofür auch ihnen Dank gebührt.

Trier, im Juli 2002   BERTHOLD HORNETZ und RALPH JÄTZOLD

Einleitung

Zonale Umweltgefährdung
Was gehen uns die halbtrockenen und trockenen Geozonen aktuell an? Die Steppenzonen sind die großen zonalen Getreide- und Viehzuchträume der Erde. Sie sind heute in Gefahr, nicht nur direkt durch Übernutzung und unmittelbare Umweltzerstörung, sondern auch indirekt, besonders durch die Klimaveränderung. Eine Erwärmung um 2 °C in 40 Jahren (IPCC 2001) kann eine Verschiebung der Klimazonen um 300 bis 700 km polwärts bedeuten (je nach Ozeanität und Kontinentalität). Die Kornkammern der Erde in den USA und in der Ukraine werden dann zu trocken. Das ist wahrscheinlich das Hauptproblem bei der zonalen Klimaverschiebung durch Erwärmung. Die besten Böden, d.h. die Lösszonen mit den Schwarzerden, fallen dann nicht mehr mit dem günstigsten Getreideklima zusammen. Dieses wird sich auf die teilausgelaugten lessivierten Böden oder gar auf die ganz verarmten Podsolböden verschieben. Damit ist die Weltgetreideversorgung in Gefahr. Durch Düngung lässt sich das nicht voll ausgleichen. Auch die Umweltschäden wären durch soviel Düngung ungeheuerlich.
Die Savannenzonen sind durch Überbevölkerung mit zerstörender Übernutzung bedroht. Dadurch und durch die Klimaänderung werden sich die Wüsten weiter ausweiten, polwärts und in die Sahelzone, welche sich äquatorwärts verlagert. Dadurch wird die marginale Landwirtschaft der Dorn- und Trockensavannenzonen noch ertragsärmer und müsste bei der Bevölkerungszunahme doch mehr erbringen. Klimaschutz ist daher lebensnotwendig. Selbstverständlich ist auch Naturschutz wichtig, denn die Vielfalt von Vegetation und Tierwelt (Biodiversität) in den Steppen und Savannen sind ebenfalls bedroht. Damit einher geht in der Regel der zunehmende Verlust der Agrodiversität, d.h. der Gebrauch traditioneller, angepasster (indigener) Landnutzungsformen, Kulturpflanzen, Viehrassen und Agrartechniken, was den Prozess der Landschaftszerstörung weiter beschleunigt.

Die Zerstörung nicht nur der Tropenwälder, sondern auch der Savannen verändert den Energie- und Wasserkreislauf der Atmosphäre derart, dass außer der Wüstenausbreitung auch unser Klima dadurch trockener und vor allem labiler wird. Geozonen sind vernetzte, große Ökosysteme, also weltweite Ökozonen, für die auch wir die Verantwortung haben. Gras verdunstet noch mehr Wasser als Wald, bis zum 1,6-fachen einer Wasserfläche, während Wald im Schnitt nur 90 % der Wasserflächenverdunstung aufweist! Wegen der Überweidung ist die Verdunstung stark reduziert, anderseits der Abfluss erhöht. Aufgrund der verringerten Verdunstung gelangt weniger Wasserdampf und so auch weniger latente Energie in die Atmosphäre, die dort als Kondensationswärme zum hohen Aufsteigen der Luft erforderlich ist. Diese Verringerung des Auftriebs schwächt den tropischen Kreislauf. Die Innertropische Konvergenzzone wandert deshalb öfters nicht mehr so weit polwärts. Das bewirkt große Dürren, besonders wenn sie kumulieren mit den ohnehin aus anderen Gründen auftretenden, insbesondere den durch die Schwankung der Meeresströmungen verursachten Niederschlagsschwankungen (Abb. 4). Es kommt darauf an, die halbtrockenen Zonen nach Chancen und Risiken der Nutzung zu differenzieren. Das ist nicht nur im Grenzbereich des Anbaus lebensnotwendig, sondern ebenso in der Weidewirtschaft (Abb. 13). Es ist auch für die Erhaltung wichtig, damit z.B. keine Übernutzung in trockenen Jahren stattfindet, die Vegetationszerstörung mit Erosion, Deflation, Denudation und Desertifikation verursacht. Die Sensibilität ihrer Ökosysteme und ihre hohe Gefährdung ist leider ein Kennzeichen der semiariden und ariden Geozonen.

Ausgleichszonen
Schließlich gibt es noch die Funktion dieser offenen Zonen als Ausgleich zu den Ballungsräumen. Die für Anbau zu trockenen Grasland-Subzonen sind neben Halbwüsten, Wüsten, Hochgebirgen und Tundren die letzten großen offenen *Freiräume* der Erde. Danach haben die Menschen aus den dichtbesiedelten oder technisierten Gebieten eine zunehmende Sehnsucht. Unser Unterbewusstsein wird dort angesprochen, der weite Blick und die weidenden Tierherden vermitteln das archaische Gefühl eines guten Lebensraums. Die Umwelt steht dort noch in harmonischem Einvernehmen mit den ererbten Verhaltensweisen, die wir auch Instinkte nennen. Der Mensch ist in den Savannen entstanden. Es lässt sich darauf eine Variante der Sammler- und Jägertheorie aufbauen: Wir haben noch solche ererbten Empfindungen und fühlen uns in den dafür geeigneten Lebensräumen besonders wohl. Aber oft erleben Reisende, die dort ein Freiheitsgefühl und das Abenteuer suchen, eine Enttäuschung, wenn lauter Zäune die Freiheit einengen. Deshalb ist es ein vitales Bedürfnis zu wissen, wo es denn solche Gebiete noch in idealer Form gibt. Waldsteppen- und Steppenzonen sind normalerweise beackert oder in Weideflächen eingezäunt, außer in der Mongolei, wo es kein privates Land gibt. Dort ist das Freiheitsgefühl noch zu finden. In den Savannen hat dagegen die Überbevölkerung das Gefühl freier Räume bis auf wenige Ausnahmen wie Nationalparks reduziert, die aber inzwischen auch schon überreguliert, zu stark besucht und von landhungrigen Anrainern bedroht sind. Manche noch nicht überbesiedelte Nomadenregionen haben aber noch die frühere Atmosphäre. In den Halbwüsten, wo sich Zäune nicht mehr lohnen, fühlt der Mensch sich auch nicht eingeengt, in den Wüsten ohnehin nicht.

1. GEMEINSAME MERKMALE UND NATURRÄUMLICHE WESENSZÜGE

1.1 Klimatische Definition

Eine Definition halbtrockener und trockener Geozonen ist scheinbar sehr leicht: Nach A. PENCK (1910) ist im ariden Klima der Niederschlag geringer als die potenzielle Verdunstung. Davon sind semiaride Gebiete abtrennbar, wo der mittlere Jahresniederschlag größer als die halbe potenzielle Verdunstung ist. Das sind in der vegetationsgeographischen Realität jedoch noch semihumide Gebiete (s.u.).

Auch generell passt so eine Definition nicht, weil es aride und humide Jahreszeiten gibt. Deshalb hat man zunächst Monatsniederschläge zur Bestimmung der Trockenzeit verwendet, insbesondere LAUER (1952) und TROLL (1960) mit dem auf Monatswerte umgestellten Ariditätsindex von DE MARTONNE oder ganz vereinfacht in den Klimadiagrammen von WALTER u. LIETH (1967). Aber abgesehen von der physikalischen und meteorologischen Schwäche solcher Indizes (WEISCHET 1977, S. 152) wird bei ihnen die Verdunstung zu niedrig angenommen, wodurch z.B. das Klima der Pampa als unverständlich feucht erscheint. International hat man sich seit 40 Jahren auf eine semi-empirische Formel zur Berechnung der potenziellen Evaporation und Evapotranspiration, nämlich die von PENMAN (1956), geeinigt. Diese Berechnung ist sogar besser als die Messungen mit Verdunstungspfannen wie z.B. mit der standardisierten Class-A-Pan, denn so wird der Oaseneffekt vermieden. Alle wesentlich die Verdunstung bestimmenden Parameter gehen in die Formel ein: Temperatur, Luftfeuchte, Strahlung und Wind, aber diese sind nur bei wenigen Stationen verfügbar. Eine Interpolation gibt aber immer noch bessere Ergebnisse als eine Berechnung nur mit der Temperatur. Solche Werte sind insbesondere im Frühjahr zu niedrig, weil die Erwärmung der Einstrahlung nachhängt, die der Hauptverdunstungsfaktor ist.

Semiaride bis aride Verhältnisse beginnen jedoch nicht schon, wenn der Niederschlag geringer als die potenzielle Verdunstung wird, denn die meisten Pflanzen können mit viel weniger Wasser auskommen[1], sondern ungefähr erst, wenn das Wasserangebot unter die Hälfte von ihr sinkt. Dementsprechend ist, in angenäherter Definition der mittlere Schwellenwert der Wuchsfeuchte dafür: *Niederschlag = 0,5 der potenziellen Referenz-Evapotranspiration*. Als so eine Bezugsgröße ist die potenzielle Evapotranspiration PET nach PENMAN (1956, Formel auch in LAUER 1995, S. 260) immer noch am geeignetsten. Sie wird mit der Albedo für kurzes grünes Gras = 0,2 berechnet (Wasser hat 0,05). Mit der Definition *Niederschlag größer als 0,5 PET* ermittelt auch die FAO die *growing periods*. Selbstverständlich gibt es bei Pflanzen eine Wasserbedarfskurve, die im

Einzelfall berücksichtigt werden muss. Trotz dieser wünschenswerten Verfeinerungen ist es zunächst für die globale Sicht und Internationalität der Wissenschaft wichtig, die von der FAO und UNESCO (1971-79) entwickelte und noch heute von der UNEP verwendete Definition semiarider und arider Zonen (einschließlich hyperarider Zonen) zu übernehmen, die auf der mittleren Jahresbilanz beruht: *N = 0,2-0,5 PET* ist semiarid, *N = 0,03 – < 0,2 PET* ist arid, *N < 0,03 PET* ist hyperarid, wobei die Mehrzahl der Jahre bereits ohne Niederschlag ist. Zu dieser Gliederung, die im Prinzip auf P. MEIGS (1953) zurückgeht, bekennt sich auch die Trockengebietsspezialistin und UNEP-Beraterin MONIQUE MAINGUET (1999, S. 25). Das System ist gut für das Verständnis der Bodenzonen, aber für Vegetation und Anbau ist eine Gliederung nach Feuchtezeiten aussagekräftiger (Abb. 1, typische Beispielstationen wurden in Tab. 1 u. 2 aufgeführt). Deshalb müsste man zur Definition der semiariden Zonen im geographischen Sinn als halbtrockene Geozonen und gemäß der *growing periods* der FAO ergänzen: In einer semiariden Geozone herrschen in mehr als zwei Monaten bis zur Hälfte der thermisch möglichen Vegetationsperiode semihumide oder humide, sonst überwiegend semiaride oder aride Verhältnisse. In einer *ariden Geozone* ist diese hygrische Vegetationsperiode kürzer als zwei volle Monate, was einen Regenfeldbau normalerweise ausschließt. So definieren auch HEATHCOTE (1983), LAUER und FRANKENBERG (1988) das aride Klima.

Es muss eigentlich bei dieser Definitionsergänzung auch noch eine mittlere Speicherkapazität des Bodens an pflanzenverfügbarem Bodenwasser einkalkuliert werden. Da könnte man für grobe Aussagen den Standardwert der FAO von 100 mm nehmen. Selbstverständlich sind für lokale Untersuchungen die tatsächlichen Werte der gegebenen Böden vorzuziehen. Außerdem gibt es lokalklimatisch höhere Erwärmung und Verdunstung auf trockenen Ökotopen in feuchteren Zonen, z.B. die Trockenrasen bei uns. In topologischer Dimension ist neben Abfluss- und Versickerungsverhalten auch die Wasserrückhaltefähigkeit der Böden wichtig für den Betrag des zur Verfügung stehenden Wassers. Sie ist groß bei Ton, mittel bei Schluff und gering bei Sand. Das ergibt im Verhältnis zur auch vom Salzgehalt der Böden abhängigen Saugspannung der Pflanzen ein komplexes System, das innerhalb einer Zone ein typisches Mosaik hervorruft. In diesem, der Einführung dienenden Buch können diese komplizierten Zusammenhänge nur angedeutet werden. Bei SCHULTZ (1988 oder 1995) ist der ökosystemare Ansatz sehr ausgeprägt und die meiste weiterführende Literatur angegeben.

Nach obiger Definition gehören zu den semiariden Zonen auch die trockeneren Subzonen der *mediterranen Subtropen* dazu. Sie sind aber in dieser Reihe bereits von KLAUS ROTHER (1984) umfassend dargestellt worden, so dass ein Verweis darauf genügt. Die *hyperaride Zone* der von der UN verwendeten Klassifikation wird dagegen hier mitbehandelt, weil sie für die Gesamtbetrachtung der Geozone der Wüsten unentbehrlich ist.

Einführung 15

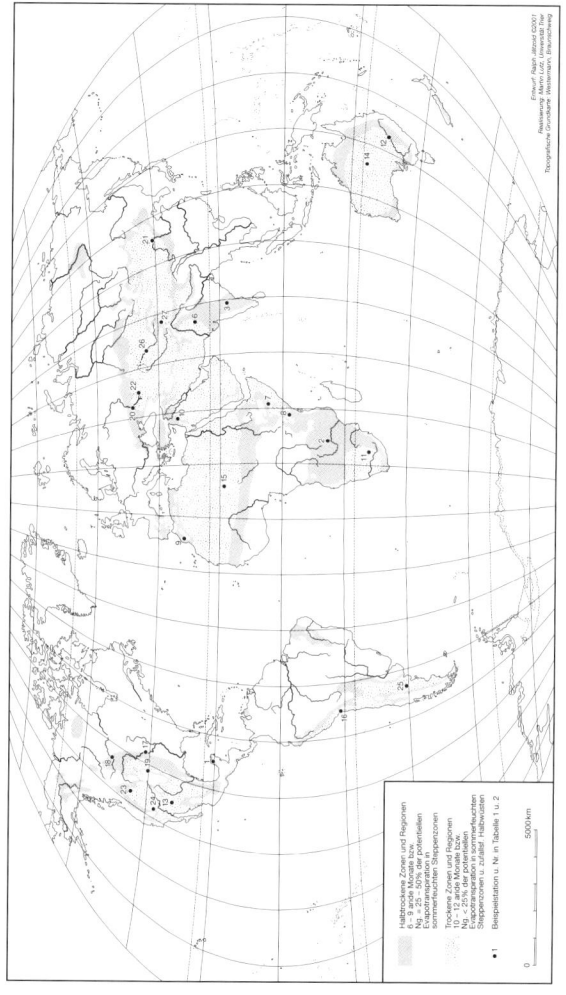

Abb. 1: Die halbtrockenen und trockenen Geozonen

Sie wurden durch den Grenzbereich des Regenfeldanbaus voneinander unterschieden. Zumindest in sommerfeuchten Steppengebieten reicht die Zahl der Monate als alleiniges Kriterium zur Abgrenzung nicht aus (vgl. Tab. 1 u. 2 sowie Abb. 27, 28, 30 u. 32), es muss eine Wasserbilanz zusätzlich berücksichtigt werden. (Entwurf: R. JÄTZOLD, Realisierung: MARTIN LUTZ, Univ. Trier)

Die Beispiele in Tab. 1 und 2 bestätigen die Brauchbarkeit der Methoden aber nur teilweise. Sie zeigen, dass die bisherigen Einteilungen der semiariden und ariden Zonen nach Jahresquotienten von Niederschlag und potenzieller Verdunstung oder nach ariden und humiden Monaten schematische Vereinfachungen für die erforderliche Generalisierung in einer Geozone sind, wobei nur die wichtigsten Faktoren berücksichtigt werden können.

Für den Unterricht gibt die Verwendung von LAUER u. FRANKENBERG (1988, Wandkarte 1989, jüngste Fassung in LAUER 1995) zwar einen anschaulichen Überblick über die Klimazonen, aber sie lässt sich schlecht mit den Trockensavannen- und -steppenzonen parallelisieren, weil Gebiete mit 5 bis 6 humiden Monaten nicht mehr als semiaride Zonen, sondern bereits als subhumide Zonen bezeichnet werden. Diese reichen noch weit in die Waldzone, denn nach dem angewendeten Konzept der *Landschaftsverdunstung* handelt es sich um vollhumide Monate (LAUER, 1995, S. 205). Die weitere Vereinfachung von SIEGMUND (und FRANKENBERG 1999), für didaktische Zwecke die Trockenklimate durch den mittleren Jahresniederschlag von weniger als 300 mm auszugrenzen, ist andererseits zu pauschal, wie Tab. 1 u. 2 zeigen. Es wird für unsere Geozonendarstellung deshalb versucht, mit der Dauer der stärkeren Trockenzeiten, wo die Wasserversorgung unter den halben Optimalbedarf sinkt, die halbtrockenen Zonen auszuweisen.

Tab. 1: Jahresbilanz von Niederschlag und Verdunstung und Dauer humider Jahreszeiten bei typischen Stationen von wärmeren halbtrockenen und trockenen Geozonen

	Mittlerer Jahresniederschlag (mm)	Potentielle Evapotranspir. (mm)[1]	v.Niederschlag gedeckter Teil (N/PET)	semi- u. vollhum. Monate	Mittl. Min. des kält.M. (°C)
In den semiariden äußeren Tropen:					
1. **Merida,** Mexiko (Abb. 5) Trockensav.nahe Feuchtwald	928	1659	0,55	5,7	16,7
2. **Lusaka,** Sambia (Abb. 6) Typ.grasreicher Trockenwald	837	2141	0,39	4,7	10,0
3. **Hyderabad,** Indien (Abb. 12) Trockensav.nahe Dornsavanne	752	2404	0,30	3,6	15,0
4. **Niamey,** Niger (Abb. 11) Grenze Trockensav.-Dornsav.	586	2307	0,25	3,3	14,0
5. **Gao,** Mali (Abb. 10) Dornsav.gegen Halbwüste	395	2768	0,14	1,0	14,0
6. **Jodhpur,** Indien (Abb. 13) Dornsav.gegen Halbwüste	358	2702	0,13	1,0	8,9
In den inneren Tropen:					
7. **Moyale,** Kenia (Abb. 7) Trockensav., verbuscht	705	1958	0,36	4,3	15,0
8. **Voi,** Kenia (Abb. 8) Typ. Dornsavanne	555	2094	0,27	3,3	20,0
In den subtrop. u.warmgemäßigten Steppenzonen:					
9. **Marrakesch,** Marokko Sommertr. Trockensteppe	241	1681	0,16	2,3	7,0
10. **Damaskus,** Syrien (Abb. 34) Sommertr. Trockensteppe	224	1700	0,13	3,7	2,2
11. **Kimberley,** Südafrika Schwach sommerf. Strauchsteppe	431	2253	0,19	0,3	3,0
12. **Bourke,** Australien Zufallsfeuchte Strauchsteppe	348	1150	0,30	4,0	4,4
In den wärmeren Halbwüsten- und Wüstenzonen:					
13. **Phoenix,** Arizona (Abb. 48) Sukkulenten-Halbwüste	184	2155	0,09	0,6	3,9
14. **Alice Springs,** Australien Strauch-Halbwüste (Abb. 49)	252	2032	0,12	0,0	3,9
15. **Bilma,** Niger (Abb. 53) Voll- oder Kernwüste	22	2444	0,01	0,0	7,0
16. **Arica,** Chile (Abb. 54) Extremwüste	0	1649	0,00	0,0	12,2

[1] Berechnet mit der Formel v. PENMAN (1956)

Einführung 17

Tab. 2: Jahresbilanz von Niederschlag und Verdunstung und Dauer humider Jahreszeiten bei typischen Stationen in kälteren halbtrockenen und trockenen Geozonen

	Mittlerer Jahres- niederschlag (mm)	Potentielle Evapotransp.[1] (mm)	v.Niederschlag gedeckter Teil (N/PET)	Therm. Veg.per. (Monate)	davon Mittl. Min. semi- o. d.kält.M. vollhum. (°C)	
In den winterkalten Steppenzonen:						
17. **Omaha,** Nebraska (Abb. 27) Übergangssteppe	700	1303	0,57	7,3	3,6	–10,6
18. **Saskatoon,** Saskatchewan Übergangssteppe	352	869	0,41	5,3	0,0	–23,9
19. **Cheyenne,** Wyoming (Abb. 29) Kurzgrassteppe	375	1129	0,33	6,7	2,0	–9,4
20. **Wolgograd,** Russland (Abb. 38) Kurzgrassteppe	318	1220	0,26	6,7	0,0	–19,0
21. **Baotou,** Inn. Mongolei (Abb. 39) Kurzgrassteppe	304	927	0,31	6,3	1,7	–18,0
22. **Gurjew,** Kasachstan (Abb. 36) Wüstensteppe	164	1349	0,12	6,7	0,0	–11,9
In den kühlgemäß. Steppenzonen:						
23. **Walla walla,** Washington Sommertr. Horstgrassteppe	395	1088	0,36	9,7	3,0	–2,8
24. **Reno,** Nevada (Abb. 33) Sommertr. Zwergstrauchsteppe	180	1234	0,14	8,0	0,0	–6,1
25. **Cipoletti,** Argentinien (Abb. 35) Wüstensteppe	176	1304	0,13	12,0	1,7	1,9
In den winterkalten Halbwüsten- u. Wüstenzonen:						
26. **Kzyl-Orda,** Kasachstan (Abb. 51) Wüste bis Halbwüste	114	1625	0,07	6,7	0,0	–14,0
27. **Kashgar,** Sinkiang, China Wüste bis Halbwüste	86	ca. 1600	0,05	8,7	0,0	–11,1

[1] Berechnet mit der Formel v. PENMAN (1956)

1.2 Anpassungen der Pflanzenwelt an Wassermangel

Etwa 85 bis 90 % der Biomasse (Frischgewicht) in physiologisch aktiven krautigen Pflanzen besteht aus Wasser (TURNER u. KRAMER 1980, S. 1). Verschlechtert sich die Wasserbilanz, d.h. das Verhältnis von Wasseraufnahme zu Wasserabgabe infolge des ausgeprägten Wechsels zwischen Regen- und Trockenzeiten langfristig unter dieses Niveau, kommt es zum Wasserstress.

Als Folge einer negativen Wasserbilanz mit verminderter pflanzlicher Transpiration (damit fehlender Abkühlung der Blattflächen) treten auch Überhitzungserscheinungen auf, die zu Schädigungen von Proteinen und Enzymen im Zytoplasma der Blätter (KINBACHER u. SULLIVAN 1967) führen können (Hitzestress)[2].

Der Einfluss, den Wassermangel und thermische Belastung auf die Funktionen und die Regulationsmechanismen einer Pflanze ausüben, ist vielfältig und hängt von verschiedenen Komponenten wie z.B. Dauer und Intensität des Stressereignisses, physiologischer Konstitution, Entwicklungsphase und -geschichte einer Pflanze ab. Pflanzen können Stressfaktoren beggenen, indem sie entweder vor dem auftretenden Stress „flüchten" oder ihn „ertragen". Flucht in schnelles Wachstum tritt in der Regel bei annuellen krautigen Arten auf, die in der kurzen Phase mit günstigem Bodenwasserangebot (Regenzeiten) ihren Vegetationszyklus bis zur Reproduktion abschließen (*drought escaping plants* nach TURNER u. KRAMER 1980). Zum Ertragen von Wasserstress haben Pflanzen Strategien und Mechanismen zur Stressvermeidung (*dehydration postponement*) oder Stresstoleranzen *(dehydration tolerance)* entwickelt. Pflanzenphysiologen sprechen von „vererbbaren und nicht-vererbbaren" Modifikationen in Struktur und Funktion, nämlich Akklimatisierung und Adaptation (KRAMER 1980, S. 15-17).

Die Anpassungsmechanismen zur Vermeidung bzw. Verzögerung der Dehydration sind vielfältig und treten bei den meisten Trockengebietspflanzen kombiniert auf. Eine Einteilung umfasst deshalb auch viele Übergänge und dient nur der Übersicht. An Trockenheit direkt angepasste Pflanzen werden als *Xerophyten* bezeichnet.

1.2.1 Physiologische Anpassungen

Sie sind trotz ihrer chemisch-physikalischen Abläufe von geographischem Interesse, denn auch durch sie werden besondere Verbreitungssituationen erklärt.

– **Stenohydre Xerophyten** schließen bei Wassermangel ihre Spaltöffnungen (Stomata) für längere Zeit. Da dann auch keine CO_2-Assimilation stattfinden kann, wachsen diese Pflanzen nur langsam und können sich deshalb nur dort behaupten, wo sie nicht unter Konkurrenzdruck stehen.
Die Kontrolle der Stomata als wassersparende Maßnahme gibt es zwar auch bei Pflanzen feuchterer Zonen, aber unter ariden Bedingungen kann der Verschluss total und lang andauernd sein (*water saving plants*). Die Regulation der Schließzellen geschieht über komplexe biochemische Austauschvorgänge, woran in erster Linie K^+-Ionen und das Welkehormon *Abscisinsäure* (ABA) als Antagonisten beteiligt sind (u.a. MOHR u. SCHOPPER 1978, S. 228; STRASBURGER 1978, S. 468-469)[3]. Die Stomata reagieren – pflanzenspezifisch – auf Wasserdefizite vor allen andern Pflanzenteilen und können demnach als „Frühwarnsystem" angesehen werden (LUDLOW 1980, S. 123ff.). Infolge einer osmotischen Adjustierung (s.u.) kann auch die Aktivität der Schließzellen erhöht werden, so dass v.a. gut angepasste Gräser und Sträucher wie das perenne Büffelgras *(Cenchrus ciliaris)* oder der australische Mallee-Strauch *(Eucalyptus socialis)* ihre Stomata erst unterhalb von -3,7 bzw. -4,3 Megapascal (MPa) (LUDLOW 1980, S. 130) öffnen[4].
– **Malakophylle Xerophyten:** Bei ihnen können die Blätter durch Wasserverlust erschlaffen, ohne dass sie absterben, d.h. sie straffen sich bei neuer Wasserzufuhr wieder. Das kann bis zu scheinbar totalem Vertrock-

Einführung

nen führen und einer „Wiederbelebung" bei Regen.
– Auch bei der **Dormanz** geschieht ein Einstellen der Wachstumsvorgänge auf Zeit. Es ist ein „schlafähnlicher" Zustand, z.B. bei Sorghum und Hirsen, um kürzere Trockenperioden zu überwinden.
– Hohe **Zellsaftkonzentrationen** durch Wasserverlust können von vielen, an Trockenheit angepassten Pflanzenarten nicht nur vertragen werden, sondern sie erhöhen auch die osmotische Saugspannung, um dem ausgetrockneten Boden noch etwas Restwasser zu entziehen. Die Erhöhung der Konzentration kann als *osmotische Adjustierung* sogar aktiv erfolgen.

Osmotische Adjustierung

Die meisten der Trockengebietspflanzen besitzen die Eigenschaft, sich bei zunehmendem Wasserstress osmotisch zu adjustieren *(osmotic adjustment)*, indem sie osmotisch wirksame Substanzen in ihren Zellvakuolen (z.B. Mineralsalze, Assimilate) speichern und somit den osmotischen Gradienten zwischen Boden(lösung) und Vakuolenflüssigkeit sowie den Turgordruck aufrechterhalten können. Dadurch kann die stomatäre Aktivität sowie die Transpiration auf einem für die Pflanze günstigen Niveau verbleiben, da trotz Absinken des Blattwasserpotenzials die Wasserversorgung der Pflanzen infolge der Herabsetzung des pflanzenspezifischen *(permanenten) Welkepunktes* (PWP) und der Aufrechterhaltung des Wasserstromes aus dem Boden gewährleistet bleibt (u.a. TURNER u. BEGG 1978; TURNER u. JONES 1980, S. 95; BOKHARI u. TRENT 1985). Auch trockenangepasste Kulturpflanzen wie Sorghum und Hirse sowie bestimmte Leguminosen besitzen solche Strategien; einige scheinen sogar für plötzlich eintretende Stresssituationen „Alarmreserven" an osmotisch wirksamen Bestandteilen in den Vakuolen aufzubauen wie die trockenresistente und schnellwachsende, ursprünglich aus den Trockengebieten Nordwestmexikos stammende Tepary-Bohne *(Phaseolus acutifolius)*: Glucose und Saccharose als Produkte der Photosynthese konnten hierbei in erhöhter Konzentration im Zellsaft festgestellt werden (COYNE u. SERRANO 1963). Dadurch vermag die Pflanze ihren PWP um 22 % herabzusetzen (HORNETZ 1991, S. 202). Allerdings scheint diese besondere Anpassungsfähigkeit der Pflanze auch dafür verantwortlich zu sein, dass das Ertragspotenzial geringer ist als bei anderen ähnlich schnell wachsenden, aber weniger trockenresistenten Vertretern der Phaseolus-Gruppe (z.B. die schnellwüchsige kenianische Varietät *Mwezi moja* der Buschbohne *(Phaseolus vulgaris)* aus dem *Grain Legume Programme* der FAO, GLP 1004; SHISANYA 1996).

– Bei **Halophyten**, den an die in Trockenregionen häufigen salzigen Standorte angepassten Pflanzen, ist ein hoher osmotischer Wert ständig lebensnotwendig, um durch größere Salzkonzentration in der Zelle (im Vergleich zum Boden) noch Wasser aufsaugen zu können. Häufig ist auch eine gewis-

se Wasserspeicherung in den Pflanzen vorhanden, um Zeiten zu hoher Salzkonzentration in austrocknendem Boden zu überstehen (Sukkulenz, vgl. Kap. 1.2.2.3).
- **C4-Pflanzen** nutzen mit einer raschen Kohlenstoffassimilation die kurze Regenzeit besser als die üblichen C3-Pflanzen aus. Die meisten Gräser aus den sommerfeuchten Trockengebieten[5] gehören dazu und zeichnen sich durch hohe Photosyntheseraten aus, die auf einer besonders effektiven CO_2-Verwertung bei hohen Temperaturen beruhen. Die höhere Affinität von CO_2 bei C4-Pflanzen beruht auf folgenden Grundlagen:
a) Im Gegensatz zu den in den mittleren Breiten (und Hochlagen der Tropen und Subtropen) dominierenden C3-Pflanzen wird bei den C4-Pflanzen die Aufnahme und Festlegung von CO_2 einerseits und die Photosynthese (im *Calvin-Zyklus*) andererseits innerhalb der Blattspreiten räumlich (-morphologisch) getrennt. Die CO_2-Fixierung findet in den Mesophyllzellen statt, die Verarbeitung zu Assimilaten jedoch in den nach innen benachbarten Leitbündelscheidenzellen. Beide Zellschichten liegen ringförmig um die Gefäßbündel („Kranz"), in denen die für die Pflanzen lebensnotwendigen Stoffe transportiert werden (Abb. 2).

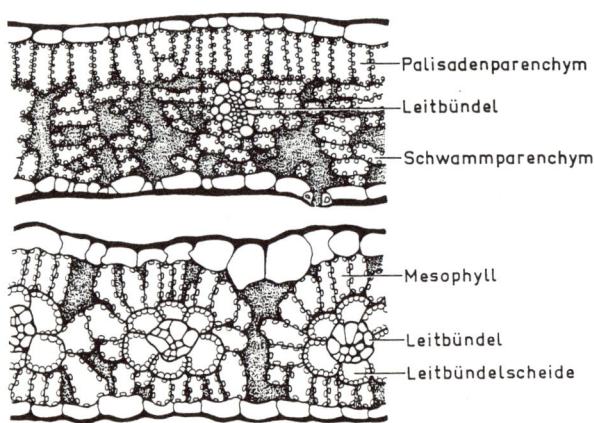

Abb. 2: ***Blattaufbau (Querschnitt) bei typischen C3- und C4-Pflanzen*** *(Nieswurz, Helleborus purpurescens, C3, oben;* Mais, Zea mays, C4, unten). *Quelle:* MOHR u. SCHOPFER *(1978, S. 233)*

C3-Pflanzen besitzen eine zweischichtige, tafelförmige Anordnung des Assimilationsparenchyms und kleine, meist clorophyllfreie Scheidenzellen um die Leitbündel. Bei den C4-Pflanzen ist das ebenfalls zweischichtige Assimilationsparenchym radiär um die Leitbündel angeordnet: Die Leitbündelscheide besteht aus großen Zellen mit auffällig voluminösen Chloroplasten. Dieses röhrenförmige Gewebe ist außen mit locker stehenden, schraubig angeordneten Mesophyllzellen besetzt („Kranztyp").

Einführung 21

b) In den Mesophyllzellen wird als wichtigster CO_2-Akzeptor das Salz der Apfelsäure (einer Dicarbonsäure), *Malat*, synthetisiert. Dies geschieht mit Hilfe von Enzymen, über die das aufgenommene CO_2 in den Mesophyllzellen an *Phosphoenolpyruvat* (PEP) angelagert wird, so dass *Oxalacetat* (OA), das Salz einer weiteren Dicarbonsäure und Vorstufe des Malat, entsteht. Das *Malat* fungiert als „Träger" für das CO_2 und wird in die Leitbündelscheidenzellen eingeschleust, wo es wieder zu *Pyruvat* unter Abgabe von CO_2 umgewandelt wird, welches in den *Calvin-Zyklus* zur Photosynthese eingearbeitet wird; das *Pyruvat* gelangt dann wieder zurück in die Mesophyllzellen, wird zu PEP synthetisiert und kann wieder frisches CO_2 aufnehmen.

Neben *Malat* können auch die aus Dicarbonsäuren entstandenen Salze *Aspartat* und *Oxalacetat* als CO_2-Akzeptoren und –Träger auftreten; auch sie können mit Hilfe von Enzymen regeneriert werden (RICHTER 1982, S. 205-207).

Die Vorteile dieses Metabolismus sind sehr vielfältig (Tab. 3). Die intensive Strahlung und die hohen Temperaturen führen zur optimalen Produktivität über einen hohen Wasserausnutzungsgrad (*Water Use Efficiency*, WUE); nach BOGDAN (1977) liegen beide Werte für den apparenten Photosynthesefluss bei Gräsern im Optimum bei 50-60.000 lux (C3: 15-25.000 lux) und 30-45 °C (C3: 10-25 °C).

Tab. 3: Biochemische und physiologische Unterschiede zwischen C3- und C4-Pflanzen (n. MOHR u. SCHOPFER 1978, S. 231; WHITEMAN 1980 und JONES 1985, beide zit. in HOMRICH 1992, S. 17)

	C4-Pflanzen	C3-Pflanzen
Apparenter Photosynthesefluss	60-120 mg CO^2 dm^{-2} h^{-1}	$<=$30-45 mg $CO2$ dm^{-2} h^{-1}
Lichtsättigung	400-600 W m^{-2}	$<=$200 W m^{-2}
Photorespiration	nicht nachweisbar	7-15 mg $CO2$ dm^{-2} h^{-1}
Temperaturoptimum (für die Photosynthese)	30-45 °C	10-25 °C
Maximale Wachstumsrate	>40 g m^{-2} d^{-1}	<40 g m^{-2} d^{-1}

Eine Photorespiration, d.h. eine O_2-abhängige Behinderung der CO_2-Aufnahme – die bei C3-Pflanzen bis zu 50 % der reellen Photosynthese ausmachen kann –, findet nicht statt.

Als wichtig für die Biomasseproduktion in den Trockengebieten kann damit zwar festgehalten werden, dass infolge dieser effektiven CO_2-Aufnahme selbst bei Trockenstress und damit partiell geschlossenen Stomata immer noch relativ viel CO_2 fixiert und verarbeitet werden kann. Dennoch lässt sich der C4-Metabolismus generell nicht mit einer größeren Stressresistenz oder -toleranz verbinden wie eine Reihe von Untersuchungen zeigen (u.a. LUDLOW 1985, S. 569; LUDLOW 1976, S. 364-386). Das dokumentiert sich ja auch darin, dass gerade die meisten der holzigen Pflanzen in den semiariden und ariden Gebieten (v.a. Bäume wie Akazien, Sträucher und Zwergsträucher) zur C3-Gruppe gehören oder dass Kulturpflanzen wie Mais und Zuckerrohr auf Wasserstress besonders empfindlich im Ertrag reagieren (z.B. DOORENBOS u. KASSAM 1979, S. 102-103/147).

Während C4-Pflanzen auch in feuchteren Regionen des tropischen Tieflandes dominieren (u.a. LUDLOW 1985, S. 559), können thermische Veränderungen die Verbreitung von C3- und C4-Pflanzen in den Tropen erheblich beeinflussen: so zeigen Untersuchungen von JONES (1985, S. 52) auf Hawaii, dass sich das Verhältnis von C3- zu C4-Pflanzen ab etwa 800-1600 m Höhe umkehrt und in den tropischen Höhengebieten fast ausschließlich C3-Spezies vorkommen; ähnliche Beobachtungen gibt es in Ostafrika.

– Wassersparender **CAM-Säurestoffwechsel** *(Crassulacean Acid - Metabolism)*:
Beim CAM-Metabolismus, den man bei einer Reihe von sukkulenten und semisukkulenten Pflanzengattungen (z.B. *Kalanchoe, Sedum, Kleinia, Opuntia, Crassula, Aloe*) beobachten kann, fungiert – ähnlich wie beim C4-Weg – *Malat* als CO_2-Träger. Im Gegensatz zu letzterem allerdings finden CO_2-Aufnahme/-Verarbeitung und Photosynthese zeitlich getrennt statt.
Die Stomata werden nachts – bei kühleren Temperaturen und reduzierter Evapotranspiration – geöffnet, so dass Aufnahme und Bindung von CO_2 an den Akzeptor *Phosphoenolpyruvat* (PEP) ablaufen können. Gleichzeitig wird, enzymatisch unterstützt, das Salz der Apfelsäure, *Malat*, gebildet, wodurch eine starke Ansäuerung der Vakuolenflüssigkeit von ca. pH 6,0 auf 3,5 beobachtet werden kann (Dunkelfixierung von CO_2). Das *Malat* wird in den fleischigen oberirdischen Pflanzenteilen gespeichert. Tagsüber beginnt ein lichtabhängiger Umwandlungsprozess des *Malat*, so dass das CO_2 zur Photosynthese im *Calvin-Zyklus* freiwerden kann; der Abbau des *Malat* zu *Pyruvat* bewirkt eine pH-Wert-Erhöhung im Zellsaft (auf 6,0; diurnaler Säurerhythmus). Mit dem *Pyruvat* und dem PEP stehen wieder CO_2-Akzeptoren zur Verfügung.

Im Gegensatz zum C4-Metabolismus bildet CAM eine echte wassersparende Anpassungsstrategie, denn es werden zur optimalen Produktion lediglich 10 % des Wassers über die nächtliche Transpiration verbraucht, welche eine C3-Pflanze unter ähnlichen Bedingungen benötigt (MOHR u. SCHOPFER 1978, S. 240).

- Einlagerung **ätherischer Öle** als Verdunstungs- und Fraßschutz.

Einführung 23

1.2.2 Physiognomische Anpassungen

Die Anpassung kann auf sehr unterschiedliche Weise erfolgen. Das ist vielfach und ausführlich von botanischer Seite beschrieben worden, hier kann nur ein Überblick über die rund 20 Formen gegeben werden.

1.2.2.1 Blattveränderung bzw. -verlust
- Die reversible **Verringerung der transpirationsaktiven Blattflächen** bildet eines der häufigsten morphologischen Reaktionsmuster von Trockengebietspflanzen. Hierzu gehören der Wechsel der Blattorientierung (z.B. *Parahelionastie*)[6] und des Blattstellungswinkels. Bei Gräsern ist die Einrollbewegung der Blattspreiten *(leaf enrolling)* ein Phänomen zur Reduzierung der photosynthetisch aktiven Gewebsteile. Die Bestimmung der Reduzierung geschieht über den Einrollindex *(rolling index*, RI). Das Ziel der phytodynamischen Mechanismen besteht in einer Herabsetzung der aufgenommenen Strahlungsenergie sowie der Blatttemperaturen; dabei kann die Transpiration von Gräsern bis zu 50-70 % verringert werden (OPPENHEIMER 1960, zit. in BEGG 1980, S. 39). Der Einrollindex unterliegt je nach Intensität des Wassermangels kleineren oder größeren diurnalen Schwankungen.
- **Abwurf des Laubs** in der trockenen Jahreszeit. Das ist besonders in den Tropen der Fall, weil die feuchte Jahreszeit auch warm genug für den Wuchs ist. Wenn die Trockenzeit sehr lang dauert (über 9 Monate), können grüne Rinden die Aufgabe der Blätter zur Kohlehydratbildung übernehmen **(Stammassimilation)**, z.B. beim *Palo verde* (Grünholz, *Cercidium spec.*) der mexikanischen Trockengebiete und Arizonas. Vorzeitiges Abreifen ist ein weiteres Mittel, um mit einer sehr kurzen Regenzeit auszukommen.
- **Filzblättrigkeit:** Dichte Behaarung schützt vor Einstrahlung auf den Blattoberflächen und vor transpirationssteigernder Luftbewegung um die Spaltöffnungen auf den Blattunterseiten.
- **Überzüge** der Blätter aus wachsartigen Substanzen als Verdunstungsschutz sind häufig.
- **Verdickung der Zellwände**, besonders an der Außenhaut (*Cuticula*) der Blätter: **Sklerophyllie**. Dadurch wird die Wasserabgabe reduziert und durch Stützgewebe ein Welken mit Zusammenfallen verhindert. Die Beispiele reichen von den hartlaubigen immergrünen Steineichen (*Quercus ilex*) der Mittelmeerzone bis zum kleinblättrigen Creosotbush (*Larrea tridentata*) der Trockensteppen im Südwesten Nordamerikas. Aber auch mehrjährige (perennierende) Gräser können einen harten, sklerophytischen Wuchs aufweisen.
- Die **Kleinblättrigkeit (Mikrophyllie)** ist eine andere typische Anpassung an den Wassermangel durch Reduzierung der verdunstenden Pflanzenteile, also besonders der Blätter. Das kann wie beim Creosotbush auch mit Hart

blättrigkeit kombiniert sein. Durch den so stark reduzierten Wasserverbrauch wird aber auch die Wuchsleistung sehr gering. Um von konkurrierenden Pflanzen während besseren Wasserangebots nicht überwuchert zu werden, gibt der Creosotbush wie viele andere Skleromikrophyten Wuchshemmer (*Inhibitoren*) für andere Pflanzen in den Boden ab.
– Die Blätter können bis zur **Laublosigkeit (Aphyllie)** reduziert sein. Grüne Sprossen übernehmen die Assimilation.
– Die **Fiederblättrigkeit** ist ein anderer Weg der Blattreduzierung, indem die Fläche zwischen den Blattnerven verringert wird, z.b. bei vielen Akazienarten. Während der heißesten Zeit des Tages können die Fiederblätter eingefaltet werden, um die Unterseiten mit den Spaltöffnungen gegenseitig zuzudecken.
– **Strangblättrigkeit:** Die Blattflächen sind nahezu völlig reduziert bis auf die Blattnerven und die Stiele (Bild 23), die als grüne Stränge die Assimilation aufrechterhalten. Die Pflanzen oder bei Bäumen einzelne Pflanzenzweige wirken dadurch rutenförmig. SCHMITHÜSEN (1968, S. 59) nennt es die *Tamariskenform* nach der Tamariske (*Tamarix gallica*). Sind die Stränge etwas abgeflacht, werden sie *Phyllokladien* genannt.

1.2.2.2 Anpassung durch besondere Wuchsformen
– Eine kleine, aber wirksame Form sind **Dornen**. Um vom relativ dichten Tierbestand ausgehende, lebensbedrohende Fraßschäden abzuwehren, die bei dem geringen Wasserangebot nicht durch schnelles Wachstum ausgeglichen werden können, haben manche Pflanzen Dornen entwickelt. Das passt genetisch zu der Reduktionstendenz, indem Sprosse zu Sprossdornen reduziert werden. Seltener sind Blattdornen, noch seltener welche auf der Rinde (um Klettertiere abzuhalten).
– **Schirmkronen** beschatten den Boden, so dass der Wasserverlust aus ihm oder ihn bedeckenden Pflanzen verringert wird.
– **Trichterförmige Büsche** leiten das auf die Zweige fallende Wasser zur Hauptwurzel, so dass es nicht als Interzeption verlorengeht, sondern an wichtiger Stelle angereichert wird *(funnelling effect)*.
Diese interessante morphologische Anpassung zeigen bestimmte Strauchakazien (z.B. die in der afrikanischen Dornsavannen-/-gehölzzone verbreitete *Acacia reficiens*) oder Zwergsträucher wie *Indigofera spinosa*, deren oberirdische Triebe trichterförmig ausgebildet sind, so dass bei Niederschlagsereignissen das Regenwasser an den Zweigen, Ästen und schließlich am Stamm zusammenfließen kann, um so in konzentrierter Form in den Boden zu gelangen; dort kann es entlang der Wurzelgänge einsickern: Messungen in Nordkenia erbrachten z.B., dass unter dem Zwergstrauch *Indigofera spinosa* nach Niederschlagsereignissen die Bodenfeuchte im Wurzelraum (bis in den Unterboden) um durchschnittlich 60 % gegenüber den umliegenden Bodenschichten erhöht war (HORNETZ et al. 1992, S. 78).

Einführung

- **Zwergwuchs** reduziert die Verdunstungsflächen (Bild 27).
- Bei **Horstgräsern** schützen die äußeren, zur Trockenzeit welkenden Blätter die jungen Triebe im Innern des dichten Horstes vor Vertrocknung.
- **Polsterwuchs** ist eine Anpassung in windreichen semiariden Zonen wie in Ostpatagonien. Bei *sklerophytischem* Wuchs von Gräsern können **Igelpolster** entstehen wie bei den *Spinifex*-Arten in Australien (*Triodia* und *Plectrachne spec.*, Bild 28).
- **Lange Seitenwurzeln** sichern ein großes Wassereinzugsgebiet. Allein deswegen haben Bäume im semiariden Grasland viel Abstand voneinander.
- **Tiefe Hauptwurzeln** holen Wasserreserven herauf. Bei *Acacia mearnsii* reichen sie z.B. bis in 6 m Tiefe (NEW 1984, S. 41).

Generell streben viele Pflanzen bei knappem Wasserangebot ein günstiges Verhältnis von wasseraufnehmenden Wurzeln, *roots* = R) zu abgebenden oberirdischen Pflanzenteilen (Blättern, *leaves* = L) an, weshalb man zur Kennzeichnung einen *L:R-Quotienten* bilden kann[7].

1.2.2.3 Wasserspeicherung (Sukkulenz)
Sie erfordert ebenfalls besondere Wuchsformen, aber sie geht so spezifische Wege, dass ein eigenes Unterkapitel mehr Übersicht bringt. Allgemein kennzeichnend für die Sukkulenten ist ein Speichergewebe, mit dem sie in den Regenzeiten oder bei aperiodischen Regenfällen Wasser aufnehmen können. Die Speicherung kann in den Blättern, in den Sprossen, im Stamm oder in der Wurzel erfolgen. *Sukkulenz* beginnt schon in der Trockensavannenzone bzw. in den Trockenwäldern und ist nicht nur auf die Halbwüste beschränkt. In winterkalten Steppen ist sie dagegen naturgemäß selten.

– **Blattsukkulenten** haben verdickte Blätter. Sie sind gegen Verdunstung meistens noch durch eine ledrige Oberfläche oder/und einen Wachsüberzug geschützt. Besonders entwickelt ist diese *Sukkulenz* bei einkeimblättrigen Pflanzen wie Agaven in der Neuen Welt oder Aloën in Afrika – ein Fall von Konvergenz: ähnliche Formen entstehen bei unterschiedlichen Pflanzenfamilien durch ähnliche Umweltbedingungen. – Es können auch nur dicke wasserspeichernde Keimblätter vorhanden sein wie bei den „Kieselsteinpflanzen" in der Karroo.
– **Sprosssukkulenten** speichern in den Sprossen. Häufig sind sie blattlos. Die Sprossen sind grün und können, wie bei Opuntien in die Breite wachsen, um durch eine größere Fläche stärker die Assimilationsaufgabe der Blätter übernehmen zu können.
– **Stammsukkulenten** sind am häufigsten. Es kann ein verdickter Stamm sein wie bei Flaschenbäumen in Südamerika oder beim Affenbrotbaum *(Adansonia digitata)* in Afrika (Bild 3), oder es sind Stamm und Äste (Sprosse) *sukkulent* wie beim Säulenkaktus *(Cereus giganteus)* in Amerika oder der Kandelabereuphorbie *(Euphorbia candelabrum)* in Afrika,

wiederum eine Konvergenz. Der Stamm kann sogar bis zu einer Kugel reduziert sein (Kugel-Kaktus).
– **Wurzelsukkulenz** ist vorhanden bei rübenartigen Verdickungen (z.B. bei *Buffalo gourds, Cucurbita foetidissima,* in Arizona) oder bei Wurzelknollen (typisch bei *Marama beans, Tylosema esculentum,* in der Kalahari, HORNETZ 1993, oder bei der Rankepflanze *Vatovea pseudolablab* in Nordkenia, SIGMUND u. LENTES 1999, S. 98). Besonders ausgeprägt ist sie bei den bis zu metergroßen, außen verholzten Wurzelverdickungen, den *Xylopodien,* die z.B. für die in Gruppen daraus wachsenden niedrigen Bäume der australischen Mallee *(Eucalyptus socialis)* typisch sind.

1.2.3 Indirekte Anpassungen

– **Kurzzyklischheit:** Mit schnellem Wachsen, Blühen und Fruchten versuchen manche Pflanzen, trotz baldigen Vertrocknens, als Art zu überleben *(drought escaping plants).* Das trifft aber weniger für die semiariden Graslandzonen, sondern mehr für viele annuelle Pflanzen derjenigen Halbwüsten zu, die durch zwar sehr kurze, aber prägnante Regenzeiten gekennzeichnet sind. Die Blätter sind meist *hygrophytisch*, um einen wachstumsgünstigen, raschen Durchsatz des Wassers zu erreichen. Eine Kürbisgattung *(Coloquinthus sp.)* ist z.B. auf diese Weise an das Halbwüstenklima angepasst, und ihre Samen überleben in der hartschaligen, die Feuchte haltenden Frucht, was rasches Auskeimen in der nächsten Regenzeit ermöglicht.
Aber auch die annuellen Gräser, die in den Dornsavannen, Wüstensteppen und Halbwüsten vorkommen, gehören ebenfalls in die Gruppe der durch *Kurzzyklischheit* angepassten Pflanzen. Es gibt jedoch trotz extrem kurzer Regenzeit in der Sahelzone bis Nordkenia auch eine perennierende Grasart, *Leptothrium senegalense*, die durch einen sehr kurzen Zyklus von Neuaustrieb, Blühen und Versamen ihr Überleben sichert (KEYA 1998).
– **Ephemere Pflanzen** kommen mit einem kräftigen Regenguss für einen sehr kurzen und trotzdem ganzen Lebenszyklus aus, indem sie sehr schnell wachsen, aber klein bleiben, um baldigst zu blühen und Samen bilden zu können. Es ist also eine extreme *Kurzzyklischheit* als Anpassung an das Wüstenklima mit episodischem Regen.

1.3 Grasland als naturräumliche Gemeinsamkeit halbtrockener Geozonen

Steht Wasser nur kurzzeitig zur Verfügung, kann Gras im Konkurrenzkampf mit den Holzgewächsen sich den Vorrang sichern. Mit seinem fein verzweig-

Einführung 27

ten Wurzelsystem und seiner hohen, bis zum 1,6-fachen der Wasserfläche betragenden Verdunstungskapazität braucht es das Niederschlagswasser weitgehend auf, ehe es zu den Baumwurzeln durchsickert. Das geht aber nur, wenn die humide Zeit nicht zu intensiv ist, mit der thermischen Hauptvegetationsphase des Grases zusammenfällt und die Böden feinkörnig sind. Sind die Bedingungen nicht so grasgünstig, können auch Holzgewächse durchkommen. Das führt zu baum- und strauchdurchsetzten *Savannen* bis grasdurchsetzten Trockenwäldern und Gehölzen. In der trockeneren Subzone der Dornensavanenzone kommt perennierendes Gras auch im ariden Klima vor.

Bei Grasländern außerhalb der Tropen spricht man von *Steppen*, weil der Baumanteil normalerweise geringer ist. Er ist in den Waldsteppen mehr inselhaft oder spiegelt ein Standortmosaik wider. Der Strauchanteil kann in wärmeren Trockensteppen beachtlich werden. Zwergsträucher dominieren in vielen Wüstensteppen, die arides Klima haben.

Aber Sträucher können auch in den *Savannen* auf steinigen Böden vorherrschen, desgleichen wenn durch Überweidung das perennierende Gras ausgerottet wurde und Verbuschung eintrat (Kap. 2.6.1). Andererseits können durch Blitze ausgelöste Feuer oder anthropogene Brände die Ausweitung des Graslandes begünstigen, so dass es sich auch in feuchteren Zonen ausbreitet wie in der Feuchtsavanne, wo die Brennhitze des übermannshohen Grases besonders vernichtend auf junge Sträucher und Bäume wirkt.

---

[1] Mesophytische (weder trockenheitsangepasste noch feuchtigkeitsorientierte) Pflanzen brauchen etwa nur die Hälfte.

[2] Hitzestress kann auch bei Pflanzen auftreten, die aus kühleren und feuchteren Regionen in heisse Trockengebiete einwandern bzw. übertragen werden, was besonders bei Kulturpflanzen erhebliche Ertragseinbußen hervorrufen kann (HORNETZ 1997).

[3] K^+ scheint für die Öffnung der Zellen verantwortlich zu sein, während ABA die Ionenpumpe in den Stomata und damit den Zustrom von K+ blockiert, was ein Öffnen der Stomata verhindert.

[4] Werte von gestressten Pflanzen unter Feldversuchsbedingungen.

[5] Dazu gehören fast alle panicoiden und chloridoid-eragrostoiden Gräser, alle *Amaranthaceen*, manche *Chenopodiaceen*, *Euphorbiaceen* und *Portulaceen* (MOHR u. SCHOPFER 1978, S. 230), aber auch Kulturpflanzen wie Mais, Sorghum, Hirse und Zuckerrohr.

[6] *Parahelionastie* wird wahrscheinlich durch das Einspeisen von *Turgorinstoffen* (= Signalstoffe der Phytodynamik) in die Blattgelenke hervorgerufen (SCHILDKNECHT 1986).

[7] Einen günstigen *L:R-Quotienten* weist z.B. das Büffelgras (*Cenchrus ciliaris*) mit ca. 0,7-0,8 auf; weniger günstig - da in humideren Gebieten verbreitet - ist das Verhältnis beim Elefantengras (*Panicum maximum*) mit ca. 1,9 - 2,5 (TAERUM 1970, S. 101).

2. TROCKEN- UND DORNSAVANNEN-ZONEN

Hierzu zählen die halbtrockenen und vorherrschend trockenen Zonen der Tropen (z.T. auch der Subtropen) mit mehr oder weniger dicht von Bäumen und Sträuchern durchsetztem Grasland. Die hier vorgenommene Zusammenfassung von Trocken- und Dornsavannenzone (einschließlich ihrer gehölzreichen Varianten, den Trocken- und Dornwäldern/-gehölzen) weicht zwar von den meisten bisher vorliegenden Ansätzen ab, v.a. von SCHULTZ (1988, 1995), – der die Trockensavannen zu den sommerfeuchten Tropen und die Dornsavannen zu den tropisch/subtropischen Trockengebieten zählt. Für unsere, auch von dem Biogeographen MÜLLER-HOHENSTEIN (1981) gewählte Einteilung gibt es mehrere Gründe:
a) Die vielen oben aufgeführten physiologischen und physiognomischen Gemeinsamkeiten der Flora, die v.a. durch Anpassungsmechanismen an die jahreszeitlich überwiegende Trockenheit sowie die hohe annuelle und saisonale Variabilität der Niederschläge geprägt werden;
b) die Ähnlichkeiten in der Landnutzung: Die gegenüber den tropisch humiden Zonen aufgrund der geringeren chemischen Verwitterung relativ nährstoffreichen, *fersialitischen* Böden (MÜLLER-HOHENSTEIN 1981, S. 91) erlauben vielerorts einen sesshaften Anbau als beim Wanderfeldbau auf ausgelaugten Böden der humiden und semihumiden Tropen. Im Grasland spielen auch unterschiedliche Varianten der extensiven Weidewirtschaft eine wichtige Rolle.
c) In den Trocken- und Dornsavannen findet man aufgrund des Wildreichtums die meisten und flächenmäßig größten der tropischen Großschutzgebiete.
d) Regionales Vorhandensein potenzieller Reserveflächen für die agrarische Inwertsetzung und zur Aufnahme von Überschussbevölkerung aus den agrarischen Governsträumen der humiden Klimazonen;
e) das in diesen Gebieten besonders hohe Gefährdungspotenzial durch Dürren und Landschaftszerstörung (Vegetations- und Bodendegradierung) bis hin zur Desertifikation infolge des komplexen Zusammenwirkens natürlicher und anthropogener Faktoren (MENSCHING 1990 u. BEESE 1997).

2.1 Die Verbreitung der Savannenzonen und ihre klimatischen Ursachen

Die Trocken- und Dornsavannenzonen liegen zwischen den polwärts anschließenden Halbwüsten und Wüsten sowie der äquatorwärts angrenzenden Feuchtsavannenzone. In dieser herrschen jedoch klimatisch weitgehend

Feuchtwälder vor, soweit nicht auf wasserstauenden oder armen Böden und/oder durch Feuer Gräser dominieren (U. SCHOLZ 1998).

Abb. 3: Die Verbreitung der Savannenzonen einschließlich ihrer Varianten

Halbtrocken ist die Trocken- und vorherrschend trocken die Dornsavannenzone. Letztere geht z.T. weit über die Tropen hinaus, weshalb sie dort von manchen Autoren als Strauchsteppe bezeichnet wird. (Entwurf: R. JÄTZOLD, nach versch. Quellen, verändert; Realisierung M. LUTZ)

Die **Trockensavannenzone** erstreckt sich zonal von ca. 12 bis 18° Breite beiderseits des Äquators. Intrazonal im Passatluv auf den Ostseiten der Kontinente gehen diese Zonen bis zur Tropengrenze im Bereich der Wendekreise, in Ostaustralien etwas darüber hinaus (Abb. 3).

Als grasreiche Variante findet man die Trockensavanne als breitenkreisparallelen Streifen ausgeprägt in der Sudanzone in Afrika, südlich an die Dornsavannen der Sahelzone angrenzend; inselhafte Vorkommen gibt es v.a. in Ostafrika und Australien. Trockenwälder dominieren als *Miombowälder* im südöstlichen und südlichen Zentralafrika (v.a. Sambia, Simbabwe, Malawi, Nordwestmosambik) sowie im westlichen Tansania, als *Mopanewälder* im nördlichen Süd- und Südwestafrika (v.a Angola, Nordnamibia), in den Hochländern Nordostafrikas, als *Eucalyptus-Trockenwälder* in Nordaustralien, im östlichen Gran Chaco von Paraguay, in Nordostbrasilien, in Teilen Südmexikos, auf der Halbinsel Yucatan, in Nordvenezuela. Große Teile des indischen Subkontinentes waren ursprünglich mit Trockenwäldern bedeckt, infolge der intensiven agrarischen Inwertsetzung findet man heute jedoch nur noch inselhafte Relikte, vor allem in Schutzgebieten (so z.B. im *Gir Forest* auf der Halbinsel Kathiawar an der Grenze zu Pakistan oder im *Jim Corbett National Park* im Himalaya-Vorland).

Die **Dornsavannenzone** liegt auf der Nordhalbkugel normalerweise zwischen 14-17° Breite, auf der feuchteren Südhalbkugel zwischen 19-22° Breite. In Leelagen oder im Inneren der Kontinente kann sie viel weiter polwärts reichen, auf passatischen Luvseiten (v.a. an den Ostseiten der Kontinente) allerdings auch fehlen. Eine Besonderheit bildet ihre Verbreitung in den äquatorialen und äquatornahen Breiten Ostafrikas und Ostbrasiliens infolge Regenschattens und Strömungsdivergenz. Im einzelnen gehören zu diesem Zonenkomplex:

- die Sahelzone bis Somalia und Ostkenia; im Ostafrikanischen Graben und den Leegebieten der Riesenvulkane (v.a. Mt. Kilimanjaro) über die Serengeti und das Maasailand bis Südtansania reichend;
- die Kalahari (außer dem halbwüstenhaften südwestlichen Teil);
- die Regenschattengebiete Südwestmadagaskars;
- in Indien das Gebiet um die Tharr Desert und das zentrale Dekkan-Hochland;
- die Trockengebiete Nordmexikos und der südwestlichen USA sowie die Regenschattengebiete Südmexikos;
- der äußerste Norden von Venezuela an der Bucht von Maracaibo;
- in Peru der Übergangssaum zwischen Küstenwüste und Anden sowie in Nordperu das schmale Gebiet, das an die Halbwüsten und Wüsten grenzt;
- die Caatinga (*„weißer Wald"* wegen der assimilierenden weiß-grünlichen Stämme) im brasilianischen Nordosten (*Sertão*);
- der mittlere und westliche Teil des Gran Chaco in Paraguay;
- das südliche Nordaustralien und im Regenschatten der *Dividing Range* in Ostaustralien.

Thermisch reicht die Dornsavannenzone (zu einem geringen Teil auch die Trockensavannenzone) v.a. im nördlichen Mittelamerika, Südafrika, Australien und auf dem indischen Subkontinent teilweise weit über die von WISSMANN (1948) als absolute Frostgrenze definierte Tropengrenze in die Subtropen hinein (Abb. 3). Obwohl dort bereits Fröste in den entsprechenden Winterhalbjahren auftreten können, kommt es jedoch nicht zu wesentlichen Veränderungen in der floristischen Zusammensetzung der Vegetationsformationen, da die kühle Jahreszeit mit den Phasen der Vegetationsruhe, d.h. mit dem Höhepunkt der Trockenzeit zusammenfällt (auch SCHULTZ 1988, S. 378). Dadurch bleiben die phänologischen und physiologischen Prozesse der Pflanzen unbeeinflusst.

Die Trocken- und Dornsavannenzonen sind soweit vom Äquator entfernt, dass im Sommer die *Innertropische Konvergenzzone* (ITC) nur noch kurzzeitig dort liegt und damit die Regenzeit in der Regel lediglich 2 bis 6 Monate dauert; die Jahreswasserbilanz ist daher semiarid (bis arid). Neben den äquatorfernen Gebieten mit unimodaler Niederschlagsverteilung findet man auch in der Nähe des Äquators, d.h. in dortigen Leegebieten (v.a. in Ostafrika und Nordostbrasilien) semiaride Regionen. Entsprechend den *Äquinoktien* gibt es dort 2 kurze humide Jahreszeiten, da nach dem Durchzug der ITC keine Niederschläge mehr fallen. Die Ursachen für diese Anomalien sind komplexer Natur und stehen häufig im Zusammenhang mit morphologischen und regionalklimatischen Besonderheiten. Dies lässt sich für die Trockenregionen Ostafrikas folgendermaßen aufzeigen (PAULY 1993; FARMER 1981; NIEUWOLT 1978; FLOHN 1965):

– Infolge der ausgedehnten Grabenbruchtektonik im Bereich des Zentral- und Ostafrikanischen Grabens haben sich mächtige, meridional verlaufende Hochländer an den Grabenschultern gebildet, die eine Luftmassenzufuhr aus den Regenwaldgebieten des westlich benachbarten Kongobeckens weitgehend abschirmen (Unterbrechung der tropischen Westwindzone).

– Ein Teil der vom Indischen Ozean kommenden, niederschlagsbringenden Südost-Passate muss – bevor sie den afrikanischen Kontinent erreichen – die Gebirgsketten Madagaskars überwinden, wo sie schon einen großen Teil ihrer Feuchtigkeit verlieren.

– Während der beiden Trockenzeiten (Juli-September, Januar-März) bekommen die Passate im Nordsommer einmal infolge der Ablenkung in Richtung des ausgeprägten Tiefdruckgebietes auf dem asiatischen Kontinent (der Südost-Passat wird zum Südwest-Monsun), im Südsommer zum Hitzetief des südlichen Afrika (Nordost-Passat), eine küstenparallele, fast meridionale Komponente, deren trockene Luft konvergente Prozesse mit Niederschlagsbildung weitgehend verhindert.

– Die Wurzelzone des Nordost-Passats liegt in den Wüstenregionen der Arabischen Halbinsel; die trockenen Luftmassen überströmen das Äthiopische

Hochland, an dessen Nordostflanke sie ihre Restfeuchtigkeit verlieren, und erreichen die Ebenen Kenias und Tansanias als trockene Fallwinde.
- Über den Hochländern von Kenia, Tansania und Äthiopien bilden sich flache Hitzetiefs (hochgehobene Heizflächen!), die zwar dort unmittelbar Niederschläge, aber auch Divergenzen in der unteren Troposphäre über den weiten Ebenen Ostafrikas erzeugen können.
- Während des Nordsommers sind die Windgeschwindigkeiten an der ostafrikanischen Küste besonders hoch, so dass kühles Tiefenwasser aufquellen kann (*coastal upwelling*), das die darüberliegenden Luftschichten abkühlt, stabilisiert und konvergente Dynamik verhindert.
- Infolge eines Hitzetiefs über den Sudd-Sümpfen des Südsudan werden Teile des Nordost- und Südost-Passats nahezu ganzjährig durch den *Turkana Channel* (sich am Turkana-See verengender Durchgang zwischen dem kenianischen und äthiopischen Hochland) abgezweigt und abgesogen. Es kommt infolge der morphologischen Situation (Verengung) zu einer Verstärkung der Windgeschwindigkeit und damit zu Divergenzen in der unteren Troposphäre (Phänomen des *Turkana Channel Jet*: ASNANI u. KINUTHIA 1986).

Neuere Untersuchungen (v.a. OGALLO 1988; WILLEMS 1993) haben ergeben, dass das *El-Niño*-Phänomen die aufgezeigten Prozesse und damit die Ausprägung der Regenzeiten im semiariden Kenya positiv beeinflussen kann, aber dass in *AntiENSO-Regenzeiten*[8] dort mit erheblichen Einschränkungen in der Niederschlagsentwicklung zu rechnen ist. In *ENSO*-Jahren ist es dagegen trockener in SE-Afrika, N-Australien und NE-Brasilien, feuchter im S-Sudan, E-Mexiko, N-Peru und SE-Südamerika (Abb. 4 und ISMAIL 1987, TRENBERTH 1991).

2.2 Die Naturraumausstattung

2.2.1 Klimacharakteristik

2.2.1.1 Die Klimate der Trockensavannenzone

Die Jahreswasserbilanz in der Trockensavannenzone, berechnet aus dem Verhältnis von mittlerem Jahresniederschlag zu potenzieller Evaporation (E_0) bzw. potenzieller Evapotranspiration (PET bzw. ET_0), ist semiarid; d.h. der Niederschlag beträgt weniger als 50 % der potenziellen Evapotranspiration[9].

Bei unimodaler Verteilung reichen ca. 500 bis 900 mm, bei bimodaler Verteilung bzw. monsunaler Ausprägung ca. 700 bis 1000 mm Jahresmittelniederschlag für das Wachstum der Trockensavannenvegetation aus. Die Niederschläge fallen meist konvektiv als heftige Gewitter im Sommerhalbjahr (Äquinoktialregen), danach erfolgen meist scharfe Übergänge zu den im Winterhalbjahr liegenden Trockenzeiten; eine Ausnahme bilden die in Küstennähe an den Ostseiten der Kontinente anzutreffenden Trockensavannen, z.B. an der ostafrikanischen Küste oder auf der Halbinsel Yucatan (Abb. 5), wo Regen- und Trockenzeiten allmählich ineinander übergehen und Niederschläge auch während der Trockenzeiten regelmäßig auftreten.

Im Mittel (Tab. 1) kommen 5 bis 6 humide und 7 bis 8 aride Monate vor (wobei als humide sowohl semihumide als auch vollhumide bzw. als aride semiaride bis hyperaride Bedingungen zusammengefasst werden)[10]. Diese Einteilung ist jedoch sehr grob, da regionale und lokale Bodeneigenschaften mit ihrem spezifischen Wasserhaushalt über die Ausprägung der Vegetation mit entscheiden. Daher können auch in Gebieten mit nur 4 humiden Monaten (Abb. 7) bereits Trockensavannen vorkommen. TROLL u. PAFFEN (1964) weisen für das wechselfeuchte Tropenklima der Trockensavannen 4,5 bis 7 humide Monate aus, was wohl mit der Verwendung des Index von DE MARTONNE zusammenhängt, der zu niedrige Schwellenwerte für die Humidität angibt. ANHUF, FRANKENBERG und LAUER (1999, S. 456) differenzieren die Klimate von dichtem Trockenwald feuchterer Ausprägung mit 4 bis 6 ariden Monaten in vier Subzonen bis zu offenem Trockenwald trockenerer Ausprägung mit 7 bis 9 ariden Monaten; der Begriff Trockensavanne wird vermieden, aber es ist eine Definitionsfrage, ob man den offenen Trockenwald so nennt (Bild 1). Schwankungen kommen meist durch *ENSO*-Zyklen (Abb. 4).

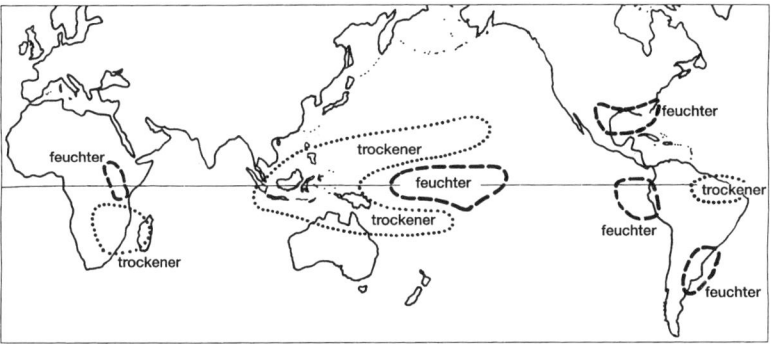

Abb. 4: Regionale Niederschlagszunahme bzw. -abnahme während des südhemisphärischen Sommers in einem El Niño/Southern Oscillation-Jahr (ENSO year)
Quelle: nach Angaben des Deutschen Klimarechenzentrums http://www.dkrz.de und TRENBERTH 1991, S. 18 u.a., vereinfacht

Die folgenden Klimastationen repräsentieren die unterschiedlichen Ausprägungen der halbtrockenen bis vorherrschend trockenen Savannenklimate unter verschiedenen regionalen Bedingungen:

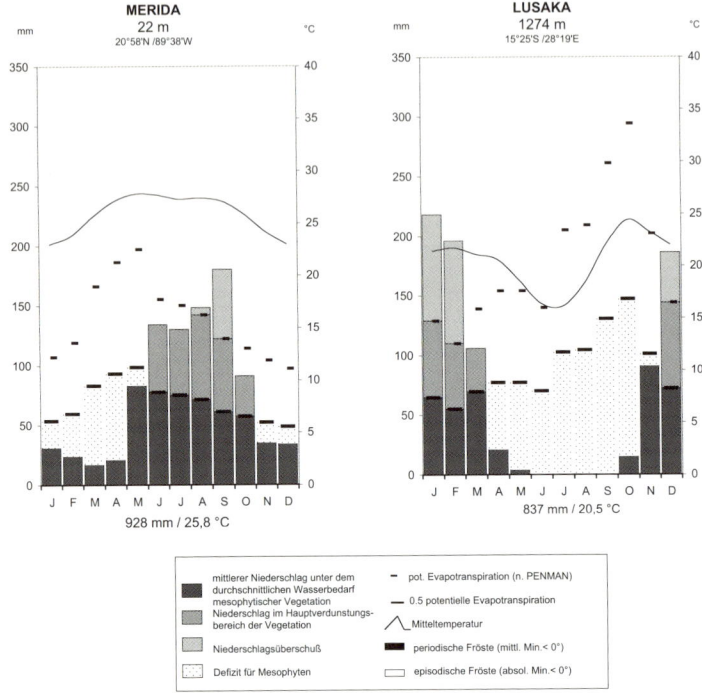

Abb. 5 u. 6: Klimadiagramme[49] der Trockensavannenzone der Äußeren Tropen auf der Nord- und Südhemisphäre, ozeanische und kontinentale Variante

Merida auf dem semiariden Nordteil von Yucatan repräsentiert die ozeanische Variante dieser Zone in Mittelamerika. Sie ist dort nicht sehr ausgedehnt, weil sich in dieser Breitenlage der Golf von Mexiko befindet bzw. im südlichen Südamerika der Kontinent bereits schmal wird. Die Nähe des Meeres führt dazu, dass die Erhitzung der Luft bis zur Instabilität mit Gewitterbildung zur Zeit des Sonnenhöchststandes (hier bei 20°58' im Juni/Juli) mit einer stärkeren Verzögerung als in kontinentaleren Bereichen erfolgt. Auch sind die Gewitterregen hier nicht so heftig, so dass 3 der 5 humiden Monate nur semihumid sind. Nur August und September aber als vollhumide Monate liefern speicherbare Überschüsse (im Mittel). Andererseits sind die Trockenzeitmonate nicht ohne Niederschlag, weil feuchte Meeresluft auch dann gelegentlich im küstennahen Bereich zum Abregnen kommt.

Die Temperaturen erreichen, wie in den Tropen üblich, vor Beginn der Regenzeit ihren Höhepunkt. Die tatsächlich umgesetzte Sonnenenergie steigt jedoch noch ein bis zwei Monate weiter an, wird aber an der Temperaturkurve nicht sichtbar, weil sie als latente Energie in der Verdunstungswärme des entstehenden Wasserdampfes enthalten ist.

Lusaka in Sambia (Abb. 6) zeigt den kontinentalen Typ dieses halbtrockenen Tropenklimas mit hohen Überschüssen zur Regenzeit, weil die tropische Konvergenzzone zu starken Gewittern führt. Die Konzentration der Niederschläge auf den Sommer ist nicht unmittelbar zu erkennen, denn das Sommermaximum liegt auf der Südhalbkugel in unseren Wintermonaten. Die Trockenzeit ist fast niederschlagslos. Steigungsregen kommen trotz der hohen Lage von über 1200 m nicht vor, weil Lusaka sich im Innern eines ausgedehnten Plateaus befindet. Auffällig ist der ausgeprägtere Temperaturgang im kontinentalen Bereich der äußeren Tropen.

Trocken- und Dornsavannenzonen 35

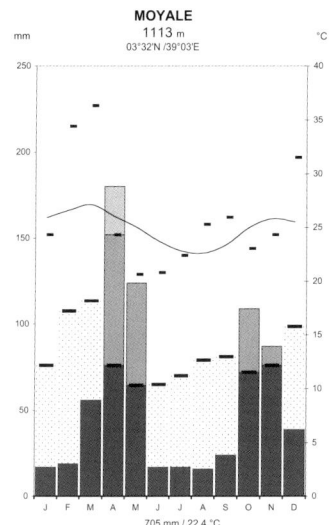
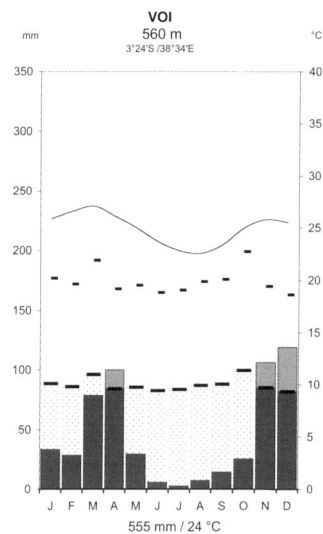

Abb. 7 u. 8: Klimadiagramme der Trocken- und Dornsavannenzone der Inneren Tropen (Legende s. Abb. 5 u.6). Aus den in Kap. 2.1 genannten Gründen ist der größte Teil von Ostafrika semiarid. Typisch für den äquatorialen Bereich sind zwei Regenzeiten entsprechend dem Durchzug der Innertropischen Konvergenzzone kurz nach den *Äquinoktien*.

Moyale am Rand des Äthiopischen Hochlands empfängt zusätzlich Steigungsregen, so dass es trotz der Kürze der humiden Jahreszeiten für eine Trockensavanne bzw. einen -wald reicht, der jedoch wegen der Eignung für den Anbau von kurzzyklischem Mais und Bohnen weitgehend gerodet ist. Aber in vielen Regenzeiten wird der Wasserbedarf nur unzureichend gedeckt. Teilweise liegen mehrere solcher defizitären Regenzeiten unmittelbar hintereinander, so dass es zu erheblichen Nahrungsmittelengpässen kommen kann (z.b. 1973, 1983/84, 1994).

Voi im Hinterland der Küste von Kenia hat Dornsavannenklima, weil die feuchten Innertropischen Westwinde nicht über die Zentralafrikanische und die Ostafrikanische Schwelle hinwegkommen, der Nordostpassat küstenparallel weht und der Südostpassat sich schon an den Küstenhöhen abregnet. Beim Durchzug der *Innertropischen Konvergenzzone* gibt es stärkere Regen. Aber es reicht sowohl bei der Nord- als auch bei ihrer Südwanderung nur für 1 bis 2 humide Monate und damit nicht für einen Regenfeldbau herkömmlicher Art. Neue, sehr schnell wachsende und reifende Kulturpflanzen (kleinwüchsige Hirsesorten, Tepary- und Mottenbohnen) könnten jedoch hier einen Anbau ermöglichen, der mit der anspruchslosen Dauerkultur Sisal durch Plantagen bereits teilweise verwirklicht wurde. Als Dauerkultur für den bäuerlichen Bereich strebt man heute Jojoba (eine amerikanische Wachspflanze) und Yeeb-Nüsse an (aus Somalia).

2.2.1.2 Die Klimate der Dornsavannenzone

Diese Zone teilt sich in eine semiaride und eine aride Subzone (Abb. 9 u. 10), wenn man die Grenze zwischen 3 und 2 humiden Monaten ansetzt (Kapitel 1.1). Auf Trocken- und Regenzeiten des Jahres verteilt, kommen 8-11 aride Monate und 1-4 humide Monate im Mittel vor (1-3 nach LAUER u. FRANKENBERG 1981; 2-4,5 nach TROLL u. PAFFEN 1964)[11]. Es gibt aber auch Gebiete mit 12 ariden Monaten, in denen man trotzdem noch Dornsavannenvegetation vorfindet, weil bei bestimmten Pflanzenarten auch schon solche Feuchtigkeitsmengen pro Monat ausreichen, die ihn rechnerisch nur als semiarid oder sogar weniger ausweisen (HORNETZ 1998, S. 5). Solche Dornsavannen ohne ausgeprägte humide Jahreszeiten findet man im nördlichen Mittelamerika, in Australien, Ostafrika (Nordkenia, Somalia) und Südafrika (v.a. Botswana, Namibia), wo man, trotz keines humiden Monats nach den Mittelwerten, in etlichen Regenzeiten noch geeignete Bodenfeuchtebedingungen für das Wachstum von Gräsern antreffen kann (Abb. 13).

Für diese kritischen Randzonen genügen die Mittelwerts-Klimadiagramme nicht zur Kennzeichnung, denn es ist lebenswichtig, die Häufigkeit von Dürren anzuzeigen (Abb. 13). Deshalb benötigen Rancher, bäuerliche und nomadische Viehhalter Graswuchszeiten-Diagramme mit den Einzeljahren, woraus die Wahrscheinlichkeiten abschätzbar sind (Tab. 5, S. 65). Die Risiken müssen einkalkuliert werden können, denn Ausgleichsmaßnahmen sind rechtzeitig zu planen. Andererseits müssen wegen des Landnutzungsdrucks durch ansteigende Bevölkerungszahlen alle Chancen ausgenutzt werden, wie sie gute Jahre bieten. Durch Beobachtung der *ENSO*-Meeresströmungs- und Luftdruckschwankungen kann beides bereits weitgehend vorausgesagt werden (S. 128 u. Abb. 4).

In den Dornsavannen äquatornaher Bereiche (Abb. 8) liegen die Regenmaxima beim Durchzug der ITCZ (*Inner Tropical Convergence Zone*) nach den Äquinoktien, sie sind also auf 2 Jahreszeiten verteilt. Es fallen 200-500 mm Niederschlag im Jahresdurchschnitt (250-700 mm in Monsungebieten oder bei Verteilung auf 2 humide Jahreszeiten). Seltene, aber sehr feuchte Jahre verfälschen den Durchschnitt, deshalb ist es besser, den Median zu nehmen.

Eine Schwankung der Niederschlagsmenge um ein Drittel ist normal. Zwei Drittel weniger als der Medianwert fallen ca. 1-3 mal im Jahrzehnt wie bei den katastrophalen Saheldürren 1971-73, 1984 und 1991/92.

Die ITC gelangt in vielen Jahren nicht mehr soweit zu den Wendekreisen wie früher, weil durch Vegetationszerstörung die Verdunstung geringer und der Abfluss größer wurden (HULME 1989), deshalb gelangt weniger Wasserdampf und damit weniger latente Energie in die Atmosphäre. Die Transpirationsraten von Pflanzen an degradierten Savannenstandorten (häufig *invaders* aus noch trockeneren, benachbarten Halbwüsten) betragen häufig nur

10-20 % der ehemaligen Klimaxvegetation, wie Messungen aus Nordkenia zeigen (HORNETZ et al. 1992, Abb. 25). Neben des geringeren Wasserangebots in der Atmosphäre wird die Einstrahlung durch Staubentwicklung (infolge Überweidung und zuviel Anbau) reduziert, so dass es ebenfalls zu weniger Energieumsatz kommt.

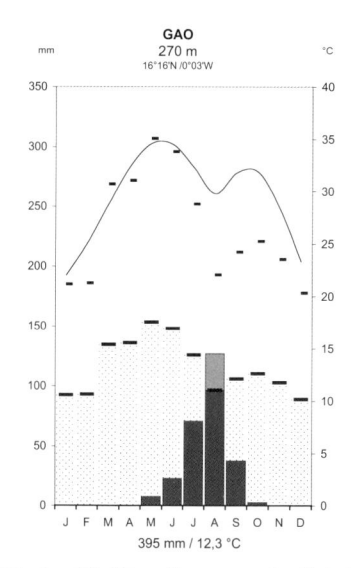

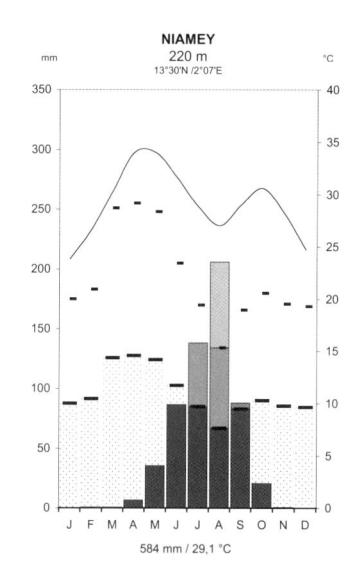

Abb. 9 u. 10: Klimadiagramme der Sahelregion

Gao am Nigerknie hat nur einen (semi-)humiden Monat wie das Halbwüstenklima, befindet sich aber nach der Niederschlagsmenge (über 250 mm) und der dortigen Vegetation bereits in der Dornsavanne. Würde man die Wasserbilanz statt in Monaten in Tagen berechnen, dann wären normalerweise noch die zweite Julihälfte und der Anfang des Septembers humid. Regenfeldbau wäre in 60 Tagen mit schnellwüchsigen Zwerghirsesorten möglich. Andererseits genügt schon eine geringe negative Schwankung, dass eine typische Saheldürre auftritt.

Deutlich ist das Fallen der Temperatur während der Regenzeit zu sehen, obwohl sie nach dem Sonnenstand die wärmste Jahreszeit sein sollte. Neben der Reduzierung der Einstrahlung durch die Bewölkung und dem Aussetzen der heißen Wüstenwinde ist die Umsetzung der eingestrahlten Energie in Verdunstung entscheidend. Ihr Freiwerden als Kondensationswärme in größerer Höhe ist die Antriebskraft der tropischen Zirkulation.

Niamey liegt am Übergang zum Trockensavannenklima der Sudanregion. Die kurze Dauer der Regenzeit entspricht noch dem für den Sahel charakteristischen Dornsavannenklima, die Niederschlagsmenge über 500 mm bereits dem Bereich der Trockensavanne. Wenn der hohe Überschuss im August im Boden gespeichert werden kann, verlängert sich die Wachstumsperiode um einen Monat.

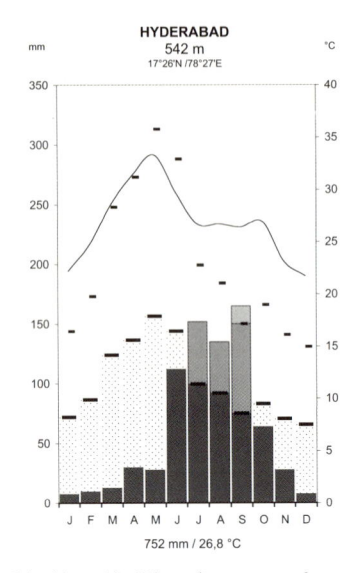

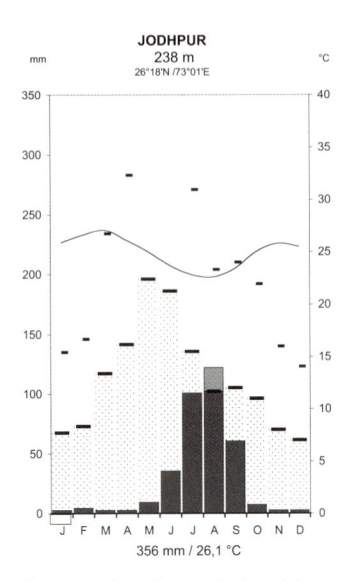

Abb. 11 u. 12: Klimadiagramme der semiariden Zonen in der südasiatischen Monsunregion

Das Hochland von Tibet als emporgehobene Heizfläche bedingt im Sommer ein Höhen-Hitzetief, das feuchte Luft vom Indischen Ozean mit Westwinden ansaugt und die *Innertropische Konvergenzzone* weit nach Norden zieht.

Hyderabad liegt im indischen Hauptbereich dieses Sommermonsuns, aber im Lee der Westghats, wodurch die Niederschläge auf das Trockensavannenniveau und die humide Zeit auf den Grenzbereich zur Dornsavanne reduziert werden. Deshalb ist es ein geeigneter Standort für das *International Crops Research Institute for the Semi-Arid Tropics* (ICRISAT).

Jodhpur liegt am Nordwestrand des Monsuneinflusses, wo er nur noch kurzzeitig hinkommt. Nach Tagen gerechnet gibt es, ähnlich wie bei Gao, eine etwa 50tägige Vegetationsperiode. Das dortige *Central Arid Zone Research Institute* (CAZRI) hat sich deshalb auf die Züchtung sehr schnellwüchsiger Getreidesorten (Zwerghirsen) konzentriert, eine dringende Notwendigkeit in dieser trockensten Subzone der Dornsavanne, die unter den Druck der Anbauausweitung kommt.

2.2.2 Die natürliche Vegetation

2.2.2.1 Die Hauptzonen Trockensavanne und Dornsavanne

Sie sind von den klimabedingten Wuchsformen her leicht zu unterscheiden: Die Bäume in der **Trockensavanne** (Bild 1) und im Trockenwald (Bild 2) zeigen bereits die Tendenz zur Schirmform, die Blätter sind jedoch noch grob gefiedert und es sind kaum Dornen ausgebildet. Infolge des Wasserstresses werden in der Trockenzeit die Blätter abgeworfen. Eine regionale Ausnahme stellen die sklerophytischen Arten dar, die hartlaubig sind. Sie kommen besonders in den Gebieten mit bimodaler Niederschlagsverteilung

Trocken- und Dornsavannenzonen 39

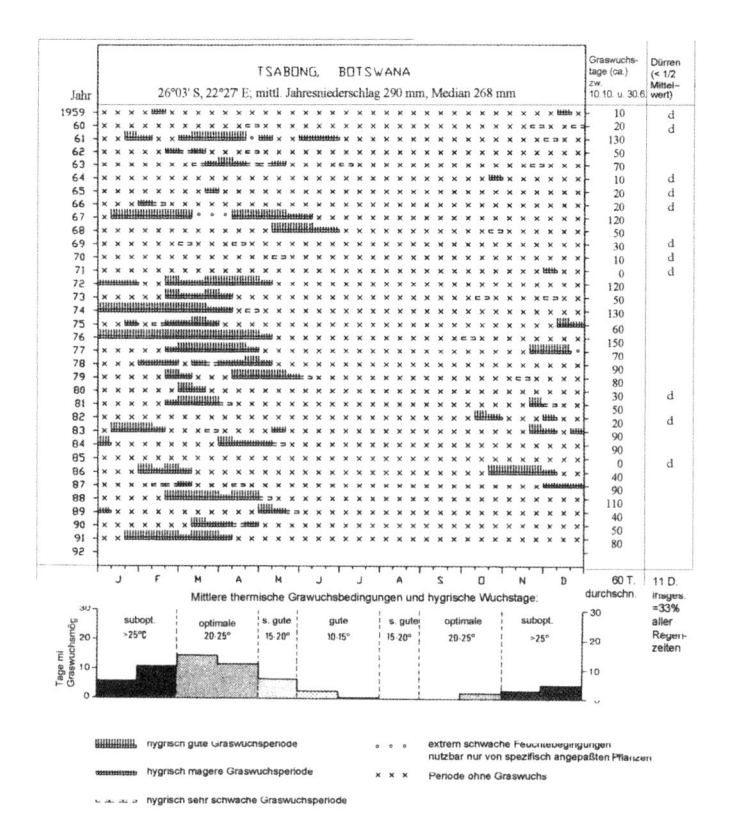

Abb. 13: Graswuchszeiten und Dürregefahr am randtropischen Dornsavannenstandort Tsabong, Botswana (berechnet mit dem Programm PASTURE v. LITSCHKO 1993).
Der Mittelwert von einem humiden Monat sagt zuwenig aus, denn es gibt Chancen fünfmonatiger Wuchszeiten und Risiken totaler Ausfälle über mehr als ein Jahr (Tab. 5, S. 63). Entwurf: R. JÄTZOLD

unmittelbar am Äquator (z.b. in Ostafrika) vor, weil es für die kürzeren Jahreszeiten unökonomisch ist, die Blätter abzuwerfen und neu zu bilden. Flaschen- und Tonnenbäume wie der Affenbrotbaum (Baobab; *Adansonia digitata*; Bild 3) sind besonders gut an längere aride Zeiten angepasst, indem sie Wasser im Stamm speichern können.

Die Gräser der Trockensavannen sind ca. hüft- bis brusthoch und gehören zur Gruppe der C4-Pflanzen. Es dominieren perenne Gräser wie z.b. das weit verbreitete *Themeda triandra* (engl. *Red Oats Grass*) oder *Chloris gayana* (*Rhodes Grass*). Die meisten vermehren sich sowohl vegetativ als auch generativ und besitzen ausgeprägte physiologische und morphologische Anpassungsmechanismen gegen Trockenstress (FARAH 1982).

In den **Dornsavannen** (Bild 5 u. 6) wird die Schirmform und generell der selektierende Einfluss des Klimas noch deutlicher:
Bei den meisten holzigen Arten (Bäume, Sträucher, Zwergsträucher) sind Sprosse, z.T. auch Blätter, zu Dornen umgebildet, was neben der Verdunstungsreduzierung auch einen Schutz gegen das Abfressen durch Tiere bewirkt. Feinfiederblättrigkeit als Reduzierung der transpirationsaktiven Blattoberflächen findet man vor allem bei Akazien; die kleinen, häufig noch mit Wachs (Cutin) und/oder feinen Haaren überzogenen Fiederblätter der Akazien zeigen – wie für Leguminosen typisch – ausgeprägte parahelionastische Reaktionsmuster bei auftretendem Wasser- und Temperaturstress. Aufgrund eines ausgedehnten lateralen und v.a. vertikalen Wurzelwerks (z.B. NEW 1984; ALI 1984) sind sie in der Lage, ihren Wasserhaushalt auch in extremen Trockenphasen aufrechtzuerhalten; dies zeigt sich besonders eindrucksvoll bei der vor allem in Westafrika verbreiteten *Acacia albida*, die einen „umgekehrten Vegetationszyklus" besitzt, wodurch sie als Weidebaum in der Trockenzeit besonders wertvoll ist.

Die ökologische Multifunktionalität der hochstämmigen Schirmakazien für die Dornsavannenökosysteme besteht darin, dass sie infolge ihrer mikroklimatischen Effekte (Verdunstungsreduzierung durch Beschattung, Herabsetzung der Bestands- und Bodentemperaturen, Anreicherung von Bodenfeuchte infolge günstiger Infiltrationsbedingungen – unterstützt durch den *funnelling effect* trichterförmiger Zweige – sowie durch die Nachlieferung essentieller Pflanzennährstoffe („Nährstoffpumpe"; N_2-Fixierung)[12] krautigen Pflanzen günstige Wuchsbedingungen unter dem Kronendach bereitstellen können: So z.B. fanden BELSKY et al. (1989) in einem ungestörten Savannenökosystem des Tsavo National Parks von Südostkenia, dass im Schatten von *Acacia tortilis* die Bodentemperaturen um ca. 5 bis 11 °C und die Sonneneinstrahlung um 45 bis 65 % niedriger sind; die Biomasseproduktion der krautigen Pflanzen im Schattenbereich der Bäume lag signifikant höher als in der offenen Grassavanne, die Gehalte an organischer Substanz, pflanzenverfügbaren Nährstoffen waren 2- bis 3-mal höher (Tab. 4) und nahmen kontinuierlich vom Stamm nach außen hin ab.

Tab. 4: Unterschiedliche Biomasseproduktion und Bodeneigenschaften unter Akazien und im Grasland (oberirdische Nettoprimärproduktion; NPP) in einem Dornsavannenökosystem SE-Kenias (nach BELSKY et al. 1989, S. 1014-1018)

	NPP (g/m^2)	N $(ng/kg/sec)^1$	P	K	Ca	Cmik	org. S (%)	pH
			(mg/kg Trockensubstanz)					
Baumsavanne, Schattenbereich von *Acacia tortilis*	960	4,1	14	450	960	259	3,6	5,4
Offene Grassavanne	353	1,7	5	300	600	149	2,0	6,1

[1] Mineralisierungsrate

Ähnliche Beobachtungen konnten auch unter *Adansonia digitata, Delonix elata, Melia volkensii* und anderen holzigen Spezies auf Grundgebirgsböden (*Ferralsols, Luvisols, Acrisols*) gemacht werden.

Im Schatten der hochstämmigen Vegetation können sich im Unterwuchs einerseits krautige Pflanzen wesentlich besser entwickeln (lichthungrige Arten ausgenommen), andererseits aber auch anspruchsvollere Spezies etablieren, die normalerweise in benachbarten humideren Ökosystemen vorkommen; so konnte z.b. in der oben zitierten Studie aus Südostkenia nachgewiesen werden, dass sich das aus der Feuchtsavanne stammende Elefantengras, *Panicum maximum*, erfolgreich unter *Acacia tortilis* und *Adansonia digitata* ansiedeln und behaupten kann. Trotz der starken standortspezifischen Konkurrenz zwischen holzigen und krautigen Pflanzen um Wasser und Nährstoffe zeigt es sich, dass die Biomasseproduktion der krautigen Arten in der „Kampfzone" aufgrund der günstigeren ökophysiologischen und pedologischen Standortfaktoren wesentlich positiver ist als in den offenen Grassavannen.

Weitere klimabedingte Wuchsformen sind:
– die Laubreduzierung, z.B. *Phyllodien*, das Auftreten strangförmiger Blätter bei Tamarisken (Senegal) und als Konvergenz bei Kasuarinen (Australien, weniger stark bei Mulga-Akazien);
– die Lederblättrigkeit bei immergrünen Arten (Eukalypten in Australien, Seifenbeerenbaum *Balanites aegyptiaca* in Afrika);
– V-förmiger Wuchs bei Strauchakazien wegen des Trichtereffektes zur Wasserkonzentration im Wurzelbereich (*funnelling effect*);
– kniehohe, perenne Gräser, die zum Schutz ihrer Erneuerungsknospen horstartig ausgebildet sind (außerdem geben die abgestorbenen Triebe einen Verdunstungsschutz durch das Bedecken dieser Vegetationsteile);
– ein weiteres Charakteristikum ist die Wasserspeicherfähigkeit (SUKKULENZ). Es gibt Konvergenzen in der *Paläo-* und *Neotropis* bei Stammsukkulenten: Baobabs in Afrika und Tonnen- oder Flaschenbäume in Südamerika; bei Sprosssukkulenten: Kandelabereuphorbien in Afrika und Säulen-

kakteen in Amerika; Blattsukkulenten: Aloen und Sansevierien in Afrika und Agaven in Amerika. Wurzelsukkulenz: holzige Lignotuber bzw. Xylopodien (Australien) oder dicke Speicherwurzeln (*Marama beans* – *Tylosema esculentum* – in der Kalahari und *Buffalo gourds* – *Cucurbita foetidissima* – in Arizona) kommen bis in die Halbwüstenrandgebiete vor.
– Stamm-Assimilation, z.b. beim Myrrhenbaum (*Commiphora africana*); grüne Rinden assimilieren auch während der langen, laublosen Trockenzeit.

2.2.2.2 Regionale Vegetationsformationen: Trockenwälder, Dorngehölze und edaphische Grassavannen

In der Trockensavannenzone gibt es relativ viele Holzgewächse, weil sie bei Trockenheit mit Hilfe ihrer tiefreichenden und weitverzweigten Wurzeln (z.B. *Ali* 1984) ihren Wasserhaushalt länger stabil halten können als die konkurrierenden Gräser und Kräuter. Ein weiterer Grund dafür dürfte auch die nicht so starke Brennhitze des Grases sein, verglichen mit den Gräsern der Feuchtsavannen, wodurch holzige Spezies bessere Überlebenschancen als dort haben. **Edaphische Grassavannen** treten einerseits auf staunässebeeinflussten Substraten (z.b. *Vertisols*) auf – wo der Gasaustausch für die tiefwurzelnden Holzgewächse ungünstig ist –, andererseits kommen sie auch auf feinkörnigen, wasserdurchlässigen Böden vor (v.a. über vulkanischen Aschen; *Andosols*), wo die Gräser sehr dicht wurzeln können und das einsickernde Wasser verbrauchen, ehe es tiefere Holzwurzelschichten erreicht. Grassavannen findet man deshalb einerseits als Catenaelemente in den weitgespannten Spülmulden der sonst von Trockenwald bedeckten Rumpfflächenregionen Afrikas, z.B. in den *Dambos* von Simbabwe (Bild 4) und Sambia, in den *Mbugas* Süd- und Westtansanias sowie weitflächiger im Rumpfflächen-Tiefland des südlichen Sudan; andererseits in den Gebieten mit vulkanischen Aschen in Nordtansania (Region der Riesenvulkane und -krater) und in tiefergelegenen Teilen Zentral- und Südwestkenias, wo sie mit immergrünen Gebüschformationen durchsetzt sind. Acuh häufige Feuer führen zu einer Erhöhung des Grasanteils wie in Nordnigeria (SALZMANN 2000).
Trockenwälder (Bild 2) dominieren auf nährstoffarmen, aber staunässefreien Grundgebirgsstandorten (Ferralsols, Luvisols, Acrisols); dazu gehören die Miombowälder Süd- und Südosttansanias und des südlichen Zentralafrika (Sambia, Simbabwe, Westmosambik) mit dem Leitbaum Miombo (*Brachystegia spec.*), die Mopanewälder in Nordnamibia, Transvaal und Südangola (Leitbaum *Colophospermum Mopane*) sowie die Tipawälder im Gran Chaco von Paraguay. Aufgrund der unterschiedlichen Baumdichte in dieser Vegetationsformation gibt es verschiedene Bezeichnungen, wie z.B. „Savannenwaldung", „Baumsavanne" (beide Begriffe in BREMER 1999, S. 111) oder 'savanna woodlands' (COLE 1986).

In der Dornsavannenzone unterscheidet man je nach standortspezifischem Untergrund und Substrat die grasreichen Dornsavannen von den holzreichen **Dorngehölzen** (Bild 6). Die gehölzreiche Vegetationsformation entwickelt sich vornehmlich auf skelettreichen, geringmächtig verwitterten Böden (z.B. Cambisols) mit hoher Infiltrationskapazität oder als Folge von Degradierungsprozessen, wobei die feinkörnigen Bestandteile des Bodens verfrachtet werden. Die Bäume, Sträucher und Zwergsträucher sind in der Lage, das in die Tiefe versickernde Wasser mit ihrem tiefreichenden Wurzelwerk zu erschließen und sich damit gegenüber den Gräsern und Kräutern zu behaupten. Letztere dominieren wiederum feinkörnige Standorte, da sie mit ihrem dichten lateralen Wurzelsystem die in die ton- und schluffreichen Böden langsam infiltrierenden Niederschläge optimal erschließen können.

Schließlich gibt es auch eine vegetationsgeschichtlich bedingte Region, nämlich die der dornlosen „(Dorn-)Gehölze" der klimatischen Dornsavannenzone Australiens, wo Akazien vom Typ der Mulga (*Acacia aneura*) dominieren. Dornen waren hier wohl weniger erforderlich, weil die Känguruhs als wichtigste Lauftiere keine große Gefahr für die Bäume und Sträucher darstellten. In den edaphisch bedingten Grasländern Nordost-Australiens (Westqueensland) besitzen jedoch die holzigen Spezies Dornen, da die Büsche dort nur vereinzelt auftreten und damit eine größere Gefahr der Zerstörung durch Beweidung besteht.

2.2.2.3 Hygrische und höhenbedingte Subzonen

Die abnehmende Menge und Dauer des Wasserangebots führen nahezu gesetzmäßig zu abnehmender Höhe und Dichte der Gewächse, wie ANHUF u. FRANKENBERG (1991) in Westafrika bei den Trockenwäldern besonders eindrucksvoll nachgewiesen haben. Auch in der Dornsavannenzone lässt sich eine hygrische Subzonierung ausgliedern: Während in der feuchteren Variante mit 3 bis 4 humiden Monaten noch (hochstämmige) Bäume vorherrschen, findet man in den trockeneren Regionen überwiegend Sträucher und Zwergsträucher, die dann nahezu nahtlos in die Strauchhalbwüsten (mit weniger als 50 % Bedeckungsanteil durch perenne Vegetation) übergehen; solche Übergänge findet man sehr verbreitet in Nordkenia und Somalia, wo Strauchakazien mit *Acacia mellifera* und *Acacia reficiens* das Landschaftsbild prägen (z.B. HERLOCKER 1979).

Als **Höhen-Subzonen** kommen *trockener Bergwald*, *Sierra* und *Puna* vor. Oberhalb von 1800/2000 m (je nach Exposition, Küstenferne, Breitengrad und Massenerhebung) werden die Savannenökosysteme in den Gebirgsregionen „Hochafrikas", Süd- und Mittelamerikas, der Arabischen Halbinsel sowie Südasiens von der Stufe der trockenen Bergwälder abgelöst, die bis etwa

3000/3800 m reicht (*Tierra fria*; Montane Stufe nach BADER 1979). In Ostafrika z.B. findet man bei ca. 700 bis 1000 mm Jahresniederschlag in der Baumkomponente verbreitet immergrüne, hartlaubig-sklerophytische, trockenangepasste Spezies wie den afrikanischen Ölbaum (*Olea africana*) oder den Baumwacholder (*Juniperus procera*, 'Pencil Cedar', auch MÄCKEL u. WALTHER 1983), der wegen seiner Termitenresistenz ein besonders begehrtes Bau- und Brennholz liefert. Dazwischen wachsen Sträucher, die so dicht und landschaftsprägend sein können, dass man sie – wie im Falle von *Acalypha*-Spezies – als eigene Stufe ausweist (*Acalypha*-Stufe, BRONNER 1990; SIGMUND u. LENTES 1999); diese setzen sich überwiegend aus *Acalypha fructicosa* sowie Strauchakazien wie *Acacia brevispica* zusammen. Je nach Feinbodenanteil und Chemismus der Böden können sich auch verstärkt **perenne Gräser** in dieser Höhenstufe ausbilden, deren Anteil am Vegetationsspektrum durch anthropogene Einflüsse (Rodung, Feuerlegung, Beweidung) oder natürlich auftretende Feuer erhöht werden kann. Dabei fällt auf, dass die in den Tiefländern dominierenden C4-Arten wie das Rote Hafergras (*Red Oats Grass*, *Themeda triandra*) und Rhodesgras (*Chloris gayana*) aus dem Spektrum der krautigen Pflanzen allmählich verschwinden und von an die kühleren Bedingungen der Höhenlagen angepassten Arten wie das Kikuyugras (*Pennisetum clandestinum*) abgelöst werden, die überwiegend zur Gruppe der C3-Pflanzen gezählt werden.

Einige dieser Höhenregionen (wie in Ostafrika) reichen während der Trockenzeiten in das Kondensationsniveau der Passate, so dass sich an den Bäumen Flechten (v.a. *Usnea*-Bartflechten)[13] ansiedeln können, die mit ihren feinverzweigten, netzförmigen Geweben die sich während der Nächte und am frühen Morgen bildenden Nebel auskämmen können, was zu einer Verbesserung der Wasserbilanz dort führt. Dies geschieht einerseits durch die direkte Befeuchtung und das Abtropfen auf den Boden[14], andererseits aber auch durch die Reduzierung der potenziellen Evapotranspiration infolge höherer relativer Luftfeuchte, verringerter Einstrahlung und geringerer Bestandstemperaturen.

Mit zunehmender Höhe steigen die Niederschläge über 1000 mm an, so dass die trockenen Bergwälder in Ostafrika von halbimmergrünen–immergrünen Bergwäldern (z.B. *Podocarpus*-Wäldern), schließlich Bergregenwäldern (mit *Albizzia gummifera*, *Aningeria spp.*) und Bambuswäldern (*Arundinaria alpina*) abgelöst werden. Oberhalb dieser Nebelwaldzone und des Kondensationsniveaus der Passate (mit abnehmenden Niederschlägen) folgen bei ca. 3000/3300–3600 m in der afroalpinen Krummholz-Stufe die Baumheiden (*Ericaceen*-Stufe), danach schließlich bis zur Vegetationsgrenze in ca. 4500 m die Horstgräser, Senecien und Lobelien der 'Moorlands', solange es humid ist. Unter semiariden Bedingungen wie im Sattel des Kilimanjaro dominieren *Xerophyten* wie Strohblumen (*Helichrysum spp.*), auch wegen der morgens noch gefrorenen Böden.

Trocken- und Dornsavannenzonen 45

In den äquatorferneren südlichen Anden Perus, Boliviens, Nordchiles und Nordargentiniens (v.a. in der trockeneren Westkordillere: BREMER 1999, S. 141) findet man ab ca. 2000 m die Strauchformationen der **Trocken-Sierra** bei 4,5 bis 7 humiden Monaten und die **Dorn- und Sukkulenten-Sierra** bei 2 bis 4,5 humiden Monaten (nach LAUER 1952 und TROLL 1959, nach neuerer Verdunstungsberechnung je ein humider Monat weniger). Weiter oben folgen schließlich ab etwa 3500/3800 m die **Trocken-Puna- und Dorn-Puna-Zone**; diese lösen die in Äquatornähe vorkommenden, feuchteren Páramo-Höhengrasregionen ab. Diese Zonen gehören zur *Tierra helada*. Dort wird es spürbar trockener und Fröste treten regelmäßig auf, so dass man trocken- und frostangepasste Horst- und Polsterwuchsformen antreffen kann wie die *Azorella*-Polster. Die Physiognomie und Physiologie der dort vorkommenden Pflanzen ist besonders gut an die semiariden und kalten Bedingungen angepasst, da nicht nur das Wasserangebot infolge verringerter Niederschläge oder durch Bodengefrornis reduziert ist, sondern auch die potenzielle Evapotranspiration, infolge der geringeren Bewölkung und der damit verbundenen erhöhten Einstrahlung sowie durch die starken Windbewegungen und die verminderte Luftfeuchte zunimmt. Dementsprechend ist die *Frostschutzzone* bis zur Schnee- und Eiszone auch relativ breit.

2.2.3 Bio- und wirtschaftsgeographisch wichtige Tiere

In den Savannen dominiert die Lebensformgruppe der *Lauftiere*, allerdings nur in der Alten Welt, weil Australien und Amerika von deren Entwicklungszentrum Afrika infolge des Zerbrechens des *Gondwana*-Kontinents am Ende des Erdmittelalters (Jura-Kreide) bereits abgetrennt und daher von der Evolution der Huftiere ausgegrenzt waren (Areale s. MÜLLER 1980). Nur wenige Arten wie Hirsche sind später über die nördlichen Landbrücken eingewandert.

In den *Trockensavannen* sind es vor allem die großen Lauftiere, ähnlich wie in der Feuchtsavanne, da das Gras immer noch bewegungshindernd hoch und in der Trockenzeit strohig ist (Bild 2). Mit dieser groben Nahrung kommen die Afrikanischen Büffel (*Syncerus caffer*) und die Selous-Zebras (*Equus quagga selousi*) gut zurecht, auch einige große Antilopenarten wie die Elenantilope (*Taurotragus oryx*). Andere Zebraarten wie das schmalgestreifte Grevyzebra (*Equus grevyi*) lieben mehr die Dornsavanne, deren schmalästiges Gebüsch für sie gute Deckung bietet. Aber auch etwas kleinere Antilopen kommen in der Trockensavanne vor, wie Impalas *(Alphyceros melampus)* in Afrika oder Vierhornantilopen *(Tetracerus quadricornis)* in Asien. Dort ist auch der Axishirsch (*Axis axis*) eine typische Art.

Dazu finden Hühner- und Laufvögel günstige Lebensbedingungen in den semiariden Savannenzonen (Guineahühner in Afrika, Pfaue in Asien,

Steißhühner und Bankiva-Hühner in Südamerika, Truthühner in Mexiko, Emus in Australien). Die Hauptverbreitung von großen *Laufvögeln* wie Straußen ist in der Dornsavanne.

In den **Trockenwäldern** Afrikas ist wegen des Grasunterwuchses die Tiergesellschaft ähnlich wie in den Savannen. Elefanten (*Loxodonta africana*) sind wegen des Reichtums an Futter etwas häufiger. Als geschützte Reservate wurden Teile der Trockenwälder in Ostafrika durch Elefantenüberpopulation in den Jahren 1960 bis 1974 zu Savannen umgewandelt (*biogene Savannen*). Nach der starken Wilderei in den 20 Jahren danach wachsen sie wieder zu. Scheue Antilopen wie der Große Kudu (*Tragelaphus strepsiceros*) bevorzugen diese deckungsreicheren Standorte. Paviane sind im Trockenwald der Alten Welt sehr zahlreich und können dort zur Landplage werden.

Das Hauptverbreitungsgebiet der Tsetsefliege liegt in den Miombo- und Mopanewäldern Afrikas. Deshalb ist dort unter 1500 m (der Tsetseobergrenze) Viehhaltung nur sehr eingeschränkt möglich bzw. kann sie nur mit hohem Kapitaleinsatz (großflächige Rodung, Impfung der Tiere) betrieben werden wie in Simbabwe auf den großen Farmen, von denen im Jahr 2000 jedoch viele zerschlagen wurden.

In den **Dornsavannen** leben vor allem kleinere Lauftiere. Nach der Art der Nahrungsgrundlage unterscheidet man:

a) Gras- und Laubfresser: Zu diesen zählen Antilopen und Gazellen in Afrika und Asien, Riesen- oder Steppenkänguruhs (*Springläufer*) in Australien. Die Maultierhirsche Nordamerikas sind eigentlich Tiere feuchterer Gebiete, können aber auch in den Trockenregionen leben. In Südamerikas Dorngehölzen und -savannen kommen als Huftiere nur der kleine Pampahirsch (*Odocoileus bezoarticus)*, der aus den Subtropen eingewandert ist, oder der Graumazama (Grauer Spießhirsch, *Mazama gouazoubira*), der aus den halbtrockenen Waldgebieten stammt, vor.

b) Vorwiegend Körner und Kräuter fressen die *Laufvögel*: Strauße und Trappen in Afrika, Emus in Australien, Nandus in Südamerika.

c) Raubtiere sind im niedrigen Grasland meistens *Laufraubtiere*: Geparde, Hyänen und Hyänenhunde in Afrika, Dingos in Australien; Koyoten sowie die größeren Grauwölfe in Nordamerika und die langbeinigen Pampawölfe (Mähnenwölfe, *Chrysocyon brachyurus*) in Südamerika (die Wölfe stammen ursprünglich aus den Steppengebieten).

Sprungraubtiere wie Löwen und Leoparden leben vorwiegend in busch- und baumreicheren Regionen. Gebietsweise – wegen schwieriger Jagd im hohen Gras – haben sich ältere, von ihrem Rudel vertriebene männliche Löwen, auf Menschen spezialisiert ('*Maneaters*'). In Asien besteht ein letztes Refugium für Löwen im Trockenwald des *Gir Forest* auf der Halbinsel Kathiawar (Schutzgebiet in Nordwestindien). Das Erdferkel *(Orycteropus afer)* und der Erdwolf *(Protelides cristatus)* leben als Termitenfresser in

Afrika, Ameisenbären in Südamerika.

In den **Dorngehölzen** können sich sowohl die großen Lauftiere, vor allem Dickhäuter, ihre Lebensräume gut erschließen (Elefanten, Spitzmaul-Nashörner, Büffel), als auch die sehr kleinen wie die afrikanischen Zwergantilopen, Böckchen oder *Dikdiks* genannt (*Neotragus, Nesotragus u. Rynchotragus spec.*). Die langhalsigen Giraffen erreichen die Blätter der Schirmakazien. Giraffengazellen (*Litocranius walleri*) leben in den trockeneren, von übermannshohen Büschen gebildeten Dorngehölzen Nordostafrikas. Deren Blätter erreichen diese, auch *Gereruks* genannten Gazellen nicht nur mit ihrem langen Hals, sondern auch indem sie sich auf den Hinterbeinen aufrichten.

Von den Kriechtieren bekommt man die zahlreichen Schlangenarten nur selten zu Gesicht, wohl aber die Agamen und Warane in den Savannen der Alten Welt oder die Leguane in Südamerika.

Unter den kleineren Tieren sind besonders Webervögel wie der Blutschnabelweber (*Quelea quelea*), dazu der Goldsperling (*Passer luteus*) in der Sahelzone (KLEIN 1988) und Wanderheuschrecken geographisch relevant, denn sie sind sehr schädlich für die ackerbauliche Nutzung (z.B. DREISER 1993). Termiten prägen mit ihren hohen Bauten die Landschaft und sind Nahrungsgrundlage für grabende Tiere wie Erdwolf und Erdferkel, die man aber selten zu Gesicht bekommt, weil sie vor allem nachts aktiv sind. Obwohl Termiten den Anbau von Kulturpflanzen empfindlich schädigen können, bilden ihre verlassenen Standorte wegen verbesserter bodenphysikalischer Eigenschaften und chemischer Anreicherungen günstige Substrate für die Landnutzung. Die menschliche *Inkulturnahme* dieser Tropenzonen wird durch die starke Verbreitung von Krankheitsüberträgern wie Malaria- und Gelbfiebermücken oder Endoparasiten wie Bilharzia- und Hakenwürmern sowie Ruhramöben erschwert. Vor allem Bewässerungsgebiete stellen mit ihren offenen Wasserflächen und sumpfigen Ökosystemen ideale Lebensräume für diese Tiere dar. Durch *El Niño*-Ereignisse kann die Virulenz dieser Krankheitserreger um ein Vielfaches erhöht werden, selten auftretende Erreger können plötzlich initiiert werden.

2.2.4 Zonale Formung des Reliefs und Zonengliederung durch das Relief

2.2.4.1 Klimabedingte Reliefbesonderheiten

In den Trocken- und Dornsavannenzonen dominieren **Flächenreliefs**, die regional teilweise durch sehr unterschiedliche Prozesse entstanden sind. So findet man ausgedehnte *Rumpfflächenlandschaften mit Inselbergen, Spülflächen und Spülmulden* (BÜDEL 1977) über dem kristallinen Grundgebirgssockel des alten *Gondwana*-Kontinents in Ost-, Südost und Südwestafrika, in der Sudan- und Sahelzone sowie auf dem Dekkan-Plateau in Indien und in Nordostbrasilien. Während das Vorkommen von *Inselbergen* anscheinend mit jüngeren Hebungsvorgängen größerer Schollen und damit reaktivierter Flächenabspülung in Verbindung gebracht werden kann (u.a. BREMER 1999), weisen Gebiete mit langer tektonischer Ruhe wie Zentralaustralien zwar Rumpfflächen, aber nahezu keine *Inselberge* auf. Der diese Flächen um mehr als 300 m überragende *Ayers Rock* wird als Rest-*Inselberg* eines ehemaligen Gebirges aus grobkörnigen, sehr widerständigen karbonen Sandsteinen gedeutet. Die Spülflächen und -mulden entwässern in der Regel in Flachmulden- bzw. Kehltälern (n. LOUIS 1979).

Es gibt jedoch noch immer große Differenzen bei der Erklärung der Genese dieser Formen:
Aufgrund seiner Untersuchungen in Tansania geht LOUIS (1964) davon aus, dass die Entstehung von Rumpfflächen unabhängig von der Höhenlage (Meereshöhe) im semiariden Klimabereich der Trocken- und Dornsavannen bei 500 bis 1000 mm Jahresmittelniederschlag stattfindet. Da die Hangabspülung während der konzentrierten Regenzeiten schneller geht als die Tieferlegung der Täler, entwickeln sich infolge der intensiven Flächenspülung ausgeprägte Flächenreliefs. Die weitere Verwitterung und Bodenbildung ist wegen des Mangels an ausreichender *Bodenfeuchte* (v.a. in den Dornsavannen) etwa gleich dem Flächenspülungsverlust, so dass keine weitere morphologische Akzentuierung stattfindet. Lediglich *Inselberge* werden durch die besonderen Verwitterungsbedingungen weiter herauspräpariert.

Nach der Meinung späterer Geomorphologen können und konnten diese Flächen nicht unter trockenen (semiariden-ariden) Klimabedingungen entstehen, da eine flächenhafte Tieferlegung des Reliefs eine tiefgründige, ferralitische und kaolinitische Verwitterung (mit einer „doppelten Einebnungsfläche" nach BÜDEL 1977) und höhere Niederschläge verlangt. So wären z.B. für die von BÜDEL dargestellte Entstehung der *Latosole* (kaolinitische *Ferralsols*) auf der doppelten Einebnungsfläche (obere spülend, untere zersetzend) nach neueren Erkenntnissen mehr als 1500-2000 mm Jahresniederschläge erforderlich (BREMER 1999, S. 56), also klimatische Verhältnisse wie in der Regenwaldzone! Legt man diese Tatsache zugrunde, so muss man die mit sehr intensiv verwitterten *Ferral-, Acri- und Luvisols* bedeckten Rumpfflächen in den Dornsavannen Ost- und Westafrikas als fossil bezeichnen, die während feuchter Klimaphasen des ausgehenden Mesozoikums und Tertiärs entstanden sein müssen. Dies weisen z.B. SAGGERSON (1962), SPÖNEMANN (1979, 1984) und WIJNGAARDEN u. VAN ENGELEN (1985) für die endtertiären, submiozänen, kretazischen und jurassischen Rumpfflächenniveaus in Süd-, Ost- und Nordkenia nach. Diese wurden infolge der Heraushebung des Ostafrikanischen Grabens im Tertiär schräggestellt, heute von Westen nach Osten in Richtung des Indischen Ozeans mit einem Gefälle von weniger als 0,5 % abdachend.

Auf jeden Fall entwickeln sich *Inselberge* typischer unter halbtrockenen Bedingungen, was auch rezent in allen Stadien zu sehen ist. Sobald der felsige Untergrund über die Oberfläche schaut, rinnt das Regenwasser ab, so dass die Abtrags- und Verwitterungsbedingungen dort gegenüber den Verwitterungsdecken der Umgebung reduziert werden. Es entwickelt sich ein scharfer Hangknick zu den anschließenden Pedimenten, aus denen in der Regel Spülflächen hervorgehen. Mikrospülstufen mit Denudationskanten von bis zu 70 cm Höhe können durch rückschreitende Denudation auf Spülflächen und Pedimenten entstehen (Bild 7).

Die rezente (zonale) **Bodenbildung** auf den Rumpfflächen hängt in erster Linie vom Angebot an *Bodenfeuchte* ab: Dies führt in den feuchteren Gebieten der Trockensavannen zur Entwicklung von *fersialitischen* Substraten (rote-rotbraune bzw. gelblichrote *Ferral-, Acri- Luvi-* und *Arenosols*), die im Gegensatz zu den *ferralitischen* Böden der humiden Tropen noch verwitterbare *Primärsilikate* sowie Dreischichttonminerale enthalten. In den Dornsavannen bilden sich aufgrund weniger intensiver Verwitterung überwiegend braune-graubraune *Cambi-* und *Arenosols*, die aufgrund ihres hohen Mineralreichtums günstige Voraussetzungen für eine agrarische Inwertsetzung bieten (Näheres zu den Böden in Kap. 2.3.2). In den breiten Spülmulden liegen tonreiche, schwarze Dambobböden, die durch die Spül- und Anreicherungsprozesse sowie den jahreszeitlichen Wasserstau entstanden sind und eine vertische Struktur besitzen (*Vertisols*).

Es gibt selbstverständlich auch **Vorzeitformen** in den Zonen. Das bekannteste Beispiel sind die fossilen Dünen im Sahel. Der jüngste Dünengürtel dort stammt aus der sehr ariden Periode 20.000 bis 11.000 Jahre vor unserer Zeit (MENSCHING 1993, S. 361), ein Zeichen, dass Wüstengrenzen labil sind.

2.2.4.2 Reliefbedingte Regionen

Neben den klimagenetisch bedingten Abtragungsformen und Landschaften gibt es in den Trocken- und Dornsavannenzonen morphologische Einheiten, die durch tektonische Vorgänge, den geologischen Untergrund und die Lagerungsverhältnisse sowie die Nähe zu bedeutenden Abtragungs- oder Akkumulationsgebieten geprägt werden. Dazu gehören z.B. Bergländer und Schichtstufen mit weitgespannten Pedimenten (z.B. die ostafrikanischen Grundgebirgsregionen, die Schichtstufenländer Malis und Somalias), Lavadecken (z.B. die Trapp-Regur-Landschaften auf dem Dekkan-Plateau in Indien)[15], Akkumulationsebenen (z.B. Gran Chaco, Indus-obere Ganges-Ebene, Teile Zentralaustraliens, Kalahari-Becken), wozu man auch fossile Dünenlandschaften zählen kann (aus trockeneren Klimaperioden, z.B. die Altdünen in der Sahelzone und am Rande der Wüste Tharr). Teilweise überlagern sich die verschiedenen Formenelemente infolge des Zusammenwirkens unterschiedlicher Prozesse (*alluvial-kolluviale* Prozesse und Flächenbildung mit Erosion und Akkumulation) oder tektonischer Vorgänge (Aufsedimentation von abgesunkenen ehemaligen Rumpfflächen, wie sie z.B. in Nordkenia verbreitet sind; MÄCKEL 1986).

Pediment-Regionen:
Obwohl nahezu alle *Inselberge* der Rumpfflächen in den Trockengebieten von meist kleinflächigen Pedimenten umgeben sind, weisen die Rumpfbergländer Hochafrikas (besonders in Ostafrika) sowie der Sudan- und Sahelzone (z.b. Djebel Marra im Sudan), aber auch die Schichtstufenlandschaften Ost- und Westafrikas (z.b. im Siedlungsgebiet der Dogon in Mali, KRINGS 1991; oder in Nordostkenia und Westsomalia) eindrucksvolle, landschaftsprägende weitgespannte Bergfußflächen und Glacis auf. So z.B. neigen sich die Pedimente der über 2500 m hohen nordkenianischen *Ndoto Mountains* über mehrere Kilometer auf der Ostseite von 900 m Meereshöhe bis auf 600 m in die halbwüstenhafte Akkumulationsebene der *Hedad Plain* (einer abgesunkenen pliozän-pleistozänen Rumpffläche; MÄCKEL 1986), auf der Westseite von ca. 1600 m bis auf etwa 1450 m in die submiozäne Rumpffläche der *El Barta Plain*. Die Pedimentflächen fallen zunächst recht steil (mit Hangneigungen von 4-10 %), dann flacher (teilweise unter 2 %) zu den vorgelagerten Ebenen ein. Sie bestehen aus mehreren Meter mächtigen, kolluvialen Substraten („Hangspülsedimente": MÄCKEL 1986), deren Schichtung die (klimatischen) Abtragungsbedingungen während des Holozäns phasenweise nachzeichnet. Aus der Sedimentationsabfolge dieser *Cambisols* sowie deren bodenphysikalischen und -chemischen Eigenschaften kann man erkennen, dass die Abtragungs- und Akkumulationsprozesse je nach klimatischer Ausgangssituation und Vegetationsbedeckung sehr unterschiedlich verliefen: Demnach wechseln Phasen mit starker Flächenspülung und Sedimentation (in trockeneren Klimaperioden) mit Phasen ab, in denen als Folge einer höheren Vegetationsbedeckung und eines günstigen Bodenwasserhaushalts eine stärkere Verwitterung mit *Ferruginisierung* (bis Hämatitbildung) der vorher abgelagerten Substrate feststellbar ist; dennoch zeigen auch diese rötlich gefärbten Schichten (wie die weniger verwitterten) günstige physikalische und chemische Eigenschaften[16] (HORNETZ et al. 1995, S. 158). Aufgrund ihrer labilen Struktur neigen diese Böden allerdings sehr stark zur Erosion bei Übernutzung infolge nicht angepasster Bewirtschaftung; subterrane Abtragung (v.a. Röhrenerosion), Denudation, schließlich Rillen- und Gullyerosion können als Folge auftreten und erhebliche Landschaftsschäden anrichten (MÄCKEL u. WALTHER 1993) (Bild 8), die nur noch mit erheblichem Aufwand behoben werden können (Bild 9).

Die flächige Abspülung, *Denudation*, kann in den Dornsavannen auf den Pedimenten und an den Flanken der Spülscheiden infolge von Vegetationsdegradierung oder Klimaänderung zu einer so raschen Tieferlegung der leicht schrägen Flächen führen, dass rückschreitende kleine Spülstufen auftreten (Bild 7).

Akkumulationsebenen:
Weite Teile der heutigen Trocken- und Dornsavannen befinden sich im Bereich tektonischer Senkungsfelder und Geosynklinalen. Dazu gehört die Indus-Ganges-Ebene, die an der Nahtstelle zwischen der Indischen und der Eurasischen Platte liegt und infolge der Abtauchvorgänge der Indischen Platte einen *Senkungstrog* bildet, in die die schuttbeladenen Flüsse aus den umrahmenden Gebirgsketten des Himalaya, Hindukusch und Belutschistans ihre Sedimente schütten (BLENCK et al. 1977). Dabei wechseln langgestreckte, sich überschneidende *Schwemmfächer*, die wie in der nordindisch-nepalesischen Terai-Region sehr einförmige, nach Süden leicht abdachende Fastebenen darstellen, mit Terrassenlandschaften, die wie das Punjab aus mächtigen älteren (meist pleistozänen) Schwemmfächern herauspräpariert wurden; aus diesen alluvialen Sedimenten haben sich mineralreiche, fruchtbare Böden entwickelt. Am Ostrand der Indusebene liegt die *Tharr Desert*, die im Ostteil eigentlich eine infolge anthropogener Einflüsse zur Halbwüste umgestaltete Dornsavannenlandschaft ist, in der feinsandige Substrate aus den großen Alluvialebenen zu mächtigen Dünen umgelagert wurden und noch werden[17]. Der *Gran Chaco* liegt am Ostfuß der Anden und bildet einen *epikontinentalen Trog*, dessen Basis durch das präkambrische Grundgebirge des Brasilianischen Schildes gebildet wird; seit dem Silur haben sich in geosynklinaler Facies marine und terrestrische Sedimente mit mehreren tausend Metern Mächtigkeit abgelagert (WILHELMY u. ROHMEDER 1963). Seit Beginn des Quartärs dominieren äolische und fluviatile Sedimentationsprozesse. Die aus dem Gebirge kommenden Flüsse folgen dem Gefälle des südamerikanischen Kontinentes in Richtung Rio Parana, wobei sie ihre mineralreichen Sedimente in Form von sich verschneidenden, nach Osten hin allmählich verjüngenden Schwemmkegeln ablagern; die sich darauf entwickelnden Böden bestehen aus feinkörnigem Material, das bei nicht angepasster Landnutzung einerseits sehr leicht von den zeitweise stark wehenden Winden verfrachtet wird (*Deflation*) und andererseits wegen des hochstehenden Grundwasserstands zur Versalzung neigt (KÖNIGSTEIN 1995).

Das Kalahari- und das Tschadsee-Bodele-Becken (geht bis in die Wüste) zählen zu den großen innerkontinentalen Senkungszonen Afrikas, die seit dem Tertiär durch die aus den feuchteren Randgebieten kommenden Flüsse mit mächtigen Sedimentdecken aufgeschüttet werden, Binnendeltas und abflusslose Seen hinterlassend. Über sandigen Substraten, die infolge fehlender Vegetationsbedeckung in trockeneren Klimaphasen oder bei Vegetationszerstörung zur Dünenbildung neigen, haben sich vorwiegend *Arenosols* mit

hoher Deflations- und Erosionsgefährdung und geringer Fruchtbarkeit entwickelt.
Ähnliche Sedimentationsebenen findet man auch in den semiariden (bis ariden) Zonen Zentral- und Westaustraliens (LÖFFLER u. GROTZ 1995). Auf ihnen haben sich wie in der Kalahari oder im Sahel Dünen während trockenerer Klimaperioden ausgebildet. Diese *Altdünen* sind bei intakter Vegetation rezent festgelegt.

2.2.5 Gewässerverhältnisse

Die ausgeprägten hygrischen Gegensätze zwischen Trocken- und Regenzeiten sind in erster Linie für die Verbreitung und Wasserführung der Gewässer in den Trocken- und Dornsavannen verantwortlich. *Autochthone* Bäche und kleinere Flüsse führen in der Regel während der Trockenzeiten kein Wasser (Wadis, Laggas[18], Riviere[19]), während der Regenzeiten dagegen kann die Wasserführung sehr stark schwanken (BREMER 1999, S. 35-37), was auch für die Grundwasserneubildung von Bedeutung ist. Eine Reihe von neueren Untersuchungen weist auf den Zusammenhang zwischen Landschaftsdegradierungen in den Einzugsgebieten der periodischen Flüsse und deren Abflussverhalten sowie Grundwasserkörper hin (u.a. WALTHER 1987; SIGMUND u. LENTES, 1999). Größere, meist permanente Flüsse entspringen in benachbarten humideren Regionen (sehr häufig Bergregionen) und erreichen als *allochthone* Gewässer (Fremdlingsflüsse teils die Ozeane (wie der Niger in Westafrika, der *Tana River* in Kenia, der Juba in Somalia, der Sambesi in Südostafrika, der Indus in Südasien) oder münden in gewaltigen Binnendeltas und Endseen (wie Tschadsee, Okawango-Delta)[20] sowie in abflusslosen und während der Trockenzeit austrocknenden Salzpfannen/-seen (wie die Etoscha-Pfanne in Nordnamibia, die Makarikari-Pfanne in der Kalahari, der Amboseli-See[21] in Südostkenia) und Endsümpfen (wie die *Lorian Swamps* in Nordkenia oder der *Ran of Kuch* im indisch-pakistanischen Grenzgebiet).
Eine regionale Besonderheit bilden die Seen im Ostafrikanischen Graben (von Äthiopien bis ins nördliche Tansania), da aufgrund der geologischen Strukturen und der hydrologischen Gegebenheiten der Chemismus des Wassers unterschiedlich beeinflusst wird. So werden die meisten von ihnen durch auf dem Seeboden oder am Rande liegende Mineralquellen (teilweise in Form von Geysiren) mit mineralreichem Wasser gespeist, so dass *Sodaseen* mit hohen pH-Werten, aber besonderen ökologischen Bedingungen für Fauna und Flora entstehen (z.B. Turkana-See, Bogoria-See, Manyara-See, Natron-See, Eyasi-See); einige von diesen trocknen im jährlichen Rhythmus nahezu aus (wie der Natron- und der Magadi-See) und hinterlassen mächtige Krusten von Sodasalzen[22], die am Magadi-See in Kenia industriell abgebaut werden (HECKLAU 1989).

Trocken- und Dornsavannenzonen 53

In unmittelbarer Nachbarschaft zu diesen Mineralseen gibt es aber auch Süßwasserseen, wie z.b. den Baringo- und den Naivasha-See, deren Wasserzufuhr hauptsächlich aus benachbarten humiden Bergregionen gespeist wird. Der Baringo-See fließt unter Lavadecken ab, der Naivasha-See floß pluvialzeitlich durch ein heute über dem Seespiegel liegendes Tal ab.

2.3 Das Naturraumpotenzial im Hinblick auf Nutzungs- und Entwicklungsmöglichkeiten

2.3.1 Das ökoklimatische Kulturpflanzen- und Weidepotenzial

Schon ALEXANDER VON HUMBOLDT hat bei seinen Reisen in den tropischen Gebieten der Neuen Welt einen engen Zusammenhang zwischen dem Vorkommen bestimmter Vegetationseinheiten sowie Kulturpflanzen und ihrer klimatischen Umgebung feststellen können[23]. Seine meteorologischen Messungen in den Höhenstufen der Anden haben dabei das von dem Kolumbianer CALDAS (1771-1816) erstmals in der Fachwelt erwähnte System der tropisch-andinen Höhenzonen wissenschaftlich untermauert und verfeinert. LAUER (1952) und TROLL (1959) haben diesen Ansatz wieder aufgegriffen und für ihre Systematisierung der weltweiten Klima- und Vegetationszonen mit der Einführung humider und arider Kriterien – basierend auf der Berechnung mit Hilfe des DE MARTONNE'schen Index – weiter bearbeitet, aber Landnutzungsaspekte wurden dabei etwas vernachlässigt. Der entscheidende Impuls zur Integration agrarökologischer und agronomischer Gesichtspunkte in die systematisierende (Geo)Zonenlehre kam in den 60er und 70er Jahren vor allem von den Agrarwissenschaften, da dort in der aufkommenden Entwicklungshilfe die Bedeutung der *zonierenden Methode* zur Erfassung naturräumlicher Potenziale für die Optimierung der Landnutzung in den Tropen erkannt worden war (u.a. JÄTZOLD 1970).

2.3.1.1 Methodische Ansätze zur Ausweisung von agro- und pastroökologischen Klimazonen

JÄTZOLD entwarf Anfang der 70er Jahre eine *Agrarklimaklassifikation*, die sowohl thermische als auch hygrische Kriterien für die Ausweisung von potenziellen Räumen zum Anbau von Kulturpflanzen in den Tropen enthält (JÄTZOLD 1970). Basis der Einteilung bilden die Temperatur- und Wasserbedarfsansprüche von Kulturpflanzen und daraus resultierende ökonomische Möglichkeiten. *Agrarklimate* (400 Typen) werden aufgrund der pflanzenphysiologisch relevanten Parameter ausgewiesen; wie Jahresmitteltemperaturen, mittlere Minimum- und Maximumtemperaturen, sowie Verteilung, Dauer und Intensität der humiden und ariden Jahreszeiten (Verdunstungsberechnung mit der Formel von PENMAN 1956). Dieser Ansatz diente schon sehr bald als Grundlage für die Planung von Projekten der Entwicklungszusammenarbeit bezüglich der Neusiedlungsgebiete (*Settlement Schemes*) zur Aufnahme landhungriger Bevölkerung in den semiariden Gebieten des „*Agrosahel*" von Ostafrika (z.B. JÄTZOLD 1979).

Nahezu gleichzeitig wurde von der *Food and Agricultural Organization* der UN ein agrarklimatologisches Verfahren entwickelt (FAO 1978), um weltweite agroklimatologische/-ökologische Zonen auszuweisen[24], in denen bestimmte Kulturpflanzen mit einer definierten Länge der Vegetationsperiode wachsen können. Bei der Berechnung der Länge der potentiellen Vegetationsperiode werden dabei solche Monate herangezogen, in denen der Niederschlag die halbe potenzielle Verdunstung (nach PENMAN) übertrifft, wobei Schätzwerte für die gespeicherte Bodenfeuchte mitberücksichtigt werden[25]. Aufgrund der gewählten Maßstabsebene ist dieser Ansatz jedoch nicht für die Agrarplanung in nationalen, regionalen oder lokalen Raumeinheiten geeignet. Aber im zonalen Maßstab werden Mais für die Trockensavannen- und Hirse für die Dornsavannenzone als günstigste Getreidearten deutlich.

Die **agroökologische Gliederung der Tropen** von JÄTZOLD u. SCHMIDT (1982/83) bildet dagegen einen komplexen Ansatz, bei dem mit Hilfe der agroklimatischen Rahmenparameter (thermisch-hygrische Klassifikation, Abb. 14) und ökonomischer Erfordernisse (z.B. *Cash crops* als Leitkulturpflanzen für die anbaufähigen Regionen Kenias) Hauptzonen ausgewiesen werden. Die agrarischen Naturraumpotentiale werden anhand aufwendiger Geländearbeiten sowie mit Hilfe von neuentwickelten Computersimulationsmodellen ausgetestet, agrohumide Perioden auf 10-Tagebasis unter Berücksichtigung einer standardisierten Pflanzenwasserbedarfskurve und mittleren Boden-Speicherkapazität als Grundlage für die potenzielle Landnutzung bestimmt und in *Subzonen* zusammengeführt (Abb. 15) sowie räumlich differenziert niedergelegt (Abb. 16).

Gleichzeitig werden mit Hilfe von *Ertragssimulationsmodellen* die klimapotenziellen Erträge definierter Kulturpflanzenvarietäten in den räumlichen Einheiten der *Subzonen* saisonal berechnet, schließlich als Potenzial mit einer Zwei-Drittel-Wahrscheinlichkeit zusammengefasst (Abb. 17) und den Bodenansprüchen dieser Pflanzen angepasst.

Die Übertragbarkeit des Ansatzes und der dazu erforderlichen methodischen Instrumentarien konnte mittlerweile auch für das südwestliche Hochland von Äthiopien (ASRES 1996) sowie für den zentralen Chaco von Paraguay (KÖNIGSTEIN 1995) und für Simbabwe (BREUER 1993) nachgewiesen werden. Es konnte aber auch herausgefunden werden, dass die AEZ kein starres räumliches Konzept für ein planerisches Vorgehen darstellen, sondern dass sie durchaus auch Möglichkeiten für agroökonomische Anpassungen eröffnen (JÄTZOLD 1988b), wenn sich nämlich z.B. infolge des Einflusses von *El Niño*-Ereignissen (Kap. 2.1) oder agrarpolitischer Vorgaben bzw. sozioökonomischer Veränderungen (u.a. Marktsituation, Preise) die Anbaumöglichkeiten sowie Ertragsaussichten in den Sub- und Hauptzonen verändern (z.B. FRENKEN et al. 1993): So lassen sich etwa in der LM 5 (*Livestock-Millet Zone*) statt trockenangepasster und demgemäß ertragsarmer Perlhirse-, Sorghum- und Bohnenarten während der regenreicheren *El Niño*-Regenzeiten (*ENSO*) ertragreiche Mais- und Bohnenvarietäten anpflanzen[26].

Generalisiert läßt sich sagen, daß die *Zone 4*, in der Mais dominiert, der Trockensavannenzone entspricht; *Zone 5*, in der Hirsen dominierten, aber der weniger von Vogelfras bedrohte Mais trotz größerer Mißerntegefahr heute bevorzugt wird, ist die anbaufähige *Subzone* der Dornsavannenzone. Die *Zone 6* umfaßt deren nichtanbaufähige trockenere *Subzone*, die sich aber aufgrund des perennierenden Grases noch gut für Ranching eignet, während *Zone 7* als Halbwüste fast nur noch annuelle Gräser aufweist und deshalb Wanderweidewirtschaft erforderlich ist.

Da für die **Weidegebiete** der trockeneren Dornsavannen- und Halbwüstenzonen keine agrohumiden Perioden und Ertragspotentiale von Kulturpflanzen genommen werden können, müssen einer Agrarklimaklassifikation dieser Gebiete andere Kriterien unterlegt werden. Für die Primärproduktion in der Weidewirtschaft von entscheidender Bedeutung sind hier die Aspekte der Futter- und Wasserverfügbarkeit, die in erster Linie durch Beginn, Dauer und Intensität von Futterwuchszeiten sowie durch die Verteilung von unterschiedlichen Weideökosystemen und Wasserstellen bestimmt werden. Daneben spielt auch das Dürrerisiko eine wichtige Rolle, dazu in den feuchteren, anbaufähigen Randgebieten die Integration von marginalem Anbau und Viehhaltung (*Agropastoralismus*). Auf der Basis dieser Kriterien erarbeitete JÄTZOLD (1988a; 1991) die durch die zonale Wasserbilanz definierten *pastroökologischen Zonen*, deren methodische Grundlage sich an die der Agroökologischen Zonen anlehnt bzw. diese jenseits der Anbaugrenze fortsetzt (Abb. 14), sowie *pastroökologische Subzonen*. In diesen *Subzonen* werden die unterschiedlichen Weideökosysteme („Landschaftsszenarien")[27] mit Länge und Intensität der Futterwuchszeiten über Computersimulationsmodelle[28] berechnet und nach Standorten sowie räumlichen Einheiten ausgewiesen. Diese Futterwuchszeiten, die Trockenzeiten und das Dürrerisiko werden über die *ökoklimatischen Basis-Kennwerte* in den Subzonen angegeben (Tab. 5), in der die Wahrscheinlichkeit des Auftretens saisonaler und annueller Dürren sowie die maximale Länge einer futterlosen Zeit innerhalb der Zeitspanne einer Viehhaltergeneration ausgewiesen wird (JÄTZOLD 1991).

ECO-CLIMATIC OR PASTRO- AND AGRO-ECOLOGICAL ZONES OF THE TROPICS [1]

Main Zones / Belts of Z.	0 (perhumid)	1 (humid)	2 (subhumid)	3 (semi-humid)	4 (transitional)	5 (semi-arid)	6 (arid)	7 (perarid)	8 (extr. arid)
TA Tropical Alpine Zones Ann. mean 2-10°C	Glacier Mountain swamps			I. Cattle-Sheep Zone	II. Sheep Zone			High altitude deserts	
UH Upper Highland Zones Ann. mean 10-15° Seasonal night frosts		Sheep-Dairy Zone	Pyrethrum-Wheat Zone	Wheat-Barley Zone	U. Highland Ranching Zone	U. H. Nomadism Zone [4]			
LH Lower Highl. Zones Ann. mean 15-18° M. min. 8-11° norm. no frost		Tea-Dairy Zone	Wheat/Maize [2] Pyrethrum Zone	Wheat/l M [2] Barley Zone	Cattle-Sheep-Barley Zone	L. Highland Ranching Zone	L. H. Nomadism Zone [4]		
UM Upper Midland Zones Ann. mean 18-21° M.min. 11-14°		Coffee-Tea Zone	Main Coffee Zone	Marginal Coffee Zone	Sunflower-Maize [3] Zone	Livestock-Sorghum Zone	U. Midland-Ranching Zone	U. Midland Nom. Zone [4]	
LM Lower Midland Zones Ann. mean 21-24° M. min. >14°		L. Midl. Sugarcane Zone	Marginal Sugarcane Zone	L. Midland Cotton Zone	Marginal Cotton Zone [6]	L. Midland Livestock-Millet Zone	L. Midland Ranching Zone	L. Midland Nom. Zone [4]	
L Lowland Zones IL Inner Lowland Z. Ann. mean >24° Mean max >31°		Rice-Taro Zone	Lowland Sugarcane Zone	Lowland Cotton Zone	Groundnut Zone	Lowland Livestock-Millet Zone	Lowland Ranching Zone	Lowland Nom. Zone [4]	
CL Coastal Lowl. Z [5] Ann. mean >24° Mean max <31°		Cocoa-Oilpalm Zone	Lowland Sugarcane Zone	Coconut-Cassava Zone	Cashewnut-Cass. Zone	Lowland Livestock Zone	Lowland Ranching Zone	Lowland Nom. Zone [4]	

1) Inner Tropics, different zonation towards the margins. The T for Tropical is left out in the thermal belts of zones (except at TA), because it is only necessary if other climates occur in the same country. The names of potentially leading crops were used to indicate the zones. Of course these crops can also be grown in some other zones , but they are then normally less profitable.
2) Wheat or maize depending on farm scale , topography, a.o.
3) Maize is a good cash crop here, but maize also in LH 1, UM 1-3, LM and L 1-4;
4) Nomadism, semi-nomadism and other forms of shifting grazing
5) An exception because of the vicinity of cold currents are the tropical cold Coastal Lowlands cCL in Peru and Namibia. Ann. mean there between 18 and 24°
6) In unimodal rainfall areas growing periods may be already too short for cotton. Then the zone could be called Lower Midland Sunflower-Maize Zone.

Abb. 14: Agro- und pastroökologische Zonen in den Tropen nach JÄTZOLD u. SCHMIDT (1982/83, Orig. farbig; englisch wiedergegeben, da bereits international verbreitet)

Die hygrischen Zonen werden zunächst nach der Jahresbilanz von Niederschlag zu potenzieller Verdunstung (n. PENMAN) eingeteilt31 : Im bimodalen Bereich hat Zone 0 N > 1,5 Eo, 1 N = 0,8-1,5 Eo, 2 N = 0,65-0,8 Eo, 3 N = 0,5-0,65 Eo, 4 N = 0,4-0,5 Eo, 5 N = 0,25-0,4 Eo, 6 N = 0,15-0,25 Eo, 7 N < 0,15 Eo; im unimodalen haben die Zonen 0-3 ähnliche Grenzen, 4 N = 0,35-0,5 Eo, 5 N = 0,2-0,35 Eo, 6 N = 0,1-0,2 Eo, 7 N < 0,1 Eo. Diese schematischen Zonen können nach den Wasserbedarfs- und Befriedigungsberechnungen der jeweiligen Leitkulturen noch eingeengt werden.
Die Benennungen erfolgten aufgabengemäß nach Leitkulturen in Kenia, andernorts können z.T. andere Bezeichnungen angebrachter sein, z.B. LM4 ist in Simbabwe eine Mais-Tabak-Zone.

Der für Ostafrika entworfene Ansatz konnte mittlerweile bei der ökoklimatischen Gliederung der Trockengebiete Australiens in leicht modifizierter Form angewendet werden (JÄTZOLD 1993 a. u. 1995). Es konnte dort gezeigt werden, dass die Berechnung der Futterwuchszeiten und der daraus resultierenden Dürrerisiken eine wertvolle Hilfestellung bei der Weideflächenbewertung und beim Dürremanagement leisten kann (Tab. 5, S. 63).

Trocken- und Dornsavannenzonen

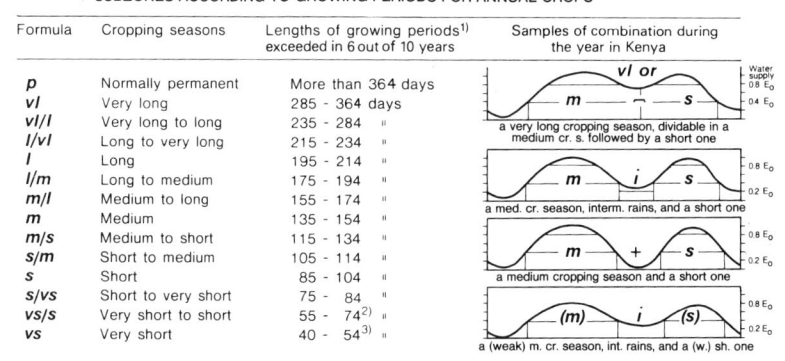

SUBZONES ACCORDING TO GROWING PERIODS FOR ANNUAL CROPS

Formula	Cropping seasons	Lengths of growing periods[1] exceeded in 6 out of 10 years	Samples of combination during the year in Kenya
p	Normally permanent	More than 364 days	vl or — a very long cropping season, dividable in a medium cr. s. followed by a short one
vl	Very long	285 - 364 days	
vl/l	Very long to long	235 - 284 "	
l/vl	Long to very long	215 - 234 "	
l	Long	195 - 214 "	a med. cr. season, interm. rains, and a short one
l/m	Long to medium	175 - 194 "	
m/l	Medium to long	155 - 174 "	
m	Medium	135 - 154 "	a medium cropping season and a short one
m/s	Medium to short	115 - 134 "	
s/m	Short to medium	105 - 114 "	
s	Short	85 - 104 "	a (weak) m. cr. season, int. rains, and a (w.) sh. one
s/vs	Short to very short	75 - 84 "	
vs/s	Very short to short	55 - 74[2] "	
vs	Very short	40 - 54[3] "	

Additional information: ur = unimodal rainfall, br = bimodal r., tr = trimodal r.
i = intermediate rains (at least 5 decades more than 0.2 E_O)[4]
( ) = weak performance of growing period (most decades less than 0.8 E_O)
+ = Distinct arid period between growing periods
⌒ = No distinct arid period between growing periods

1) Growing period = life of annual plants from seed to physical maturity. Figures show the time in which rain and stored soil moisture allow evapotranspiration of more than 0.4 E_O (in medium soils of at least 60 cm depth), enough for most crops to start growing. During main growing time they need more (>0.8E_O).
2) Lowlands and lower midlands, in UM, LH and UH 65-74 days
3) Lowlands, in LM 45-54 days, in UM 50-64 days, in LH and UH 55-64 days
4) That means moisture conditions are above wilting point for most crops

Abb. 15: Agroökologische Subzonen nach Wuchsperioden (Jätzold u. Schmidt 1982/83, englisch wiedergegeben, da bereits international verbreitet) mit Beispielen für die unterschiedliche Zusammensetzung in den Inneren Tropen

2.3.1.2 Die wichtigsten agro- und pastroökologischen Zonen der halbtrockenen und vorherrschend trockenen Savannenzonen

Sie umfassen die hygrischen Zonen 4, 5 und 6 der agroökologischen Klimazonierung (Abb. 14).

Die **Hygrozone 4** fällt weitgehend mit der Trockensavannen- bzw. Trockenwaldzone zusammen. 30 % (bimodal 40) bis 50 % der jährlichen potenziellen Evaporation (n. Penman) sind normalerweise durch den Niederschlag gedeckt, der zwischen 600 (bimodal 700) und 900 mm liegt und im Mittel 3,5 bis 6 mindestens semihumide Monate hervorbringt (bimodal meist 3 und 2,5). Das entspricht ungefähr 100 bis 150 Tagen (bimodal meist 80 und 60 Tagen) standardisierter Wachstumsperioden von über 67 % Sicherheit. Die Hygrozone 4 wird durch sechs thermische Gürtel in vier agroökologische Zonen, eine gemischte und zwei pastroökologische Zonen geteilt (Abb. 14). Es kann aus Platzgründen leider nur eine Zone als Beispiel näher ausgeführt werden:

CL 4 = Coastal Lowland Cashewnut-Cassava Zone

Cashewnüsse sind eine gute und deshalb hier namengebende Verkaufskultur im Küstensaum der semiariden Inneren Tropen (v.a. in Ostafrika), wo durch bimodalen Regenfall die Trockenzeit geteilt ist und gelegentliche Stauregen sie abschwächen, so dass dieser immergrüne, lederblättrige Baum nicht geschädigt wird. In den Äußeren Tropen bevorzugt er feuchtere Zonen. Die Kassawa (Maniok, engl. *Cassava*) hält als Knollenpflanze eine 6-8 monatige Trockenzeit aus und ist deshalb auch bei dem unimodalen Regenfall der Äußeren Tropen so gut anzubauen, dass sie sich im küstennahen (trockenheitsgemilderten) Südtansania auch als Verkaufsfrucht lohnt. Sisal ist ein weiteres Verkaufsprodukt, das auf Yucatan heimisch ist, aber 1893 auch nach Ostafrika gebracht wurde.

Daneben gibt es selbstverständlich Mais als Grundnahrungsmittel, obwohl er im Küstentiefland um etwa ein Drittel geringere Erträge als weiter im Innern oder gar im Hochland bringt, weil in den warmen Nächten ein hoher Prozentsatz der tagsüber gebildeten Assimilate wieder veratmet wird. Die traditionelle Sorghumhirse der Alten Welt ist eigentlich geeigneter, aber sie wurde seit Entdeckung der Neuen Welt allmählich vom schmackhafteren und weniger von Webervögeln bedrohten Mais weitgehend verdrängt. Kuherbsen (*Vigna unguiculata*), frühreife Sojabohnensorten, die Mungbohnen *Green* und *Black Grams* (*Vigna aureus* u. *V. mungo*), Kichererbsen (*Cicer arietinum*), Süßkartoffeln, Sesam, Weißkohl, Blattkohl, Zwiebeln, Tomaten, Paprika, Auberginen, Okra (*Hibiscus esculentus*), Wassermelonen, Gurken und Kürbisse ergänzen das vielfältige Nahrungsangebot zur Regenzeit, dazu auch Erdnüsse, die aber unter den luftfeuchten Bedingungen und häufigeren Schauern der Küstennähe unter der virusbedingten *Rosettekrankheit* und unter Pilzinfektionen leiden. Papayen und Mangos wachsen nicht mehr so gut wie in feuchteren Zonen, aber sie sind noch die wichtigsten Früchte.

Auf die kontinentale Variante dieser Zone kann hier nur ein Ausblick gegeben werden: Im Landesinneren (IL 4) gedeihen die Erdnüsse gut, weil die ausgeprägteren Trockenzeiten gesünder für die Pflanzen sind und bessere Reifung ermöglichen. Das gilt vor allem in der randtropischen *Subzone* mit unimodalem Regenfall wie im Senegal, im bimodalen Bereich der Inneren Tropen können die Regenzeiten für ertragreiche Erdnusssorten zu kurz werden. Sisalblätter werden in der Trockenzeit etwas ledrig und sind deshalb schwieriger zu entfasern.

Mais bringt wegen der kühleren Nächte höhere Erträge als an der Küste, aber trotzdem wird wie im Sudan noch viel Sorghumhirse angebaut, weil fern von den an der Küste ankommenden Kultureinflüssen sich die Tradition länger erhält. In den kühleren Höhenstufen dominiert der Mais (LM 4 u. UM 4).

Die **Hygrozone 5** fällt weitgehend mit der feuchteren *Subzone* der Dornsavannen- bzw. Dorngehölzzone zusammen. 15 bis 25 % (bimodal 25 bis 40 %) der jährlichen potenziellen Evaporation sind normalerweise durch den Niederschlag gedeckt, der zwischen 350 und 550 mm liegt (bimodal zwischen 550 und 700 mm) und im Mittel 2 bis 3,5 humide Monate hervorbringt (bimodal meist 2,5 + 1,5). Das sind 50 bis 90 Tage (bzw. 60 + 40 Tage) standardisierter Wachstumsperiode mit 67 % Sicherheit. Kombiniert mit den thermischen Gürteln gibt es vier gemischt agro- und pastroökologische Zonen, die höheren sind nur noch für Viehhaltung geeignet. Auch zwischen dem Küstenbereich und dem Binnenland besteht in dieser vorwiegend ariden Zone kein relevanter Unterschied, so dass auch diese Unterscheidung entfällt. Als Beispiel sei auch hier nur die Zone im tropischen Tiefland genannt:

L 5 = *Lowland Livestock-Millet Zone*

Viehhaltung ist die wirtschaftliche Basis, aber ein gewisser Anbau ist noch möglich, vor allem von raschwüchsigen Kleinhirsen (*millets*), die nur 1,5 bis 2,5 Monate Vegetationszeit brauchen. Diese muss jedoch mit mehr als Zweidrittelsicherheit gegeben sein, weshalb der Mittelwert von 3,5 humiden Monaten diesen notwendigen Sicherheitsrahmen ergibt. Im bimodalen innertropischen Bereich, d.h. im Osten Kenias und in Südsomalia, kann pro Regenzeit eine geringere Sicherheit ertragen werden, weil es eine zweite Chance im Jahr gibt. Zur Zeit sind diese Gebiete noch stark von Hunger betroffen, weil sie infolge des Bevölkerungsdrucks in feuchteren Gebieten erst in jüngerer Zeit besiedelt wurden, vom Herkunftsgebiet Mais mitgebracht wurde und trotz Misserfolgen immer wieder versucht wird[29], weil die angepassten Hirsen einschließlich Zwergsorghum kaum bekannt sind und auch niemand die Saat zur Verfügung stellt. Nur im Sahel besteht noch eine Hirsetradition mit lokal selektierter Perlhirse (*Pennisetum typhoideum*) und der mit noch weniger Wasser auskommenden Foniohirse („Hungerreis" im Senegal, wenn der Reis wegen Trockenheit missraten ist, *Digitaria exilis*). Die besonders angepassten Neuzüchtungen mit 45 Tagen Vegetationszeit und nur 150 mm Wasserbedarf stammen aus dem *Central Arid Zone Research Institute* (CAZRI) in Jodhpur in Nordwestindien. Dort ist allerdings wegen des Monsunklimas die Regenzeit sehr konzentriert und intensiv (Abb. 12). Diese Kleinhirse-Varietäten der *Foxtail Millet* (*Setaria italica*) und *Proso Millet* (*Panicum miliaceum*) wären auch schon als Möglichkeiten bei sehr kurzer zweiter Regenzeit im bimodalen Bereich der *Zone 4* zu nennen.

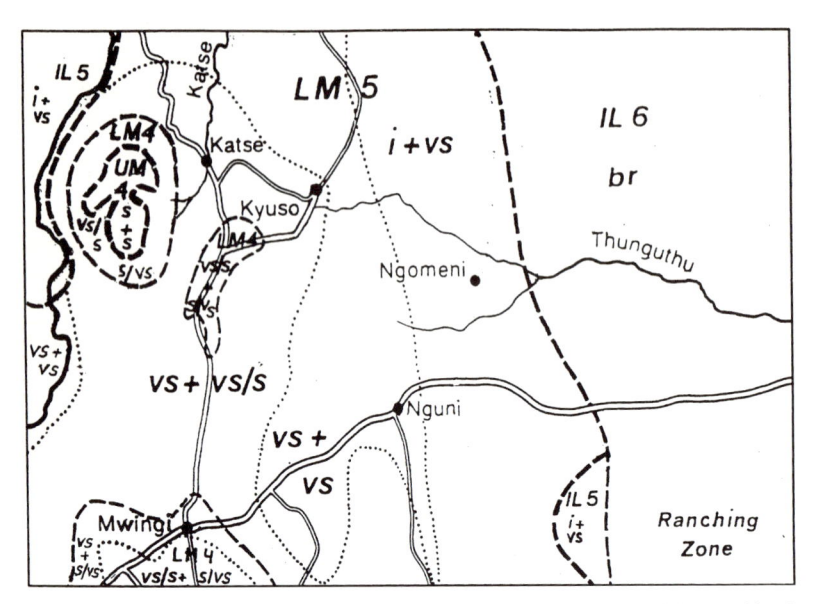

Abb. 16: Agro- und pastroökologische Zonen und Subzonen am Ostrand des Hochlands von Kenia als Beispiel für die Abfolge von semiariden zu ariden Zonen in den Inneren Tropen (Ausschnitt aus JÄTZOLD u. SCHMIDT 1982/83, *S. 206, Orig. farbig u. mit Bodenverteilung unterlegt).*

Die Grenzen der Zonen sind gestrichelt, die der *Subzonen* punktiert. Erläuterung der Buchstaben s. Abb. 14 u. 15. Nur auf den höheren Schollenresten über 1200 m fällt in 6 von 10 Jahren noch ausreichend Niederschlag, um in der kurzen bis sehr kurzen Vegetationszeit (75-85 Tage) einen gewissen Ertrag von einer rasch reifenden Maissorte zu erzielen (*Zone 4*). Im Trockengrenzbereich wird es aus Landnot auch noch versucht, es kommt aber in der überwiegenden Zahl der Jahre zu Hungerkrisen, denn es ist eigentlich eine Zone für schnell wachsende (aber deshalb ertragsarme) Zwerghirsesorten (45-70 Tage) in Verbindung mit Viehhaltung (*Zone 5*, s.a. Abb. 17), wofür aber mehr Land erforderlich wäre, als noch vorhanden ist. Unterhalb 900 m ist es auch für Kleinhirsen zu trocken und Ranching wäre die ökonomisch günstigste Nutzung (*Zone 6*). Aber das Landrecht ist unterentwickelt und für Zäune fehlt den kleinen Bauern das Kapital; deshalb beginnt hier bereits Nomadismus.

Abb. 17 (siehe rechts): Beispiel eines Agrohygrogramms und des naturbedingten Landnutzungspotenzials einer agroökologischen Subzone aus der Dornsavannenzone im Bereich der Regenfeldbaugrenze am Ostrand des Hochlands von Kenia (aus JÄTZOLD u. SCHMIDT 1982/83, *Part C, S. 212, Lage s. Abb. 16). Es ist aus der Viehhaltungs-Hirsezone die Subzone mit einer inadequaten ersten Regenzeit und einer sehr kurzen Anbauperiode in der zweiten, selbst für die nur 150 mm Niederschlag benötigende und in 45 Tagen die physische Reife erreichenden indischen Zwerghirsesorten (s.S. 59) reicht die Menge und Sicherheit der Niederschläge nicht aus, wohl aber in der zweiten, jedoch nicht für den gegenwärtig dort hauptsächlich vorkommmenden Mais. Entwurf: R.* JÄTZOLD

Trocken- und Dornsavannenzonen 61

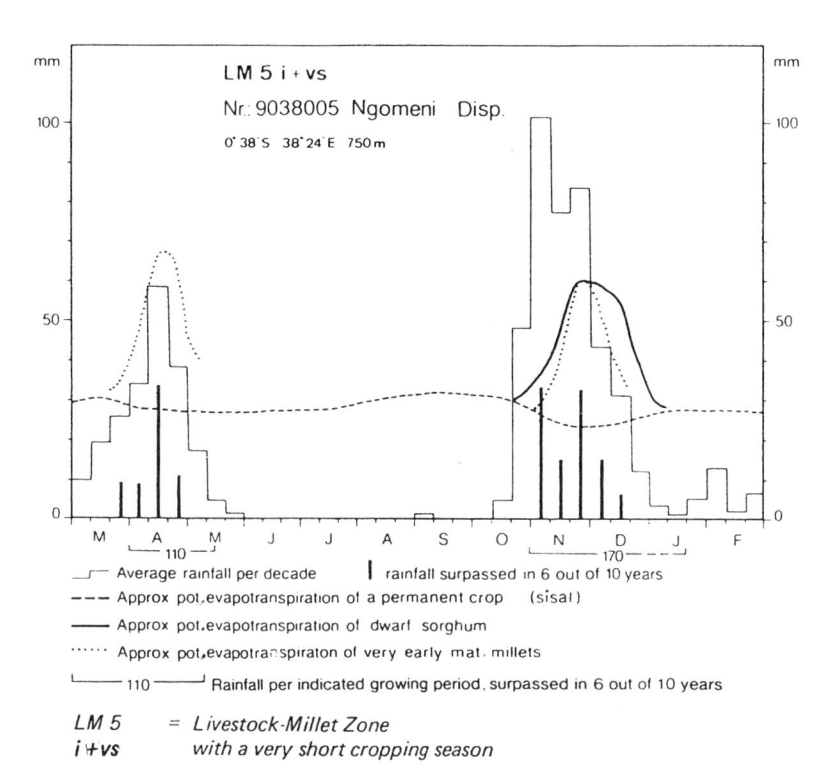

LM 5 i + vs
Nr.: 9038005 Ngomeni Disp.
0° 38´ S 38° 24´ E 750 m

⌐ Average rainfall per decade ⎮ rainfall surpassed in 6 out of 10 years
--- Approx pot.evapotranspiration of a permanent crop (sisal)
—— Approx pot.evapotranspiration of dwarf sorghum
······ Approx pot.evapotranspiraton of very early mat. millets
└─ 110 ─┘ Rainfall per indicated growing period, surpassed in 6 out of 10 years

LM 5 = *Livestock-Millet Zone*
i +vs *with a very short cropping season*

Landnutzungspotenziale
(wo das Herkunftsland genannt wird, ist der Anbau in Kenia noch nicht üblich)
Relativ gutes Ertragspotenzial (>60% vom klimat. Optimum in 6 v. 10 Jahren):
Zweite Regenzeit: Sehr früh reifende Zwerghirsen wie Foniohirse (Senegal, 70 Tage), eine indische Besenhirsesorte (*Foxtail millet*, 50 Tage) und eine dort gezüchtete Rispenhirsesorte (*Proso millet*, 45 Tage), Teparybohnen
Ganzjährig: die Knollengewächse Maramabohnen (aus Namibia) und Buffalogourds (aus Arizona)
Mäßiges Ertragspotenzial (40-60% in 6 v. 10 Jahren):
Zweite Regenzeit: Zwergsorghumhirse, eine frühreifende Perlhirsesorte (aus Senegal, mit Webervögel abweisenden Grannen), Mungbohnen (*Green grams*), Kuherbsen, Mottenbohnen (aus Nordwestindien), sehr früh reifende Bambarra-Erderbsen (65 Tage, auf sandigen Böden)
Ganzjährig: Sisal, Rizinus, Jojoba
Geringes Ertragspotenzial (20-40% in 6 v. 10 Jahren):
Zweite Regenzeit: Zwergsonnenblumen und Kürbisse
Gelegentliche Ertragschancen:
Erste Regenzeit in ca. 4 v. 10 Jahren: lokaler Mais (marginal), Tohonomais (Mexiko)
Zweite Regenzeit in 5 v. 10 Jahren: lokaler Mais (marg.); in *ENSO*-Jahren: Maissorte *Dryland Composite* (in ca. 2 v. 10 Jahren)
Viehhaltungspotenzial:
Auf jetzigen degradierten und verbuschten Weiden 1 lokale Großvieheinheit (250 kg = 1 Rind bzw. 7 Schafe oder Ziegen) pro 10 ha, mit Horsetail grass 1 lok. GVE pro 5 ha, mit Saltbush (Australien) und Heu von Futterpflanzen 1 lok. GVE pro 1 ha

So könnte noch viel Entwicklungshilfe durch Austausch der Anbauerfahrungen innerhalb einer Zone über die Kontinente hinweg geleistet werden, damit die richtige Saat zur richtigen Zeit am richtigen Ort ist.

Das gilt z.T. auch für die Hülsenfrüchte als Ergänzungskulturen, die mit 50 bis 75 Tagen Vegetationszeit (bis zur physischen Reife) auskommen müssen und Hitze vertragen sollten. Das sind in Mexiko die Tepary-Bohnen (*Phaseolus acutifolius*, 60 bis 75 Tage), die jetzt auch in Botswana und Kenia versucht werden; in der Sahelzone sind es kurzzyklische Varietäten der Bambarra-Erderbsen (*Vigna subterranea*, 50 bis 60 Tage) und Kuherbsen (*Cowpeas, Vigna unguiculata*, 60 bis 70 Tage), letztere auch in Ostafrika; in Nordwestindien sind es Mungbohnen (*Green grams, Vigna aureus, Vigna radiata*, 75 bis 80 Tage) und Mottenbohnen (*Vigna aconitifolia*, 60 bis 80 Tage).

Anpassungen an die Trockenheit erfolgen selbstverständlich nicht nur über die Schnellwüchsigkeit, sondern bei etlichen Arten auch über die für Regenzeit-Unterbrechungen wichtige Trockenstress-Toleranz, was z.B. bei Zwergsorghum und Mungbohnen der Fall ist. Andererseits kann die Anpassung über Stärke- und Feuchtespeicherung in der dicken Wurzel erfolgen wie bei den *Buffalo gourds* (*Cucurbita foetidissima*) aus Arizona/Mexiko, *Marama beans* (*Tylosema esculentum*) und *Vigna lobatifolia* aus der Kalahari und Namibia (die Knollen werden von Buschleuten und Ovambos gesammelt). Tiefwurzelnde Bäume, die nahrhafte Früchte, Schoten oder Samen liefern, wie der Gao-Baum (*Acacia albida*, Schoten für Tiere, in Notzeiten auch von Menschen verzehrt) im Sahel oder die Mesquite (*Prosopis juliflora*) in Amerika, sind auch wichtig. Futterpflanzen sollten hier bei der existentiellen Bedeutung des Viehs als zweite Lebensbasis eine große Beachtung finden. Das ist bei dem ausdauernden *Saltbush* (*Atriplex nummularia*) aus Australien bereits im Gang, der inzwischen vielerorts in dieser agroökologischen Grenzzone angepflanzt wird.

Ein Hauptproblem sind die **Dürren** im Regenfeldbau-Grenzbereich. Selbst in noch relativ sicheren Gebieten wie Nordwestindien fallen in einer Regenzeit 950 mm, in einer anderen nur 20 mm. Reservekulturen wie die obengenannten Knollengewächse, Futterbäume oder -sträucher sind dann überlebenswichtig. Wildfrüchte können auch helfen, und Mobilität ist notwendig (Rao u. Stahl 2000, S. 42 ff.). Gebietsweise kann man Dürren über *ENSO*-Werte voraussagen (s. S. 121, 126 u. Abb. 4)

Von den vielen *Subzonen* konnte aus Platzgründen hier nur eine gezeigt werden. Die an der innertropischen Anbaugrenze ist besonders interessant (s. Abb. 17). Ansonsten dominiert ab *Zone 6* die Viehhaltung, die hier noch als Ranching möglich ist. Im Grenzbereich zu *Zone 7* unterliegt sie jedoch großer Dürregefahr (Abb. 13), der durch rechtzeitigen Viehverkauf, Futterreserven oder Herdenverlagerung begegnet werden muß.

L 6 = *Lowland Ranching Zone*

Die **Hygrozone 6** liegt in der Regel außerhalb der *Regenfeldbaugrenze*. Die Niederschlagsmenge deckt im Mittel nur noch ca. 10 bis 15 % (bimodal bis 25 %) der jährlichen potenziellen Evapotranspiration, d.h. es fallen durchschnittlich ca. 250 bis 350 mm (bimodal 250-550 mm) Regen, was bei 1,5 bis 2 humiden Monaten (bimodal meist 2 + 1) die trockene Variante der *Dornsavanne* hervorbringt. Die Graswuchsperioden sind noch lang genug für perennierende Grasarten. Dadurch entsteht *standing hay* (annuelle Gräser zerfallen dagegen nach dem Vertrocknen). Dies ist eine ausreichende Basis für Rinderhaltung auf eingezäunten Weiden, daher *Ranching Zone*. Leben allerdings Nomaden in der nächsten trockeneren Zone, so sollte bedacht werden, dass sie Gebiete der Ranching Zone als *Trockenzeitweide* benötigen. In der feuchteren bimodalen Variante dieser Zone (*Zone 6⁺*) kann in der günstigeren der beiden Regenzeiten etwas zusätzlicher Anbau von trockenangepassten Getreidearten und Leguminosen betrieben werden (HORNETZ 1997).

Die thermische Höhengliederung der *Zone 6* bewirkt keine großen Unterschiede und braucht deshalb hier nicht extra behandelt werden. Die Grasqualität verschlechtert sich jedoch noch schneller als in der *Zone 5* mit zunehmender Höhe, so dass bereits oberhalb 2000 m die *Zone 6* besser den Nomadismus-Zonen zugeschlagen wird (*Zone 7*, Abb. 14).

Tab. 5: Beispiel der ökoklimatischen Basiskennwerte für Weidewirtschaft in der pastro-ökologischen Zone 6 (vgl. Abb. 13 u. 14, S. 39 u. 56)

Tsabong. Botswana, 26°03'S, 22°27'E, 960 m, randtropische aride Dornsavanne

Dauer der Graswuchsperioden		Dauer der Trockenperioden
Mittelwert pro Jahr:	60 Tage	Mittelwert d. Trockenzeit pro Jahr: 300 Tage
Sicherheit in 20 v. 30 J.:	>40 Tage	Risiko partieller Dürren (<50% Wuchs): 7 in 30 Jahren
Chancen in 10 v. 30 J.:	>80 Tage	Risiko totaler Dürren (<10% Wuchs): 3 in 30 Jahren
Bisherige max. Graswuchszeit	150 Tage	Bisherige max. Dürrezeit (ohne guten. Wuchs): 42 Mte in 30 J.

2.3.2 Differenzierung des Potenzials durch zonale und azonale/-intrazonale Bodentypen

Infolge der geringeren Niederschläge und des scharf ausgeprägten Wechsels von Regen- und Trockenzeiten mit langandauernder negativer *Bodenwasserbilanz* finden die für die Aufbereitung des Feinbodenmaterials wichtigen chemischen Verwitterungsprozesse in den semiariden Savannenzonen nur in einer relativ kurzen saisonalen Zeitspanne statt. Dies führt dazu, dass die Substrate weniger intensiv und tiefgründig verwittert sind wie vergleichsweise in den humiden Savannen- und Regenwaldökosystemen. Andererseits enthalten die Böden daher noch höhere Restmineralgehalte, d.h. noch verwitterungsfähige Minerale und Festsubstanzen, höhere Nährstoffbestände und weniger intensiv verwitterte Tonminerale (vorwiegend vom Typ der *Dreischichttonminerale*). Die Tonminerale dienen aufgrund der klimazonenbedingt geringeren Humusgehalte der Böden in den Trockengebieten in erster Linie als Austauscher für essentielle Pflanzennährstoffe und besitzen eine relativ hohe *Kationenaustauschkapazität* (KAK, Tab. 6).

Tab. 6: *Spezifische Oberflächen und Kationenaustauschkapazität wichtiger Tonminerale und organischer Substanz (Humus) in tropischen Böden*

Austauscher	Spezifische Oberfläche (m^2/g)	Kationenaustausch-kapazität (mval/100g)
Kaolinit (2-Schichttonmineral)	1 - 40	2 - 15[1]
Illit (3-Schichttonmineral)	50 - 200	20 - 50
Smectit (3-Schichttonmineral)	600 - 800	70 - 130
Montmorillonit (3-Schichttonmineral)	bis 750	100 - 130
Vermiculit (3-Schichttonmineral)	600 - 700	150 - 200
organische Substanz (Humus)	800-1000	180 - 300

[1] Z.B. bei ferruginisierten, ferralitisierten Substraten in Westafrika 2 – 6 mval/100g (nach PIERI 1992). Quellen: PIERI 1992, S. 30; SCHEFFER u. SCHACHTSCHABEL 1982, S. 83

Als Klimaxböden dominieren über Grundgebirge und sandigen Sedimentgesteinen zonal *fersialitische* Substrate (mit Fe-Si-Al-Komponenten), die je nach Zusammensetzung des Ausgangsgesteins und Bodenfeuchteangebots als grobkörnig-sandige *Arenosole*, feinsandig-lehmige *Cambisole* oder lehmig-tonige *Luvisole* mit stark *ferralitischen* Bestandteilen ausgebildet sein können (MANSHARD u. MÄCKEL 1995, S. 50, 55 ff). Diese sind allerdings nur kleinräumig verbreitet, wobei man am häufigsten noch **Cambisole** und mit diesen vergesellschaftet *Arenosole* auf den Pedimenten der *Inselberge*, Restbergländer und Schichtstufen antreffen kann. Die *Cambisole* enthalten je nach Ausgangsgestein aufgrund ihrer relativ jungen Entstehung und permanenten Profilverjüngung einen hohen Anteil an verwitterungsfähigen Restmineralen und Dreischichttonmineralen mit hohen Phosphat- und Kaliumgehalten (z.B. HORNETZ et al. 1995, S. 158, 163) sowie günstiger KAK. Sie sind von ihrem Ertragspotential durchaus als hochwertig einzuschätzen.

In Landschaften mit tonigen Sedimenten und Ca-silicatreichen Festgesteinen (z.B. Basalt) findet man verbreitet **Vertisole**, z.b. die *Regure* auf den tertiären Trappdecken des Dekkan-Hochlands in Indien oder die *Black Cotton Soils* der aus umgelagerten tertiären Basalten des äthiopischen Hochlandes bestehenden tonreichen Substrate im Sudan (primäre Bildungen, „*echte Vertisole*"). *Vertisole* kommen allerdings auch als sekundäre, intrazonale Bildungen in abflussträgen Senken und Spülmulden der Rumpfflächenregionen vor (z.B. in den *Dambos* und *Mbugas* Ost- und Südostafrikas), wo sich vor allem infolge kolluvialer Prozesse tonreiches, humoses Material während der Regenzeiten anreichert. *Vertisole* (lat. *vertere* = wenden) zeichnen sich durch einen hohen Tongehalt (>30 %) und eine intensive Pelo- und Hydroturbation aus (SCHULTZ 1995, S. 398) mit Quellung in den Regen- und Schrumpfung in den Trockenzeiten. Infolge der starken, manchmal bis zu 150 cm tiefen Schrumpfungsrisse kommt es zu einem Selbstmulch-Effekt (SCHEFFER u. SCHACHTSCHABEL 1982, S. 394), indem das humose und das Lockermaterial an der Bodenoberfläche in diese Risse hineinfällt oder eingespült wird. Allen *Vertisolen* gemeinsam sind die jahreszeitlich stark wechselnden Wassergehalte, wobei vor allem die Staunässebedingungen der Regenzeiten die Ausbildung der den Böden ihre dunkle Farbe verleihenden, sehr stabilen Ton-Humus(Humat)-Komplexe bewirken. Da die *Tonmineralstruktur* durch anlagerungsfähige und austauschreiche *Dreischichttonminerale* (vor allem Montmorillonite) geprägt wird, besitzen die *Vertisole* eine hohe spezifische Oberfläche und *Kationenaustauschkapazität*, die ihnen generell eine hohe natürliche Fruchtbarkeit verleihen (Tab. 6), aber sie sind staunass und schwer zu bearbeiten.

Relativ hohe pH-Werte im schwach sauren bis schwach alkalischen Bereich infolge hoher Basensättigung und Ca-Gehalte bilden eine gute Voraussetzung für eine leichte Nährstoffverfügbarkeit in den *Vertisolen*. Luftmangel und Wasserstau während der Regenzeiten lassen allerdings keine hochstämmige Vegetation zu, so dass grasreiche Savannen im Vegetationsspektrum dominieren. Der stark schwankende Wasserhaushalt sowie der hohe Tongehalt der *Vertisole* stellen zwar ein Hindernis für die agrarische Inwertsetzung dar, mit Hilfe moderner Bearbeitungstechniken sowie Ent- und Bewässerungsmaßnahmen ist eine ertragreiche Bewirtschaftung mit Verkaufsprodukten wie Baumwolle (auf *Black Cotton Soils*) und Zuckerrohr möglich (z.B. in Indien, im Sudan). Die Damboböden Ost-, Südost- und Westafrikas werden zunehmend durch Reisanbau genutzt (z.B. im Kilombero Valley/Südtansania; BAUM u. JÄTZOLD 1968); extensive Weidewirtschaft dominiert jedoch nach wie vor.

Weite Teile der Trocken- und Dornsavannen Afrikas, Südasiens, Nordost-Brasiliens und Australiens werden von **subfossilen Böden** bedeckt, deren Entstehung in feuchtere Klimaphasen des Quartärs, teilweise sogar des Tertiärs, zurückreichen: so z.b. zeigen die sandigen Substrate (*ferric Arenosols*) des Altdünengürtels der Sudan- und Sahelzone in Westafrika oder in der Kalahari eine ähnlich intensive *Ferruginisierung* (Rotfärbung infolge Hämatitbildung) wie die durch starke Silikatverwitterung geprägten, ihnen räumlich benachbarten *kaolinitischen* Böden über dem präkambrischen Grundgebirge des afrikanischen Schildes (*Ferralsole*) (PIERI 1992). Diese Böden sind durch sehr geringe *Kationenaustauschkapazität* (Tab. 6) und Nährstoffgehalte (vor allem Phosphatmangel) charakterisiert, die die Möglichkeiten für einen permanenten Feldbau aus bodenchemischer Sicht stark einschränken, vor allem wenn unangepasste Formen des *Agromining* betrieben werden. Ähnlich stark verwitterte Böden findet man auch in den Grundgebirgsregionen Nordostbrasiliens und Ostafrikas: Dort entstanden die *ferralitischen* Substrate bereits in den Feuchteperioden des Tertiärs (z.B. auf den submiozänen Rumpfflächen; SAGGERSON 1962). Aus ehemaligen *Ferralsolen* sind infolge von Tonverlagerungsprozessen mittlerweile *Luvisole* und *Acrisole* entstanden. Auch hier erschweren ungünstige bodenchemische Eigenschaften die Inwertsetzung trotz günstiger physikalischer Bedingungen wie gute Infiltration und Belüftung (so z.b. liegt die KAK bei den *ferric Luvisols* auf der submiozänen Rumpffläche in der Nähe der Forschungsstation KARI/NRRC Kiboko/Südostkenia bei ca. 6 bis 10 mval/100g; die Phosphatgehalte erreichen unter natürlichen Verhältnissen mit ca. 2 bis 3 mg/100g gerade so die zum Pflanzenwachstum erforderlichen Minimalwerte; HORNETZ 1997, S. 160 ff). Die sauren bis extrem sauren *Acrisole* in weiten Teilen des Sertão von NE-Brasilien weisen pH-Werte von 4,0, eine geringe Wasserspeicherfähigkeit und hohe Al-Gehalte auf, die eine agrarische Inwertsetzung erschweren (HILGER et al. 2000).

Die *ferralitischen* Böden enthalten in der Regel im B-Horizont eisen-, aluminium- und kaolinitreiche rot-weiße Kompartimente (*Plinthite*), die zu pisolithförmigen Konkretionen ausflocken und den Böden ein krümeliges Gefüge geben, was die Belüftung sowie die Infiltration und Wasserleitfähigkeit fördert. Sobald diese jedoch infolge von Erosionsprozessen an die Erdoberfläche gelangen, können sie wie in den humiden Savannen zu *Lateritkrusten* (lat. *later* = Ziegelstein) verhärten; *Laterite* werden z.B. in Westafrika und Indien als Baumaterial genutzt.

Relativ junge, gering verwitterte und daher mineralreiche Böden (vor allem **Regosole**) findet man in den großen Akkumulationsebenen der Trockengebiete (z.B. im Gran Chaco, in der Gangesebene, in den Binnendeltas der Kalahari, im Nigerbinnendelta). Diese besitzen in der Regel ein hohes agrarisches Potenzial, solange sie nicht unter Grundwassereinfluss mit Versalzungsgefahr leiden oder infolge ihres weitgehend labilen Gefüges bei anthropogener Überbeanspruchung zur Deflation neigen (z.b. Gran Chaco; KÖNIGSTEIN 1995). Mit den Regosolen vergesellschaftet treten entlang der großen Flussläufe häufig **Fluvisole** als azonale/intrazonale Bodentypen auf. Diese geschichteten Substrate sind ebenfalls mineralreich, häufig feinsandiglehmig und für den Anbau (vor allem mit Bewässerung) sehr gut geeignet.

Inselhaft, da an ehemalige vulkanische Aktivitäten räumlich angelehnt, haben sich über silicatreichen Basalten (z.B. Olivinbasalte) ton- und nährstoffreiche, gut belüftbare **Nitosole** entwickelt; ihre intensive Verwitterung verdanken sie in der Regel feuchteren Klimaphasen des Pleistozäns (rezent finden solche Bildungen auf basaltischen Standorten höhergelegener feuchter Bergwälder statt). Auf Grasstandorten der Hochländer (>1800 m) haben sich humusreiche **Phäozeme** mit A-C-Profil entwickelt (tropische „Schwarzerden"). *Nitosole* und *Phäozeme* stellen hochwertige Agrarstandorte dar.

Die Verbreitung von Weiß- und Schwarz**alkaliböden** (*Solonchake, Solonetze*), die natürlicherweise in abflusslosen Senken und Pfannen durch Anreicherung von Salzen, Mineralen (vor allem Na) und Ton vorkommen (z.B. im Tschad, in der Kalahari, in Zentralaustralien, im Gran Chaco, in Ostafrika), nimmt in den letzten Jahrzehnten durch die Ausdehnung und die Intensivierung der Bewässerungslandwirtschaft in den Trockengebieten stark zu, da durch nicht-angepasste Bewässerungstechniken der Grundwasserspiegel angehoben, der kapillare Aufstieg des Grundwassers durch den Verdunstungssog forciert und die Versalzung der Böden infolge der Ausblühungen an der Oberfläche gefördert wird (weltweit sind derzeit ca. 240 Mio. ha durch chemische Degradierung der Böden beeinflusst; BEESE 1997, S. 76, ohne die Degradierung durch ständigen Nährstoffentzug mitgerechnet).

Fazit:
Die Darstellung zeigt, dass die semiariden Savannenzonen sich durch eine große Vielfalt von unterschiedlichen, vor allem azonalen und intrazonalen Bodentypen auszeichnen. Zonale Klimaxböden in Form von *fersialitischen* Substraten sind nur gering verbreitet, was wohl mit einer intensiven Überprägung in feuchteren Klimaphasen des Tertiärs und Quartärs zusammenhängt; dadurch findet man vorwiegend *ferralitische* und *ferruginisierte*, meist kaolinitreiche Böden vor, deren weitere Entwicklung vor allem durch Tonverlagerungsprozesse (*Lessivierung*) gekennzeichnet ist. Das weitgehende Fehlen von funktionsfähigen Ton-Humus-Komplexen infolge der relativ geringen Biomasseproduktion (SCHULTZ 1995, S. 426) sowie die weite Verbreitung

(reliktischer) *ferralitischer* Böden mit sehr ungünstigen chemischen Eigenschaften belegt, dass landwirtschaftliche Nutzung nicht ohne eine nachhaltige Stabilisierung der Bodenfruchtbarkeit möglich ist (dazu: GITONGA et al. 1999).
Die mineralreichen, jungen Böden der Sedimentebenen sowie die über basischem Ausgangsmaterial entstandenen „echten" *Vertisole* können vom Aspekt der Bodenfruchtbarkeit her als (natürliche) Gunststandorte für die agrarische Nutzung betrachtet werden (EITEL 1999). Allerdings müssen auch bei ihrer Inwertsetzung die Gefahren der Bodendegradierung z.b. durch Versalzung, Nährstoffverlust und Bodenerosion berücksichtigt werden.

2.4 Traditionelle Lebens- und Wirtschaftsformen

2.4.1 Jäger- und Sammlerkulturen

Folgt man den Untersuchungen der Paläoanthropologen (wie z.b. SCHRENK 1997) so bilden die semiariden Gebiete Ost-, Südost- und Südafrikas die „Wiege bzw. Kinderstube der Menschheit". Bereits zur Zeit der *Australopithecinen* (Miozän-Pliozän), jenen ersten wahrscheinlich aufrechtgehenden Vertretern des Vormenschen, hatte sich infolge tektonischer und vulkanischer Prozesse im Bereich des Zentral- und Ostafrikanischen Grabens das Klima Nordost-, Ost- und Südostafrikas entscheidend verändert: Der hohe vulkanische Staub- und Aerosoleintrag in die Atmosphäre bewirkte eine Reduzierung der Einstrahlung in den äquatorialen Breiten, damit eine Temperaturerniedrigung und – zusammen mit der Hebung Ostafrikas sowie der Entstehung von über 3000 m hohen, meridional verlaufenden Grabenrändern, was mit einer Kappung des östlichen und südöstlichen Afrika von den Wind- und Zirkulationssystemen des Kongobeckens mit seinen immerfeuchten Regenwäldern und seinem hohen Feuchtigkeitsangebot verbunden war (und noch heute ist) – eine generelle Verringerung der Niederschläge. Folge davon war die *Savannisierung* weiter Landstriche und damit die Notwendigkeit zur Entwicklung von Anpassungsstrategien der Hominiden. Seit dieser Zeit lassen sich Spuren vor- und später frühmenschlicher Aktivitäten in den Trocken- und Dornsavannen nachweisen, wobei klimatische und andere Umweltveränderungen über den *Homo habilis* und *Homo erectus* immer weiter zu neuen Anpassungsformen führten (SCHRENK 1997). Schließlich eroberte auch der *Homo sapiens sapiens* diese Lebensräume und konnte sie in seiner frühen Form, wie den *Khoisaniden*, lange Zeit – teilweise bis heute – als Rückzugsräume gegenüber nachdrängenden Gruppen behaupten.

2.4.1.1 Aborigines in Australien

Sie besiedelten nicht nur die dortige Savannenzone, sondern auch die Halbwüsten-, Steppen- und Waldzonen, aber werden hier schwerpunktmäßig behandelt.

Die australischen Aborigines (lat. *ab origine* = vom Ursprung her) bilden das einzige indigene Volk, das seit der Frühzeit des modernen Menschen in den Trockenregionen nachzuweisen ist. Neuere archäologische Forschungsergebnisse (unterstützt durch C^{14}-Datierungen) deuten daraufhin, dass sie nicht erst seit 40.000 Jahren wie bisher angenommen (z.B. ELKIN 1981, S. 10), sondern seit mindestens 60.000, wenn nicht sogar 120.000 Jahren bereits dort anzutreffen sind (STROHSCHEIDT 1996, S. 104). Bis um 200 m niedrigere Meereswasserstände infolge der pleistozänen Vereisungen bildeten die Voraussetzungen für das Übersiedeln des aus den afrikanischen Savannen kommenden *Homo sapiens sapiens* vom eurasischen Festland über die südostasiatischen Inseln nach Australien. Nach Schätzungen lebten bis zur Ankunft der ersten Europäer in Australien im Jahre 1788 mindestens 750.000 Aborigines dort (Australien und Tasmanien; STROHSCHEIDT 1996, S. 104), die in ca. 500 Völkern/Stämmen und zahlreichen Clans organisiert waren, mit 250 bis 260 verschiedenen Sprachen und etwa 700 unterschiedlichen Dialekten. Dies dokumentiert auch ihre ehemalige kulturelle Vielfalt. Heute leben mehr als die Hälfte der Aborigines in den australischen Bundesstaaten *Queensland* und *New South Wales*, wo sie aber nur ca. 1 bis 2,5 % der gesamten Bevölkerung bilden (STROHSCHEIDT 1996, S. 109); lediglich in den dünnbesiedelten *Northern Territories* mit einer vergleichsweise hohen Anzahl von Reservaten erreichen die Ureinwohner ca. 20 bis 25 % Anteil an der Gesamtbevölkerung.

Ursprünglich waren die Aborigines halbsesshafte Jäger und Sammler, die in genau umgrenzten Stammes- und Clangebieten saisonal je nach Jahreszeit, Klima, Ressourcen und Gruppenstärke wanderten. Das dem Clan als Kollektiv gehörende *Clanland* wurde durch die innerhalb seines Territoriums liegenden religiösen Zentren und totemistischen Plätze festgelegt; z.B. steht der *Ayers Rock* (in der indigenen Sprache *Uluru* genannt) mit seinen vielfältigen mythischen Orten im Zentrum eines solchen *Clanlands* (Karte in ERCKENBRECHT 1988, Abb. 3). Der Rechtsanspruch darauf wurde durch die Mythologie begründet, eine Veräußerung war grundsätzlich nicht möglich, genausowenig wie ein individueller Erwerb durch Kauf, Pacht oder Erbschaft; allein die Zugehörigkeit zu der ethnischen Gruppe legitimierte den Anspruch auf das Land. Dies spielt heutzutage eine große Rolle bei den territorialen Rückforderungen der Aborigines, da das Recht eines Clans an seinem *Clanland* niemals in Frage gestellt werden kann. Je nach Tragfähigkeit der Ökosysteme betrug die Größe der Clanterritorien 500 bis 100.000 km², in Dürrezeiten jedoch konnten die festgelegten Flächen modifiziert werden, mehrere Clans ein Gebiet gemeinsam nutzen. Nur ca. 25 % der Nahrungsmittel im semiariden bis ariden – daher wildarmen – Zentralaustralien stammten aus der Jagd, die von den Männern allein oder in kleineren Verbänden ausgeübt wurde; gejagt wurden vornehmlich Kängurus und Emus, die häufig mit Hilfe von gezielt gelegten Bränden gefangen wurden (n. BERNDT 1964, zit. in ERCKENBRECHT 1988, S. 10).

In den Trockengebieten überwog die Sammeltätigkeit, die vor allem von den Frauen ausgeübt wurde (Früchte, Wurzeln, Muscheln, Fische, andere nahrhafte Pflanzen), in geringerem Maße auch von Männern (Larven, Insekten, Maden, Honig etc.). Obwohl die Aborigines als Angehörige der okkupatorischen Kulturstufe keine Lager- und Vorratshaltung kannten, wandten sie teilweise kultivierende Techniken zur Erhaltung von kleinräumig für die Nahrungssuche wertvollen Ökosystemen an, wie z.B. das Aussäen von wilden Hirsesamen am Sammelort, das gezielte Abschneiden und Wiedereinsetzen von Yams-Trieben (mit Erneuerungsknospen) in den Boden oder der bewusste Gebrauch des Feuers zur Meliorierung von Grasbeständen (als Weideflächen für Wildtiere). Da jedoch jederzeit genügend Raum und Ressourcen zur Verfügung standen, war eine Sesshaftwerdung mit landwirtschaftlichem Anbau anscheinend nicht notwendig. Dies belegen auch Beobachtungen von PETERSON (1978, zit. in SUPP 1985, S. 97), wonach die Sammelwirtschaft eine sehr arbeitsökonomische Form der Subsistenzsicherung darstellt, denn in Zentralaustralien können Frauen innerhalb von nur 4 Stunden täglich den Bedarf einer Familie mit ca. 4,5 kg essbarer pflanzlicher Biomasse „ernten".

Über nahezu 200 Jahre wurden die Interessen der Ureinwohner Australiens von den britischen Eroberern des Kontinentes ignoriert: zunächst wurden die kämpferischen Stämme aufgrund überlegener europäischer Kriegstechnik militärisch unterworfen und von ihren Stammes- und Clangebieten vertrieben. In den in der zweiten Hälfte des 19. und zu Beginn des 20. Jahrhunderts eingerichteten Reservaten konnten sie ihren traditionellen Lebens- und Wirtschaftsweisen nur eingeschränkt nachgehen, die folgende Verarmung und Hunger führten zu einem Rückgang der Geburtenraten und zum Ansteigen vor allem der Kindersterblichkeit, eine Degradierung als Menschen zweiter Klasse zu Wohlfahrts- und Nahrungsmittelempfängern war erreicht; die weißen Australier erwarteten im 19. Jahrhundert in „Ruhe" das Aussterben der Aborigines in ihren „eingekralten" Lebensräumen (australische Variante der Apartheid; ERCKENBRECHT 1988, S. 60).

Erst in den 30er Jahren des 20. Jahrhunderts wurde die Politik der Reservate und der Segregation durch eine allmähliche Assimilierung abgelöst mit einer Verbesserung vor allem der sozialen Infrastruktur in den Ureinwohnergebieten. Das 1967 von ca. 90 % der australischen Bevölkerung befürwortete Referendum brachte schließlich den Aborigines die vollen Staatsbürgerrechte und in der Folge Landrechtsgesetze (z.B. 1976 in den *Northern Territories*), mit deren Hilfe sich die Clanmitglieder ihre Eigentumsrechte auf ihr *Clanland* heutzutage erstreiten können. Die Rückgabe des den *Ayers Rock/Uluru* umgebenden Territoriums an die traditionellen Eigentümer 1985 rückte die Frage traditioneller indigener Landrechte in den Mittelpunkt der Weltöffentlichkeit. Seitdem gewinnt auch das kulturelle Erbe der Aborigines zunehmend an Interesse, wie die weltweite Nachfrage nach ihren Kunstwerken (vor allem Malereien) sowie viele Reisen in den *Outback* Australiens belegen.

2.4.1.2 Buschleute (San) der Kalahari

Die Trockengebiete des Kalahari-Beckens im südlichen Afrika bis nach Südostangola werden von *Khoisan*-sprechenden Gruppen bewohnt, die sich aus Buschleuten (*San*) und Hottentotten (*Khoikhoin*) zusammensetzen.

Die in der zentralen Kalahari von Botswana und Namibia lebenden ca. 55.000 (nach GUENTHER 1986, S. 1) Buschleute (Afrikaans *boesjesmans* = Leute, die hinter den Windschirmen leben) waren ursprünglich Jäger und Sammler, wobei man nicht-*khoe*- und *khoe*-sprechende Gruppen mit unterschiedlicher ethnischer Herkunft unterscheidet. Die nicht-*khoe*-sprechenden Gruppen (Abb. 18) werden mittlerweile als die älteste indigene Gruppe des südlichen Afrika angesehen (BARNARD 1992, S. 28), die wohl schon vor 40.000 Jahren dort heimisch war. Ihr Siedlungsgebiet umfasste – und das zeigen Felszeichnungen auch heute noch – einstmals das gesamte südliche Afrika. Eine Verwandtschaft mit den heute nur noch reliktischen Wildbeutergruppen in Ostafrika wie den *Ndorobos* in Nordkenia und den *Hadzapi* in Tansania (die ebenfalls die Klicklautsprache beherrschen) kann angenommen werden (SCHAPERA 1965, S. 28). Erst ab ca. 2.500 v.Chr. scheinen viehhaltende Einwanderer aus dem östlichen Afrika nach Süden vorgedrungen zu sein (nach MAUNY 1967, zit. in BARNARD 1992, S. 30), die sich kulturell den frühen Gruppen von Buschleuten anglichen, ihre Sprache in leicht modifizierter Form (*Khoekhoe*-Sprache) sowie in den marginalen Räumen ihre Lebens- und Wirtschaftsweise als Jäger und Sammler übernahmen (Abb. 18). Ethnisch bzw. genetisch sind diese mit den früher Hottentotten (Afrikaans *hüttentüt* = Stotterer), heute Nama genannten Gruppen verwandt. Auf die ost- bzw. nordostafrikanische Herkunft der sozial (hierarchisch) gegliederten, viehhaltenden Hottentotten weisen die von ihnen mitgeführten Langhornrinder und Schafe hin, die genetisch mit ägyptischen und nordafrikanischen Rassen verwandt sind (BARNARD 1992, S. 30; SCHAPERA 1965, S. 42).

Seit den letzten 2.000 Jahren werden die *Khoisan*-sprechenden Völker im südlichen Afrika von den von Norden einwandernden, hauptsächlich ackerbautreibenden *Bantus* sowie den vom Kap nach Norden drängenden weißen

Siedlern in ihren Lebensräumen eingeengt und immer weiter in die marginalen Gebiete abgedrängt.

Die von der Jagd und Sammelwirtschaft lebenden (frei) nomadisierenden *San*-Buschleute sind in nicht-hierarchisch gegliederten Verbänden organisiert, die meist aus mehreren Familien bestehen und nur ganz selten aggregiert sind. Verbandsstärke, Lebensraum/Fläche des Verbandes und Migrationshäufigkeiten sind sehr unterschiedlich: So z.b. konnten bei den *!Xõ* im westlichen Botswana (Abb. 18) Gruppengrößen von 18 bis 48 Personen auf einem Territorium von 1.000 bis 2.200 km^2 und 0 bis 7 Wanderungen pro Jahr festgestellt werden, bei den *Dobe !Kung* im nordwestlichen Botswana 19 bis 42 Personen auf 675 bis 1.370 km^2 und 4 bis 18 Wanderungen pro Jahr bzw. einer benachbarten Gruppe 14 bis 88 Personen auf 87 bis 400 km^2 und 0 bis 4 Wanderungen pro Jahr (BARNARD 1992, S. 226). Das Leben der Buschleute wird durch den Jahresgang des Klimas mit einem ausgeprägten Wechsel von Regen- und Trockenzeit bestimmt, da davon die Verfügbarkeit von Wasser und Nahrung abhängt. Die hohe annuelle und saisonale Variabilität des Angebotes an natürlichen Ressourcen führt dazu, dass die meisten Buschleute-Gruppen keine festgelegten, abgegrenzten Territorien wie z.b. die Aborigines Australiens durchstreifen; ihr Überlebensprinzip ist eine hohe Flexibilität und Mobilität (SCHAPERA 1965, S. 127), die auch schon einmal dazu führen kann, dass man sich die Ressourcen (vor allem Wasserstellen) während der Trockenzeit mit benachbarten Verbänden teilt (Aggregation von Verbänden; BARNARD 1992, S. 230); andere Gruppen vor allem in der zentralen Kalahari aggregieren in der Regenzeit und leben isoliert während der Trockenzeit. Das jahreszeitlich unterschiedliche Nahrungsangebot besteht in der Regenzeit und kurz danach meist aus sehr üppigen, vitamin- und proteinreichen Produkten wie wilden Nüssen (hauptsächlich des Mongongo-Baumes), Beeren und verschiedenen Melonenarten (z.B. Tsama-Melonen, *Citrullus vulgaris*), in der Trockenzeit hingegen aus meist weniger schmackhaften, stärkehaltigen Wurzeln und Wurzelknollen. Unter diesen befindet sich auch die Marama-Bohne (*Tylosema esculentum*), eine Leguminose, die unterirdisch einen kürbisgroßen, wasserspeichernden Wurzelstock ausbilden kann (ENGELS 1984; HORNETZ 1993). Gejagt werden von den Männern (meist in kleinen Gruppen) Antilopen, Gazellen und Zebras, aber auch Schlangen und kleinere Tiere. Als Jagdwaffen werden vor allem vergiftete Pfeile benutzt. Buschleute in der Nähe von Gewässern – wie im Okawango-Delta – leben hauptsächlich vom Fischfang.

Heute gibt es nur noch wenige Gruppen, die die traditionelle Wirtschafts- und Lebensweise praktizieren. Unter dem Einfluss der in die Trockengebiete vordringenden europäischen und (*Bantu*-)afrikanischen Siedlungen in den letzten Jahrhunderten sind nicht nur die Lebensräume der Buschleute eingeschränkt worden, sondern sie haben sich wirtschaftlich und kulturell den

Trocken- und Dornsavannenzonen

neuen Nachbarn angepasst oder sind von ihnen abhängig geworden. Nur ca. 10 % von ihnen leben noch als Jäger und Sammler (KENNTNER 1993), häufig allerdings findet man sie als verachtetes Proletariat am Rande der *Bantu*gesellschaft (vor allem in Botswana). In Namibia nutzte man die Buschmänner wegen ihrer guten Ortskenntnisse und Anpassungsfähigkeit an die Umgebung als Fährtenleser und Buschkrieger in den Kolonialarmeen der Deutschen, Briten und Südafrikaner zur Eroberung und zum Machterhalt in den entlegenen Gebieten des Kalahari-Beckens und während des Unabhängigkeitskampfes in Namibia.

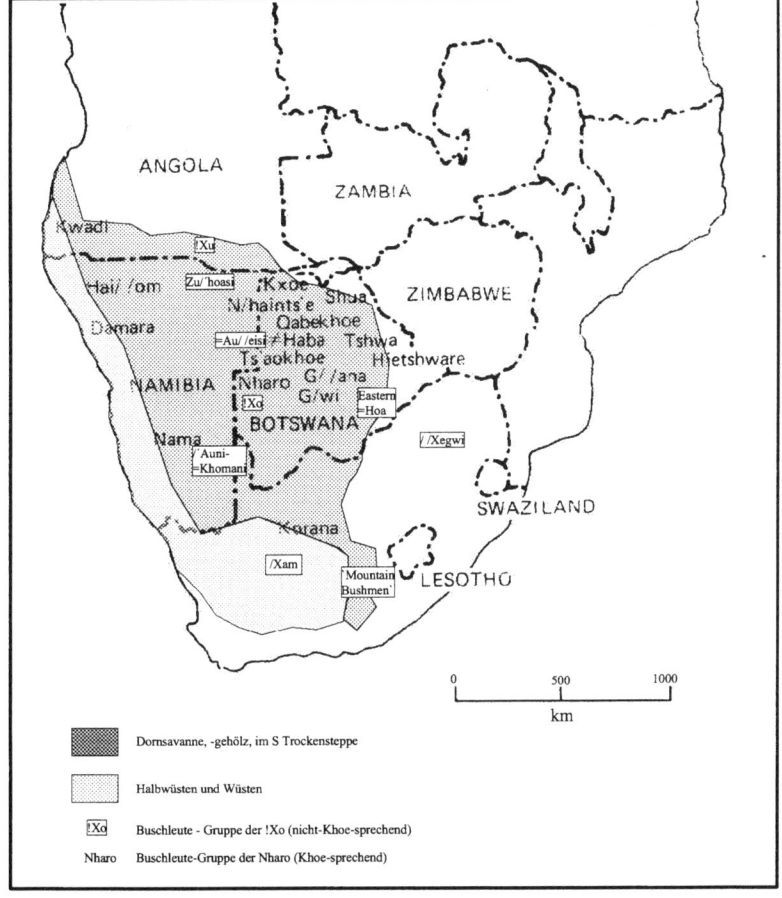

Abb. 18: Verbreitung der wichtigsten Buschleute-Gruppen im Kalaharibecken
Quelle: BARNARD 1992, S. 23

Eine Sesshaftmachung der nomadisierenden Gruppen war allerdings schwieriger als die der viehhaltenden *Khoikhoin* (Nama). Das Beispiel der *Nharo*-Buschleute (ca. 9.000 Personen) aus dem *Ghanzi District* im westlichen Botswana und im östlichen Namibia zeigt eindrucksvoll, wie eng traditionelle und moderne Wirtschafts- und Lebensweisen nebeneinander existieren bzw. miteinander verbunden werden können: GUENTHER (1986, S. 10 ff.) legt dar, dass trotz einer weitreichend sesshaften Lebensweise im Bereich um den europäischen Farmblock (ein Gebiet von. 350 bis 450 mm Niederschlag) mit sehr differenzierten Aktivitäten zur Subsistenzsicherung (z.B. 38 % durch Einkommen aus der Farmarbeit, 7 % aus handwerklichen Arbeiten und der Lederverarbeitung, 7 % aus dem Viehhüten, 6 % durch Nahrungsmittelanbau und 32 % aus der Sammelwirtschaft und Jagd) immer wieder verarmte und durch die Farmarbeit (meist als Tagelöhner) desillusionierte Familien sich zu kleinen Verbänden zwecks Durchführung der traditionellen Wildbeuterwirtschaft zusammenschlossen und diese vor allem im benachbarten *Central Kalahari Game Reserve* praktizierten. Viele von diesen kehrten nach einer bestimmten Zeit allerdings auch wieder auf die Farm zurück. Das *Central Kalahari Game Reserve* (ca. 46.000 km^2) im östlichen Teil des *Ghanzi District* wurde 1958 als Gebiet zum Schutz der Buschleute ausgewiesen. Obwohl es in den 80er Jahren Bestrebungen von europäischen Naturschutzorganisationen und der botswanischen Regierung zum restriktiven Schutz der Tier- und Pflanzenwelt und damit zur Vertreibung der Wildbeuter aus dem Gebiet gab, wurde 1990 dieser Plan offiziell aufgegeben, so dass die traditionellen Lebens- und Wirtschaftsweisen dort wieder zunahmen (BARNARD 1992, S. 240).

Nach der Meinung von Ethnologen und Anthropologen bestehen ihre zukünftigen Entwicklungsmöglichkeiten als indigene Ethnie vor allem darin, dass sie einerseits in solchen Schutzgebieten ihre Kultur weiter pflegen können, und dass andererseits Räume ausgewiesen werden, in denen im Transformationsprozess befindliche Buschleute sesshaft werden und moderne sowie traditionelle Elemente ihrer Kultur und Wirtschaft miteinander verbinden können (GUENTHER 1986, S. 321 f.)

2.4.1.3 Indianische Gruppen im Gran Chaco von Paraguay

Gruppen von Jägern und Sammlern durchstreiften ehemals die Trockengebiete des Gran Chaco in Südamerika. Sie gehörten zur indianischen Sprachfamilie der *Guaraní* und waren in nicht-hierarchisch gegliederten Lokalgruppen organisiert (REGEHR 1979, zit. in KÖNIGSTEIN 1995, S. 26). Die Ressourcen in den klar abgegrenzten lokalen Einheiten waren bei den Chaco-Völkern, wie bei anderen Wildbeutergruppen ebenfalls Gemeingut und durften von allen Mitgliedern der Lokalgruppen genutzt werden. Es gab

Trocken- und Dornsavannenzonen 75

keinen Privatbesitz an Lebensmitteln, alle von der Lokalgruppe erbeuteten tierischen und pflanzlichen Produkte wurden gleichmäßig unter die Mitglieder der Gruppe verteilt.

Heute sind die noch ca. 80.000 Personen (ca. 2 % der Bevölkerung Paraguays) zählenden indianischen Ureinwohner assimiliert und als unterprivilegierte Gruppen in die modernen Wirtschafts- und Gesellschaftssysteme integriert, häufig arbeiten sie als Tagelöhner auf großen Farmen und Ranches wie z.b. in den mennonitischen Siedlungsgebieten des zentralen Chaco von Paraguay (KÖNIGSTEIN 1995).

2.4.2 Nomadismus und Halbnomadismus

2.4.2.1 Verbreitung, Formen und bestandsökologische Grundlagen der traditionellen Wanderweidewirtschaft

Im Gegensatz zu den äquatornäheren humiden und semihumiden Geozonen sowie den Trockenwäldern sind die semiariden (und ariden) Savannen weitgehend tsetsefliegenfrei und damit weniger durch die für domestizierte Tiere gefährliche Nagana-Seuche (*Trypanosomiasis*) bedroht, so dass die traditionelle Viehhaltung hier besonders günstige Voraussetzungen hatte. Bis in die Kolonialzeit hinein waren die Dornsavannen und Teile der Trockensavannen Afrikas, Südarabiens und Südasiens Lebens- und Wirtschaftsräume von subsistenzorientierten Rinder- und Kamelnomaden. Sahel- und nördliche Sudanzone, das Horn von Afrika und die Trockengebiete Ostafrikas bis nach Zentraltansania wurden von nomadischen Gruppen genutzt; im Umfeld des Kalahari-Beckens waren nomadische Völker, wie die *khoisaniden* Hottentotten (= *Nama*) und die zu den *Bantus* gehörenden *Hereros* verbreitet. *Beduinen* besiedelten und nutzten die Dornsavannen der südlichen arabischen Halbinsel im Wechsel mit der Halbwüste. Extensive Weidewirtschaft gab es schon seit mehreren tausend Jahren zwischen der 'Wüste' *Tharr* (im pakistanisch-indischen Grenzgebiet) und der angrenzenden Dornsavanne.

Heute allerdings findet man nomadische Ethnien fast nur noch im Südsahara-Sahelraum, in Ost- und in Südwestafrika, wo sich die meisten bereits in der Transformationsphase (SAIDI 1989) befinden, so dass ihre Zahl auf noch knapp 15 Mio. bei einer Fläche von ca. 13 Mio. km^2 geschätzt wird (MANSHARD u. MÄCKEL 1995, S. 108); für Mitte der 60er Jahre des 20. Jahrhunderts geben COUGHENOUR et al. (1985) noch 50 Mio. an. Diese Zahlen sind jedoch vorsichtig zu interpretieren, da eine quantitative Erfassung der nomadischen Bevölkerung wegen der mobilen Lebensweise, aber auch der vielen fließenden Übergänge zum Halbnomadismus, Teilnomadismus und Agropastoralismus sehr schwierig ist. Weitgehend traditionelle Formen der pastoralen Viehwirtschaft herrschen bei verschiedenen Untergruppen des von Senegal über Mali, Nordnigeria, Kamerun bis zum Tschad verbreiteten Fulbe-Volkes vor (so z.B. bei den *Jengelbe, Waolbe, Nduronaabe* und *Haboobe* im Senegal; WEICKER 1982), ebenso bei den berberischen *Tuareg* in Mali, Burkina Faso und Niger – die mittlerweile infolge von Südwärtswanderungen in den letzten Jahrzehnten bis zu 80 % in der Sahelzone leben (FUCHS 1989) –, den tschado-hamitischen *Tubu* im Bereich des Tschadsees und bei einigen nilotischen, hamitonilotischen und hamitischen Stämmen Ostafrikas (*Turkana, Pokot, Samburu*, Teile der *Maasai, Boran* und *Somalis*). Von den ehemals weitverbreiteten nomadischen Gruppen im südlichen Afrika haben nur noch die kleinen, bantusprechenden, aber kulturell den ostafrikanischen Nomaden verwandten Stämme der *Himba* (Kaokoveld, Nordnamibia) und der *Tjimba* in Südangola ihre traditionelle Lebensweise weitgehend bzw. teilweise beibehalten. Den Nomadismus nahezu aufgegeben haben allerdings die zwischen Rotem Meer und Tschadsee beheimateten *Baggara* (ca. 5 Mio. Menschen), Rinderhirten arabischer Herkunft (FUCHS 1989). Die wenigen noch verbliebenen nomadischen Gruppen in den Trockengebieten Südasiens wie die *Seraikis* im pakistanischen Teil der *Tharr* (Cholistan-Wüste) stehen derzeit so stark unter wirtschaftlichem und politischem Druck der Nationalstaaten Indien und Pakistan, dass SCHOLZ (1999) um die Fortdauer ihrer Wirtschafts- und Lebensweise fürchtet. Die ehemals nomadischen Kulturen der Arabischen Halbinsel werden fast nur noch in Museen dokumentiert.

Die Wirtschafts- und Lebensweise des **klassischen Nomadismus** (gr. *nemein* = grasen, weiden) wird durch folgende Elemente geprägt:
1. Wirtschaftliche Grundlage bildet die extensive, traditionell subsistenzorientierte Weidewirtschaft. Die Herden setzen sich aus Groß- (Rinder, Kamele) und Kleinwiederkäuern (Schafe, Ziegen) zusammen, die je nach Raumausstattung zusammen oder getrennt geweidet werden können. Ernährungsgrundlage bieten die tierischen Produkte Milch und Blut (Aderlass der Großtiere), die durch vitaminreiche Produkte der Sammelwirtschaft (BECKER 1984) ergänzt werden; Fleisch wird nur zu bestimmten Anlässen gegessen.
2. Dem jahreszeitlich wechselnden Angebot an natürlichen Ressourcen (Futter, Wasser) folgt die Verlegung von Herden und Siedlungen. Man unterscheidet in Regen- und Trockenzeit- sowie Reserveweiden. Regenzeitweiden liegen häufig in den ökologisch weniger begünstigten, meist trockeneren Regionen und enthalten überwiegend annuelle Weidepflanzen, die nach relativ kurzer Zeit ihren Vegetationszyklus abschließen und dann nicht mehr beweidbar sind, weil sie entweder zerfallen oder nur noch so wenige Nährstoffe verbleiben, dass die Tiere für das Aufschließen der Biomasse mehr Energie aufbringen müssen als sie durch den Verzehr

Trocken- und Dornsavannenzonen

zurückerhalten (H.J. SCHWARTZ, mdl. Mitt. 1989). Trockenzeitweiden dagegen enthalten überwiegend perenne Gräser/Weidepflanzen, die auch im trocknen Zustand einen hohen Nährwert besitzen („Heu auf dem Halm") und daher während der Trockenzeiten aufgesucht werden. In vielen Regionen Westafrikas findet man im System des Silvopastoralismus während der Trockenzeiten Formen der Baumbeweidung v.a. an der weit verbreiteten *Acacia albida*, die einen 'umgekehrten Vegetationszyklus' mit Biomasseproduktion in der Trockenzeit und Blattabwurf während der Regenzeit besitzt. Außerdem lassen dort viele Nomaden in dieser Zeit ihre Tiere auf den abgeernteten Feldern der Kleinbauern in den südlicheren Zonen weiden (Stoppelbeweidung). Reserveweiden werden nur in Notzeiten (Dürren) aufgesucht und liegen meist in ökologisch günstigeren Gebieten (z.B. Bergregionen, Galeriewälder und grundwasserbeeinflusste Standorte), die nur über längere Distanzwanderungen zu erreichen sind.

3. In der Regel folgt die gesamte Sozialgruppe den Wanderungen der Herden, die durch Futter- und Wasserangebot gesteuert werden (hochmobile, v.a. in Westafrika verbreitete Form). Häufig (v.a. in Ostafrika) lässt sich beobachten, dass der hochmobile Teil der Herden (meistens die Großtiere) von den Hirten (der Krieger - Altersklasse) auf siedlungsferne Weiden mit temporären Camps geführt wird (*fora* in Nordkenia); die Jungtiere sowie einige Milchtiere und die meisten Kleinwiederkäuer bleiben in der Nähe der saisonalen, weniger leicht verlegbaren Siedlungen, in denen die Frauen, Kinder und älteren Männer leben.

4. Die Weideführung der Herden orientiert sich an der Bestandsökologie der beweideten Ökosysteme und an den physiologischen Bedürfnissen der Tiere. So wird versucht, das Angebot an beweidbaren Pflanzen möglichst breit zu halten, um den Mineral- und Vitaminhaushalt der Tiere im Optimum zu stabilisieren (Fig. 6 in OBA 1994).
Eine ökologisch angepasste Beweidung ist dabei für die Produktivität der Naturweiden von großem Vorteil, wie zahlreiche Untersuchungen belegen. So erbrachten Versuche von EDROMA (1985, zit. in KEYA 1998) mit dem in der Trockensavanne verbreiteten perennen Gras *Themeda triandra* in einem semi-ariden Gebiet Nordugandas, dass eine leichte Beweidung in einem 2- bis 4-wöchigen Rhythmus bis auf 10 bis 15 cm Wuchshöhe die günstigsten Wiederaustriebsraten und damit auch die höchste Primärproduktion erzielt.

5. Das tribalistische Gesellschaftssystem ist *hierarchisch* und gleichzeitig *gerontokratisch* aufgebaut. Alle Entscheidungen werden durch den Rat der Stammesältesten gefällt, an deren Spitze die Stammes- oder Clanoberhäupter stehen. Mit Hilfe des Altersklassensystems findet eine Arbeits- und Funktionsaufteilung innerhalb der Sozialgruppen statt; die Fähigkeit zu heiraten und eine Familie zu gründen wird mit dem Durchlaufen dieses

'Kontrollinstrumentes' und dem Aufbau einer ernährungssichernden Viehherde erworben. Bei einigen Stämmen wie z.b. den *Tuareg* wurde die genealogische Struktur noch zusätzlich durch die Rechtsstellung der Personen ergänzt (Adlige, Freie, Sklaven), die für die Aufgabenteilung entscheidend ist und in Rudimenten bis heute fortlebt.

Halbnomadische Lebens- und Wirtschaftsweisen entwickeln sich häufig aus vollnomadischen, wenn sich die äußeren Rahmenbedingungen für die Subsistenzwirtschaft ändern. Das herausragende Merkmal des Halbnomadismus ist zweifelsohne die zeitweise Sesshaftigkeit eines Teiles der Sozialgruppen (meist Frauen, Kinder, ältere Menschen), was durch die Möglichkeit zum Erwirtschaften alternativer Einkommen (z.b. durch Lohnarbeit, ackerbauliche Aktivitäten), aber auch durch die Nähe zu neugeschaffenen infrastrukturellen Einrichtungen (z.B. Schulen, Krankenstationen, Brunnen, Läden) bewirkt werden kann. Auslöser solcher Prozesse sind häufig Umwelt- und Hungerkrisen. Oft ist mit dieser Umstellung auch eine Änderung der Ernährungsgewohnheiten verbunden, so dass in zunehmendem Maße statt der proteinreichen tierischen Nahrung kalorienhaltige vegetarische Speisen aus *Zerealien* (v.a. Hirse, Mais) und *Leguminosen* (v.a. Bohnen) von den 'Sesshaften' eingenommen werden. Der entscheidende Unterschied zwischen dieser Lebens- und Wirtschaftsweise und der in Ostafrika noch gebietsweise praktizierten vollnomadischen Form mit (traditionell) saisonalen Siedlungen besteht darin, dass im Halbnomadismus die Dauer der Sesshaftigkeit in erster Linie durch ökonomische und versorgungstechnische Aspekte, nicht so sehr durch ökologische Prozesse gesteuert wird. Mittlerweile ist der Halbnomadismus so weit verbreitet, dass in vielen neueren Darstellungen selbst für *Subsahara*-Afrika keine vollnomadisch genutzten Räume mehr ausgewiesen werden (z.B. WIESE 1997, S. 164 u. 174-176).

2.4.2.2 Zum Problem der Tragfähigkeit der Weiden

Die Tragfähigkeit der Naturweiden wird immer wieder als Kriterium für die Überlebensfähigkeit der nomadischen Weidewirtschaft herangezogen. In älteren Darstellungen wird oft der Zusammenhang zwischen dem mittleren Niederschlagsaufkommen bzw. der Wasserverfügbarkeit und der Biomasseproduktion zur Ausweisung 'bioklimatischer Regionen' (z.B. nördlicher und südlicher Sahel, Sudan; KOWAL u. KASSAM 1978, S. 213-214; LE HOUEROU et al. 1988) mit durchschnittlicher relativer Produktivität der Weiden hervorgehoben. Neuere Ansätze der Weideflächenbeurteilung gehen von einer stärkeren Beachtung
a) der kleinräumlichen Einheiten,
b) der inner- und interannuellen Schwankungen der Niederschläge und Wasserverfügbarkeit und

c) der differenzierenden Futteraufnahme durch die unterschiedlichen Weidetiere aus.

So ermittelte z.B. KEYA (1998) auf der Basis von langjährigen Feldexperimenten und -messungen spezifische Tragfähigkeitszahlen für Kamele, Rinder, Schafe und Ziegen in definierten ökologischen Einheiten jeweils für Regen- und Trockenzeiten in Nordkenia; diese haben innerhalb der ökologischen Einheiten eine spezifische Korrelation mit dem saisonalen Niederschlagsaufkommen.

Nach Vegetationsformationen innerhalb der 'bioklimatischen Regionen' differenzieren auch KOWAL u. KASSAM (1978, S. 215-217) ihre Angaben zur Primär(pflanzlichen)- und (tierischen) Sekundärproduktion. MÜLLER-HOHENSTEIN (1999) schlägt für die Erfassung der im Jahresverlauf schwankenden weidewirtschaftlichen Tragfähigkeit ein Biomonitoringsystem vor, das neben einer selektierenden Erhebung zur verwertbaren Phytomasseproduktion (weidewirtschaftlich wichtige Pflanzen) auch die sich im Laufe der Vegetationsperiode ändernde Futterqualität mit berücksichtigen sollte.

Infolge von Bodendegradierungen (als Resultat von Überweidung und Dürren) kann sich die Tragfähigkeit von Ökosystemen nachhaltig verschlechtern und trotz günstiger Niederschlagsbedingungen nicht mehr den Maximalzustand bei intakter Klimaxvegetation erreichen.

Die Besatzdichten (Tierzahl/Flächeneinheit) können innerhalb der durch die Tragfähigkeit festgelegten ökologischen Einheiten in Abhängigkeit von der Verfügbarkeit von Wasserstellen für die unterschiedlichen Tierarten stark schwanken. So sind nicht nur die Tränkfrequenzen der Tiere saisonal sehr unterschiedlich, sondern auch die Ansprüche an die Qualität des Wassers (im Gegensatz zu Kamelen vertragen Rinder, Schafe und Ziegen kein Brack- bzw. sodahaltiges Wasser; OBA 1994, S. 15).

Viele der ehemaligen Rindernomaden Ostafrikas (v.a. *Samburus*, aber auch in zunehmendem Maße *Maasai*) haben infolge der hohen Viehverluste (bis zu 80 %) durch die große Dürre von 1984 ihre Großviehherden derart diversifiziert, dass sie nun auch anspruchslosere, widerständigere Kamele halten, deren Herdenmanagement sie weitgehend von den in den Halbwüsten östlich benachbarten Kamelnomaden (wie den hamitischen *Rendille*) übernehmen; teilweise geschieht dies auch durch die Einheirat von mit der Kamelhaltung vertrauten Frauen des anderen Stammes.

2.4.2.3 Nomaden in der Transformation – neuere Entwicklungen und Möglichkeiten

Eingriffe in das Wirtschafts- und Sozialgefüge der Nomaden sind von politischer Seite bereits seit der Kolonialzeit nachweisbar:

- So führte die Aufhebung der Sklaverei bei den *Tuareg* durch die Franzosen zu Beginn des 20. Jahrhunderts zur Emanzipation der für den Hirseanbau und die Hütearbeiten verantwortlichen dunkelhäutigen *Iklan* und damit zu einer existentiellen Krise bei den von deren Arbeiten und Abgaben lebenden Adligen (KRINGS 1980, S. 50-51).
- Der Aufbau von Verwaltungsstrukturen mit Hilfe von in der Regel stammesfremden Verwaltungsbeamten bedeutete ein Durchbrechen des *gerontokratischen* Macht- und Entscheidungssystems; die Einführung von Steuern hatte zur Folge, dass die Nomaden in die Geld- und Marktwirtschaft einsteigen mussten (und sich damit immer weiter von der reinen Subsistenzorientierung entfernten).
- Andernorts wurden mit Hilfe von einseitigen Verträgen und gesetzlichen Vorgaben Nomaden aus ihren angestammten Gunstgebieten vertrieben, um Platz für weiße Siedler (v.a. Rancher) zu schaffen (so z.B. in den *White Highlands* von Kenia durch Verlagerung des *Maasai*gebiets 1904 und durch spätere Anordnungen wie die *Samburu Grazing Control Rules* von 1936; SPENCER 1973). Nomadische Gebiete wurden auch häufig zu militärischen Sperrgebieten (*scheduled areas*) erklärt, somit dort eine politische und wirtschaftliche Integration in die sich entwickelnden staatlichen und volkswirtschaftlichen Gesamtsysteme verhindert (WALZ 1992).

Dieser Abkopplungsprozess von der allgemeinen Entwicklung wurde auch nach dem Ende der Kolonialzeit weitgehend beibehalten. Die aus den Ackerbaugebieten stammenden politischen und wirtschaftlichen Eliten sorgten weiterhin dafür, dass die Emanzipation der nomadischen Ethnien unterdrückt wurde; Viehverkäufe wurden z.B. systematisch durch unsinnige Quarantänevorschriften unterbunden. Stattdessen wurden die kollektiv genutzten Wirtschafts- und Siedlungsräume, v.a. die Trockenzeit- und Reserveweidegebiete, durch die Errichtung von Schutzgebieten, die Vergabe von Landkonzessionen und Besitztiteln bzw. durch die Tolerierung illegaler Landnahme durch Kleinbauern weiter eingeengt. In Tansania wurden die nomadisierenden *Maasai* im Rahmen der sozialistischen *Ujamaa*-Bewegung unter Präsident JULIUS NYERERE in den 70er Jahren des 20. Jahrhunderts in neuerrichteten Dörfern zusammengedrängt, nachdem man ihre traditionellen Siedlungen niedergebrannt hatte. Druck wurde ausgeübt, um die Nomaden zum Ackerbau zu bewegen, was nicht zuletzt auch durch die sich ständig verschlechternden Fleischpreise (im Verhältnis zu den Getreidepreisen) beschleunigt wurde (IBRAHIM 1993).

In der Sahelzone lässt sich eine zunehmende Einschränkung der nomadischen Mobilität aufgrund der nach Norden vorrückenden Trockenfeldbaugrenze seit den 60er Jahren des 20. Jahrhunderts feststellen, was z.B. in der Oudalan-Region des nordöstlichen Burkina Faso bereits in den 70er Jahren zu einem Ausweichen vor allem der *Tuareg*-Nomaden in die trockeneren Regionen jenseits der 400 mm-Niederschlagslinie bis hinein nach Mali führte.

Bürgerkriege mit Flüchtlingsströmen und Umsiedlungsaktionen (z.B. 1984/85 in Äthiopien; KLOOS 1989) bewirkten eine weitere Reduzierung der nomadischen Lebensräume, Dürren mit verheerenden Landschaftsdegradierungen und Tragfähigkeitsminderungen infolge verstärkter Beweidung in den verbliebenen Relikträumen führten zum Verlust der Existenzgrundlage, deren Folge letztendlich zunehmende (staatlich häufig gewollte) *Sedentarisierung* und Abhängigkeit von externen Hilfe- und Dienstleistungen (Nahrungsmittel, Futter, Wasser, Gesundheitsdienste, Schulen) waren, verbunden mit verheerenden Konsequenzen für die die Siedlungen umgebenden Ökosysteme (z.B. MÄCKEL u. WALTHER 1993). Eine Marginalisierung der nomadischen Ethnien mit daraus folgenden sozialen und politischen Konflikten wie in den Sahelländern Mali und Niger können zunehmend beobachtet werden.

Trotz der aufgezeigten Probleme in den pastoralen Systemen und trotz der derzeitigen agrartechnischen Möglichkeiten im Trockenfeldbau wird eine **nachhaltige Landnutzung** in der trockeneren Variante der Dornsavannen (ökoklimatische *Zone 6* nach JÄTZOLD 1988 bei ca. 200 bis 360 mm (unimodal) bzw. 280 bis 480 mm Jahresniederschlag (bimodal) wegen der zu hohen Anbaurisiken auch in Zukunft durch Formen der extensiven Weidewirtschaft bestimmt sein. Entwicklungsmöglichkeiten müssen vor allem im Bereich des Weidemanagements sowie der Vermarktung und der politischen Integration über nationale und internationale Aktivitäten (Entwicklungszusammenarbeit) ausgeschöpft werden. Dazu gehört z.B. die Kompensation der verlorengegangenen räumlichen **Reaktionselastizität** durch eine zeitliche (JÄTZOLD 1995). Diese ist besonders durch folgende Maßnahmen erreichbar: Frühvermarktung von Überschussvieh bei drohender Dürre und Produktion von Trockenfleisch (*Biltong*) wie im südlichen Afrika). Bei noch vorhandenen Ausweichräumen ist Management gefragt (mobile Tierhaltung; u.a. SCHOLZ 1994), z.T. mit Einsatz moderner Transportmittel, dazu mobiler human- und veterinärmedizinischer Versorgung und einem Aufbau von Informationssystemen über die räumliche (m. Fernerkundung, EIDEN 2000) und zeitliche Wasser- und Futterverfügbarkeit (Abb. 13, dazu die Langzeit-Vorhersage aufgrund des *ENSO*-Systems, Abb. 4). Lokal ist die Einführung von *nagana*-toleranten Rinderrassen (z.B. das N'Dama-Rind aus den westafrikanischen Feuchtsavannen) und deren Einkreuzung mit einheimischen Rinderrassen oder mit Fleischrindern notwendig sowie die stärkere Berücksichtigung des indigenen Wissens und der Entscheidungsstrukturen im Weidemanagement.

Eine weitere Möglichkeit besteht in der stärkeren Partizipation der nomadischen Ethnien und ihrer Kulturen in den Großschutzgebieten (Kap. 2.7.2), auch im Sinne eines **Kulturschutzes** (JÄTZOLD 1995, S. 177), da die „...Nomadenkultur...ein wertvoller Teil der Kulturumwelt..." ist. Eine nachhaltige Landnutzungsplanung sollte für die sedentarisierten Gruppen bei entsprechendem ökologischem Potenzial Flächen (mit Besitztitel versehen) für Zusatzanbau mit vitamin- und kalorienreichen Produkten ausweisen (z.b. HORNETZ 1997, S. 277 ff.); eine Unterweisung in ressourcenschonenden Agrartechniken sollte durch die *National Research Organisations* sowie die *Landwirtschaftsbeamten* und die helfenden *Non-governmental Organisations* (NGO) durchgeführt werden.

2.4.3 Wander- und Wechselfeldbau

Extensive, subsistenzorientierte Betriebssysteme der Urwechselwirtschaften (Wander- und Wechselfeldbau) sind vom Regenwald bis an die agronomische Trockengrenze in der Dornsavanne verbreitet, insbesondere in Afrika. Solange genügend Flächen zur Verfügung stehen, bildet diese *exploitierende*, älteste Form der Bodenbewirtschaftung mit einem Wechsel von kurzen Anbau- und längeren Brachephasen (Wald-, Busch-, Savannen- und Grasbrachen) einen durchweg nachhaltigen Ansatz.

Die Basis der Bodenbearbeitung stellt die Düngung des Bodens durch mineralisiertes Pflanzenmaterial dar, was in der Regel durch Brandrodung gewonnen wird. Durch die Aschedüngung werden dem Boden nicht nur wichtige Substanzen zugeführt, sondern auch der für den Austausch der Makro- und Mikronährstoffe wichtige pH-Wert des Bodens kurzfristig so sehr verbessert (SCHULTZ 1995, S. 484-487), dass Kulturpflanzen gute Startbedingungen vorfinden.

Beim **Wanderfeldbau** (*shifting cultivation*) als der ursprünglichsten Form werden nach einer bestimmten Zeit nicht nur die Felder, sondern auch die Siedlungen verlassen. Die Gründe für das Verlassen liegen primär in der Erschöpfung der Bodenfruchtbarkeit infolge des *Agromining-Effekts*, aber auch in der Häufung von Krankheiten, Zunahme von Wildschäden, Streit mit Nachbarn (fehlende Besitztitel über die bewirtschafteten Flächen, da Gemeinschaftseigentum) oder in religiösen Vorstellungen (WIESE 1997, S. 167). Zur Deckung des Subsistenzbedarfs einer Familie werden wenig anspruchsvolle Kulturpflanzen wie Hirse, Kuherbsen und Cassava (Maniok) im Hackbau angepflanzt. Die Intensität des Umtriebs, d.h. das Verhältnis von Anbau- zu Brachejahren innerhalb der ungefähr 10- bis 40-jährigen Umlaufzeit einer Rotation (nach RUTHENBERG 1980, S. 34 ff.) ist so gering, dass durchschnittlich nur bis zu ca. 5 Menschen pro km^2 ernährt werden können (SCHULTZ 1995). Mit Sicherheit gibt es je nach ökologischer Ausstattung der Siedlungsräume Unterschiede, vor allem erlauben die in den Trocken- und

Dornsavannen klimazonenbedingt wenig verwitterten, mineralreichen *Cambisols* (z.B. der *Pedimente*) wesentlich längere produktive Phasen als die weit verbreiteten subfossilen *ferralitischen* Substrate (Kap. 2.3.2).

Während in den Trocken- und Dornsavannen West- und Ostafrikas sowie Südasiens und Südamerikas klassische Formen des Wanderfeldbaus aufgrund des zu starken Bevölkerungsdruckes nicht mehr oder kaum noch anzutreffen sind (DOPPLER 1994), hat sich in den Miombowaldgebieten des südlichen Afrika (v.a. in Sambia) mit der Chitimene-Kultur (*chitimene* = gehauene Rodung, gerodetes Feld) eine Variante der *shifting cultivation* erhalten, die auf sehr nährstoffarmen, *ferralitischen* Grundgebirgsböden des Afrikanischen Schildes bei Bevölkerungsdichten von durchschnittlich 2-3 E/km^2 durchgeführt wird (MANSHARD 1988, S. 42). Das Besondere bei dieser auch *Fleckenfeldbau* genannten Wirtschaftsform besteht darin, dass auf einer ca. 1 ha großen, fast kreisrunden Rodungsfläche das jährlich aus den umgebenden Trockenwäldern entnommene Pflanzenmaterial auf vielen Flecken aufgehäuft und verbrannt wird (Entnahmefläche ca. 7 ha); durch die Mineralisation der verbrannten Biomasse wird der Boden gedüngt, so dass Fingerhirse (*Eleusine coracana*) und Cassava (*Manihot esculenta*) angebaut werden können. Da die Regeneration der Miombowälder ca. 15 bis 20 Jahre dauert und der Arbeitsaufwand für das Sammeln von Brennmaterial von Jahr zu Jahr größer wird, müssen Felder und Siedlungen nach einer bestimmten Zeit verlassen werden (z.B. nach 6 Jahren; zit. in MANSHARD 1988, S. 43).

Bei steigendem Bevölkerungsdruck von bis zu 30 bis 35 E/km^2 (ANDREAE 1983, S. 161) wird der freie Wanderfeldbau durch Formen der **Landwechselwirtschaft** (*land rotation*) abgelöst. Je nach edaphischen Bedingungen, wie z.B. auf den nährstoffarmen *ferralitischen* Böden Westafrikas, beträgt der Grenzwert für die Tragfähigkeit lediglich 25 E/km^2 (KRINGS 1991, S. 72). Die nunmehr stationären Siedlungsplätze (nur noch alle 10 bis 12 Jahre werden die Wohnstätten nach dem Zerfall wieder an gleicher Stelle neu aufgebaut; WIESE 1997, S. 168) sind von Flächen umgeben, auf denen in einem definierten Rotationszyklus Anbau- und Brachezeiten eingehalten werden.

An der agronomischen Trockengrenze werden häufig Spülmulden mit feinkörnigen, wasserspeichernden Böden und der Möglichkeit von Zuschusswasser/Hangwasser für den Anbau ausgewählt, wie z.B. bei den *Ajuran*, einem durch hamitische Viehhalter (*Boran, Somalis*) kulturell und politisch überprägten kleinen *Bantu*volk im äthiopisch-kenianischen Grenzgebiet, das neben mehrjährigen (wieder austreibenden) Hirse- und Sorghumarten auch Mais und Bohnen zur Subsistenz anbaut sowie nebenher noch Rinder und Ziegen/Schafe zur Risikominimierung hält (HORNETZ 1997).

Das Produktionssystem der negriden *Wolof* im Senegal beruht auf einer extensiven Wechselwirtschaft von jeweils einjährigen Hirse- und Erdnusskulturen und mehrjährigen Brachezeiten (WEICKER 1982, S. 89). Mittlerweile werden kurze Brachezeiten nur noch dann eingeschaltet, wenn durch den Anbau die Bodenfruchtbarkeit zu stark abnimmt, die bodenverbessernde (stickstoffbindende) Erdnusspflanze wird zunehmend als Verkaufsfrucht eingesetzt, so dass ein Übergang zum Daueranbau besteht.

Häufig findet man in der Nähe von Vermarktungsmöglichkeiten Innenfeld-Außenfeld-Nutzungssysteme, wobei die siedlungsnahen Innenfelder durch eine kultivierende Bodenbewirtschaftung mit Düngung durch Hausabfälle und Viehdung sowie durch den Anbau anspruchsvoller, meist für den Verkauf bestimmter Kulturpflanzen (häufig Mais, Bananen, Papayas, Mangos, Gemüse) geprägt werden (*Dauerfeldbau*). Die Außenfelder (*Buschfelder*) liegen meist am Rande der Gemarkungen und befinden sich in Gemeinschaftsbesitz. In *exploitierender* Weise werden auf den durch unregelmäßige, meist polygone Blockkomplexe gekennzeichneten Rodungsinseln (KRINGS 1991, S. 76) Subsistenzprodukte wie Hirse, Cassava, Kuherbsen, Erderbsen, aber auch Verkaufsfrüchte wie Erdnüsse im Wechsel mit ein- oder mehrjährigen Brachen angebaut (Abb. 19). Solche gut organisierten Anbausysteme sind in der Sudan- und südlichen Sahelzone verbreitet, z.B. bei den *Serer* im Senegal oder bei den *Bwa* und *Bambara* in Zentralmali (KRINGS 1988, 1991; TOULMIN 1992).

Da die Viehhaltung bei diesen Völkern nicht zuletzt wegen der Risikominimierung ihrer Betriebssysteme eine große Rolle spielt und die Außenfeldbewirtschaftung bei zunehmender Landverknappung immer weiter zurückgedrängt wird, kann man hier bereits Übergänge zur agropastoralistischen Wirtschaftsweise erkennen.

2.4.4 Agropastoralismus

Der Agropastoralismus bildet in den Trockengebieten die Form der Landnutzung, die bei einer Verknappung von Ressourcen sowohl aus dem Halbnomadismus als auch aus der Landwechselwirtschaft entstehen kann. Obwohl es bislang keine Definition des Agropastoralismus gibt, werden Subsistenzsicherheit/Risikominimierung und Ressourcenschonung/Erhaltung der Bodenfruchtbarkeit weithin als Hauptkriterien für seine symbiotische Ausprägung zwischen den unterschiedlichen Betriebssystemen gesehen. BAYER u. WATERS-BAYER (1990) verweisen darauf, dass für Kleinbauern, die vorwiegend vom Ackerbau leben, die Bedeutung der Tierhaltung mit zunehmendem Ertragsrisiko steigt. Denn fällt nicht genug Regen, können die aufgelaufenen Kulturpflanzen noch an die Tiere verfüttert werden, außerdem stehen die Tiere als Milchproduzenten und 'lebendes Kapital' zur Verfügung. Die Verknüpfung von Ackerbau und Viehhaltung erbringt zum einen höhere Subsistenzsicherheit, zum anderen erfolgt ein Transfer von Nährstoffen und Energie,

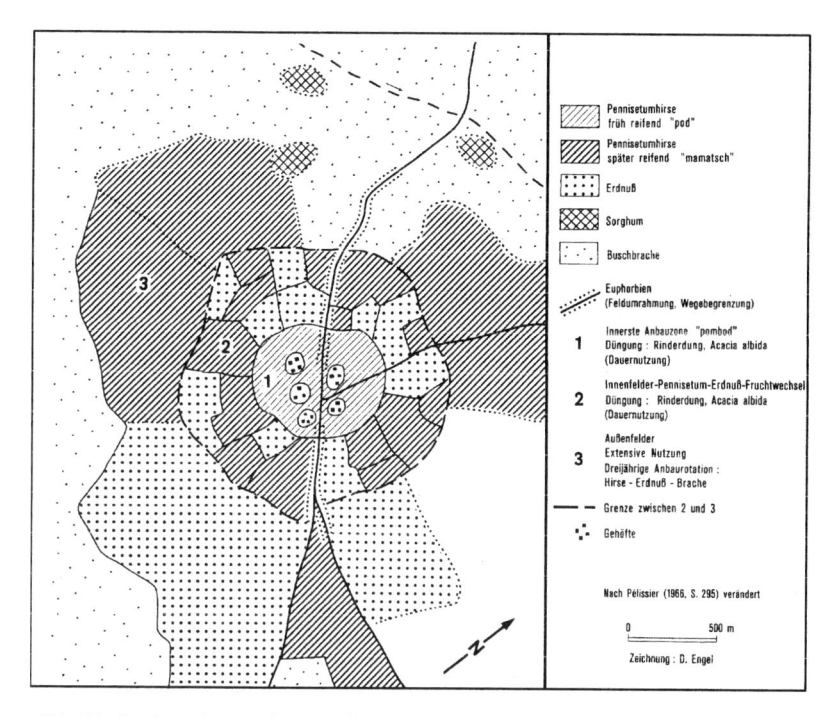

Abb. 19: Struktur der Landnutzung bei den Serer, Senegal. Quelle: KRINGS 1988

da durch die Rückführung von Nährstoffen mittels Dungausbringung (dazu auch Mulch und Hausabfälle) der Nährstoffzyklus auf den bewirtschafteten Feldern bis auf den Verlust durch menschlichen Verbrauch geschlossen wird.

Agropastorale Systeme sind bei den meisten sesshaften Völkern in den Trocken- und Dornsavannen Afrikas verbreitet. Während bei vielen westafrikanischen Ethnien wie den *Serer* im Senegal oder den *Bwa* und *Bambara* in Mali noch Elemente der Landwechselwirtschaft in den Außen-/Buschfeldern zu beobachten sind (Kap. 2.4.3) und die düngerintensive Bewirtschaftung mit Nahrungs- und Verkaufsprodukten auf den siedlungsnahen Flächen (Innerste Anbauzone und Innenfelder) stattfindet, beschränken sich andere Gruppen in dichter besiedelten Gebieten, wie z.B. die *Kamba* in Ost- und Südostkenia, auf eine intensive Dauernutzung der durch Besitztitel festgelegten Feldflächen – ohne Außenfelder und Weide auf Kommunalland. Eine ähnliche Wirtschaftsweise liegt auch bei den *Ovambos* in Nordnamibia und dem hamitisch-negriden Mischvolk der *Rahanweyn* in Südsomalia vor (MASSEY 1987).

Je nach geographischer Region und Herkunft unterscheidet sich auch die Weideführung der aus Rindern, Kamelen, Ziegen und Schafen bestehenden Herden. Während man in einigen Gebieten Westafrikas (z.b. bei den Bambara in Mali; TOULMIN 1992), bei den Rahanweyn in Somalia und bei ehemaligen Nomaden in Ostafrika (z.b. Teile der Maasai in Tansania; IBRAHIM 1993) in Regen- und Trockenzeiten unterschiedlich weite Wanderungen mit den Großtieren zurücklegt (Regenzeit: Weiden in der Nähe der Siedlungen, Trockenzeit: Aufsuchen der weiter entfernten Trockenzeitweiden bzw. der abgeernteten Felder der Ackerbauern in den angrenzenden humideren Gebieten), findet man bei anderen Agropastoralisten wie z.B. den Kamba in Kenia ein Wandern der Herden nur im Bereich der Siedlungen mit Einkralung über Nacht (HORNETZ 1997); Stallhaltung der Tiere mit Fütterung (*zero-grazing*) findet noch kaum statt, häufig sind Formen der Transhumanz zu beobachten (DOPPLER 1994). Die agropastoralen Sahelbauern im Sudan (Darfur, Kordofan) ändern die Zusammensetzung ihrer Herden je nach Ausprägung der Regenzeiten. Bei unterdurchschnittlicher Niederschlagsentwicklung und längeren Trockenphasen werden vermehrt widerstandsfähige Kamele und Ziegen anstelle von Rindern und Schafen gehalten; in extremen Trockenjahren gehen die Herden auf ausgedehnte Weidewanderungen in die feuchteren Regionen des Südsudan (IBRAHIM 1991, S. 59).

Aufbau und Funktionsweise des Agropastoralismus lassen sich am Beispiel des Agrosahel von Ostkenia aufzeigen: Die meisten der Betriebe vom *Bantu*volk der *Kamba* haben sich dort während der letzten 25 Jahre angesiedelt infolge der Bevölkerungsverdichtung und Landverknappung im alten Stammesgebiet, dem östlichen Hochland Kenias. 1985 wurde eine Demarkation der Flächen mit Vergabe von Besitztiteln durchgeführt; mittlerweile ist die Besiedlungsdichte auf über 35 E/km^2 angestiegen (HORNETZ 1997), dennoch haben sich indigene Elemente in der agropastoralen Wirtschaftsweise erhalten, weil sie lebensnotwendig sind.

Die Bodenfruchtbarkeit der bodenchemisch stark verarmten *Ferral-* und *Luvisole* auf den in der Regel 3 bis 5 ha (teilweise bis zu 8 ha; Abb. 20) großen Anbauflächen wird hauptsächlich über eine Bewirtschaftung mit dem Dung von über Nacht eingekralten Weidetieren erneuert (*Kraldung*). Durchschnittlich werden etwa 10 Rinder sowie 25 Ziegen und Schafe pro Betrieb gehalten, die auf den gehöftnahen (Brache, Naturweiden; Abb. 20) und/oder auf kommunalen Flächen geweidet werden. Nach TIFFEN et al. (1994, S. 242) lassen sich ernährungssichernde Erträge über den Dung von 8,7 Tropischen Großvieheinheiten (zu 250 kg) (dies sind zusammen 10 Rinder und 9 Ziegen/Schafe) auf 3,4 ha Acker- und 5,1 ha Weidefläche erzielen (ähnliche Beispiele in Westafrika: u.a. BAYER u. WATERS-BAYER 1990).

Bestandsökologisch (und ökonomisch) besonders wichtig ist die Integration von hochstämmiger Vegetation in die Anbau- und Weideflächen, wobei diese beiden Teilsysteme unterschiedliche ökophysiologische Voraussetzungen und Nutzungsmöglichkeiten bieten (ROCHELEAU et al. 1988, S. 214). Während auf den Weideflächen die holzige Vegetation grundsätzlich nicht gerodet wird, verbleiben auf den Anbauflächen v.a. *Acacia tortilis, Terminalia brownii, Delonix elata* (in den Trockensavannen *Combretum spp., Croton megalocarpus*). Die Baumkomponente wird in der Regel durch Obstbäume und Fruchtstauden, meist in Gehöftnähe, ergänzt, so dass dort hohe Baumdichten beobachtet werden können (z.B. TIFFEN et al. 1994, S. 220: 21-59/ha; vgl. Bestandsdichten von 40-60 *Acacia albida* pro ha in Westafrika: ROCHELEAU et al. 1988, S. 76). Ein Bestand von 50 Stickstoff-fixierenden *Acacia albida* pro ha reicht in Westafrika in der Regel aus, um eine mineralische Volldüngung zu ersetzen (KRINGS 1988); außerdem können die Baumleguminosen wegen ihres umgekehrten Vegetationszyklus *geschneitelt* werden (Baumweide; Agrosilvipastoralismus). Auf die besonderen bodenphysikalischen, -chemischen und -biologischen sowie mikroklimatischen Vorteile im Schatten der Bäume (v.a. von *A.tortilis*) in Südostkenia weisen BELSKY et al. (1989) hin (Kap. 2.2.2.1). Die gleichmäßigeren Temperaturverläufe (Luft, Boden) im Optimalbereich des pflanzlichen Wachstums wirken sich fördernd auf die phänologische, physiologische und Ertragsentwicklung von C3-Pflanzen (wie z.B. Leguminosen) in strahlungsintensiven, heißen Tieflandklimaten aus (HORNETZ et al. 2000). KESSLER (1993, S. 75) weist allerdings daraufhin, dass die positiven Aspekte bei zu hohen Baumdichten verlorengehen, da dann die Konkurrenz unter den einzelnen Bäumen um Nährstoffe und Wasser zu groß wird (dies geschieht in der Regel bei einem Gesamtbedeckungsgrad des Bodens durch Bäume von über 15 %).

Mittlerweile lässt sich eine Intensivierung des Anbaus in Hofnähe etwa durch Zusatzbewässerung feststellen, wie z.B. der Anbau von Gemüse (Tomaten, Zwiebeln, Chillies, Okra) oder Früchten (Bananen, Mangos, Papayas), die auf den lokalen (und teilweise regionalen) Märkten verkauft werden; ähnliches beobachtet auch KRINGS (1991, S. 168 ff.) bei den *Bwa* in Mali, die auf kleinparzellierten Feldern Okra, Erdnüsse, Mais und die feuchtigkeitsliebende Taro-Knolle (mit speziellen Mulchungstechniken auf Hügelbeeten) als Nahrungs- und Verkaufsprodukte anpflanzen.

Agropastorale Systeme erweisen sich bei Beachtung bestimmter agrartechnischer Prinzipien nicht nur als ökologisch gut angepasst, sondern können auch flexible ökonomische Möglichkeiten eröffnen, wie das Beispiel der *Il Chamus* im *Baringo District*/Kenia zeigt (LITTLE 1992): Schon in vorkolonialer Zeit betrieb diese nilotische Bevölkerungsgruppe eine agropastorale Wirtschaftsweise im Ostafrikanischen Graben südlich des Baringo-Sees, wobei je nach Nachfrage für agrarische Produkte die unterschiedlichen

Betriebszweige verstärkt wurden. Schon die großen Ost-West-Karawanen der Araber (Handel von Sklaven und Elfenbein) und die Entdeckungsreisenden des 19. Jahrhunderts (z.b. die Entdecker des Turkana(Rudolf)-Sees, VON HÖHNEL und GRAF TELEKI) nutzten den Aufenthalt in dem Gebiet zur Versorgung mit Getreide, das von den *Il Chamus* im Trocken- und Bewässerungsfeldbau erzeugt wurde. Erst in der Zeit der *Pax Britannica* zu Anfang des 20. Jahrhunderts wurde die agropastorale Lebens- und Wirtschaftsweise auf eine überwiegend pastorale umgestellt, wobei mehrere Gründe für den Wechsel angeführt werden (LITTLE 1992, S. 32-33: u.a. Verlust der traditionellen Märkte für Getreide, Umwelt- und technische Probleme mit den Bewässerungseinrichtungen, traditionelle Höherbewertung der Viehhaltung bei den *Niloten*). Da heutzutage die Anbaukomponente nur noch eine untergeordnete Rolle bei den *Il Chamus* spielt, schlägt LITTLE (1992, S. 63) vor, die Gruppe nicht mehr zu den Agropastoralisten zu zählen, sondern sie gemäß den Definitionen von MASSEY (1987) und BRANDSTRÖM et al. (1979)[30] als anbautreibende Viehhalter *(cultivating herders)* zu bezeichnen.

2.4.5 Kleinbäuerliche Daueranbausysteme

Dort, wo eine Bevölkerungsverdichtung und Intensivierung der Landnutzung in den Savannen schon vor der Kolonialzeit stattfand, wie z.b. in den alten „Savannen-Königreichen" der Sudan- und Sahelzone (z.B. Takrur in Senegal, Songhay und Mossi in Mali[31], Kanem und Bornu in Tschad, Darfur im Sudan; MURRAY 1981, S. 48-53) oder in Simbabwe sowie in den präkolonialen Fürstentümern Indiens, entwickelten sich sehr früh, infolge Landmangels, kleinbäuerliche Dauerfeldbausysteme. Auch bei den *Dogon* in Mali, an der Grenze zum heutigen Burkina Faso, sind solche vieharmen oder viehlosen Agrarsysteme schon früh entstanden. Dieses „paläonegritische Volk"; (FROELICH 1968, zit. in KRINGS 1991, S. 181 ff.) wurde im 13. bis 14. Jahrhundert durch das islamische Mossi-Reich aus dem Gebiet des Nigerbinnendeltas nach Südosten in die unzugängliche, siedlungsfeindliche Bergregion des aus präkambrisch-paläozoischen Sandsteinen aufgebauten, ca. 500-600 m hohen Bandiagara-Plateaus vertrieben. Dort mussten sie auf nährstoffarmen, erosionsanfälligen Sandböden und bei Bevölkerungsdichten von über 50 E/km^2, d.h. akutem Landmangel, nachhaltige Techniken der Landbewirtschaftung entwickeln: Auf relativ kleinen Feldern wurden nach mythisch begründeten Feldaufteilungen standortangepasste Kulturpflanzen wie die endemische Getreideart Fonio (*Digitaria exilis*), *Pennisetum*-Hirsen, Sorghum, Augenbohne (*Vigna unguiculata*), die aus dem Bereich des Nigerknies stammende Leguminose Bambarra-Erderbse (*Vigna subterranea*), Erdnuss (*Arachis hypogaea*), Sesam (*Sesamum indicum*) und die Gemüseart Okra (*Hibiscus sabdariffa*) angebaut. Dabei wurden eine große, eigens zusammengestellte

Trocken- und Dornsavannenzonen 89

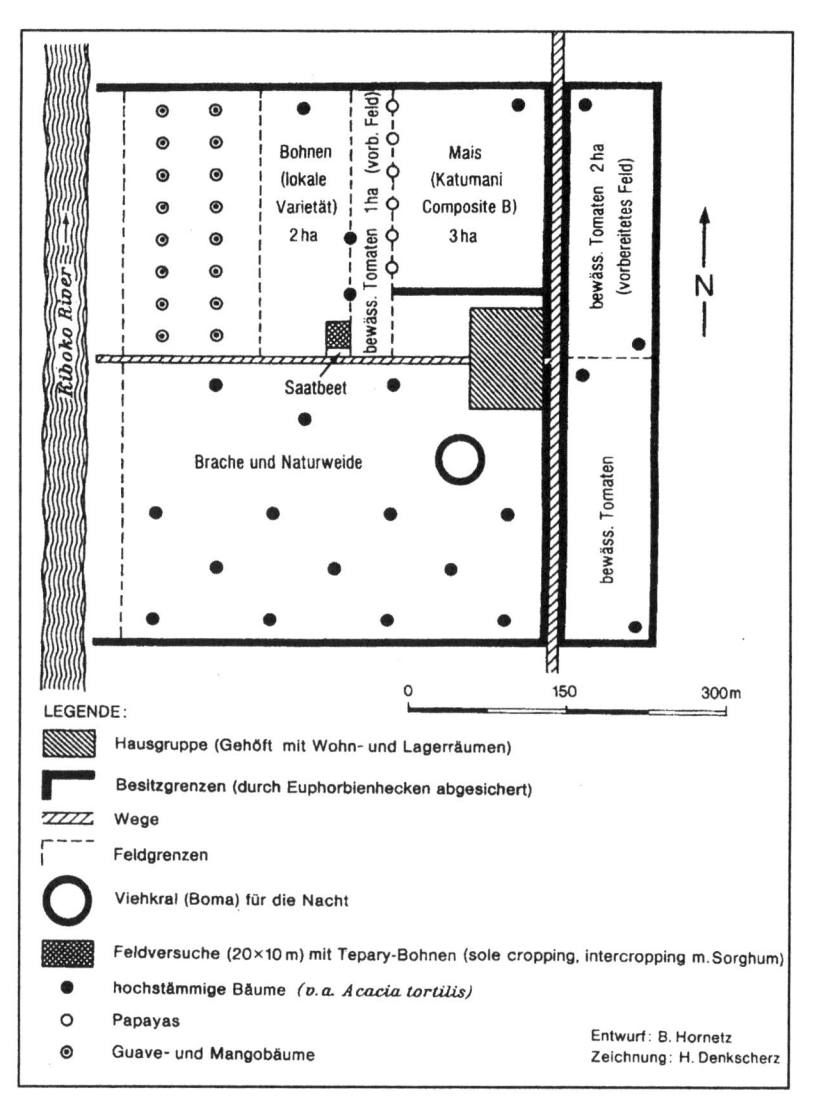

Abb. 20: Anbaustruktur eines agropastoralen Betriebes in Südostkenia.
Quelle: HORNETZ 1997, S. 28

Sortenvielfalt in einer definierten Fruchtfolge und abflussverbauende sowie mulchende Hügelbeettechniken (Pflanzhügel) verwendet. Mit Hilfe von Wasserkonzentrationsanbau- und Zusatzbewässerungsmaßnahmen (u.a. Anlage von kleinen Stauarealen) wurden zusätzlich in kleinen, während der Regenzeit episodisch wasserführenden Gerinnen und Tälern Sumpfreisarten wie der aus dem Nigerbinnendelta stammende „rote Reis" (*Oryza glaberrima*) sowie – laut eigener Überlieferung (KRINGS 1991) – auch marktorientierte Gemüsearten (vor allem Zwiebeln) kultiviert. Zur Bewässerung wurden auch örtliche Grundwasservorkommen aus Schichtquellen unterhalb der nach Südosten zeigenden Sandstein-Schichtstufe (*falaise*) genutzt. Bereits in präkolonialer Zeit wurde im **Dogon**-Altsiedelland die endemisch vorkommende, strauchförmige Baumwollart *Gossypium punctatum* für die Herstellung von Textilien gepflanzt.

Grundlagen der permanenten Bodenbewirtschaftung bei den *Dogon* bildeten, erstens ein die bodenökologischen Vorteile beachtender Fruchtwechsel von stickstoffzehrenden Zerealien und stickstoffmehrenden Leguminosen, zweitens die Integration von Bäumen, wie z.b. dem Affenbrotbaum (*Adansonia digitata*) und Gaobaum (*Acacia albida*) in die Ackerflächen und drittens eine spezialisierte Düngetechnik, die auf der Kompostzubereitung beruhte. Dabei hatte jedes Gehöft einen grubenförmigen Dung- oder Komposthaufen, auf dem alle im Haushalt und bei der Bewirtschaftung der Felder anfallenden organischen und mineralischen Reste (z.B. Haushaltsabfälle, Hirsespreu, Holz-/Feuerasche, Kehricht der Innenhöfe) gesammelt und durch Fäkalien von Haus- (Hühner, Esel) und Weidetieren (Ziegen, Schafe) angereichert[32] wurden. Für hochwertige Kulturpflanzen der Bewässerungsfelder (vor allem Reis, Zwiebeln) wurden spezielle Komposte zubereitet.

Infolge der kolonialen Überprägung und einem Bevölkerungsanstieg von ursprünglich ca. 80.000 auf heute ca. 300.000 haben die *Dogon* vor allem die künstliche Bewässerung mit Staudämmen zum ganzjährigen Anbau von Verkaufsfrüchten wie Zwiebeln, Tomaten, Auberginen und Tabak ausgebaut (KRINGS 1991, S. 224 ff.); neue, weiter südöstlich gelegene Gebiete werden zunehmend ackerbaulich genutzt (*Jungsiedelland*).

Auf dem **indischen Subkontinent** lassen sich Siedlungsverdichtungen mit Daueranbau bereits mit dem Aufkommen der Bewässerungswirtschaft in den Stromebenen von Ganges und Indus vor der indo-arischen Eroberung vor mehr als 3.000 Jahren feststellen (u.a. BLENCK et al. 1977). Die Regur-Areale des Dekkan-Hochlandes von Zentralindien wurden wegen ihrer hohen Bodenfruchtbarkeit auch ein dicht besiedeltes Land von Kleinbauern, die in größeren befestigten Dörfern wohnten, denn das Gebiet war wegen des offenen Landschaftscharakters schon immer das Ziel von Eroberern. Die günstige Wasserspeicherfähigkeit der vulkanischen Schwarzerden (*Vertisole*;

Kap. 2.3.2) trug hier zum Einbringen von zwei Ernten pro Jahr (*kharif* = Sommer-/Monsunanbau; *rabi* = Winteranbau) mit verschiedenen Hirsen, Sorghum, Ölfrüchten sowie Leguminosen (z.B. Kichererbsen – *Cicer arietinum* -, Straucherbsen – *Cajanus cajan* -) und Baumwolle[33] bei, die im Fruchtwechsel angebaut wurden. Wegen der schwierigen Bearbeitbarkeit der tonreichen Böden während der regenreichen monsunalen Phase, fand der Hauptanbau (ohne Bewässerung) von altersher auf Basis der gespeicherten (Rest-)Bodenfeuchte in den trockeren Wintermonaten statt. Im Gegensatz dazu waren die *ferralitischen* (Rotlehm-)Gebiete traditionell stärker besiedelt (BLENCK et al. 1977, S. 119), da sie für Eroberer weniger attraktiv waren und wegen ihres Rumpfflächencharakters mit *Inselberg*strukturen bessere Schutz- und Verteidigungsmöglichkeiten boten. Auf den nährstoffarmen, wenig wasserspeichernden (da *kaolinitischen*) Tonböden wurde vor allem während der Regenzeit Getreide (hauptsächlich Hirse und Sorghum) sowie Leguminosen (auf lockeren Böden auch Erdnüsse) gepflanzt. Die wasserstauenden Substrate erlaubten die Anlage von Stauteichen (*tanks*) zur Zusatz- und Vollbewässerung im Winterhalbjahr und in den etwas feuchteren Gebieten des östlichen Dekkan-Plateaus sogar den Anbau von Sumpfreisarten in kleineren Staubecken.

Heute ist die von BLENCK et al. (1977, S. 118) angegebene agrare Tragfähigkeit von 4 bis 8 ha/Familie für die Regur- und 8 bis 16 ha/Familie für die Rumpfflächengebiete infolge der vorherrschenden Realerbteilung weitgehend überschritten, so dass die kleinbäuerlichen Betriebe kaum noch genügend Nahrungsmittel zur Subsistenz erwirtschaften können (über die Hälfte aller Betriebe Indiens bewirtschaften mittlerweile weniger als 1 ha Land). Die immer noch durch das Sozialsystem der *Kasten* negativ beeinflusste Produktivität der meisten Betriebe wird zudem durch die Verwendung veralteter Bearbeitungstechniken, wie z.B. dem seit Jahrtausenden gebräuchlichen hölzernen Hakenpflug, gehemmt. In den kapital- und viekarmen Betrieben fehlt einerseits das Geld, und es fällt andererseits so wenig organischer Dung an, dass nur ca. 40 % aller Anbauflächen organisch und etwa 5 % mineralisch (künstlich) gedüngt werden können – *Agromining* mit langsamer (schleichender) Abnahme der Bodenfruchtbarkeit und der Erträge ist die zwangsläufige Folge dieser Wirtschaftsweise.

2.4.6 Zonaltypische traditionelle Haus- und Siedlungsformen in den Savannenzonen

Die älteste und einfachste Form ist der sogenannte **Windschirm** aus in den Boden gesteckten Zweigen bei den alten Wildbeutervölkern wie den Buschleuten. Er dient aber in einer etwas aufwendigeren Form auch als Regenschutz, indem blätterreiche Zweige genommen, umgebogen und zusammengebunden werden. Heute ist diese Vorform einer Hütte nur noch sehr selten und nur als Kurzzeit-Behausung bei Wanderbewegungen anzutreffen.

Von dieser Vorform leitet sich die **Kuppelhütte** ab, indem Häute über die Zweige gelegt werden. Auch diese Konstruktion ist sehr alt, denn es finden sich in den vulkanischen Ascheschichten der Olduvai-Schlucht in der Ostserengeti Steinringe, die mit den Vorgängern des *Homo sapiens* in Verbindung zu bringen sind. Die Steine haben wahrscheinlich zur Beschwerung der Häute am Boden gedient, um dem Winddruck Widerstand zu leisten. Die Beschwerung erfolgte später durch eine Mischung aus Lehm und Kuhmist, wie bei der Kuppelhütte der *Maasai*. Solche Hütten sind heute noch üblich (Abb. 21), vor allem in der Dornsavannenzone, wo es fast keine geeigneten Bäume für Stangen und Balken gibt.

Die Verkleidung der Zweigkuppel kann auch mit Gras erfolgen. Werden die Seitenwände dabei noch etwas nach oben gezogen, entstehen **Bienenkorbhütten**, die noch im 20. Jahrhundert bei mehreren, in den grasreichen Savannen Afrikas lebenden Stämmen die normale Behausung darstellten.

Vom *Trockenwald* her breitete sich nach Erfindung des Beiles das **Kegeldachhaus** aus (Bild 10), denn dort konnte man leicht Stangen gewinnen, die zunächst zeltartig aneinandergelehnt und mit Gras bedeckt wurden, dann schließlich auf ein Stangengerüst gesetzt, das mit Flechtwerk und Lehm verkleidet oder auch nur mit Stampflehm ausgefüllt wurde. Damit die Wand von den zonaltypischen bodennahen Schichtfluten nicht aufgeweicht wurde, musste sie auf einer Plattform stehen. Vorgeschichtliche Reste davon finden sich in verschiedenen Regionen. Heute werden mit zunehmendem Lebensstandard Kegeldachhäuser seltener, weil für die Mehrräumigkeit, Möblierung und die Wellblechdächer rechteckige Grundformen geeigneter sind. Das **Rechteckhaus mit Satteldach** wird deshalb zur allgemein vorherrschenden Form auch in den semiariden Savannenzonen Afrikas (in den anderen Kontinenten war es schon länger üblich). Da Holz knapp wird, sind die Wände meist aus luftgetrockneten großen Lehmziegeln, eine Bauweise, die unter dem Namen *adobe* in der Neuen Welt bereits seit Jahrhunderten bekannt ist. Aber auch strohähnliches langes Gras ist heute bei der Überweidung nur noch schwer zu bekommen, und es muss alle paar Jahre erneuert werden, weshalb ein Wellblechdach angestrebt wird, obwohl dieses teuer ist und weder Hitze noch Kälte fernhält.

Rechteckige Hausformen hat es aber auch schon vor dem Einfluss der Zivilisation in den Savannenzonen gegeben:
- Von den Oasen der Wüste her drang die Lehmarchitektur mit **Flachdachhäusern** in die Sahelzone vor, wo es noch nicht soviel regnet, dass sie zerweicht. In Westafrika werden sogar große Moscheen so gebaut, wie z.B. die von *Djenné* in Mali beweist; allerdings werden zur Stabilisierung Balken in

die Lehmwände eingezogen, deren herausstehende Enden den Gebäuden ein bizarres Aussehen geben.
- Bei zwei am Rand des Ostafrikanischen Grabens wohnenden Stämmen gibt es große rechteckige Häuser: bei den *Iraqw* und *Hehe* in Tansania. Dort haben es die kriegerischen, nach Süden vordringenden *Maasai* seit 300 Jahren notwendig gemacht, feste und umfangreiche Bauten zu errichten, in die man auch das Vieh bei Gefahr mit hereinnehmen konnte. Das Dach war eine flachgewölbte, mit Lehm verkleidete Stangen- und Balkendecke, ein Grasdach hätte angezündet werden können. Bei den *Iraqw* waren diese gut zu verteidigenden, niedrigen Gebäude mehr quadratisch, bei den weniger gefährdeten *Hehe* langgestreckt.
- In Asien als Gebiet alter Zivilisation waren von den altbesiedelten feuchteren Zonen her Rechteckhäuser auch in den semiariden Savannen und Trockenwäldern übernommen worden.

In den Dornsavannen von Nordostuganda ist es zu einer interessanten Kombination von Kuppelhütte und Kegeldach gekommen. Der vor etwa 400 Jahren eingewanderte, mit den *Maasai* verwandte Wanderhirtenstamm der *Karamajong* hat vorher dort in den feuchteren Bergen lebende kleine Hackbauernstämme aufgesogen, die Kegeldachhäuser hatten. Den Vorteil der regendichten Grasdächer haben die Invasoren bald erkannt, die Herstellung erlernt, und sie setzen die spitzen Graskegel noch heute auf ihre Kuppelhütten auf.

Als Siedlungsform war in den Dornsavannenzonen Afrikas die **Kralsiedlung** üblich. Ein Kral aus Dornenzweigen schützte die Menschen und das Vieh. Darin wurden Innenkrale zur Trennung der Wohnbereiche von den Tieren, sowie für Jung- und Kleinvieh errichtet. In den Trockensavannen und -wäldern gab es fast keine Kralsiedlungen, denn wegen der dortigen Tsetsefliegen war Viehhaltung nahezu unmöglich. Auch heute sind Kralsiedlungen bei den Hirtenvölkern Afrikas noch weit verbreitet. Die Bauern hingegen haben meist nur wenig Vieh und dafür einen kleinen Kral, ansonsten herrschen an den Nutzflächen orientierte **Streusiedlungen** oder an Straßen sich hinziehende lockere **Kettendörfer** vor. In den trockeneren Dornsavannenzonen zwingt die Notwendigkeit von Brunnen zu einer gewissen Siedlungskonzentration.

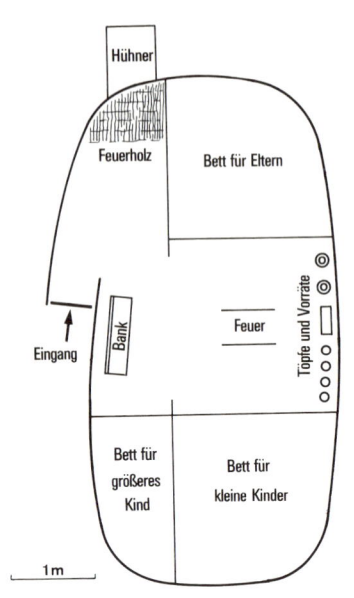

Abb. 21: Aufteilung einer Maasai-Kuppelhütte
(Aufn.: R. JÄTZOLD in Südkenia)
Entsprechend dem nomadischen Leben gibt es fast kein Mobiliar. Die Betten sind nur rohe Stangenroste oder erhöhter Boden, mit Fellen belegt, die Bank ist ein länglicher Hocker.

2.5 Überprägungen der Savannenzonen in kolonialer und postkolonialer Zeit

2.5.1 Agrarische Pionier- und Großbetriebe: Farmen, Plantagen und Ranchingbetriebe

Die koloniale Erschließung der tropischen Trockengebiete ging einher mit dem Aufbau von landwirtschaftlichen Großbetrieben in Form von *Plantagen* beim Marktproduktanbau und *Ranching* bei der extensiven Weidewirtschaft. ARNOLD (1985, S. 232) bezeichnet diese beiden Agrarsysteme daher schlechthin als „Speerspitze der kolonialen Penetration". Sie entstanden häufig in siedlungsleeren oder dünnbesiedelten Gebieten, in denen Klima und Boden günstige Standorte für das Wachstum von Verkaufspflanzen, wie z.B. der trockenangepassten Faserpflanze Sisal (*Agave sisalana*) in Nordmexiko, Ostafrika und Angola, dem halbtrockenes Hochlandklima liebenden Tabak in Simbabwe bzw. von Gras und Viehfutter im südlichen Afrika, in den Hochländern Ostafrikas, Australiens und im Gran Chaco boten. Die indigene

Bevölkerung aus Wildbeutern und Nomaden wurde häufig umgesiedelt oder vertrieben. In den dichter besiedelten bzw. durch Viehkrankheiten (*Trypanosomiasis*, Nagana) gefährdeten Gebieten Südasiens, der Sahel- und Sudanzone fand dagegen so gut wie keine wirtschaftliche Durchdringung durch europäische Großbetriebe statt.

Farmen:
Die seit dem 18. Jahrhundert in den Savannen Südafrikas, seit 1884 auch in denen Ostafrikas siedelnden weißen Pioniere haben zunächst eine bäuerliche Mischwirtschaft versucht. Die Buren hatten mit Mais und Viehzucht Erfolg, für die Deutschen in Südwestafrika war es zu trocken, und erst die Karakulzucht brachte eine Basis (s.u.), für die Briten im südlichen Zentralafrika war Virginiatabak die Rettung. Für die deutschen und britischen Siedler in Ostafrika waren die semiariden Zonen zunächst uninteressant, denn man wollte Kaffee in den feuchteren Höhenzonen pflanzen. Als aber die Viehzucht Erfolge brachte und die Sisalfaser gut verkauft werden konnte (s.u.), änderte sich das. Doch waren diese Ausrichtungen für Farmen nicht geeignet. Erst als die Anbaumöglichkeiten für Weizen in den nicht durch Getreiderost gefährdeten halbtrockenen Hochländern über 1800 m erkannt wurden, gab es dort reelle Chancen für großflächige Farmwirtschaft.

Plantagen:
Kriterien zur Definition des Plantagenbegriffs (n. MANSHARD 1988, S. 48-49):
1. Die Betriebsgröße muss ein bestimmtes Minimum von ca. 50 bis 100 ha überschreiten.
2. Im Mittelpunkt der Produktion stehen pflanzliche Produkte für den Export/Weltmarkt (*cash crops*).
3. Die Produktion findet in Form einer betrieblichen Spezialisierung als Monokultur statt.
4. Im Gegensatz zur kleineren Pflanzung werden die erzeugten Produkte vor Ort mit Hilfe moderner Maschinen zum Zweck der Vermarktung be- und verarbeitet, der Absatz geschieht vom Betrieb aus. Dazu gehören auch Einrichtungen zur Qualitätskontrolle der Produkte, Forschungslabors, Aufzuchtstationen etc..
5. Die Wirtschaftsform ist daher kapitalintensiv und befindet sich häufig im Besitz von Ausländern bzw. Europäern, US-Amerikanern und Asiaten mit einheimischer Staatsbürgerschaft.

Die Plantagen bilden nicht nur wirtschaftliche *Nuclei*, an die auch die Kleinbauern der Umgebung Produkte über den Vertragsanbau (*contract farming*) liefern können, sondern enthalten in der Regel auch Einrichtungen der sozialen und kulturellen Infrastruktur (z.B. Krankenstationen, Schulen, Freizeiteinrichtungen), wodurch sie oft zu wichtigen Entwicklungsschwerpunkten wurden.

Die Sisalplantagen Ostafrikas und Angolas entstanden Ende des 19. und zu Beginn des 20. Jahrhunderts, meist als moderne kapitalistische Plantagen im Besitz von Kapitalgesellschaften (ARNOLD 1985). In Ostafrika war es der Deutschen Ostafrika-Gesellschaft 1893 gelungen, die Sisalpflanze aus Florida in das ehemalige Tanganyika einzuführen, wo ab 1900 mit der Produktion im nördlichen Küstenhinterland begonnen wurde. 1903 erfolgte die Überführung der Faserpflanze von Deutsch-Ostafrika in das britische Protektorat Kenia. Bereits 1907 wurde die weitere Ausfuhr von Sisalschößlingen dorthin von den deutschen Kolonialbehörden mit hohen Exportzöllen belegt, um die entstehende Konkurrenz in Britisch-Ostafrika zu unterbinden. In Kenia, dem nach Brasilien und Mexiko drittgrößten Sisalproduzenten der Welt, gehört heute fast die gesamte Sisalanbaufläche Kapitalgesellschaften, weil das Projekt, *Bauern-Sisal* um eine Plantage (als verarbeitendem *Nucleus*) einzuführen, wegen stark sinkender Weltmarktpreise nicht erfolgreich war. Nach DOPPLER (1991) zählen Sisalplantagen zu den agrarischen Großbetrieben der Tropen mit kurzfristiger Investitionsperiode und Anpassungsmöglichkeiten an die Marktverhältnisse (Zeitspanne von 3 bis 5 Jahren). Die Produktionsvorlaufzeiten sind mit ca. 3 Jahren vergleichsweise gering (Baum- und Strauchkulturen wie Tee und Kaffee: ca. 4 bis 8 Jahre), die Pflanzen können ca. 8 bis 9 Jahre lang in Afrika und bis zu 20 Jahre in Mexiko genutzt werden (REHM u. ESPIG 1984, S. 325 ff.). Die *blattsukkulente* Sisalpflanze ist ein wasserspeichernder *Xerophyt* vom CAM-Typ (Kap. 1.2) und kann bis zu 6 Monate lange Trockenphasen ohne Schädigungen des physiologischen Apparates überstehen; die Blatt- und Faserproduktion findet jedoch nur bei ausreichender Bodenfeuchte während der Regenzeiten statt. Ein Anbau ist bei gut verteilten 250 bis 400 mm Jahresmittelniederschlag noch möglich, vorteilhaft sind jedoch Niederschläge von ca. 1000 mm. Bei einer Pflanzdichte von 5.000 bis 6.000 Pflanzen pro ha können durchschnittlich ca. 2 bis 2,8 t/ha erzeugt werden (SCHÜTT 1972). Die Sisalpflanze liefert stark verholzte, relativ reißfeste und widerstandsfähige grobe Fasern (z.B. für Stricke, Säcke, Mähbinderseile), die wegen der hohen Transportkosten des Ausgangsproduktes direkt vor Ort aus den Agavenblättern gekämmt werden. Bis etwa 1965 stieg die Nachfrage des Weltmarktes nach Sisalprodukten stetig an; erst der Siegeszug der Kunstfaser auch für grobfasrige Seile und Verpackungsmaterialien führte zu einem Einbruch der Produktion von ca. 645.000 t pro Jahr Ende der 60er Jahre des 20. Jahrhunderts (ARNOLD 1985, S. 234) auf etwa die Hälfte heute.

Neue Chancen für eine Stabilisierung der Produktion sieht WITTIG (1994) in der Verwendung der Naturfaser Sisal als nachwachsendem Rohstoff z.B. im Automobilbau (Polster- und Dämmstoff). Offen bleibt jedoch nach wie vor die Frage nach der Nachhaltigkeit der Produktion im Plantagenbau, da z.b. für die Erzeugung der Fasern vor Ort in den Trockengebieten große Mengen der knappen Ressource Wasser verwendet werden müssen (Spülen und Waschen der Rohfaser), und die Arbeitsplätze sind von den starken Schwankungen des Weltmarktes abhängig.

Ranching:
In den tsetsefreien Dornsavannen jenseits der agronomischen Trockengrenze des südlichen Afrika, Ostafrikas, Australiens und Südamerikas (Gran Chaco) findet man heute noch verbreitet Systeme der extensiven stationären Weidewirtschaft (*Ranching*). In den Tropen taucht dieses Agrarsystem zum erstenmal in den weitgehend menschenleeren Grasländern der iberoamerikanischen Kolonien der Neuen Welt im 16. Jahrhundert auf. Die Wurzeln liegen nach ARNOLD (1985, S. 163) in den semiariden Gebieten der Iberischen Halbinsel, wo die infolge der *Reconquista* siedlungsleer gewordenen Räume vom König als Großgrundbesitz an Adlige zur Nutzung übereignet worden waren, wobei die gewinnbringendste Wirtschaftsform die mit großen Herden und bezahlten Hirten war. Mit dem Vordringen burischer Siedler in das Kalahari-Becken und britischer Siedler in das *Outback* Australiens im 18. und 19. Jahrhundert entstanden auch dort Betriebe der stationären Weidewirtschaft. Mit ein Grund für die günstige Entwicklung des Ranching im 19. und 20. Jahrhundert war die hohe Nachfrage nach tierischen Produkten in den Ländern des Nordens, vor allem nach Schafwolle, Fellen (z.B. Persianer-Felle von Karakulschafen, s.u.) und Leder.

Nach ARNOLD (1985, S. 165 f.) weisen Ranching-Betriebe folgende charakteristische Merkmale auf:
1. Sie sind Großbetriebe von natürlichen oder juristischen Personen (Privatbesitz, Kapitalgesellschaften) mit
2. marktwirtschaftlicher tierischer Produktion (Monoproduktion).
3. Es besteht ein hohes Produktionsrisiko aufgrund hoher Niederschlagsvariabilität, hohen Kapitaleinsatzes und Monostruktur des Tierbesatzes.
4. Es herrscht ein hoher Kapital- und Flächeneinsatz, aber ein relativ geringer Einsatz von Arbeitskräften, die meist Lohnarbeiter sind. Der überwiegende Teil der Kosten sind Fixkosten für Gebäude, Brunnen, Zäune, Fahrzeuge, Infrastruktur und Einkommen der Besitzer, was günstige Amortisationsraten bei großen Flächen und großen Herden bedeutet.

Es können Flächengrößen z.B. in Namibia von durchschnittlich 5.000 bis 8.000 ha, 4.000 bis 20.000 ha in Kenia erreicht werden (ARNOLD 1985, S. 165; HECKLAU 1989, S. 277); in Australien findet man in den Trockengebieten Schaffarmen, die zwischen 100.000 bis 150.000 ha groß sein können (BRAUN u. GROTZ 1996, S. 49). Nach RUTHENBERG (1980, S. 324) werden 10 bis 15 ha pro Großvieheinheit (entspricht etwa einem Rind) in Regionen mit 200 bis 400 mm Jahresniederschlag, dagegen nur noch 6 bis 12 ha bei 400 bis 600 mm benötigt; Rinderhaltung lässt sich dabei vor allem in Gebieten mit mehr als 400 mm beobachten, da Rinder eine höhere Tränkfrequenz und einen geringeren Aktionsradius besitzen als Schafe. Die Bestockungsdichten variieren also nach den Tierarten und dem Futterangebot und können im trockenen *Outback* Australiens zwischen 0,5-15 ha pro Schaf bzw. 33 bis 100 ha pro Rind (BRAUN u. GROTZ 1996, S. 48-49), in den semiariden Hochländern Kenias 3 bis 10 ha pro Rind (HECKLAU 1989, S. 276) und in Namibia 11 bis 40 ha pro Rind (ARNOLD 1985, S. 165) betragen.

Einen hohen volkswirtschaftlichen Stellenwert nimmt das Ranching in **Namibia** ein, wo immerhin noch am Ende der Kolonialzeit um 1990 73 % der gesamten landwirtschaftlichen Nutzfläche durch insgesamt ca. 6.000 kommerzielle, meist von weißen Farmern geleitete Weidebetriebe bewirtschaftet wurden (LAMPING 1991, S. 10-12). Das Standbein der südwestafrikanisch-namibischen Viehwirtschaft war bis in die 80er Jahre des 20. Jahrhunderts die Karakulschafzucht, die ca. 95 % der gesamten Schafhaltung und ca. 60 % aller Weidetiere umfasste (LESER 1982, S. 141). Die zur Gruppe der Fettschwanzschafe zählenden Karakulschafe, die das ehemals begehrte Persianer-Fell liefern, wurden 1907 aus den Trockengebieten Zentralasiens über Deutschland in die ehemalige deutsche Kolonie Südwestafrika eingeführt und konnten nach dem Ersten Weltkrieg von dort aus nach ihrer Anerkennung als „*Vollpersianer*" durch die damalige Industrie- und Handelskammer Leipzig den Weltmarkt erobern. Die Umstellung auf nicht-tierische Felle in den Bekleidungsindustrien des Nordens (Tierschutzbewegungen!) in den 80er Jahren des 20. Jahrhunderts hatten einen dramatischen Rückgang der Karakulschafzucht in Namibia zur Folge: Allein von 1980 bis 1988 sank ihr Anteil an der landwirtschaftlichen Produktion von fast 33 % auf nahezu 10 % (LESER 1982, S. 141; SCHNEIDER 1991, S. 146-147); die Bestände sind innerhalb der letzten 15 Jahre bis auf 10 % geschrumpft, was etwa noch 185.000 Tieren im Jahre 1998 entsprach (*www.namibian-economy.com.na/*). Dennoch ist die Preistendenz seit kurzem wieder steigend.

Aufgrund der seit dem Ersten Weltkrieg starken Zuwanderungen aus Europa und Südafrika nach Namibia erfolgten zahlreiche Farmneugründungen und insgesamt höhere Besatzdichten. Auf den Viehfarmen kam es durch die Konzentration der Herden an den wenigen Wasserstellen im System der freien Rotationsweide zu großen ökologischen Schädigungen an den in der Regel sehr nährstoffarmen Böden (MAURER 1995, S. 55) sowie zu großflächigen Verbuschungen. Diesen Problemen versucht man seit den 60er Jahren des 20. Jahrhunderts durch die Einführung der Kamptechnik, einer kapitalintensiven, geregelten Form der Umtriebsweidewirtschaft (LESER 1982, S. 134-135), sowie durch Futtervorhersagesysteme (JÄTZOLD 1995, S. 175-176), neuerdings auch durch ein holistisches *Range Management* (HRM; Otzen 1990) zu begegnen. Da neben der Krise der Karakulschafzucht auch die Rindfleischproduzenten Namibias – nicht zuletzt durch verbilligte Importe aus der EU bedingt – seit einiger Zeit mit erheblichen Problemen auf dem Weltmarkt zu kämpfen haben, sind mittlerweile viele Ranch-Betriebe zu unterschiedlichen Formen der Wildtierbewirtschaftung in Verbindung mit dem Tourismus (vor allem Jagdtourismus) auf ihren Privatländereien übergegangen (ALBL 2001).

Die größten Veränderungen in den Ranching-Gebieten der tropischen Trockengebiete haben die ehemals von Weißen geführten Ranching-Betriebe in den semiariden Teilen der Hochländer **Ostafrikas** erfahren. Aufgrund der Höhenlage von größtenteils über 1600 m und den dort herrschenden günstigen hygienischen Bedingungen konnten bereits Ende des 19. Jahrhunderts bei weniger als 750 mm Jahresniederschlag, hochwertige europäische Viehrassen eingeführt bzw. mit einheimischen Rassen gekreuzt werden (HECKLAU 1989, S. 276). Staatlicherseits wurden diese Gebiete sehr rasch infrastrukturell erschlossen (vor allem durch Eisenbahnanschlüsse), so dass eine effektive Vermarktung sowie Versorgung der Großbetriebe einsetzen konnte. Kapitalintensive Koppeleinteilungen erlaubten eine systematische Umtriebsweidewirtschaft mit Hilfe von Lohnarbeitern; dazu kamen verbesserte Weiden, Tauchbäder (zum Entfernen von krankheitsübertragenden Zecken), Wasserversorgungssysteme und Zufütterung mit hochwertigen, z.T. bewässerten Weidepflanzen. Mittlerweile haben viele der ehemaligen Besitzer in der postkolonialen Phase infolge von Landreformen oder Auslaufen der 99-jährigen Pachtverträge ihre Betriebe verkaufen müssen, politischer Druck und die Interessen einflussreicher Politiker, aber auch von afrikanischen Kleinanlegern, haben zu weiteren Betriebsaufgaben geführt; die noch verbliebenen „weißen" Ranches sind größtenteils in Kapitalgesellschaften mit afrikanischer Beteiligung umgewandelt worden, in denen der ehemalige weiße Besitzer nun seine Kenntnisse im Management des Betriebes einbringen kann. Die Umstrukturierungen haben häufig zur Folge, dass Großbetriebe zur ackerbaulichen Nutzung weiter veräußert werden (mit erheblichen Degradierungsfolgeproblemen), bei unsachgemäßer Bewirtschaftung verbuschen oder überhaupt nicht mehr genutzt werden (wie z.B. Flächen auf dem ackerbaulich nicht geeigneten trockeneren Teil des Laikipia-Plateaus nordwestlich des *Mt. Kenya* in Kenia). Inzwischen versuchen einige dieser Betriebe (wie in Namibia), touristische Aktivitäten zu integrieren.

Ähnliche, aber auch teilweise andere Entwicklungen lassen sich in **Australien** beobachten. Hier wurde der Aufschwung 1804 durch die Einführung von hochwertigen Merino-Wollschafen durch den englischen Offizier JOHN MAC ARTHUR ausgelöst. Aber die Schafzucht war nur außerhalb der Tropen erfolgreich. In den Savannen war das Klima ungünstig, und die Verluste durch Dingos waren zu groß. Doch mit Rindern hatte man schließlich Erfolg. Das beste Gebiet ist die grasreiche Dornsavanne im westlichen *Queensland*, das „Texas Australiens" (Abb. 40, S. 158). In den feuchteren Zonen ist das Gras strohig, deshalb sind Kunstweiden erforderlich.

In den trockeneren Gebieten machen periodische Dürren (häufig in Verbindung mit dem *ENSO*-Phänomen) Herdenverlagerungen mit großen Viehtransportern notwendig, aber auch zur Wahrnehmung von Chancen in feuchten Jahren auf normalerweise unbeweidetem Land (Abb. 57, S. 249). In den semiariden Zonen des tropischen Nordens von Australien dominiert also die Rinderhaltung, die sich mittlerweile von der infolge des EG/EU-Beitritts Großbritanniens Mitte der 70er Jahre ausgelösten Absatzkrise durch die Erschließung neuer Märkte für Rindfleisch in Fernost (vor allem in Japan) wieder erholt hat.

Wesentliche Impulse zur Entwicklung der extensiven Weidewirtschaft im Gran Chaco von **Paraguay** gehen seit den 20er Jahren des 20. Jahrhunderts von den drei *mennonitischen* Siedlungskolonien Menno, Fernheim und Neuland im zentralen Chaco aus. Den aus Kanada und Russland eingewanderten deutschstämmigen *Mennoniten* stehen dort große Siedlungsflächen von Staats wegen zur Verfügung, die vorher von indianischen Wildbeutern der Guaraní-Gruppe durchstreift wurden (Kap. 2.4.1). Die Ländereien werden nach religiösen Grundsätzen genossenschaftlich von der Religionsgruppe verwaltet, einzelne Familien erhalten Landnutzungsrechte, die innerhalb der Siedlerkolonien nur an andere Mitglieder weitergegeben werden können, Privatbesitz kann nur durch Zukauf von außerhalb der Siedlerkolonien gelegenen Flächen erworben werden. Die Siedlungen sind – alten Traditionen aus den ehemaligen Ursprungsgebieten in Ostdeutschland folgend – als Straßendörfer auf den Kampflächen angelegt, es existiert eine eigene materielle, soziale und kulturelle Infrastruktur, unabhängig vom paraguayischen Staat (KÖNIGSTEIN 1995, S. 28 f.). Anfängliche Versuche, den Trockenwald für ackerbauliche Zwecke zu nutzen, scheiterten weitgehend an der hohen Variabilität der Niederschläge sowie an der Degradierung der Böden (Versalzung, Winderosion), so dass heute die Viehhaltung mit über 75 % der Einkünfte dominiert (GLATZLE 1990, S. 1). Im Gegensatz zu anderen Trockengebieten mit Ranching wird dabei der *Quebracho*-Trockenwald mit schwerem Gerät gerodet (ca. 50.000 ha pro Jahr) und teilweise mit angepassten, hochwertigen Weidegräsern wie dem Büffelgras (*Cenchrus ciliaris*) melioriert (Kunstweiden). Der Ausbau der Trans-Chaco-Straße (*Ruta Trans Chaco*) führt neuerdings auch zur Anlage von großen Weidewirtschaftsbetrieben (*estancias*) durch Kapitalgesellschaften sowie einflussreiche Politiker und Militärs (KÖNIGSTEIN 1995, S. 34). Die indianische Urbevölkerung des Raumes, die immerhin noch fast die Hälfte der Einwohner im Bereich des zentralen Chaco ausmacht, lebt heute überwiegend als Lohnarbeiter auf den Farmen der *mennonitischen* Kolonien.

2.5.2 Bevölkerungsexplosion und Nutzungsausdehnung

Die Länder der Trocken- und Dornsavannenzone zählen statistisch gesehen zu den am dünnsten besiedelten Regionen der Erde: So weisen die durch Trockensavannen und -wälder dominierten Staaten Burkina Faso, Simbabwe und Sambia 35, 28 bzw. 11 E/km² auf, Staaten der Dornsavannenzone wie Botswana, Mali und Niger 2,6, 8,3 bzw. 7,7 E/km² (Fischer Weltalmanach 2000). Diese Durchschnittszahlen verzerren allerdings die Realität insofern, als die meisten der genannten Staaten mehrere Klima-/Geozonen aufweisen (z.b. bestehen die nördlichen Teile von Mali und Niger aus kaum besiedelten Halbwüsten und Wüsten). Nach KOTSCHI (1986, S. 14) lebten 1975 durchschnittlich 11 E/km² in der Sahel- und 13-22 E/km² in der Sudanzone. Insbesondere die Dornsavannenzone ist weitgehend schon so dicht besiedelt, dass Übernutzung und Degradierung stattfindet. Betrachtet man die Bevölkerungsentwicklung in den einzelnen Teilräumen, so kann man einerseits eine starke Zunahme durch das Wachstum der ansässigen Bevölkerung beobachten, andererseits bildeten die anbaufähigen Teile der Trockengebiete bisher wichtige Reserveräume zur Aufnahme überquellender Bevölkerung aus den dicht- bis überbevölkerten humiden Regionen bzw. den nomadisch genutzten ariden Räumen. Diese Zusammenhänge lassen sich am Beispiel der semiariden Zonen von Kenia gut belegen: Bei einer bisherigen jährlichen Zuwachsrate von bis zu 4 % in seinen humiden Gebieten (das führte zu einer Verringerung der anbaufähigen Fläche auf teilweise unter einem Hektar pro Haushalt, verbunden mit einer Abnahme der Flächenproduktivität infolge *Agromining*) und immerhin noch über 2 % in den nomadischen Gebieten, sind in den letzten drei Jahrzehnten erhebliche Bevölkerungsverlagerungen in die Trocken- und Dornsavannenregionen zu beobachten (HORNETZ 1997, S. 1-5). Eine Verschärfung der Situation kann in Dürrezeiten auftreten, wenn die kleinen zentralen Orte der Trocken- und Dornsavannen (Missionsstationen, Handelsposten, Wasserstellen) als Anlaufstellen für die Nahrungsmittelhilfe durch die benachbarten Nomadenstämme dienen (so z.B. konnten in Nordkenia während der Dürre 1992 bis 1993 im Umkreis solcher Orte Bevölkerungskonzentrationen von bis zu 80 E/km² ermittelt werden; HORNETZ et al 1995, S. 157).

KRINGS (1991, S. 165) stellt heraus, dass die *Bwa*-Bevölkerung in der Trockensavanne Malis von 1976 bis 1985 um jährlich ca. 1,6 % wuchs und damit bereits 20 E/km² erreicht wurden; im *Dogon*-Land (Dornsavannenregion in Ostmali) siedelten zur gleichen Zeit über 50 E/km², aber mit intensiver Landwirtschaft (Kap. 2.4.5). WEICKER (1982, S. 42) errechnet für die *Serer* im Erdnussbecken von Senegal 42 E/km². JÄTZOLD u. SCHMIDT (1983, S. 171, 220) beschreiben für die Trockensavannengebiete Ostkenias (Distrikte Machakos und Kitui) Bevölkerungsdichten von über 50 E/km² bzw. 10-30 E/km² für die noch anbaufähigen Dornsavannen; daraus konnten rechnerisch noch 10 bis 20 ha pro Haushalt in der Dornsavannenzone (mit größerem Viehanteil als Risikoausgleich) und 5 bis 10 ha in der Trockensavannenzone ermittelt werden. Bei einem derzeit zwar reduzierten, aber immer noch zu hohen Bevölkerungswachstum von über 2 % (nach neuesten Zahlen des *Population Census* von 1999, veröffentlicht in der kenianischen Tageszeitung *Daily Nation* vom 1.3.2000) werden die noch existierenden Reserveflächen jedoch bis in die stark dürregefährdeten Gebiete im agronomischen Trockengrenzbereich aufgesiedelt, und infolge der vorherrschenden Realerbteilung schrumpfen die Betriebsgrößen auch in den Trockengebieten immer mehr bis unter die kritischen Mindestgrößen. Nach Berechnungen von KOTSCHI (1986, S. 14) waren die Bevölkerungsdichten 1975 in den sahelischen und sudanischen Regionen Westafrikas bereits so hoch, dass extensive agrarwirtschaftliche Nutzungsformen nicht mehr tragfähig waren (*low input technologies*). Die Untersuchungen von KRINGS (1980, S. 89-92) im Oudalan (nordöstliches Burkina Faso) zeigen, wie dramatisch die Nutzungsausdehnung bereits in den (relativ feuchten) 50er und 60er Jahren des 20. Jahrhunderts in der Sudan- und Sahelzone Westafrikas forciert wurde: Die Anbaugrenze wurde hier zwischen 1955 und 1966 um 150 km nach Norden verschoben, die Anbau-Brache-Rotationen wurden verkürzt, zwischen 1955/56 und 1974 konnte in einigen Gebieten eine Verdreifachung der Hirseanbauflächen festgestellt werden. Ähnliche Beobachtungen machen auch MENSCHING und IBRAHIM (1978; zitiert in: KOTSCHI 1986, S. 19) in der Republik Sudan, wo von 1960 bis 1975 die Anbaufläche von 0,396 auf 1,09 Mio. ha ausgedehnt wurde. Die Verkürzung der Brachezeiten sowie die Nutzung marginaler Standorte führte dort gleichzeitig zu einem Rückgang der Produktivität der Böden, so dass die Hektarerträge für Hirse um fast die Hälfte sanken.

Die Bevölkerungsexplosion kann als die wesentlichste Ursache für die zunehmende Verschlechterung der Ernährungssituation in den Ländern der Trocken- und Dornsavannenzonen angesehen werden. Seit Jahren hinkt die Nahrungsmittelproduktion vor allem in *Subsahara-Afrika* der Bevölkerungsentwicklung hinterher: so belegt z.B. SINGER (1996, S. 3), dass die Getreideproduktion pro Kopf der Bevölkerung dort von 1970 bis 1990 um ca. 20 % zurückgegangen ist, so dass die kalorische Versorgung im Durchschnitt 1990-1992 nur noch 2040 kcal/Kopf/Tag betrug (1961-1963: 2100; vgl. Industrieländer des Westens: ca. 3.500); dieser Wert liegt um 10 % unter dem als notwendig erachteten Versorgungszustand! Da die Devisensituation sowie die Infrastruktur der meisten Länder nicht ausreichen, um Nahrungsmittelreserven anzulegen, kommt es bei ungünstiger Niederschlagsentwicklung zunehmend zu schweren Nahrungsmitteldefiziten und Hungerkatastrophen. Außerhalb Afrikas gibt es noch Trocken- und Dornsavannenregionen mit kritisch hoher Bevölkerungsdichte in Mexiko, Nordost-Brasilien, in Nordwestindien und auf dem Dekkan-Plateau.

2.6 Junge Veränderungen, heutige Situation und weitere Entwicklung

2.6.1 Produktion der einheimischen Kleinbetriebe für den Weltmarkt

Der Anbau von Verkaufsfrüchten und -produkten für den Weltmarkt durch kleinbäuerliche Betriebe in den semiariden Savannenzonen geht ursprünglich auf die Initiativen der Kolonialmächte zurück und umfasst im wesentlichen die an die semiariden Produktionsstandorte angepassten Kulturpflanzen Erdnuss (*Arachis hypogaea*), Baumwolle (*Gossypium hirsutum*) und Tabak (*Nicotiana tabacum*).

Die **Erdnuss** ist eine aus Südamerika stammende Leguminose, deren Anbau zu Subsistenzzwecken in den Wolof-Reichen des Senegal bis ins 16. Jahrhundert zurückverfolgt werden kann (WEICKER 1982, S. 37). Die französische Kolonialverwaltung entdeckte schon sehr früh, dass der forcierte Anbau der ölhaltigen Pflanze den Bedarf des französischen Mutterlands an pflanzlichen Fetten weitgehend decken konnte. Daher führte man um 1850 im senegalesischen Küstenhinterland eine Kopfsteuer ein, wodurch die Bauern gezwungen wurden, vermehrt Erdnüsse anzubauen, um das notwendige Geld zu erwirtschaften. Parallel dazu betrieb man eine militärische Eroberung der Wolof-Reiche, um die infolge der ständigen Sklavenjagden verunsicherte Bevölkerung zu befrieden und eine wirtschaftliche Entwicklung einzuleiten. Mit dem Ausbau des Eisenbahnnetzes seit 1881 begann auch die Ausdehnung des Erdnussanbaus im senegalesischen Erdnussbecken, der entlang der Eisenbahnstrecken besonders intensiviert wurde. So konnte die Produktion der kleinbäuerlichen Betriebe von 21.700 t 1885 auf 470.000 t 1925 gesteigert werden; 1965 wurde mit über 1 Mio t ein vorläufiger Höhepunkt erreicht (WEICKER 1982, S. 40), der in erster Linie auf die Flächenausdehnung und die Intensivierung auf Kosten des Grundnahrungsmittels Hirse (mit Verkürzung der Brachezeiten) zurückzuführen war. So konnte RUTHENBERG (1980, S. 152) beobachten, dass nahezu zwei Drittel der Anbauflächen von Erdnüssen bestanden waren. Nach dem Zweiten Weltkrieg kam es durch die Verwendung von Qualitätssaatgut sowie den Einsatz von Mineraldünger und verbesserte Bodenbearbeitung zu einer Steigerung der Hektarerträge um ca. 20 %. Seit den 70er Jahren des 20. Jahrhunderts ging die Produktion zurück und stagnierte schließlich bei ca. 700.000 t pro Jahr (Fischer Weltalmanach 1995, Spalte 928), was einerseits auf die ungünstigen Witterungsverhältnisse, andererseits auf die verschlechterten Absatzbedingungen auf dem Weltmarkt (zunehmende Konkurrenz durch die Sojabohne als Ölpflanze) sowie eine Intensivierung des Hirseanbaus (bessere Preise für Hirse infolge der Saheldürren) zurückzuführen war. Mittlerweile haben die kleinbäuerlichen Betriebe eine stärkere Diversifizierung durchgeführt; neben der Erdnuss werden zunehmend Baumwolle und Mais, in feuchten Niederungen mit *Vertisolen* auch Reis und Zuckerrohr angebaut.

Kleinbäuerliche Erdnuss-Hirse/Sorghum-Betriebe in den semiariden, *ferralitischen* Gebieten des Dekkan-Plateaus von Indien sind ähnlich strukturiert wie im Senegal; Erdnuss dominiert die Anbauflächen, die traditionell im Pflugbau (meist Holzpflüge mit Ochsengespann) bearbeitet werden (RUTHENBERG 1980, S. 154-155). Hier wurde die Leguminose vermutlich über den von 1672 bis 1954 von Frankreich verwalteten Küstenstützpunkt Pondicherry (südlich von Madras) sowie über das zum britischen Empire gehörende Bombay aus Südamerika eingeführt (BLENCK et al. 1977, S. 186). Heute ist Indien mit ca. 8 Mio t pro Jahr der größte Erdnussproduzent der Welt (ca. ein Viertel der Weltproduktion; Fischer Weltalmanach 1995, Spalte 928). Viele Kleinbauern pflanzen neben Erdnuss traditionell den aus Asien stammenden trockenangepassten Sesam (*Sesamum indicum*) als Verkaufsfrucht an. Zur Versorgung der Kleinbauern mit hochwertigem Saatgut von Erdnuss, aber auch Hirse, Sorghum, Straucherbsen (*Cajanus cajan*) und Kichererbsen (*Cicer arietinum*), wurde 1972 bei Hyderabad auf dem Dekkan-Plateau im Überschneidungsbereich der *ferralitischen* und der Regur-/Schwarzerde-Böden die internationale Forschungsstation ICRISAT (*International Crops Research Institute for the Semi-Arid Tropics*) gegründet, deren Arbeit mittlerweile auch durch Unterzentren in Niamey/Niger und Nairobi/Kenia ausgeweitet wird.

Auf den mineralreichen Schwarzerdeböden des Regur (*Black Cotton Soils*), auf dem Dekkan- und Malwa-Plateau sowie der Halbinsel Gujarat wurde zwar schon vor der britischen Kolonialzeit **Baumwolle** von den Kleinbauern meist für lokale Zwecke angebaut, eine Ausdehnung und Intensivierung der Flächen fand jedoch erst mit dem Ausbau des Eisenbahnnetzes durch die Briten seit etwa 1850 statt. Baumwolle wird aufgrund der hervorragenden Wasserspeicherkapazität der Regurböden erst nach der (monsunalen) Regenzeit im Winterhalbjahr (*rabi*-Jahreszeit) im jährlichen Wechsel mit Sorghum angebaut; in den Gebieten mit *ferralitischen* Böden (Rotlehme) kann Baumwolle nur mit Zusatzbewässerung aus Tanks (Kap. 2.4.5) gepflanzt werden. Indien ist inzwischen nach China und den USA der weltweit drittgrößte Baumwollerzeuger, gefolgt von Pakistan, wo Baumwolle im Bewässerungsfeldbau kultiviert wird.

In nahezu allen westafrikanischen Staaten der semiariden Zone wurde der kleinbäuerliche Anbau von Baumwolle durch die französische Kolonialverwaltung eingeführt. Seit der Unabhängigkeit der Länder in den 60er Jahren des 20. Jahrhunderts lässt sich eine Stagnation der Flächenausdehnung feststellen; in einigen Ländern wie Tschad und Niger ist der Anbau sogar rückläufig, eine Ausdehnung scheint nur in Gebieten mit ausreichenden Bewässerungsmöglichkeiten wie Mali sowie in den weiter südlich gelegenen Feuchtsavannen (Benin, nördliche Elfenbeinküste) rentabel zu sein (PIERI 1992, S. 101). Gleichzeitig kann infolge der Einführung von verbessertem Saatgut sowie landwirtschaftlichen Inputs (Dünger, Biozide) und des Pflugbaus eine Erhöhung der Flächenerträge beobachtet werden, obwohl andererseits die Gefahr der Bodendegradierung durch *Agromining* in Gebieten mit *ferralitischen*, zur Verkrustung neigenden Böden evident ist und durch den Baumwollanbau gefördert wird (PIERI 1992, S. 111), was letztendlich zu seiner Aufgabe dort beiträgt. In einigen Staaten ist die Abhängigkeit der Exportwirtschaft vom Baumwollanbau immer noch sehr groß und dadurch wegen der stark schwankenden Weltmarktpreise sehr problematisch: So werden derzeit im Tschad noch über 40 % der Exporteinnahmen durch die Baumwolle erbracht, in Mali sogar fast 60 % (Fischer Weltalmanach 2000, Spalte 784, 513).

Auch die Wirtschaft des Sudan wird sehr stark durch den Baumwollanbau dominiert (1993 noch 52 % aller Exporterlöse; *http://198.76.84.1/Horn/sudan/sudan/sudan_f.html*), dessen Grundstein in den 20er Jahren des 20. Jahrhunderts von den britischen Kolonialherren durch den massiven Ausbau der Bewässerungsgebiete des *Gezira Scheme* (zwischen Weißem und Blauem Nil) sowie im Gash-Delta am Atbara (nördlich von Kassala) gelegt wurde. Mit ca. 860.000 ha und 96.000 Kleinbauern (RUTHENBERG 1980, S. 234) ist das *Gezira Scheme* mit seinen fruchtbaren Schwarzerdeböden (sekundäre *Vertisole*; Kap. 2.3.2) heute das größte zusammenhängende Bewässerungsgebiet der semiariden Savannenzonen sowie *Subsahara-Afrikas*. Um die Produktion von Verkaufsprodukten zu gewährleisten, wurde bei der Errichtung des Bewässerungsprojektes verfügt, dass ca. ein Drittel der den Bauern zur Verfügung stehenden Flächen mit Baumwolle bepflanzt werden sollte (Flurzwang); ein weiterer Teil (knapp 20 %) mit der zweiten Verkaufsfrucht Erdnuss (RUTHENBERG 1980, S. 235-237). Als Folge der Verschlechterung der Anbau- und Absatzbedingungen (ineffektive Kanalbewässerung mit hohen Wasserverlusten durch Evaporation und Versickerung, Verschlechterung der Bodenfruchtbarkeit, Rückgang der Baumwollpreise auf dem Weltmarkt, Verteuerung der landwirtschaftlichen Inputs) ist die Baumwollfläche im Sudan in jüngerer Zeit rückläufig und es findet eine stärkere Diversifizierung statt (MANSHARD 1988, S. 70). Generelle Folgeprobleme der Bewässerungswirtschaft wie Zusammenbruch der sozialen Strukturen in den Dörfern oder die Verbreitung von Krankheitserregern (Bilharziose, Malaria) sowie die Bodenversalzung und -versumpfung sind außerdem weiterhin aktuell.

Eine relativ günstige Entwicklung eines Bewässerungsgebietes lässt sich in der nordindischen **Alluvialebene des Punjab** beobachten: Dieses nahezu geschlossene Siedlungsgebiet der *Sikhs*, einer Religionsgruppe, die nicht durch das *Kastenwesen* dominiert wird, ist eine alte Bewässerungslandschaft, die in britischer Zeit zusammen mit der Infrastruktur (Straßen, Bildungseinrichtungen etc.) weiter ausgebaut wurde. Heute findet man hier moderne Be- und Entwässerungseinrichtungen und einen weitgehend mechanisierten, diversifizierten Anbau von Nahrungs- und Verkaufspflanzen (vor allem Weizen und Baumwolle) sowie eine leistungsfähige Milchproduktion; es werden auf relativ großen Flächen (meist über 15 ha) mehrere Ernten pro Jahr eingebracht, der Arbeitseinsatz ist mit durchschnittlich 148 Tagen im Vergleich zu anderen Regionen Indiens mit 60 bis 100 Tagen vergleichsweise hoch (RUTHENBERG 1980, S. 224, 228). Die „Grüne Revolution" konnte im Punjab mit seinen günstigen, naturräumlichen und institutionellen Voraussetzungen seit Ende der 60er Jahre des 20. Jahrhunderts vor allem durch die Einführung der am CIMMYT (*Centro International de Mejoramiento de Maize y Trigo*) in Mexiko gezüchteten Hochertragssorten von Kurzstrohweizen in Verbindung mit den erforderlichen Inputs (vor allem Mineraldünger und Biozide) große Erfolge erzielen: Die Erträge wurden mehr als verdoppelt, von den erwirtschafteten Gewinnen wurden neue Investitionen in die Modernisierung der Produktionseinrichtungen getätigt. BIEHL (1979, S. 119) sieht die mit dieser Entwicklung einhergehenden Veränderungen als „Übergang von einer traditionellen Wirtschaftsweise mit geringstem Risiko zu einer kapitalistischen Wirtschaftsweise mit hohem Unternehmerrisiko"[34].

Allerdings waren und sind in den meisten Teilen der semiariden Savannenzonen die Produktionsbedingungen (vor allem in Afrika) zu ungünstig für die Einführung der „*Grünen Revolution*" (z.B. generell geringe Bodenfruchtbarkeit, hohe Variabilität der Niederschläge, fehlende Bewässerungsmöglichkeiten, fehlende Infrastruktur, fehlende Kaufkraft der Kleinbauern, hohe Energiekosten; MANSHARD 1988, S. 75-76).

Eine Ausweitung der Forschungsaktivitäten in den 18 internationalen (CGIAR = *Consultative Group on International Agricultural Research*) und zahlreichen nationalen Forschungszentren (NARC = *National Agricultural Research Centres*) in den semiariden Savannenzonen hatte die Entwicklung von neuen, an die klimatischen Bedingungen der unterschiedlichen Produktionsstandorte angepassten Hochertragssorten (HYV = *High Yielding Varieties*) vor allem von Mais und Sorghum zur Folge, die in zunehmendem Maße auch von den Kleinbauern in Simbabwe und Kenia (Mais) angenommen und auch zum Verkauf angebaut wurden. Das Problem dieser Hybridsorten besteht jedoch darin, dass das Saatgut bereits nach einer Pflanzperiode seine hohe Ertragsfähigkeit infolge von Selbstbestäubungseffekten verliert und damit die Bauern zum ständigen Neueinkauf von Saatgut gezwungen sind.

Inwiefern die Maßnahmen der „*Grünen Revolution*" allerdings mit dem Nachhaltigkeitsprinzip zu vereinbaren sind (u.a. hoher energetischer Aufwand für die Produktion und den Transport der Inputs, Verschärfung der sozialen Gegensätze auf dem Lande, Kontaminierung der Böden und Gewässer mit Düngemittel- und Biozidrückständen) weiter zu diskutieren bleibt.

Ein erfolgreiches Beispiel für den kleinbäuerlichen Anbau von Verkaufsprodukten bilden die gemischtwirtschaftlichen kleinen Tabakfarmen in Simbabwe. Ursprünglich von weißen Siedlern eingeführt, stellt dieses Agrarsystem auf den relativ mageren senilen Rumpfflächenböden eine besondere Form der Feldgraswirtschaft dar, da in die gerodeten und gepflügten Anbauflächen Gras eingesät wird, das mit seinem dichten Wurzelfilz den anschließend verabreichten Mineraldünger effektiv aufnehmen und nutzen kann. Während das Gras später als Futter für den Tierbestand genutzt wird, werden in die gemähten und gepflügten Flächen Tabak, Mais und andere annuelle Kulturen eingesät, die die Nährstoffe der vorangegangenen Bewirtschaftung noch mit ausschöpfen können (MANSHARD 1988, S. 59-60). Auf diese Weise wird die Erzeugung von Nahrungs- und Verkaufspflanzen sowie Fleisch- und Milchprodukten in einem Betrieb bei relativ schonendem Umgang mit den Ressourcen kombiniert. Der Anteil dieser Kleinfarmen am Tabakexport von Simbabwe betrug allerdings nur wenige Prozent und der Landmangel führte zur Vertreibung der weißen Farmer im Jahre 2000 und ihrer Ausweisung 2002. Die Folge war ein so starker Rückgang der Mais- und Tabakproduktion, dass es zu einer Hungersnot und katastrophalem Devisenmangel kam.

2.6.2 Agrobusiness

Nach MANSHARD (1988, S. 50-51) setzt das Agrobusiness in den Entwicklungsländern die koloniale und postkoloniale Plantagenwirtschaft (Kap. 2.5.1) in „einer neuen Organisationsform" fort. Große, meist international operierende Konzerne der Nahrungsmittel- und Agrarbranche (*multinationals*, Multis) bauen dabei auf allen Unternehmensebenen vertikale Organisationsstrukturen auf von der Planung, Finanzierung, vom technischen Management, von der Beschaffung von Produktionsmitteln über die eigentliche Produktion, die Qualitätskontrolle der Erzeugnisse, die Verarbeitung, Verpackung bis hin zum Absatz (schlüsselfertige Konzepte; ARNOLD 1985, S. 238). Der Begriff „Agro- oder Agribusiness" wurde laut SCHAMP (1987, S. 54) zu Zeiten steigender Spezialisierung, Mechanisierung und Kapitalintensivierung von der *Harvard Business School* im angelsächsischen Sprachraum geprägt. Seit den 60er/70er Jahren des 20. Jahrhunderts lässt sich diese Bewirtschaftungsform in den Tropen beobachten.

Die Einführung des Agrobusiness bzw. agroindustrieller Konzepte durch die Nationalstaaten der Dritten Welt beruhte im wesentlichen auf der Favorisierung einer *importsubstituierenden* und *exportfördernden* Produktionspolitik, die mit Hilfe von agrarischen Großunternehmen umgesetzt werden sollte (SCHAMP 1987). Davon versprach man sich eine hohe Rentabilität der Produktion, eine hohe Produktivität, Arbeitsplätze und soziale Versorgung der Arbeiter, Aufbau einer funktionsfähigen (materiellen und sozialen) Infrastruktur, technisches Know-how und Kapitalhilfe-Maßnahmen, die eine Entwicklung der Länder durch Kaufkraft- und Devisengewinne sowie eine Heranführung der kleinbäuerlichen Erzeuger an den Weltmarkt mitbewirken sollten. Zweifelsohne brachte und bringt die Umsetzung von agroindustriellen Konzepten Vorteile für die Volkswirtschaften einiger Entwicklungsländer und Teile ihrer Bevölkerung (wie z.b. Devisen, Arbeitsplätze, infrastrukturelle Einrichtungen), kritisiert wird aber immer wieder die Schaffung von „*Enklavensituationen*" durch die Großbetriebe (z.B. ARNOLD 1985, S. 238), da die Standorte meist in dünnbesiedelten Gebieten liegen (Landfragen, Bodenrecht), aber über gut ausgebaute Fernverkehrslinien mit den Metropolen und den internationalen Flug- und Seehäfen verbunden sind; es finden ethnische und soziale Segregationsprozesse durch die Auswahl und Ansiedlung der Arbeitskräfte statt. Besonders gravierend wirkt sich der komplementäre Zusammenhang zwischen großbetrieblicher Produktion und Verfall der kleinbäuerlichen Nahrungsmittelproduktion aus. Die Arbeiter in den Großbetrieben besitzen in der Regel keine Flächen zur eigenen Subsistenzproduktion und geraten bei plötzlichen Veränderungen (Verlust des Arbeitsplatzes, Aufgabe des Betriebes) in wirtschaftliche Notsituationen, denn die starke Weltmarktabhängigkeit der Betriebe erfordert im Zeitalter der Globalisierung hochflexible Standortentscheidungen und damit einhergehend schnelle Verlagerungen von Betriebseinheiten aufgrund der Optimierung von Standortbedingungen. Auch aus politischer Sicht sind solche *agroindustriellen Komplexe* in der Dritten Welt nicht unbedingt als nachhaltig zu bezeichnen, da sie großen Einfluss auf die Regierenden ausüben können; ökologisch müssen sie aufgrund des hohen Einsatzes von Agrichemikalien und Ressourcen (Wasser, Dünger, Biozide) sowie der Umweltbelastungen (Kontaminierung von Gewässern, Böden, aber auch Menschen) oft als sehr bedenklich eingestuft werden.

Der erste Versuch einer agrarindustriellen Großerzeugung in den semiariden Savannenzonen scheiterte, denn das fehlgeschlagene Erdnussprojekt in Ostafrika, mit dem nach dem Zweiten Weltkrieg die Lücke in der Welt-Fettversorgung geschlossen werden sollte, war ein Misserfolg (JÄTZOLD 1965). Der nächste Versuch, des nun schon typischen Agrobusiness, erfolgte Ende der 60er Jahre im Senegal. Er war erfolgreich: Die amerikanische Firma *BUD* baute einen zusatzbewässerten Obst- und Gemüsegroßbetrieb dort auf, weil auch im Winter produziert werden konnte, im halbtrockenen Klima Pilzkrankheiten kein Problem bildeten und Europa als Absatzgebiet für den Schiffstransport nahe genug ist.

Heute gibt es viele agroindustrielle Großbetriebe in der semiariden tropischen Klimazone, wie z. B. Tomaten - Großerzeuger in Transvaal.

Aber auch in mittlerer Größenordnung gibt es viele Betriebe, meist hervorgegangen aus ehemaligen Plantagen und Farmen, die als Kapitalgesell-

Trocken- und Dornsavannenzonen

schaften mit Beteiligung von Einheimischen geführt werden und für den Weltmarkt z.B. Sisal oder Blumen produzieren oder für das eigene Land die Getreideversorgung der Städte sichern.

Schnittblumen aus Afrika

In den höher gelegenen Savannenzonen haben sich in den letzten Jahren auch Agrobusinessbetriebe der Schnitt- und Zierblumenbranche angesiedelt. Bereits 1992 nahmen Kenia und Simbabwe nach einer Studie von LAUNER (1994, S. 18) mit einem Umsatz von $61,5^{35}$ bzw. 28,7 Mio. US $ Platz 7 und 8 der Weltschnittblumenproduktion ein. Der weltweite Umsatz mit Schnittblumen betrug 1992 ca. 50 Mrd. DM mit stark steigender Tendenz: Allein zwischen 1985 und 1992 stiegen die Importe in Deutschland um nahezu 100 % (LAUNER 1994, S. 12).

Die Schnittblumenproduktion ist sehr arbeitsintensiv und in winterkalten Zonen auch sehr energieaufwendig. Wegen der günstigen Einstrahlungs- und Temperaturbedingungen über das gesamte Jahr sowie der niedrigen Lohn- und Lohnnebenkosten findet daher eine zunehmende Verlagerung der Produktion von den Gewächshäusern der Industrieländer in das tropisch-subtropische Freiland statt. Mittlerweile beginnen auch andere Länder der semiariden Savannenzonen wie Malawi, Tansania und Indien mit hohen Investitionen, Steuervergünstigungen und teilweise mit Unterstützung durch Organisationen der Entwicklungszusammenarbeit die Blumenproduktion auf- und auszubauen.

Eine der größten Schnittblumen produzierenden Betriebe der Welt ist die seit 1978 am Lake Naivasha im Ostafrikanischen Graben ansässige Firma *SULMAC*, eine Tochter des *UNILEVER*-Konzerns, die v.a. Nelken, Rosen und Lilien auf etwa 2.000 ha mit künstlicher Bewässerung erzeugt. Ca. 6.000 m³ Wasser werden dazu täglich aus dem See entnommen, mit Düngemittel vermischt und den Pflanzen über kapitalintensive Tröpfchenbewässerungssysteme zugeführt (*www.unilever.com*); etwa 3.500 Arbeitskräfte arbeiten im Akkord mit Halbjahresverträgen und bei einem Tageslohn von ca. 1,3 €, was etwa dem staatlich festgelegten Mindestlohn und dem Gegenwert von 3 kg Maismehl – dem Grundnahrungsmittel – entspricht (Statistisches Bundesamt 1995, S. 141); soziale Leistungen erstrecken sich auf kostenlose Mittagsmahlzeiten, Unterkünfte, medizinische Versorgung, Ausbildung und Duldung der Bewirtschaftung von brachliegenden *SULMAC*-Flächen zum Anbau von Grundnahrungsmitteln. Die Schnittblumen werden vor dem Öffnen der Knospen noch auf den Feldern chemisch behandelt, so dass sie nach dem Schnitt während des mehrtägigen Transportes „frisch" bleiben und erst beim Endverbraucher zur Blüte gelangen.

Selbstverständlich ist die Schnittblumenproduktion nicht nur auf die semiariden Savannenzonen beschränkt. Auch auf unrentabel gewordenen Kaffeepflanzungen ist man zur Schnittblumenproduktion übergegangen.

Erwähnenswert ist auch die Großerzeugung der Ananas, die im semiariden bis semihumiden tropischen Hochland zwischen 1200 und 1500 m bei bimodaler Regenverteilung wie in Ostkenia die besten Qualitäten hervorbringt. Die kalifornische Weltfirma *DELMONTE* hat deshalb riesige Gebiete dort unter Kultur genommen. Das ist zwar volkswirtschaftlich günstig, hat aber bei dem drückenden Landmangel eine bittere Kehrseite für die Menschen, die in dem modernisierten Großbetrieb keine Arbeit finden, jedoch kaum noch einen Fleck Erde haben, um wenigstens die Grundnahrungsmittel anbauen zu können.

2.6.3 Zur Nutzung der Reserveräume und Stabilisierung der Produktion

Die Aufsiedlung der semiariden Savannenzonen ist bereits soweit fortgeschritten, dass fast nur noch Ostafrika im Vergleich zu anderen semiariden Gebieten Afrikas, Südasiens und Südamerikas räumliche Entwicklungsmöglichkeiten bzw. Reserveflächen aufzuweisen scheint (von Australien abgesehen), doch die noch dünn besiedelten dortigen Dornsavannenregionen sind zu trocken, und die Trockenwälder stehen meist auf sehr mageren Böden. In den sahelischen und sahelo-sudanischen Regionen[36] in Westafrika war nach Berechnungen von DE TROYER (1986, S. 236) bereits 1980 die Tragfähigkeit – basierend auf der Annahme eines jährlichen Pro-Kopf-Verbrauches von 200 bzw. 250 kg an Getreide und traditioneller Landnutzungsmethoden[37] – nahezu erreicht bzw. schon überschritten. Dadurch ließen sich Vegetations- und Bodendegradierungen beobachten, die zu einer signifikanten Reduzierung der Erträge geführt haben. Untersuchungen von IBRAHIM (1988) in der Sahelzone des Sudans scheinen diese Analyse zu bestärken, da dort trotz der Schaffung diversifizierter Einkommensmöglichkeiten in Krisenzeiten die Produktionsflächen (für Hirseanbau und Viehhaltung) nicht mehr ausreichen. GEIST (1989, S. 50) betont in seiner Studie zur agraren Tragfähigkeit im westlichen Senegal, dass bei einer großräumigen, landschaftszonalen Sichtweise „...übergreifende tragfähigkeitssteuernde Determinanten und Prozessabläufe, wie z.B. agrarökologische Degradierung und soziale Destabilisierung, zwar wirksam sind, jedoch erst bei kleinräumlicher Betrachtung, d.h. innerhalb von agraren Produktionsräumen, ...die für die Verknappung des Nahrungsspielraumes verantwortlichen Ursachen zu erkennen sind." Eine Weltbankstudie von BINSWANGER u. PINGALI (1988) geht zwar immer noch von erheblichen anbaufähigen Landreserven in Afrika südlich der Sahara aus, dem halten VAN KEULEN u. BREMAN (1990, S. 193) jedoch entgegen, dass sie nicht genügend den Aspekt der ressourcenangepassten, kleinräumlich differenzierten Potenziale vor allem im Hinblick auf die Nährstoffversorgung der Böden berücksichtigt.

Andererseits zeigen regionale Beispiele aber auch, dass durch eine Verbesserung der teilweise zu einseitig ausgestatteten Betriebssysteme (z.B. monostrukturierter Hirseanbau mit weiten Pflanzabständen) mit Hilfe standortgerechter, angepasster Landnutzungsmethoden wesentlich höhere Bevölkerungsdichten möglich sind: So verweisen KRINGS (1991, S. 181ff.) und GEIST (1989, S. 365) auf die traditionellen integrativen Landnutzungssysteme der *Dogon* in Mali bzw. der *Serer* im Senegal. Auch in diese agro(silvi)pastoralen Betriebe lassen sich Innovationen auf dem Gebiet des Pflanzenbaues (z.B. schnellwachsende, trockenresistente Varietäten) und der Agrartechnik (besonders bei Düngung und Pflanzenschutz) durchaus als subsistenzsichernde Ergänzungsmaßnahmen einführen, was nach MANSHARD (1993, S. 217) eine nachhaltige Entwicklung oftmals sehr viel effektiver macht.

Trocken- und Dornsavannenzonen

2.6.3.1 Möglichkeiten zur Neudefinition der Trockengrenze

Bis Anfang der 70er Jahre des letzten Jahrhunderts konnte man beobachten, dass die agronomische Trockengrenze in der Sahelzone bis an die 250 mm-Linie des Jahresmittelniederschlags bei ca. 2,5 humiden Monaten vorgedrungen war. Dies bedeutete, dass die von FALKNER (1938) oder LAUER (1952) postulierte (virtuelle) klimatische Grenze für den Trockenfeldbau von der Trockensavanne in die Dornsavanne um ca. 2 humide Monate bzw. rund 300 mm vorverlegt worden war!

Die Folge war, dass durch die sich anschließenden Dürren („Saheldürren") extreme Produktionseinbußen bei den Kleinbauern auftraten, die zu den bekannten Hungerkatastrophen führten. Somit wurde der Ruf nach einer Neudefinition der Trockengrenze laut. Dabei entfernte man sich immer weiter von 'klassischen', meist eindimensional angelegten Trockengrenzkonzepten mit klimatologischen und landschaftsökologischen Kriterien als Basis der Betrachtung (z.B. FRANKENBERG 1985) und versuchte, auch humanökologische und sozioökonomische Faktoren einzubeziehen:

So bezeichnet ACHENBACH (1981) die Trockengrenze in Tunesien als „Erfahrungsgrenze" der betroffenen Bevölkerungsgruppen. Die Zunahme des Missernterisikos führt dort dazu, dass überwiegend ackerbauliche Betriebsformen in extensive, weniger risikoreiche übergehen. Nach ANDREAE (1977, S. 157, zit. in ACHENBACH 1981, S. 2-3) sind Trockengrenzen von Kulturpflanzen Risikogrenzen, „die je nach Eigenschaft der hygrischen Außenbedingungen langfristig eine negative oder positive Standortentscheidung herbeiführen"; daher können *agronomische Trockengrenzen* nicht identisch sein mit *absoluten Verbreitungsgrenzen*.

MENSCHING (1991, S. 107 ff.) zeigt an Beispielen aus Tunesien und der Sahelzone, dass die agronomische Trockengrenze nicht nur eine „Risikogrenze für den Anbau in Trocken- oder Dürrejahren, sondern auch eine Risikofolgengrenze für die *Desertifikation*" darstellt, die sich auf den Übergangsraum von permanenter agrarischer Nutzung über semi-permanente und episodisch-sporadische Anbauweisen erstreckt. Wegen der zunehmenden ökologischen Gefahren durch Ausdehnung und Intensivierung der Anbauflächen in den marginalen Gebieten fordert er eine stärkere Berücksichtigung von (traditionellen und modernen) alternativen Landnutzungsformen wie z.B. kontrollierte Weidewirtschaft mit Zusatzfutterbau über *Water-harvesting*-Methoden. Dennoch weist er auf die soziale Relevanz und Tragweite von Verbesserungsvorschlägen in der Landnutzung hin, da – wie das Beispiel Süddarfur/Sudan zeigt – die Bevölkerung marginaler Räume häufig nicht bereit ist, eine Intensivierung der Wirtschaftsformen und damit eine Raumbegrenzung des Anbaus zu akzeptieren, denn ihr Flächenbesitz bzw. -anspruch ist ein sozialer Wertmaßstab.

JÄTZOLD (1979b) berücksichtigt bei seiner Definition neben der agrarökologischen auch eine agrarökonomische Komponente, indem er die Gebiete an der agronomischen Trockengrenze im Agrosahel von Ostkenia nach den Missernterisiken und der Rentabilität des Kulturpflanzenanbaus in 3 Zonen differenziert:
1. Gebiet des „*Normal-Regenfeldbaus*" mit weniger als 20 % Missernterisiko für die Hauptnahrungsfrüchte;
2. Gebiet des „*Risiko-Regenfeldbaus*" mit 20-50 % Missernterisiko;
3. Gebiet des „*Wasserkonzentrations-Regenfeldbaus*", wo die Wassernutzungsflächen wesentlich größer als die Anbauflächen sind (Abb. 22).

Infolge der Einführung neuer, trockenangepasster Kulturpflanzen und agropastoraler Wirtschaftsweisen hat sich der agronomische Trockengrenzbereich in Ostkenia in den letzten 20 Jahren um nahezu 20 bis 40 km weiter in die Dornsavannenzone vorgeschoben.

Mittlerweile findet man dort stationäre landwirtschaftliche Nutzung mit trockenadaptierten Kultur- und Weidepflanzen jenseits der bisher von JÄTZOLD als Trockengrenzbereich angesehenen Agroökologischen/Ökoklimatischen *Zone 5* bereits in der feuchteren Variante der *Zone 6* (= *6+*). Dort lässt sich ein Anbau mit zwei Drittel Erfolgswahrscheinlichkeit nur noch während der zuverlässigeren der beiden Regenzeiten (in Nordkenia die erste, in Ostkenia die zweite) betreiben. Auf langjährige Feldexperimente aus Ost- und Nordkenia gestützte Ertragssimulationsrechnungen erbrachten, dass das Anbaurisiko in dieser bislang weidewirtschaftlich dominierten Zone in immerhin 33 % aller Jahre (*AntiENSO*-Regenzeiten) so hoch ist, dass keine Erträge und selbst bei den hervorragend angepassten Tepary- (*Phaseolus acutifolius*) und Marama-Bohnen (*Tylosema esculentum*) nur noch marginale Erträge erzielt werden können (was zur Ernährungssicherung kaum ausreicht). Da während der unzuverlässigeren der beiden Regenzeiten in dieser Zone mit noch geringeren oder öfter ausfallenden Erträgen solcher Pflanzen zu rechnen ist, muss die Viehhaltung als gleichwertiger Wirtschaftszweig in die Betriebe integriert werden (**Zone mit agrosilvipastoralen Systemen**). Dabei kann die multifunktionale *Acacia tortilis* nicht nur zur Baumweide, sondern auch für lokalisierten Anbau genutzt werden (Tab. 4).

In der trockeneren Variante der Dornsavanne (Agroökologische/ökoklimatische *Zone 6*) lassen sich erfolgversprechende Prognosen nur für die feuchten *ENSO*-Regenzeiten, d.h. für etwa 25 % aller zweiten Regenzeiten machen (s. S. 128f.). Da in den restlichen Regenzeiten eine bodenschonende Diversifizierung des Feldbaus nicht mehr möglich sein dürfte, sollte der Schwerpunkt der Nutzung dort eher auf der pastoralen Komponente liegen und Anbau nur zur zusätzlichen Produktion von Nahrungsmitteln und Viehfutter im Sinne eines *additional cropping* in *ENSO*- evtl. auch in *Normal*-Jahren

Trocken- und Dornsavannenzonen 113

durchgeführt werden (**Zone mit (agro)silvipastoralen Systemen**). Jenseits der Zone mit flächenhafter perenner krautiger Vegetation, in der feuchteren Variante der Halbwüstenzone (Ökoklimatische *Zone 7+*), dürfte selbst das Risiko für einen lokalisierten Anbau der sehr widerstandsfähigen Nutzpflanzen zu hoch sein (**Zone mit pastoralen Systemen**), wenn nicht Möglichkeiten der Zusatzbewässerung und des *water harvesting* zur Verfügung stehen. Der auf die Hausgärten der permanenten Siedlungen zu beschränkende, kleinparzellierte Anbau sollte lediglich zur Ernährungssicherung der durch Dürren oder andere Probleme sesshaftgewordenen Bevölkerung (v.a. Nomaden) dienen, um damit auch die Gefahr der ständigen Abhängigkeit von externer Nahrungsmittelhilfe zu lindern (HORNETZ 1997).

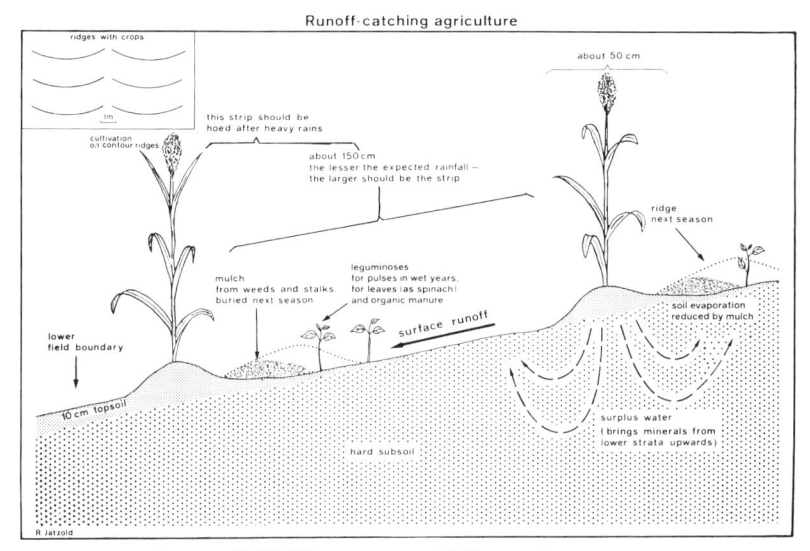

Abb. 22: Einfacher Wasserkonzentrationsanbau (Runoff-catching agriculture) im Trockengrenzbereich durch weitständige Häufelreihen. Der aufgefangene Abfluß erbringt eine Zunahme des für die Kulturpflanzenreihe verfügbaren Wassers um ca. 40 %, ein an der Trockengrenze des Anbaus oft entscheidender Wert!
Beispiel aus einer Informationsschrift für den Agrarberatungsdienst in Kenia (JÄTZOLD u. SCHMIDt 1983)

Mit Hilfe der Echtzeitvorhersage über das '*ENSO-Modell*' (s. S. 126) lässt sich bei entsprechender Implementierung durch rechtzeitige Information in den Medien sowie durch die Produktion und Verteilung von adäquatem Saatgut durch die Agrarberatungsdienste (*Extension Service*) und vor allem die vor Ort tätigen NGO's (*Non-Governmental Organizations*) der katastrophale Landverbrauch und die Degradierung der Böden an der Trockengrenze reduzieren, da wegen der höheren Sicherheit der Erträge angepasster Kulturpflanzen (aufgrund gezielter Anbauempfehlungen) die Kleinbauern weniger Flächen bebauen müssen, und die Böden durch die effektivere und längere Bodenbedeckung besser gegen die Ausspülung und Ausblasung geschützt sind.

Die Umsetzung von „*Trockengrenzkonzepten*" in konkrete Landnutzungspläne sollte neben der Ausweisung von Trockenzeit- und Reserveweiden für die angrenzenden nomadischen Ethnien auch wichtige andere Aspekte, wie z.B. die Gefahr von Überfällen mit Viehdiebstählen, die Möglichkeit von Krankheiten und die aktuelle Trinkwassersituation berücksichtigen.

2.6.3.2 Nutzungsintensivierung durch angepasste Landnutzungsmethoden

Der zunehmende Bevölkerungs- und Weidedruck in den semiariden Regionen hat dort zur Nutzungsintensivierung geführt, ohne dass bisher parallel dazu von den Landbau- und ökologischen Wissenschaften sowie den Agrarplanern in ausreichendem Maße regional und lokal angepasste Konzepte zur nachhaltigen und ressourcenschonenden Bearbeitung bzw. Nutzung entwickelt wurden. In der Regel – und das zeigen fast alle Beispiele fehlgeschlagener Entwicklungen (u.a. JÄTZOLD 1979a) – wird von den Neusiedlern versucht, die neuen Räume ähnlich wie die ökologisch günstigeren Ursprungsgebiete zu bewirtschaften, d.h. z.B. Hochertragsaatgut mit relativ langen Vegetationszyklen und dichten Pflanzabständen zu verwenden. Die Agrodiversität traditioneller Agrarsysteme geht dadurch verloren.

Angesichts dieser Probleme erhob 1986 auf der „*Conference on Drought, Desertification and Food Deficit in Africa*" in Nairobi der Repräsentant des US-amerikanischen *National Research Council*, MICHAEL DOW, die Forderung nach einer Verstärkung der Forschungsaktivitäten vor allem auf folgenden Gebieten (DOW 1989, S. 30ff):

a) <u>*Crop production:*</u> Erforschung und Zur-Verfügungstellung von angepassten, wenig Wasser brauchenden Nutzpflanzen wie Tepary-Bohnen und Papago-Tohono Mais zur Absicherung der Nahrungsmittelproduktion bei reduzierten Regenzeiten in Gebieten mit hoher Variabilität der Niederschläge;

b) <u>*Soil & water management:*</u> Entwicklung von boden- und wasserkonservierenden und -verbessernden Landnutzungstechniken wie z.B. Abflussverbauung, Mulchen (Leguminosen als *cover plants*), *Intercropping*, minimale Bodenbearbeitung (*minimum-tillage*); dazu gehören auch die biologische Schädlingsbekämpfung sowie die Integration von Anbau- und Viehhaltungssystemen mit Baum- und Strauchanpflanzung in den kleinbäuerlichen Betrieben (Agrosilvipastoralismus), u.a. mit der Möglichkeit zum Aufbau einer organischen Düngerversorgung. Die Stickstoffzufuhr ist für die pflanzliche Produktion auf den klimabedingt stickstoffarmen

Böden der semiariden Gebiete von entscheidender Bedeutung. Da eine mineralische Substitution aus vielfältigen Gründen (u.a. Kostenfrage) ausscheiden muss, fällt neben der organischen Düngung der biologischen Stickstoff-Fixierung über den Leguminosenanbau eine wichtige Rolle bei der Erhaltung der Bodenfruchtbarkeit zu (z.B. in Form einer *field-pasture-rotation*).

c) *Agroforestry:* stärkere Berücksichtigung traditioneller silvipastoraler Komponenten zur Nutzung in Systemen des Agropastoralismus (evtl. Forcierung der Aufforstung mit definierten Spezies);

d) *Irrigation*: Verstärkung der kleinbäuerlichen *small/micro-scale irrigation* zur Produktion von vitaminreichen Obst- und Gemüsepflanzen mit evtl. vermarktungsfähigen Überschüssen; Zusatzbewässerung von Feldkulturen in ertragskritischen Trockenphasen während der Regenzeit.

Ähnlichen Themen widmete sich auch die 9. Konferenz der *International Soil Conservation Organisation* (ISCO) 1998 in Bonn (BLUME et al. 1998), wobei ein besonderer Fokus auf die sozio-ökonomischen Aspekte gelegt wurde.

In der nomadischen Weidewirtschaft ist ein zunehmender Verlust der „*Reaktionselastizität*" zu beobachten (u.a. JÄTZOLD 1995). Hier gilt es, die Auswirkungen sowie adäquate Gegenmaßnahmen zukünftig in den Mittelpunkt der wissenschaftlichen Diskussion zu rücken.

Die Notwendigkeit zur Förderung des Anbaus von minor crops
Auf der Welt gibt es nach MOONEY (1985, zit. in ODHIAMBO 1989, S. 21) ca. 250.000 Pflanzenarten, die für die menschliche Ernährung geeignet sind. Von diesen wurden und werden ca. 1.500 in der Landwirtschaft genutzt, wobei allerdings 30 Arten derzeit 95 % der globalen Nahrungsmittelnachfrage befriedigen; auf 8 Pflanzen aus dieser Gruppe von *major crops* entfallen immerhin 75 % der Weltproduktion.

Der tropische Nutzpflanzenanbau wird immer stärker durch die Einführung von Hybridsaatgut geprägt, welches die traditionellen und lokal angepassten Varietäten weiter verdrängt (BRÜCHER 1985, S. 8). Dabei wird der größte Teil der menschlichen Nahrung durch *einkeimblättrige Pflanzen* geliefert (Zerealien, Bananen, Zuckerrohr, Palmen), während der Anteil der *zweikeimblättrigen* (vor allem Leguminosen) stark zurücktritt. Die Folge dieser Entwicklung ist häufig das Aussterben des Gen-Fundus authochtoner Nutzpflanzen in den überbevölkerten Gebieten. Um die „Diversifikation der Ernährung" (BRÜCHER 1985, S. 8) sowie weitere Forschungen und Züchtungsversuche in Zukunft dennoch gewährleisten zu können, ist es daher erforderlich, das Genmaterial von weniger bekannten, lokal verbreiteten Nutzpflanzen (auch Wildpflanzen), die man als *minor crops* (SMARTT 1976, S. 33) bezeichnet, in *Samenbanken* zu konservieren. Zu diesen gehören auch

Tepary-Bohnen (*Phaseolus acutifolius*), Bambarra-Erderbsen (*Vigna subterranea*), Marama-Bohnen (*Tylosema esculentum*) und Tohono O'odham Mais, eine sehr kurzzyklische Varietät von *Zea mays* (u.a. DOW 1989, S. 36), die durch die Einführung allochthoner Nutzpflanzen in ihren ursprünglichen Anbaugebieten teilweise stark zurückgedrängt bzw. bisher nicht genutzt wurden, jedoch eine hohe Anpassungsfähigkeit unter sahelischen Bedingungen zeigen (u.a. HORNETZ 1991, 1993; SHISANYA 1996).

Andererseits versucht man zunehmend von züchterischer Seite, das Genmaterial dieser angepassten bzw. lokalen Varietäten mit Hochleistungssorten zu kreuzen, wie das Beispiel der neuen kenianischen *Mwezi moja*-Bohne (kurzzyklische Varietät der *Phaseolus vulgaris*, GLP 1004) aus dem *Grain Legume Programme (GLP)* der FAO zeigt. Dabei bleiben jedoch – wie Untersuchungen zur Ökophysiologie dieser Pflanzen belegen (HORNETZ 1990) – trotz einer kurzen Vegetationsperiode die hohen Wasser- und Nährstoffansprüche bestehen, so dass die Pflanze nur bedingt (z.B. in angekündigten günstigen *ENSO*-Regenzeiten) für die Einführung in kleinbäuerliche oder agropastorale Systeme der Trockengebiete geeignet ist.

Möglichkeiten bodenstabilisierender und -verbessernder Maßnahmen: z.B. biologische Stickstoff-Fixierung und Mykorrhiza-Inokulation
Nach BARNET (1988, S. 86) scheint der Stickstoffeintrag durch biologische/symbiotische N_2-*Fixierung* für die Nährstoffbilanz in den Trockengebieten von erheblicher Bedeutung zu sein. Untersuchungen belegen (z.B. EHLERINGER et al. 1992), dass besonders trockenadaptierte Baum- und Strauchleguminosen wie *Acacia*- und *Prosopis*-Arten aus der Familie der *Mimosaceae* einen großen Teil ihres Bedarfs an Stickstoff über das Zusammenwirken mit bodenbürtigen *Rhizobien* v.a. aus tieferen Bodenschichten decken können. In den Trockengebieten Afrikas und Australiens sind Zwergsträucher und krautige Spezies aus der Familie der *Fabaceae* wie z.B. *Indigofera ssp.* und zur feuchteren Seite hin *Macroptilium atropurpureum* (Siratro) als wertvolle Weidepflanzen gebietsweise stark verbreitet; beides sind mit Knöllchenbakterien nodulationsfähige Arten, wobei die Effektivität der N_2-*Fixierung* bei den krautigen Vertretern im wesentlichen von der Entwicklung der Bodenfeuchte- und Bodentemperaturbedingungen in den Regenzeiten abhängen dürfte. Bisher liegen nur unzureichende Erkenntnisse zur Höhe der N_2-*Fixierungsraten* in den marginalen Gebieten bei annuellen Körner- und Futterleguminosen vor.

Auch freilebende (nicht-symbiotische) *Stickstoff-fixierende Bakterien* können sich positiv auf das Wachstum von Kultur- und Weidepflanzen unter marginalen Bodenbedingungen in den semiariden Tropen auswirken. So konnte ENGELBERTH (1991) bei Beimpfungsversuchen mit Stämmen der Gattungen *Azospirillum, Azotobacter, Beijerinckia* und *Derxia* über 6 Wochen

Versuchsdauer einen Trockengewichtszuwachs bei Hirsen festellen, der etwa einer mineralischen N-Düngung von 5 bis 10 kg/ha entsprach; bei der symbiotischen Fixierung können zum Vergleich bis zu 125 kg/ha N mit *Phaseolus*-Bohnen produziert werden (HERRIDGE u. BERGERSEN 1987, S. 50), wobei die durchschnittlichen Fixierungsleistungen von kurzzyklischen Pflanzen in den semiariden Gebieten eher geringer sind.

Eine weitere Möglichkeit zur Verbesserung der Bodenfruchtbarkeit und der Wuchsleistungen von Weidepflanzen bildet die Beimpfung mit *Pilz-Mycelien* zur *Mykorrhizabildung*, wie MEDINA et al. (1990) mit Siratro zeigen konnten; dabei erhöht sich die Biomasseproduktion durch biotische Aufschließung des Phosphatgehalts der Böden. Über diese Methode lassen sich ca. 30 % des P-Düngers zur Erzielung maximaler Erträge einsparen.

Letztendlich hängt der Erfolg dieser mikrobiologischen Aktivitäten a) mit dem Vorhandensein effektiver *endemischer* und/oder b) mit dem Überleben inokulierter Populationen der Mikroorganismen zusammen, da wiederholte Beimpfungsmaßnahmen zu aufwendig sein dürften. So können einmalige Inokulationen unter günstigen Bedingungen eine nachhaltige Wirkung erzielen. Die Beimpfung von angepassten Kulturpflanzen mit aus den Böden vor Ort isolierten *endemischen*, d.h. standortangepassten, *Rhizobienstämmen* eröffnet neue Möglichkeiten für die Kleinbauern, wie neuere Untersuchungen von GITONGA et al. (1999) auf *Ferralsolen* in Südostkenia zeigen.

Nach DOW (1989, S. 52) besteht eine wichtige zukünftige Aufgabe darin, die für die Verbesserung der kleinbäuerlichen Versorgung mit Mikroorganismen notwendige Infrastruktur zu schaffen, wie das Beispiel des MIRCEN- (*Microbiological Resources Centre*)Netzwerks bereits zeigt, das an der Universität Nairobi eine Einrichtung mit einer Sammlung von inokulationsfähigen Präparaten unterhält.

Nachhaltige Ansätze in der extensiven Weidewirtschaft
Ein neuerer Ansatz zum ressourcenschonenden Weidemanagement in überwiegend extensiv weidewirtschaftlich genutzten Gebieten liegt mit dem Ansatz des *Holistic Range Management (HRM)* aus Namibia vor (OTZEN 1990). Dabei werden unter genauer Beobachtung weideökologischer Prozesse relativ hohe Bestockungsdichten mit hoher Bodenproduktivität erreicht, so dass die Betriebseinkommen dementsprechend höher als in vergleichbaren, traditionell bewirtschafteten Ranchbetrieben liegen, und Degradierungsprozesse vermieden werden können.

Differenzierte Möglichkeiten zur Rehabilitation und (Wieder-)Inwertsetzung degradierter Standorte durch angepasste Weidepflanzen, die Erhaltung von Futterreserven (z.B. stehendes Heu) und eine ressourcenschonende Weideführung schlägt KEYA (1998) vor. Eine stärkere Einbeziehung des *indigenen Wissens* bei der nachhaltigen pastoralen Bewirtschaftung ist ebenso notwendig wie der Einsatz moderner Rauminformations- (z.B. GIS oder Fernerkundungs-) und Managementsysteme/-strukturen zur Planung, Vorhersage und Produktion. Traditionelle Maßnahmen sind z.b. nach OBA (1994): der verstärkte Einsatz von nomadischen *Scouts* zur besseren Informationsvermittlung zwischen den umherziehenden Gruppen über die Weide- und Wasservorräte; die Aktivierung des traditionellen Wissens über eine ökologisch angepasste Weideführung. Dazu gehören mit Sicherheit auch Möglichkeiten wie die von Marktpreisschwankungen für Fleisch weitgehend unabhängige, vor allem in Dürrezeiten einkommenssichernde Produktion von *Trockenfleisch*, die traditionell von Nomadenstämmen betrieben, aus hygienischen Gründen von den Behörden in Kenia jedoch untersagt wurde (z.b. JÄTZOLD 1995)[38].

STURM (1999) weist darauf hin, dass weder durch moderne Weidemanagementstrategien noch durch das verfügbare lokale Wissen die Entwicklungsprobleme der Weidewirtschaft allein zu beheben sind, vielmehr sollte die gesellschaftliche Position der Pastoralisten durch gezielte „Lobby-Arbeit auf unterschiedlichen regionalen, nationalen und internationalen Ebenen" im Rahmen partizipativer Entwicklungsansätze gegenüber anderen „Nutzergruppen" gestärkt werden. Auch MÜLLER-HOHENSTEIN (1999) betont die Bedeutung des *Mensch-Umwelt-Funktionsgefüges* in seinem weideökologischen Managementansatz.

2.6.3.3 Landnutzungsplanung, Ressourcenmanagement und Ländliche Regionalentwicklung

Nach EGER et al. (1998, S. 1545 ff.) benötigt man zur Lösung der Umwelt- und Nahrungsmittelkrisen in den tropischen Entwicklungsländern einen holistischen Ansatz, damit Planung, Entwicklung und Nutzung der erschöpfbaren (Boden)-Ressourcen den Forderungen der Agenda 21 (UNCED) gerecht werden können. Einer Definition der deutschen 'Arbeitsgruppe Integrierte Landnutzungsplanung' der GTZ von 1995 zufolge ist „...Landnutzungsplanung in der Technischen Zusammenarbeit ... ein iterativer, auf dem Dialog zwischen allen Beteiligten basierender Prozess, der die Festlegung von Entscheidungen über die nachhaltige Form der Flächeninanspruchnahme im ländlichen Raum zum Ziel hat und auch die Initiierung sowie Begleitung der entsprechenden Umsetzungsmaßnahmen beinhaltet" (Arbeitsgruppe Integrierte Landnutzungsplanung 1995, S. 5). Mit Hilfe der Landnutzungsplanung (LNP) soll der Ausbeutung von biotischen und abiotischen Ressourcen durch ein nachhaltiges Ressourcenmanagement unter Einbeziehung sozialer und ökonomischer Aspekte entgegengewirkt werden.

LEUPOLT u. MEYER-RÜHEN (1993, S. 12) stellen in ihrer aus den Erfahrungen der GTZ geprägten Studie zu neuen Konzepten der **Ländlichen Regio-**

nalentwicklung (LRE) heraus, dass der Zusammenhang zwischen Bevölkerungswachstum, abnehmender Tragfähigkeit der natürlichen Ressourcen und Armut in den Entwicklungsländern immer offensichtlicher wird. Da sich diese Entwicklungen im überwiegenden Maße im ländlichen Raum abzeichnen, gilt es daher, über die Förderung der Agrarwirtschaft bzw. der ländlichen Räume die Ernährung zu sichern sowie die natürlichen Ressourcen zu stabilisieren.

Angesichts des Scheiterns der ersten Entwicklungshilfestrategien gegen Ende der 70er Jahre entstand der Gedanke einer *Neukonzeptionierung* mit zweierlei Zielsetzung: Ertragssteigerungen und Einkommensverbesserungen (*Produktionsziel*) auf der einen und Reduzierung der ländlichen Armut (*soziales Ziel*) auf der anderen Seite; neuerdings ist das Ziel der Erhaltung der natürlichen Ressourcen als gleichrangig hinzugekommen. Damit war das Konzept der LRE entstanden, das einen multisektoralen, komplexen Ansatz verfolgt.

Die LRE benötigt eine sektorübergreifende *regionale Rahmenplanung*, die z.B. Entlastungsprojekte in den angrenzenden Räumen außerhalb der ökologisch bedrohten Regionen mit einbezieht. Auch entwickelte gesellschaftliche Strukturen, die der Entlastung ökologisch labiler Räume dienen (z.b. Migration und Pastoralismus), sollten in die Programme mit involviert werden. Umwelt- und agrarpolitische Maßnahmen wie integrierte Familienplanungsprogramme zur Eindämmung des Bevölkerungswachstums, Subventionierungen im Bereich des Ressourcenschutzes, Klärungen im Bereich des Bodenrechtes und die Stärkung des Verantwortungsgefühls der Bevölkerung für die lokalen Ökosysteme gehören ebenso zum Planungsinstrumentarium (RAUCH 1993).

Methodisch erfordert das **partizipativ-integrative Konzept** (PIDA)[39] in der Landnutzungsplanung und im Ressourcenmanagement eine humanökologische Vorgehensweise, wobei sich der *Participatory Rural Appraisal* (PRA; u.a. CHAMBERS 1992) als besonders erfolgversprechendes Instrumentarium erwiesen hat. Dieser hat sich inzwischen von einem reinen Diagnoseinstrument für naturräumliche und sozio-ökonomische Aspekte hin zu einer umfangreichen Erfassungs- und Planungsmethode entwickelt. Der Ansatz ermöglicht letztendlich eine partizipative Landnutzungsplanung, die auf einer „Inventarisierung der lokalen Ressourcenpraktiken und –probleme" basiert und zum Erstellen z.B. von *Village Resource Management Plans* (VRMP; NES 1990, S. 69 ff.) führen kann. Im Idealfall kommt hierbei eine wirkliche Kooperation zustande, bei der die PRA-Mitarbeiter trotz ihrer wissenschaftlichen Ausbildung keineswegs über der Bevölkerung stehen, sie sind vielmehr beide gleichberechtigt. Im Unterschied zum *Rapid Rural Appraisal* (RRA) – einem dem PRA zeitlich vorangehenden Ansatz –, bei dem die Bevölkerung von den Wissenschaftlern und Technikern lernen soll, zielt der PRA darauf ab, die Zielgruppe bei der Datenerhebung, -analyse und -auswertung sowie Planerstellung lediglich zu unterstützen und sie in die Lage zu versetzen, letztendlich alles selbst in die Hände zu nehmen (CHAMBERS 1992, S. 11). Dabei können von der Bevölkerung durchaus eigene Einschätzungen bzw. Daten eingebracht werden, etwa zur Klimasituation: So z.B. wissen die Kleinbauern häufig sehr genau, wann der richtige Saatzeitpunkt zu Beginn einer Regenzeit zu wählen ist (in der Regel besser als etwa Berechnungen auf der Basis von mit dem standardisierten Regenmesser ermittelten Niederschlagsmengen).

SCHÖNHUTH u. KIEVELITZ (1993, S. 20-21) weisen bei allem Optimismus mit dem PRA-Ansatz jedoch daraufhin, dass in der Entwicklungszusammenarbeit auch weiterhin „expertenorientierte" Datenerhebungen (*Surveys*) und projektbegleitende Forschung notwendig sind (z.b. in Form des *Rapid Rural Appraisal*, RRA). Als zukünftige Herausforderungen des Konzepts werden einerseits die Einbindung von lokalen PRA-Ansätzen in die partizipative Regionalplanung und umfassende Landnutzungsplanung (Frage der Maßstabsebenen, des *scaling up*) und andererseits die Etablierung des PRA-Gedankens in den bürokratischen Apparaten von Entwicklungsorganisationen gesehen.

Neben den *empirischen Verfahren* behalten in der Landnutzungsplanung und im Ressourcenmanagement *originär raumwissenschaftliche Methoden* weiterhin ihre Berechtigung, wenn es um die Erarbeitung raum-zeitlicher Strukturen geht. Dazu gehören z.B. die Ausweisung von agro- und pastroökologischen sowie ökoklimatischen Zonen und von Flächen für lokale Agrar- und Weidepotenziale ebenso wie die standortspezifische und räumliche Erfassung und Quantifizierung von Degradierungsprozessen oder der Bodenfruchtbarkeit bzw. die Austestung angepasster Nutzpflanzen für kleinbäuerliche bzw. nomadische Nutzer in den Trockengebieten. Eine solche „mehrdimensionale" Vorgehensweise erfordert vor allem experimentelle und numerische Verfahren (z.B. HORNETZ 1997); dazu zählen Gelände-, Anbau- und Laborexperimente, statistische Analysen, Simulationsrechnungen und -modelle, Rauminformations- und Fernerkundungssysteme.

Trocken- und Dornsavannenzonen 121

2.7 Umwelt- und Erhaltungsprobleme in den Savannenzonen und ihre Lösungsmöglichkeiten

2.7.1 Dürren und Dürremanagement

Obwohl sich das Auftreten von Dürren in historischer Zeit aufgrund der unzureichenden Quellenlage nur bedingt nachweisen lässt, gibt es vereinzelte Berichte, vor allem von den Afrikaforschern HEINRICH BARTH und GUSTAV NACHTIGAL, über Dürren im Bereich des Tschadsee-Beckens zwischen dem 17. und 19. Jahrhundert (SCHIFFERS 1976). 1903 wurde von einem Rückgang der Wasserfläche des Tschadsees infolge anhaltender Trockenheit berichtet; eine mehrjährige sahelweite Dürre wurde ab 1910 registriert, die 1913/14 in einer Hungerkatastrophe endete, bei der bis zu 30-50 % der Bevölkerung starben. Nach Jahrzehnten der 'klimatischen Stabilisierung' kam es zwischen 1968 und 1973 zu einem abrupten Absinken der Niederschläge in der gesamten Sahelzone bis nach Ostafrika und desgleichen in der ersten Hälfte der achtziger Jahre (Abb. 23). Dort gab es fünf Dürren zwischen 1965 und 2002.

Nahrungsmitteldefizite durch Ernteausfälle und Viehsterben, *Desertifikation* und massenhafte *Fluchtwanderungen* nach Süden (in kleinerem Umfang auch nach Norden) waren die Folgen. Da sich die Niederschlagssituation in den darauffolgenden Jahren nur leicht verbesserte, kam es dann von 1981 bis 1984 bei sich wieder verschlechternden Klimabedingungen zur bisher schlimmsten Hungerkatastrophe in der gesamten Sahelzone (einschließlich Ostafrika). So waren in den nomadischen Gebieten Kenias bis Juli 1984 ca. 80 % des gesamten Viehbestandes verendet (PAULY 1993, S. 25), die für die Grundversorgung der Bevölkerung entscheidende Maisproduktion betrug nur 34 % der Vorjahre! Bei der nächsten Saheldürre 1991 wurden die *Touareg* in Nordmali aufständisch aus Hunger und drangen 1992 sogar in Timbuktu ein.

Über Dürren wird auch aus anderen semiariden Zonen immer wieder berichtet. So kommen sie in Australien durchschnittlich einmal in jedem Jahrzehnt vor und ungewöhnlich starke heißen *Old mans drought* wie die in Ostaustralien Anfang der 90er Jahre des 20. Jahrhunderts (JÄTZOLD 1993). Im *Sertão* Nordostbrasiliens zählen ca. 1,15 Mio. km² zu den dürregefährdeten Gebieten (RÖNICK 1986); öfters bedroht sind auch die Gebiete um das Kalahari-Becken, die sich bis nach Simbabwe und Sambia ziehen (u.a. MAGADZA 1993, S. 87 ff.). Häufig stehen Dürren in den tropischen Trockengebieten in einem ursächlichen Zusammenhang mit der Ausprägung des *El Niño*-Phänomens und der *Walker-Zirkulation* (Bezeichnung: El Niño Southern Oscillation, *ENSO*). So konnte nachgewiesen werden, dass bei einem hohen *Southern Oscillation Index* (SOI) - ausgedrückt als Luftdruckdifferenz zwischen Darwin in Australien und Tahiti im Ostpazifik - und starken Niederschlägen über Australien und Südostasien mit hoher Wahrscheinlichkeit Dürren in den Trockengebieten Ostafrikas zu erwarten sind (*AntiENSO*-Situation: WILLEMS 1993); umgekehrte Verhältnisse sind ebenfalls feststellbar (Niederschlagsreichtum in Ostafrika und ausgeprägte Trockenheit im Westpazifik in *El Niño*-Jahren). Ähnliche *Telekonnektionsdürren* beschreiben auch ISMAIL (1987) für Südostafrika, insbesondere Simbabwe, Botswana und Sambia sowie HILGER et al. (2000) für Nordostbrasilien; weitere in Abb. 4.

Begriffsdefinitionen von Dürren
Kaum ein Begriff wird in der wissenschaftlichen Literatur der Trockengebiete so häufig diskutiert und definiert wie die '*Dürre*'. Allein 150 verschiedene Definitionen werden von WILHITE u. GLANTZ (1987) in eine systematische Kategorisierung eingeordnet; je nach disziplinärer Sichtweise wird unterschieden in hydrologische, meteorologische, landwirtschaftliche und sozioökonomische Dürren.

GLANTZ (1987, S. 108) definiert eine *meteorologische Dürre* durch den Grad der Trockenheit als Reduzierung des Niederschlags gegenüber dem langjährigen Mittel (in %) sowie durch die Dauer der Trockenheit in einer bestimmten Region. Anhand von statistischen Analysen der Niederschlagsdaten lassen sich somit Grenzwerte festlegen, die unterschiedliche Intensitäten und Zeiträume von Dürren beschreiben (z.B. die Werte der *World Meteorological Organisation* von 1975, zit. in PAULY 1993, S. 9).

Im Gegensatz dazu beinhalten die Definitionen von landwirtschaftlichen Dürren primär die Auswirkungen von Wasserversorgungsdefiziten auf die agrarische Produktion; als Bezugsgröße wird die *Verfügbarkeit von Bodenwasser* für die Nutzpflanzen herangezogen (WIGLEY u. ATKINSON 1977, zit. in PALUTIKOF et al. 1982, S. 231). Zur realistischen Einschätzung von dürrebedingten Ertragsdepressionen sind Ertragssimulationsmodelle erforderlich, mit denen die komplexen Zusammenhänge zwischen Wasserangebot/Bodenwasserbilanz, Wachstum und Ertragsbildung unter optimalen und Wasserstressbedingungen beschrieben werden können (z.B. die Simulationsmodelle PASTURE von LITSCHKO 1990; WOFOST von RÖTTER 1993; MARCROP, HORNETZ 1997).

Sozioökonomische Dürren werden weitgehend unabhängig vom Niederschlagsaufkommen definiert, obwohl meteorologische Trockenheiten Nahrungsmitteldefizite hervorrufen können. Demnach können Dürren auch dann entstehen, wenn durch Veränderungen der Landnutzungssysteme oder/und die Erwartungshaltung der Bevölkerung *Fluktuationen* in Angebot und Nachfrage von Lebensmitteln auftreten (PALUTIKOF et al. 1982, S. 231). So zeigen z.B. GLANTZ u. KATZ (1977) am Beispiel des Sahel, wie nach Jahren

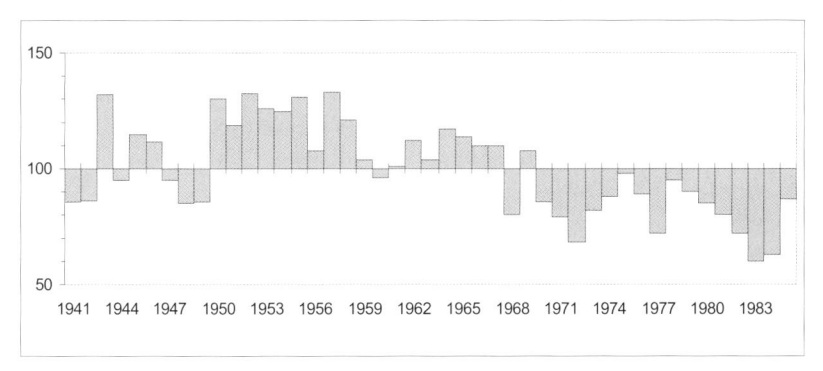

Abb. 23: Niederschlagstrend in der Sahelzone (als prozentuale Abweichung vom langjährigen Mittelwert). Quelle: KLAUS 1986, S. 580

Viele Stationen wurden dafür gemittelt. Es hat seitdem auch wieder positive Jahre gegeben, aber der negative Trend hat sich fortgesetzt.

mit überdurchschnittlichen Niederschlägen (in den 60er Jahren des 20. Jahrhunderts) bereits durchschnittliche Jahre als Dürre empfunden wurden. In der Regel treten solche Situationen auf, wenn sich Tragfähigkeitsprobleme infolge von Störungen des komplexen funktionalen Gefüges zwischen Mensch und Umwelt entwickeln, die wiederum landwirtschaftliche Dürren mit einem „Divergieren der Schere zwischen Angebot und Bedarf" (PAULY 1993, S. 10) erzeugen.

Dürren und Hungerkrisen

In dem '*Verkettungsmodell*' von BOHLE (1992) gehören Dürren neben Kriegen und Wirtschaftskrisen zu den kritischen Ereignissen, die Hungerkrisen hervorrufen, da es generell eine *strukturelle Grundanfälligkeit* in den Volkswirtschaften der Entwicklungsländer gibt, die vor allem durch eine zunehmend sich verringernde Produktivkraft der Landwirtschaft (*Food Availability Decline*), den fehlenden Zugang zu Nahrungsmitteln für bestimmte Bevölkerungsgruppen infolge fehlender Kaufkraft (*Food Entitlement Decline*) sowie andere langfristige strukturelle Probleme entsteht.

IBRAHIM (1988) zeigt am Beispiel der Sahelzone im westlichen und zentralen Sudan wie die teilweise langanhaltenden Dürren der 70er und 80er Jahre des 20. Jahrhunderts die Einkommensgleichgewichte in den agropastoralen Betrieben durcheinander brachten. Während in Normaljahren der Hirsebedarf von Familien über externen Zukauf (bis zu 50 %) durch den Verkauf von Vieh und andere Einkommensquellen gedeckt werden konnte, verteuerte sich nach einer Dürre die Hirse so stark, dass die übliche Relation von 1:10 (1 kg Fleisch = 10 kg Hirse) weit unterschritten wurde und damit die Kleinbauern für den lebensnotwendigen Eintausch ihre Viehbestände dramatisch dezimieren mussten. Dadurch verloren sie ihr *lebendes Kapital* und gerieten bei anhaltender Dürre über eine Hungerkatastrophe in eine langjährige Existenzkrise, wie 1984 geschehen. Bei totalen Dürren wie im Jahr 2000 in Südostäthiopien ist internationale Hilfe notwendig. Das gilt auch für das Gegenstück, die weitflächigen Überschwemmungen wie im Februar 2000 in Mosambik. Das Resultat dieser Umweltkatastrophen ist *Umweltflucht*, wie dies von RICHTER (2000) in großem räumlichen Umfang für den westafrikanischen Teil der Sahel- und Sudanzone aufgezeigt wird.

Dürremanagement

Dürren und Dürrekatastrophen kann mit differenzierten Maßnahmen auf den verschiedenen Handlungsebenen vom kleinbäuerlichen Betrieb bzw. der pastoralen Wirtschaftseinheit über regionale, nationale, schließlich supranationale und globale Systeme begegnet werden.

Im oben genannten Regionalbeispiel aus der Sahelzone des Sudan wird aufgezeigt, wie in agropastoralen Betrieben Vieh als *lebendes Kapital* sowie alternative Einkommensquellen (Lohnarbeit, Sammeln von Holz, Produktion von Holzkohle, Flechtarbeiten) zum Überleben in der Dürre eingesetzt werden. Der systeminterne Ausgleich der Dürrefolgen im Nahrungssystem des Nomadismus ist dagegen wesentlich schwieriger als im Feldbau, da durch die Dürre die gesamte Produktionsgrundlage (Vieh) zerstört wird und auch kaum Vorratshaltung betrieben werden kann. In den kapitalintensiven Viehwirtschaftsbetrieben (Ranching) der Trockengebiete (z.B. in Australien) sind für Dürrezeiten u.a. Zufütterungs- und Herdenverlagerungsmaßnahmen (z.T. als *Pensionsvieh*) entwickelt worden (JÄTZOLD 1993 a).

Auf regionaler und nationaler Ebene lassen sich für die Entwicklungsländer im wesentlichen vier Gruppen von Strategien zur Ernährungssicherung und Dürrebekämpfung unterscheiden (PAULY 1993, S. 14 ff):
a) Unter der Annahme, dass private Haushalte nicht über die notwendigen Vorräte verfügen, müssen Nahrungsmittelreserven öffentlich angelegt und dann termingerecht und problemgruppenorientiert verteilt werden.
b) Ein Teil der durch Exporte erzielten Devisen wird vom Staat als Reserve eingesetzt, um Nahrungsmittel in Krisenzeiten zu importieren (*food import insurance*).
c) Im Rahmen einer *countercyclical trade policy* werden Exporte von Nahrungsmitteln in Überschussjahren zur Stabilisierung der Inlandspreise und zur Einkommensstabilisierung der Erzeuger *besteuert*; diese staatlichen Einnahmen werden in Dürrejahren verwendet, um die Nahrungsmittelversorgung durch Subventionierung und zusätzlichen Import zu stützen.
d) In den Programmen der Arbeits-, Einkommens- und Nahrungsmittelbeschaffungsmaßnahmen (*Food for Work, Cash for Work*; *public works*) liegt, vom Nachhaltigkeitsaspekt her, ein besonders großes Potenzial, da mit den

damit verbundenen Maßnahmen die betroffene Bevölkerung selbst Nahrungsmittel oder finanzielle Mittel gegen Arbeitsleistung erwerben kann. Diese Arbeiten können gezielt eingesetzt werden, um strukturelle Defizite in der Infrastruktur oder der Agrarwirtschaft (z.b. durch den Ausbau von Verkehrswegen, Durchführung boden- und wasserkonservierender Maßnahmen in der Landwirtschaft) vorbeugend zu beheben bzw. Schäden infolge Landschaftsdegradierung mit angepassten Maßnahmen (Rehabilitation degradierter Flächen) zu beseitigen. Materielle Unterstützung erhalten die Nationalstaaten für solche Ansätze meist durch das *Welternährungsprogramm* der FAO in Form von Nahrungshilfe als Projekthilfe (CRAWSHAW 1992: ca. 20 % der Gesamthilfe) oder durch die *Weltbank*. Ähnliche Zielsetzungen verfolgen auch die Integrierten Ernährungssicherungsprogramme, die als bilaterale, sektor- und teilweise regionenübergreifende, längerfristig angelegte Projekte der Entwicklungszusammenarbeit in enger Abstimmung mit den Partnerländern konzipiert sind (z.B. das *Integrated Food Security Programme Eastern Province*, IFSP-E der GTZ in Kenia); Geographische Informationssysteme können hierbei wichtige Projektaktivitäten kartographisch verfügbar machen, aber auch als Planungs- und Entscheidungsgrundlage dienen (ENGEL 1998).

Um das regionale und nationale, aber auch zonal supranationale (z.B. Sahelzone) Dürremanagement möglichst effizient zu gestalten, sind frühzeitige und auch räumlich zuverlässige Informationen unerlässlich, die über **Dürrefrühwarnsysteme** bereitgestellt werden können. Sie werden durch ihren organisierten, strukturierten Aufbau mit unterschiedlichen Komponenten bestimmt, wobei durch Behörden und Institutionen, z.B. Wetterdienste oder Statistische Ämter, Informationen geliefert (Ankündigung von *ENSO*- und *AntiENSO*-Situationen als langfristige Regenzeit-Vorhersage, Sammeln und Verarbeiten von Niederschlagsdaten, Überwachung der Vegetation/Vegetationsdaten durch Geländebegehungen sowie Luft- und Satellitenbilder, Aufnahme (Monitoring) phänologischer und Ertragsdaten) und schließlich an einer für Empfehlungen und Vorhersagen kompetenten Organisation fokussiert werden können. Wie im Falle Kenias können an einem solchen nationalen *Dürrefrühwarnsystem* mehrere unterschiedliche staatliche und nichtstaatliche Institutionen/Behörden zusammengeführt werden (PAULY 1993).

Das 1975 von der FAO aufgebaute *Global Information and Early Warning System* (GIEWS) versucht als Monitoring-System, dürrerelevante Informationen supranational in Form von Berichten über die Nahrungsmittelproduktion/-märkte und Erntevorhersagen (national und global) aufzuarbeiten, um sie den betroffenen Ländern zur Verfügung zu stellen; als Quellen für das GIEWS dient mittlerweile der Informationsaustausch mit über 110 Staatsregierungen, mehreren regionalen Organisationen und über 60 Nichtregierungsorganisationen. In Form von Karten und Texten sind die regelmäßigen

Berichte auch im Internet verfügbar (*www.fao.org*).

Der Einsatz von *Dürrefrühwarnsystemen* zur effektiven Bekämpfung von Hungerkrisen wird teilweise skeptisch beurteilt (u.a. BOHLE 1992), da sie zu großräumig angelegt sind und vor allem die neben den ökologischen Kriterien wichtigen politischen, demographischen und sozialen Parameter in der Regel ausklammern und damit nicht zur Behebung der langfristigen strukturellen Ursachen dienen können. Auch DOWNING (1993, zit. in BOHLE et al. 1993) berichtet aus der Sahelzone, dass trotz einer Verbesserung der Informationssysteme und -flüsse als Basis von Frühwarnsystemen sowie der verbesserten Identifizierung besonders anfälliger Bevölkerungsgruppen und Regionen nur kleine Erfolge bei der Hungerbekämpfung in den 80er Jahren erzielt wurden. Andere wie PAULY (1993, S. 19) halten dem entgegen, dass Frühwarnsysteme prinzipiell ihre Berechtigung haben, wenn es darum geht, den Übergang von zeitlich befristeten Nahrungsmittelengpässen in chronische Hungerkatastrophen zu vermeiden. Dennoch hebt er hervor, dass zur langfristigen Absicherung der Nahrungsmittelproduktion Konzepte der integrierten Landnutzung mit einer nachhaltigen Nutzung der Ressourcen erforderlich sind. Frühwarnsysteme scheinen vor allem in peripher-marginalen und nomadischen Wirtschaftssystemen bisher noch wenig Erfolg zu haben, da diese häufig noch nicht in die Volkswirtschaften der jungen Nationalstaaten integriert sind (d.h. unterentwickelte Markt- und Transport- und Verkehrssysteme, fehlende politisch-wirtschaftliche Initiativgruppen (*pressure groups*; z.B. in Nordkenia: WALZ 1992).

Mittlerweile gibt es eine Reihe von computergestützten *Dürremonitoring*-Systemen wie z.b. das *Drought Monitoring System* (DMS) in Südafrika (LOURENS u. JAGER 1993). Dieses enthält ein Pflanzenwachstumsmodell, in das meteorologische, pedologische und agronomische Parameter und Daten in 10-Tages-Intervallen einfließen. Dadurch können aktualisierte Ertragserwartungen berechnet und mit den langjährigen potenziellen Erträgen über ein GIS regional verglichen werden, woraus sich ein System von fünf *Dürreindices* (ausgedrückt als Ertragsklassen) ergibt.

Die Erkenntnisse vom *ENSO*-Phänomen als Steuerungselement der innertropischen Zirkulationssysteme eröffnen (wie oben bereits erwähnt und in Abb. 4 dargestellt) neue Möglichkeiten zur Chancenvorhersage von Ertragswahrscheinlichkeiten und Missernterisiken von Nutzpflanzen.

So wird z.B. die Ausprägung der zweiten Regenzeit (*short rains*) Ende Oktober bis Januar in den Gebieten des Agrosahel von Ostafrika maßgeblich durch *El Niño* beeinflußt. WILLEMS (1993) benutzt als Differenzierungskriterium für die unterschiedlichen Niederschlagsbedingungen den *Southern Oscillation Index* (SOI; zur Definition siehe S. 122), wobei die Über- und Unterschreitungswahrscheinlichkeiten von 67 bzw. 33 % zur Einteilung in *ENSO* (günstige Bedingungen; SOI < 1.054; ca. 25 % aller *short rains*), *Anti*-

Trocken- und Dornsavannenzonen

ENSO (ungünstige Bedingungen; SOI > 2.33; ca. 33 % aller *short rains*) und *Normal* herangezogen werden. Es konnte herausgefunden werden, dass der SOI-Mittelwert der Monate Juli bis September, also einige Wochen vor Beginn der Regenzeit, am stärksten mit der Ausprägung der Regenzeit korreliert. Ertragssimulationsrechnungen anhand langjähriger Klimadatenreihen bestätigten die enge Korrelation zwischen jeweiliger *ENSO*-abhängiger Niederschlagssituation und Ertragswahrscheinlichkeiten für definierte Nutzpflanzen (HORNETZ 1997). Als Konsequenz daraus ergibt sich, dass man fast zwei Monate vor Einsetzen der *short rains* anhand des SOI eine zuverlässige Prognose über die mögliche Entwicklung der Regenzeit geben kann und sich damit für die Agrarwirtschaft rechtzeitig differenzierte *Entscheidungsmöglichkeiten* betreffend Anbau von Hochertragssorten und/oder ertragsärmeren, aber trockenadaptierten Nutzpflanzen sowie *Handlungsalternativen* für den Pastoralismus ergeben.

Den *Telekonnektionsansatz* wählt auch ISMAIL (1987) zur Niederschlagsvorhersage in Südostafrika (Simbabwe, Sambia, Botswana), wobei in seinem empirischen *ENSO*-Modell die von den Großluftmassen beeinflussten Junimittel der Bodenminimumtemperaturen mit den Monate später folgenden saisonalen Niederschlägen korrelierbar sind und demgemäß zur ersten Vorausschätzung verwendet werden können.

2.7.2 Vegetations- und Bodendegradierung bis hin zur Desertifikation

Die Umweltzerstörungen in den semiariden Geozonen haben in den letzten Jahrzehnten ein solches Ausmaß angenommen, dass im Kapitel 12 der Agenda 21 auf der Konferenz von Rio de Janeiro 1992 die „Bekämpfung der Wüstenbildung (Desertifikation)" beschlossen wurde (*Convention to Combat Desertification and Drought*, CDD; UNCED 1992). Mit der Gründung des UNCCD-Sekretariats (*United Nations Secretariat of the Convention to Combat Desertification*) im Januar 1999 in Bonn wurde mit der Umsetzung dieser Konvention in konkrete Handlungsmaßnahmen begonnen (*www.unccd.int/main.php*).

Der Begriff *Desertifikation* umfasst dabei alle Landschaftsschäden von leichten Degradierungen bis hin zur völligen Verwüstung (MENSCHING 1990 u. 1995). Degradierung bedeutet generell eine *Produktivitätsreduzierung von Ökosystemen* auf ein niedrigeres Niveau, was eine definierte Bezugsebene, in der Regel den Klimaxzustand von Böden und/oder Vegetation voraussetzt. LESER et al. (1987/I, S. 106) verstehen unter der Degradation von Böden die „...Umwandlung des Bodenaufbaues und ursprünglicher Bodeneigenschaften durch Änderung des Klimas und anderer Umweltbedingungen sowie durch menschliche Eingriffe...". Dabei werden die charakteristischen physikalischen und chemischen Eigenschaften der Böden verändert. Die Degradierung der Vegetation wird von STRASBURGER et al. (1991, S. 858) als „regressive Sukzession" verstanden, die von der Klimaxvegetation infolge natürlicher und/oder anthropogener Prozesse wegführt. *Desertifikation* ist demnach eine extreme Form der Degradierung, die zu irreversiblen Schädigungen führt (lat. *desertus facere* = wüst machen; *man made desert*).

IBRAHIM (1991) geht in seiner Definition der *Desertifikation* von einer humanökologischen Sichtweise aus und erklärt den Begriff als eine fortschreitende Störung der Regenerationsfähigkeit der symbiontischen Mensch-Umwelt-Beziehung.

Die Ursachen für die *Desertifikation* sind komplexer Natur und lassen sich nicht nur durch die Bevölkerungsexplosion erklären. Zwar hängt damit die zunehmende Nachfrage nach Brennholz[40] (Abholzung), die feldbauliche Übernutzung (mit *Agromining*), die Flächenausdehnung auf Marginalstandorte, die Überweidung und die unsachgemäße Bewässerung zusammen, aber häufig wird der Nutzungsdruck durch von außen auf die Landnutzungssysteme einwirkende wirtschaftliche, soziale, politische und technologische Faktoren verschärft: so z.B. die mit der Schließung nationaler und intranationaler Grenzen sowie mit Bürgerkriegen zusammenhängende Einengung der nomadischen Mobilität, die mit der Ausdehnung des Anbaues von Verkaufsfrüchten zur Erwirtschaftung von Devisen verbundene Flächenausdehnung (wie z.B. durch den Erdnussanbau in Westafrika; KOTSCHI 1986, S. 23) oder der Bau von Tiefbrunnen mit einem unkontrollierten Anwachsen der Herdenzahlen. Auch die gestiegene Nachfrage nach Schnitzarbeiten durch die Touristen hat in Kenia und Simbabwe zu einer starken lokalen Zurückdrängung bestimmter Baumarten (z.B. *Kirkia acuminata* und *Sclerocarya birrea* in Simbabwe) entlang von touristisch stark frequentierten Straßen geführt (BRAEDT et al. 2000).

Degradierungserscheinungen sind nicht nur ein rezentes Phänomen, sondern traten gebietsweise bereits in historischer Zeit auf: So wird in den 30er Jahren des 20. Jahrhunderts am *Lake Baringo* im Ostafrikanischen Graben von erheblichen Landschaftsschäden als Folge der britischen Einflussnahme und Verdrängung der Nomaden berichtet (LITTLE 1992, S. 33-34). 1936 verfügte die britische Kolonialregierung die *Samburu Grazing Control Rules* und damit die Verdrängung der *Samburu*-Nomaden aus ihren angestammten (Höhen-)Weidegebieten auf dem Leroghi-Plateau bei Maralal/Nordkenia, um britische Rancher dort anzusiedeln. Die *Samburus* mussten infolgedessen in die tiefergelegenen Dornsavannengebiete der *El Barta Plain* sowie der Pedimente um die nordkenianischen Gebirge ausweichen, wo es dann aufgrund zu hoher Herden- und Bevölkerungsdichten bereits in den 40er und 50er Jahren des 20. Jahrhunderts zu erheblichen Landschaftszerstörungen bis hin zur *Desertifikation* kam (HORNETZ et al. 1995, S. 160).

Ähnliche Schädigungen durch Überweidung werden auch aus dem Siedlungsgebiet der *Kamba*-Agropastoralisten Ostkenias in den 30er Jahren geschildert, die durch die britische Reservatspolitik (Schaffung von Siedlungsraum für britische Siedler, Einengung der Stammesflächen) sowie verbesserte tiermedizinische Bedingungen verursacht wurden (TIFFEN et al. 1994, S. 98-99).

Die Schätzungen zur weltweiten Verbreitung von Degradierungs- und Desertifikationsschäden schwanken aufgrund methodischer Probleme bei deren Erfassung recht stark. So gehen MANSHARD u. MÄCKEL (1995, S. 106) davon aus, dass etwa ein Sechstel der Weltbevölkerung und ein Viertel der gesamten Landoberfläche der Erde (über 3,6 Mrd. ha) von den Auswirkungen der Landschaftszerstörungen betroffen sind, wobei allein ca. 73 % aller Gebiete mit extensiver Weidewirtschaft als degradiert gelten. BEESE (1997, S. 75-76) hingegen spricht von ca. 2 Mrd. ha, die durch anthropogene Einflüsse leicht bis extrem geschädigt sind; dies entspricht etwa 15 % der Landoberfläche der Erde. Nach seiner Klassifikation sind davon 1 % so stark degradiert, dass sie nicht mehr nutzbar sind (Ödland; *badlands*), 15 % sind so schwer betroffen, dass sie ihre Produktivkraft verloren haben und nur noch mit größtem, kaum finanzierbarem Aufwand für die landwirtschaftliche Inwertsetzung saniert werden können (Bild 8); bei einem mittleren Schädigungsgrad (ca. 46 % aller degradierten Flächen) ist die agrarische Produktivität stark reduziert, eine Rehabilitation erfordert großen Aufwand (Bild 9); 38 % aller degradierten Flächen werden als leicht geschädigt beschrieben, eine Restaurierung ist mit einer „Modifizierung des Managements" möglich.

Nach Schätzungen der FAO (1991, zit. in MANSHARD u. MÄCKEL 1995, S. 15) gehen jährlich ca. 5 bis 6 Mio. ha landwirtschaftlich nutzbarer Flächen infolge nicht angepasster Nutzung (Überbeanspruchung durch Anbau, Überweidung, Abholzung etc.) verloren, wobei Wasser- und Winderosion, Nährstoffverluste (durch *Agromining*) und Versalzung die wichtigsten physikalischen und chemischen Degradierungsprozesse bilden. Nach neuesten Angaben der *Deutschen Gesellschaft für Technische Zusammenarbeit* (GTZ) fließen seit Mitte der 80er Jahre des 20. Jahrhunderts von deutscher Seite ca. 2,3 Mrd. DM in bilaterale Projekte zur Desertifikationsbekämpfung. Davon entfallen allein ca. 60 % auf 144 Projekte in Afrika (Informationsblatt der GTZ 2000).

In einer Karte der UNEP (1992) tauchen nahezu alle Gebiete der Trocken- und Dornsavannenzone als geschädigt auf (Abb. 24).

Degradierung bis zur Desertifikation in der Sahel- und Sudanzone:
Besonders stark betroffen sind die infolge der Nutzungsausdehnung für den Hirseanbau und für die Beweidung in Anspruch genommenen Altdünenbereiche, die in den sehr trockenen Phasen des späten Pleistozäns entstanden sind und eine sehr schwache Bodenbildung mit labiler Struktur und starker Erosionsgefährdung aufweisen. Die Bevölkerung begegnet der durch das Entfernen der schützenden Vegetationsdecke ausgelösten Aktivierung der Dünen und dem Rückgang der Ernteerträge in der Regel mit einer weiteren Ausdehnung der Agrarflächen, was vor allem in Dürrezeiten den Teufelskreis der Bodenzerstörung weiter antreibt (WAHR 2000; MENSCHING 1990, S. 58). Die großen Bewässerungsflächen im Sudan (*Gezira Scheme* am Nil, *Khashm-el-Girba Scheme* am unteren Atbara) leiden infolge einer jahrzehntelangen (offenen) Kanalbewässerung zunehmend unter Versalzung aufgrund eines hochstehenden Grundwasserspiegels und fehlender Wassermengen für das Auswaschen der Salze. Die Wasserführung der Flüsse wird dort in Zukunft noch stärker reduziert werden, wenn die ehrgeizigen neuen Bewässerungsprojekte im Hochland von Äthiopien fertiggestellt sein werden.

Ein erfolgreicher, nachhaltiger Ansatz zur Bekämpfung der *Desertifikation* und deren Folgen in der Sahelzone ist das nach der großen Saheldürre Anfang der 70er Jahre 1973 in Ouagadougou/Burkina Faso gegründete CILSS (*Comité Inter-États de Lutte Contre la Sécheresse dans le Sahel*) dar: HAMMER (2000, S. 23) zeigt auf, dass über verschiedene Maßnahmen zum Ressourcenmanagement und zur Ernährungssicherung in den Sahel-Binnenstaaten Burkina Faso, Mali, Niger und Tschad seit Mitte der 80er Jahre eine kontinuierliche Verbesserung der landwirtschaftlichen Produktion zu erkennen ist, aus der auch eine zunehmende Nahrungsmittelsicherheit bei der Bevölkerung resultiert.

Östliches und südliches Afrika:
Bis auf kleinere stark geschädigte Gebiete (wie z.B. in den Trockengebieten des Südwestens Madagaskars oder am *Lake Baringo* in Kenia) gelten die meisten Räume hier als gering bis mäßig geschädigt. In weiten Teilen dieser Regionen (vor allem in Somalia, Kenia, Namibia) ist das Phänomen der „*grünen Desertifikation*" zu beobachten, das infolge der Überweidung in einer Verdrängung von grasreichen (Klimax-)Vegetationsgesellschaften durch nicht beweidbare Pflanzen besteht, später sich durch Einwandern von dürreresistenten und an nährstoffarme Standorte angepassten Spezies (aus arideren Ökosystemen) fortsetzt (HORNETZ et al. 1995); man bezeichnet diese Prozesse auch als *Verbuschung* und *Verzwergstrauchung*. Das Ergebnis dieser Degradierungsprozesse ist eine *Aridifizierung* der Böden sowie eine starke Veränderung der Bestandswasserbilanzen wie Abb. 35 zeigt. Die Degradierung der Klimaxvegetation bedeutet eine erhebliche Einschränkung

Trocken- und Dornsavannenzonen 131

der Wasserdampfabgabe durch die Sekundärvegetation und damit auch eine negative Beeinflussung des Mikro- und Mesoklimas (Wolkenbildung, Albedo etc.).

Südasien:
Schwerpunkte der Landschaftsdegradierungen liegen hier im Randbereich der '*Wüste Tharr*', einer ehemaligen Dornsavannenlandschaft, die infolge jahrhundertelanger intensiver anthropogener Beanspruchung zu einer *man made desert* wurde (MENSCHING 1990, S. 72-73), weiterhin in den großen Stromebenen mit intensiver Bewässerungswirtschaft (Versumpfung und Versalzung) und in den Rumpfflächengebieten mit labil strukturierten *ferralitischen* Böden des Dekkan-Hochlandes von Zentralindien.

Lateinamerika:
Die Landschaftsschädigungen in der Caatinga-Region Nordost-Brasiliens (*Sertão*) lassen sich vor allem auf eine starke Bevölkerungszunahme, aber auch auf falsche Bewirtschaftungsmethoden zurückführen, da weite Gebiete für den Anbau von Monokulturen wie Baumwolle in agrarischen Großbetrieben genutzt werden. Infolge der traditionellen, überkommenen Besitzstrukturen verfügen hier ca. 0,3 % der Großgrundbesitzer mit über 1.000 ha Betriebsfläche über mehr als 1/3 des Bodens, während die Kleinbauern mit ca. 70 % der Bevölkerung nur etwas mehr als 5 % der Fläche besitzen (MUTTER 1993, S. 305). Durch den Zuzug kleinbäuerlicher Bevölkerung aus den Ballungsgebieten Brasiliens wurde die Agrarfläche im Sertão innerhalb von 25 Jahren um 30 % vergrößert, die Anzahl der Betriebe stieg um 300 %, die

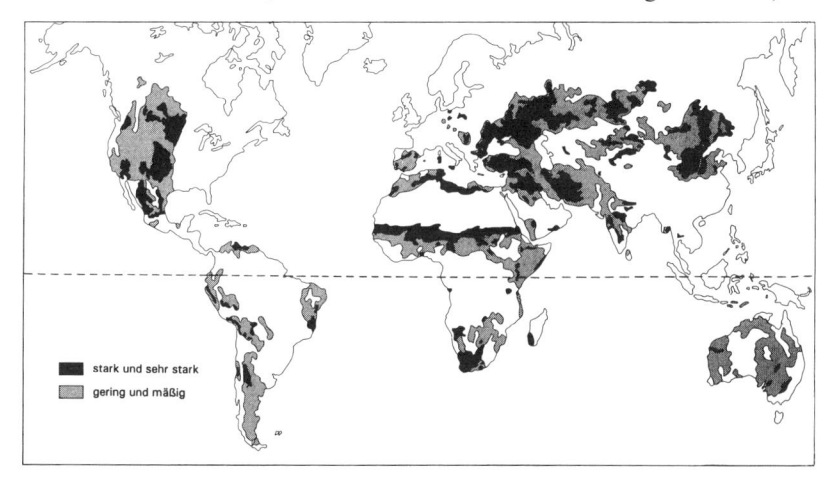

Abb. 24: Desertifikation in den Trockengebieten der Erde. Quelle: MANSHARD und MÄCKEL 1995, S. 109 (nach UNEP 1992)

durchschnittlichen kleinbäuerlichen Betriebsflächen haben sich allerdings im gleichen Zeitraum von 3,7 auf 2,6 ha verkleinert (RÖNICK 1986, S. 55 ff.). Starke Landschaftsschäden können auch in den Trockengebieten des nördlichen Venezuela sowie Mexikos beobachtet werden (Abb. 24).

In den Siedlungsgebieten des zentralen Chaco von Paraguay treten als Folge der großflächigen Rodungen und des nicht angepassten Kulturpflanzenanbaues starke Schäden durch Winderosion der labil strukturierten alluvialen Substrate auf (KÖNIGSTEIN 1995, S. 103-104), Versalzung kann in Räumen mit hochstehendem Grundwasserspiegel zu erheblichen Problemen bei der Landnutzung führen.

Australien:
Nach MENSCHING (1990, S. 76-78) treten in den Trocken- und Dornsavannen Australiens *Desertifikationsschäden* verbreitet auf; als *desertifikationsgefährdet* gelten alle semiariden und ariden Gebiete. Großflächige Schädigungen sind in erster Linie infolge vor allem dürrebedingter Überweidung mit nachfolgender Veränderung der produktiven Klimaxvegetation (Verlust der perennen Gräser, des „Heu auf dem Halm") bis hin zur Verbuschung und Verzwergstrauchung zu beobachten (JÄTZOLD 1993 a).

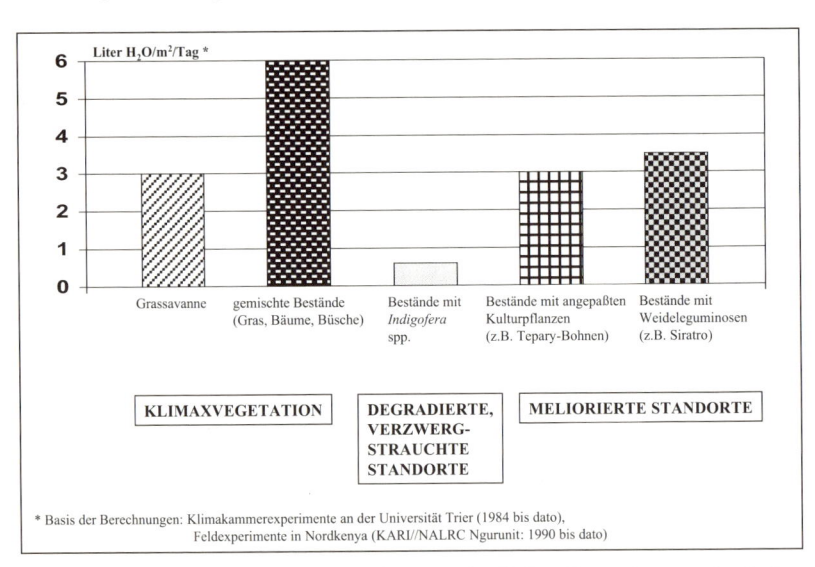

Abb. 25: Transpirationswasserverbrauch unterschiedlicher Vegetationsgemeinschaften unter optimalen Bedingungen in den halbtrockenen Gebieten Nordkenias. (Entwurf: B. HORNETZ). *Ist die Savanne zur Zwergstrauch - Halbwüste degradiert, wird nur noch ein kleiner Teil des Niederschlags in Biomasse umgesetzt. Mit geeigneten Nutzpflanzen kann man das wieder optimieren.*

2.7.3 Nationalparks und andere Schutzgebiete

Die Trocken- und Dornsavannenlandschaften beherbergen zahlen- und flächenmäßig die meisten und größten Schutzgebiete der Tropen. So z.B. konzentrieren sich nahezu 75 % aller kenianischen Schutzgebiete in den semiariden und ariden Landesteilen (JOB 1999, S. 5). Gerade die vor Beginn der kolonialen Phase nahezu menschenleeren, durch ihre Menge und Vielfalt an Wildtieren und Großherden berühmten Grassavannen trafen frühzeitig auf das Interesse der Weißen, so dass dort Wildschutzgebiete zur Sicherung langfristig ergiebiger Jagdgründe für die europäischen Siedler und Jagdtouristen entstanden (VORLAUFER 1996, S. 213).

Die starke exploitative Nutzung der Wildtierbestände, in Ostafrika vor allem durch arabische Händler, hatte zur starken Dezimierung der Großtiere (Elefanten, Nashörner) geführt, so dass z.B. in Britisch-Ostafrika bereits 1884 erste Schutzmaßnahmen wie Jagdbeschränkungen, Festlegung von Schonzeiten, maximale Anzahl der pro Lizenz erlegbaren Tiere erlassen werden mussten. Auf Betreiben der deutschen Administration wurden 1896 die ersten Großschutzgebiete in Deutsch-Ostafrika errichtet. Der damalige Gouverneur, HERRMANN VON WISSMANN, initiierte die am 19.5.1900 in London abgehaltene Konferenz der Kolonialmächte, auf der die internationale *Convention for the Preservation of Wild Animals, Birds and Fish in Africa* unterzeichnet wurde. 1898 war durch PAUL KRÜGER, den damaligen Präsidenten der Südafrikanischen Republik, mit dem Krüger National Park der erste Nationalpark Afrikas errichtet worden. Während in der Regel ein sehr restriktiver Schutz der Arten unter Ausschluss der Interessen indigener Gruppen in den englischen und französischen Kolonien praktiziert wurde, enthielt die von der deutschen Kolonialverwaltung 1908 erlassene Jagdverordnung in Deutsch-Ostafrika bereits modern anmutende Züge, da mit dem '*Kleinen Eingeborenen-Jagdschein*' den Einheimischen die Jagd auf Wildtiere erlaubt wurde, um die Ernährung zu verbessern, die Menschen zu sichern und Wildschäden zu verhindern (JOB u. WEIZENEGGER 1999, S. 40).

Mit dem 1933 ratifizierten internationalen *Agreement for the Protection of the Fauna and Flora of Africa* wurden erstmals allgemeingültige Maßstäbe für den Naturschutz in **Afrika** aufgestellt, die eine Basis für die nun folgenden Ausweisungen von Nationalparks und Wildschutzgebieten in den 40er und 50er Jahren bildeten. Gleichzeitig wurde aber auch der totale Ausschluss jeglicher menschlicher Existenz in den Schutzgebieten gefordert (GROß 1982, S. 11), was dazu führte, dass die in den ausgewiesenen Reservaten lebenden und/oder wirtschaftenden Ethnien (häufig Nomaden) entschädigungslos in die Randzonen umgesiedelt bzw. vertrieben wurden. Von der Demarkierung betroffen waren häufig auch die für Notzeiten (Dürren) vorgesehenen Reserveweiden der Nomaden, die teilweise in den ökologisch begünstigten humideren Bergregionen lagen (OBA 1994). Diese strikte Naturschutzphilosophie wurde von den Einheimischen daher als weiteres Instrument der Unterdrückung und Ausbeutung empfunden, was eine breite Akzeptanz des Schutzgedankens verhinderte und damit gleichzeitig der Wilderei die Türen öffnete.

Die 1948 gegründete IUCN (*International Union for the Conservation of Nature and Natural Resources,* heute *The World Conservation Union*) unterstützte Bestrebungen in den unabhängig werdenden Staaten der Dritten Welt, weitere Großschutzgebiete auszuweisen und diese institutionell auszubauen. So z.B. führten die Manifeste von Arusha (1961), Nairobi (1963) und Mogadishu (1968) zum Umsichgreifen der Nationalpark-Idee in Ostafrika, woraufhin die Anzahl der Schutzgebiete z.B. in Kenia von vier Nationalparks und sechs Wildschutzgebieten 1963 auf heute 58 Großschutzgebiete (darunter 24 Nationalparks) anstieg. Die Schutzgebietspolitik hatte in den jungen afrikanischen Staaten vor allem ein Ziel: die Forcierung des *Tourismus* als Devisenbringer, da die meisten der Schutzgebiete der IUCN-Schutzkategorie II (Nationalparks) mit ausschließlich touristischer Nutzung zugeordnet wurden; die Besucherzahlen in den Schutzgebieten stiegen nahezu explosionsartig an (z.B. in Kenia eine Verdreifachung von 1970 bis 1994 auf ca. 1,4 Mio. Besucher pro Jahr; JOB u. WEIZENEGGER 1999, S. 42).

Eine etwas andere Entwicklung nahmen die Großschutzgebiete in den Trockengebieten Asiens und Australiens. Infolge des traditionell hohen agrarwirtschaftlichen Drucks mit einer relativ hohen Bevölkerungsdichte in den Trockengebieten **Südasiens** konnten dort zur englischen Kolonialzeit nur noch wenige, peripher gelegene, wirtschaftlich weitgehend uninteressante Gebiete als Schutzgebiete ausgewiesen werden. Zu ihnen gehört der 1935 gegründete, nur 325 km^2 große *Jim Corbett National Park.* Er liegt nordöstlich von Delhi am Rande des Himalaya im Übergang von der Trocken- zur Feuchtsavannenzone. In diesem wildreichen Schutzgebiet gibt es noch relativ große Populationen von Tigern und Elefanten, daneben Streifenhyänen, Leoparden, Schakale, Krokodile und als Ausläufer des holarktischen Faunenreiches Himalaya-Schwarzbären, Lippenbären, Wildschweine, Axis- und Sambarhirsche. Das unabhängige Indien schuf 1965 im *Gir Forest* ein ca. 1.500 km^2 großes Wildschutzgebiet mit ausgedehnten Trocken- und Galeriewäldern auf der Halbinsel Kathiawar im indisch-pakistanischen Grenzgebiet. Eine besondere Attraktivität bilden dort neben Gruppen von Axis- und Sambarhirschen, Gazellen und Antilopen, wilde Pfaue, Panther und vor allem die letzte freilebende Population asiatischer Löwen.

Die Großschutzgebiete in **Australien** konzentrierten sich von 1886 an zunächst auf die Küsten-, Wald- und Berggebiete in der Nähe von Sydney. Trockengebiete wurden erst 1921 als Nationalparks unter Schutz gestellt (das erste war der *Wyperfeld National Park* in Victoria wegen des eigenartigen Thermometerhuhns). Erst in den 70er Jahren folgten die Trockenwaldökosysteme der westlichen Kap York-Halbinsel, des Arnhemlandes (mit dem ausgedehnten *Kakadu National Park* südöstlich von Darwin, der im südlichen Teil aus Trockenwäldern und -savannen besteht) und des Kimberley-Plateaus. Kleinere Reservate findet man in der Pilbara-Region Westaustraliens sowie in dem eher einer Strauchhalbwüste zuzurechnenden Vegetationsgebiet Zentralaustraliens westlich von Alice Springs, wie den 1958 geschaffenen *Uluru-Kata Tjuta (Ayers Rock-Olga Mts.)National Park*. Für diese kleineren Parks waren meistens naturräumliche Besonderheiten ausschlaggebend. Felslandschaften, Inselberge, Flussläufe, Schluchten u.a. Einige der Schutzgebiete Zentral- und Nordaustraliens (*Northern Territories*) liegen in den zuerkannten Stammesgebieten der *Aborigines* (z.B. Teile des *Kakadu National Park*, der *Uluru-Kata Tjuta National Park*). Da diese nach dem Clanrecht (Kap. 2.4.1) das Land besitzen, muss die australische Bundesregierung die Schutzgebietsflächen von den *Aborigines* gegen Zahlung einer festgelegten Summe pachten (BRAUN u. GROTZ 1996, S. 70).

Über das MAB (*Man and Biosphere*)-Programm der UNESCO sind seit den 70er Jahren des 20. Jahrhunderts mit den Biosphärenreservaten weitere Großschutzgebiete in den Trockengebieten entstanden (Tab. 9), wobei diese häufig bereits bestehende Schutzgebiete als Kernzonen inkorporieren, um die sich Pflege-/Puffer- (*buffer zones*) und Entwicklungszonen (*transition areas*) räumlich anordnen. Ein Beispiel für eine solche Umgestaltung bildet das 1991 aus dem *Amboseli National Park* in Südkenia hervorgegangene Amboseli Biosphärenreservat: Um die etwas erweiterte Kernzone des alten Nationalparks mit 392 km^2 befindet sich heute eine ca. 2.440 km^2 große Puffer- und 2.000 km^2 große Übergangszone (GROẞ 1982; *www.unesco.org/mab,* Stand 2000). Den 1940/51 geschaffenen *Serengeti National Park* und die benachbarte *Ngorongoro Conservation Area* (1959) in Tansania hat man 1981 zu einem ca. 23.000 km^2 großen Biosphärenreservat zusammengeschlossen, andere Reservate wie der *Uluru-Kata Tjuta National Park* wurden in ihrer Gesamtheit als Biosphärenreservate ausgewiesen (1977; *www.unesco.org/mab,* Stand 2002; Tab. 7).

Sanfte, umweltschonende Formen des Naturerlebens (*Ökotorismus*) stellen die "*Walking safaris*" in den Schutzgebieten des südlichen Afrikas (v.a. Südafrika, Namibia, Botswana) dar; neuerdings gibt es solche, von speziell ausgebildeten Wildhütern in kleinen Gruppen geführten Veranstaltungen auch in Sambia und Tansania (z.B. im Selous Game Reserve, dem mit 45.000 km^2 größten Schutzgebiet Afrikas; ELLENBERG 2000).

Partizipative Ansätze im Schutzgebietsmanagement sind zunehmend zu beobachten: Neben Formen der Pufferzonennutzung gibt es auch solche der finanziellen Beteiligung der nomadischen Ethnien an den touristischen Einnahmen, wie z.B. im *Masai Mara Game Reserve* / Kenia *(Revenue Sharing Scheme)* oder im *Samburu Game Reserve* / Kenia (JOB 1999, S. 13). Eine andere Alternative zum Ausgleich der unterschiedlichen Nutzungsinteressen bildete seit 2002 das CAMPFIRE-Programm in Simbabwe (NUDING 1996), doch gibt es aufgrund der Unruhen ernste Probleme beim Wildschutz.. Ansätze der partizipativen Wildtierbewirtschaftung findet man auch in Sambia (SCHÜLE 2000) und Tansania (VORLAUFER 1996), teilweise unterstützt durch die Deutsche Gesllschaft für Technische Zusammenarbeit (GTZ). Private *Commercial Conservancies*, die meisten als Jagdfarmen, sind in Namibia vorbildlich und werden auch auf Kommunalland versucht (ALBL 2001).

Im Gegensatz zu den früheren Schutzgebieten mit restriktiven Schutzmaßnahmen (*Nationalpark-Idee*) werden bei den Biosphärenreservaten die berechtigten Interessen der betroffenen Bevölkerung anerkannt und durch das Zonierungskonzept berücksichtigt. An der weltweiten Verbreitung fällt allerdings auf (Tab. 7), dass einige regionale Subzonen noch nicht durch ausgewiesene Biosphärenreservate repräsentiert sind.

Tab. 7: Schutz der Trocken- und Dornsavannenzonen durch UNESCO-Biosphärenreservate[1]

Regionale Subzone/Biom	Name und Staat	Lage	Höhe (m)	ges. Größe Kernzone (km²)
Sahelische Dornsavanne	Dinder Nat.Park, Sudan	11°45'-12°50'N 34°46'-36°12'E	700–800	6.500 keine Ang.
Westafrik. Dorngehölz bis Trockenwald	Boucle du Baoulé National Park, Mali	13°10'-14°30'N 8°25'-9°50'W	ca. 300	23.492 5.330
Zentralafrik. (Dorngehölz bis) Trockensavanne/-wald	Waza National Park, Kamerun	11°30',14°75'E (Zentrum)	ca. 300	1.700 keine Ang.
Westafrik.Trockensavanne bis Trockenwald	Niokolo Koba National Park, Senegal	12°30'-13°20'N 12°20'-13°35'W	16–311	9.130 keine Ang.
Westafrik. Trockensavanne bis Trockenwald	Region "W" du Niger, Niger	11°55'-13°20'N 2°04'-3°20'E	keine Ang.	7.280 2.200
Ostafrik. Dornsavanne, gehölzreiche Variante	Amboseli Nat. Park, Kenia	2°33'-2°45'S 37°06'-37°24'E	ca. 1150	4.832 392
Ostafrik. Dornsavanne, grasreiche Variante	Serengeti-Ngorongoro, Tansania	1°30'-3°20'S 34°00'-35°15'E	920–1850	23.051 desgl.
Ostafrik. Trockenwald/-sav.	Radom National Park, Sudan	9°50'N,24°45'E (Zentrum)	450	12.509 keine Ang.
Südafrik. Trockenwald	Krüger to Canyons N. P. Südafrika	23°57'S,30°51'E (Zentrum)	200-2050	24-747 8.983
Südafrik. Dornsavanne	Waterberg (Transvaal) Südafrika	23°10'-24°40'S 27°30'-28°40'E	830 2185	4.140 1.146
Trockenwald in Südasien	noch nicht ausgewiesen			
Dornsavanne in Südasien	noch nicht ausgewiesen			
Trockenwald in Südamerika	Noroeste, Peru	3°24'-4°53'S 80°09'-81°19'W	60–1640	2.314 913
Dorngehölz in Südamerika	Caatinga, Brasilien	3°00'-16°00'S 35°30'-44°00'W	40-1100	198.990 10.003
Trockenwald in Australien	noch nicht ausgewiesen			
(Dorn-)gehölz/sav. in Australien	noch nichts Typisches ausgewiesen			

[1] Stand 1.5.2002. Näheres unter *http://www.unesco.org/mab/br/brdir*

Trocken- und Dornsavannenzonen

8 Die Einteilung in ENSO (= El Niño Southern Oscillation)-, *AntiENSO*- und *Normal*-Regenzeiten wurde von WILLEMS (1993) für die Trockengebiete Kenias vorgenommen.

9 Eo und PET bzw. ETo werden berechnet nach dem Ansatz von PENMAN (1956), wobei Eo die Verdunstung einer freien Wasserfläche (mit einem Albedofaktor von 5 %), PET bzw. ETo die Verdunstung einer mit kurzem Gras bewachsenen Oberfläche (Albedo von 20 %) repräsentiert, die bei dieser Referenzfläche 15-20 % unter der Wasserflächenverdunstung liegt.

10 vollhumid: N >   100 % PET
    semihumid: N = 51-100 % PET
    semiarid: N = 25- 50 % PET
    arid: N <   25 % PET

11 Die Diskrepanzen kommen dadurch zustande, dass der von TROLL verwendete Ariditätsindex nur etwa einem Drittel der potenziellen Verdunstung entspricht, während bei LAUER et al. vollhumide Monate gezählt werden, in denen der Niederschlag über der potenziellen Landschaftsverdunstung liegt.

12 Eine Anreicherung von Nährstoffen findet auch dadurch statt, dass in den Bäumen nistende Vögel (v.a. Webervögel, *Quelea quelea*) und den Schatten der Bäume aufsuchende Lauftiere Exkremente hinterlassen.

13 Als konvergente Form findet man in der Neuen Welt die Bromeliacee *Tillandsia usneoides*.

14 So ergaben Messungen in den Hurri Hills, Nordkenia, dass ca. 1 mm Feuchtigkeit pro Tag auf diese Weise niederfällt (entspricht 1 l/m^2 /Tag, gemessen im Standard-Hellmann-Regenmesser; HIRSCH 1997). Durch die große Oberfläche der Baumkronen (mit einem entsprechend hohen Blattflächenindex) und der Flechten erhöht sich dieser Wert natürlich entsprechend.

15 Ca. 1000-1800 m mächtige, geschichtete tertiäre Basaltdecken, die sich als Folge der Herausbildung des Himalaya entlang von Brüchen im Nordwesten des kristallinen Sockels Indiens auf einer Fläche von ca. 500.000 km^2 ausbreiten (BLENCK et al. 1977).

16 Bis auf die klimazonenbedingt niedrigen Stickstoffgehalte enthalten die Böden alle essentiellen Makro- und Mikronährstoffe, eine günstige Wasserspeicherfähigkeit/-verfügbarkeit (Ausgangsmaterial: Gneise mit eingebundenen kristallinen Kalken; BAKER 1969).

17 Nach Osten hin werden die Aufschüttungslandschaften von *Inselbergen* des Dekkan-Grundgebirgssockels überragt, auf denen die Bergfestungen der Rajputenfürsten liegen (z.B. Jodhpur).

18 Bezeichnung in Ostafrika

19 Bezeichnung in Namibia

20 Dazu gehört auch das ca. 40.000 km^2 große, 3-6 Monate überflutete Niger-Binnendelta in Mali, in dem der Niger ca. 50 % seines Wassers verliert. Das Niger-Binnendelta bildete ehemals die Art Endsee für den heutigen Oberlauf des Flusses, bevor dieser durch den in den Golf von Guinea entwässernden Unterlauf am Nigerknie (an der Schwelle von Tosaye) östlich von Timbuktu angezapft wurde (GROVE 1985). Der Tschadsee ist infolge der negativen Klimaveränderung in der Savannenzone sehr stark geschrumpft. Es liegt nicht nur an einer Klimaschwankung.

21 Das Wort *Amboseli* stammt aus der *Maasai*-Sprache und bedeutet *Ampusseli* = weißer Staub.

22 Die Lagerstätten am Magadi-See enthalten zu 97,7 % Natriumkarbonat, das als Rohstoff bei der Herstellung von Glas, Düngemittel und Papier verwendet wird.

23 niedergelegt z.B. in seiner Schrift „Ideen zu einer Geographie der Pflanzen (1807)"; neu in: BECK, H. (Hrsg.): Alexander von Humboldt, Studienausgabe. Bd. I: Schriften zur Geographie der Pflanzen. 7 Bände, Darmstadt 1989 (Wissenschaftliche Buchgesellschaft)

24 insgesamt 4 Bände (Afrika, Südwestasien, Zentral- und Südamerika, Südostasien; 1978-1980)

25 Einen ähnlichen Ansatz stellen auch FRANQUIN u. FOREST (1977) vor.

26 Anbauempfehlungen dazu lassen sich mit Hilfe der Regenzeitvorhersage, z.B. über das *ENSO*-Modell, machen (u.a. SHISANYA 1996).

27 Diese entsprechen den klimatischen und edaphischen Subtypen der Dornsavannen- und Halbwüstenzone und sind durch „Leitweidepflanzen" (perenne Gräser, Sträucher, Zwergsträucher, annuelle Gräser) charakterisiert.

28 Berechnungen mit Hilfe des Computersimulationsmodells PASTURE (LITSCHKO 1993) auf Tagesdatenbasis; Ausweisung der Wuchszeiten und Subzonen dekadisch und mit Hilfe der Medianwerte.

29 Eine Befragung in dieser Grenzzone des Regenfeldbaus in Ost-Kenia ergab 17 Hungerjahre in 30 Jahren.

30 beide zitiert in LITTLE (1992, S. 63)

31 Die islamische Stadt Timbuktu am Nigerknie war im Mittelalter und in der frühen Neuzeit die wirtschaftliche und kulturelle Metropole der westlichen Sahel- und Sudanzone, ein Zentrum der Gelehrten aus aller Welt (BROSZINSKY-SCHWABE 1988, S. 124 ff.).

32 Menschliche Fäkalien wurden wie bei den meisten afrikanischen Völkern aus rituellen Reinheitsgründen nicht als Dung verwendet (KRINGS 1991, S. 211).

33 Die weltweit ältesten Funde von Baumwollgewebe aus der Zeit um 3.000 v.Chr. stammen aus Indien (Brockhaus Enzyklopädie/II 1987, S. 658).

34 Mehr zur „Grünen Revolution" und zur Arbeit und Bedeutung der internationalen Agrarforschungszentren bei SCHUG et al. (1996, S. 45 ff.); zu Auswirkungen der „Grünen Revolution" in Indien s. BOHLE (1989).

35 Damit erbrachte die Blumenproduktion ca. 9 % der Gesamtdevisen Kenias, was etwa dem Anteil des traditionellen Exportguts Kaffee entsprach (Statistisches Bundesamt 1995, S. 99).

36 in der Zone mit 320-600 mm mittlerem Jahresniederschlag

37 Zum Problem der Definition von Tragfähigkeit sowie deren Berechnung u.a. FLURY (1985), GEIST (1989, S. 22-50) und MANSHARD (1993, S. 221-222), für Weidepotenziale STURM (1994, S. 133 ff.).

38 Einen Hinweis darauf gibt z.B. der Ortsname Lesirikan im Samburu-Gebiet Nordkenias, der in der Stammessprache soviel wie '*Ort des trockenen Fleisches*' bedeutet.

39 PIDA: *Participatory and Integrative Development Approach*

40 Zur Feuerholzproblematik : GIESSNER, K. u. MAYER-LEIXNER, G.: Die Feuerholzproblematik in den Subsahara-Staaten Schwarzafrikas. In: LEISCH, H. (Hrsg.): Perspektiven der Entwicklungsländerforschung. Festschrift für Hans Hecklau. Trier 1995, S. 125-144 (Trierer Geographische Studien 11)

3. STEPPENZONEN

Trockenheitsbedingte Grasländer außerhalb der Tropen (Abb. 26) werden *Steppen* genannt. Das Wort Steppe kommt vom russischen *stepj*, was „ebenes" Grasland bedeutet. Es können auch Waldinseln darin enthalten sein, aber nur selten diffus weitflächig verstreute Bäume, wie es für die tropischen Savannen charakteristisch ist. Steppen sind daher nach heutiger Definition auf die Außertropen beschränkt, obwohl unter bestimmten edaphischen Verhältnissen (z.B. auf vulkanischen Aschen in der östlichen Serengeti) oder durch anthropogene Einflüsse steppenähnliche Vegetationsformationen auch in den Tropen vorkommen können und deshalb früher als solche bezeichnet wurden. Andererseits treten in den Subtropen Mischformen zwischen Steppen und Savannen auf, die als *Steppengehölze* eine Übergangsformation zwischen Steppen und Savannen darstellen. Bei für Graswuchs ungünstiger Niederschlagsverteilung (winterfeucht oder diffus), steinigen Böden oder Grasüberweidung können die Gehölze relativ dicht werden.

Um die Steppenzonen vollständig darzustellen, werden auch die Wald- und Feuchtsteppenzonen mitbehandelt, obwohl sie nach früherer Auffassung nicht semiarid sind. Neuere Verdunstungsmessungen und exaktere Berechnungen zeigen jedoch, dass die Verdunstung unterschätzt wurde, und dass auch die „Feuchtsteppen" zumindest zeitweilig Wasserdefizit haben (Abb. 27). Deshalb ist es besser, von *Hochgrassteppen* zu sprechen und die Waldsteppen als Makromosaik einer (teilweise) semiariden Übergangszone zu sehen (H. WALTER 1970, S. 172).

Die Steppenzonen gehören (je nach ihren Niederschlagsverhältnissen) als große Kornkammern oder Viehzuchtgebiete zu den wichtigsten Geozonen der Erde. Zwar leben mit ca. 130 Mio. Menschen nur 2 % der Weltbevölkerung hier, aber sie produzieren über 50 % des Weltweizenbedarfs und könnten zur Zeit noch mehr produzieren. Außerdem ist die Getreideproduktion wegen der großen Fruchtbarkeit der Böden und des meist maschinengünstigen ebenen Geländes besonders billig und bestimmt den Weltmarktpreis. In den trockeneren *Subzonen* der Steppenzone wirken jedoch die Niederschlagsbedingungen einschränkend für den Anbau, was bei der Klimaerwärmung zunehmend der Fall sein wird, denn sie bedeutet in diesem semiariden Gürtel mehr Trockenheit.

140   *Steppenzonen*

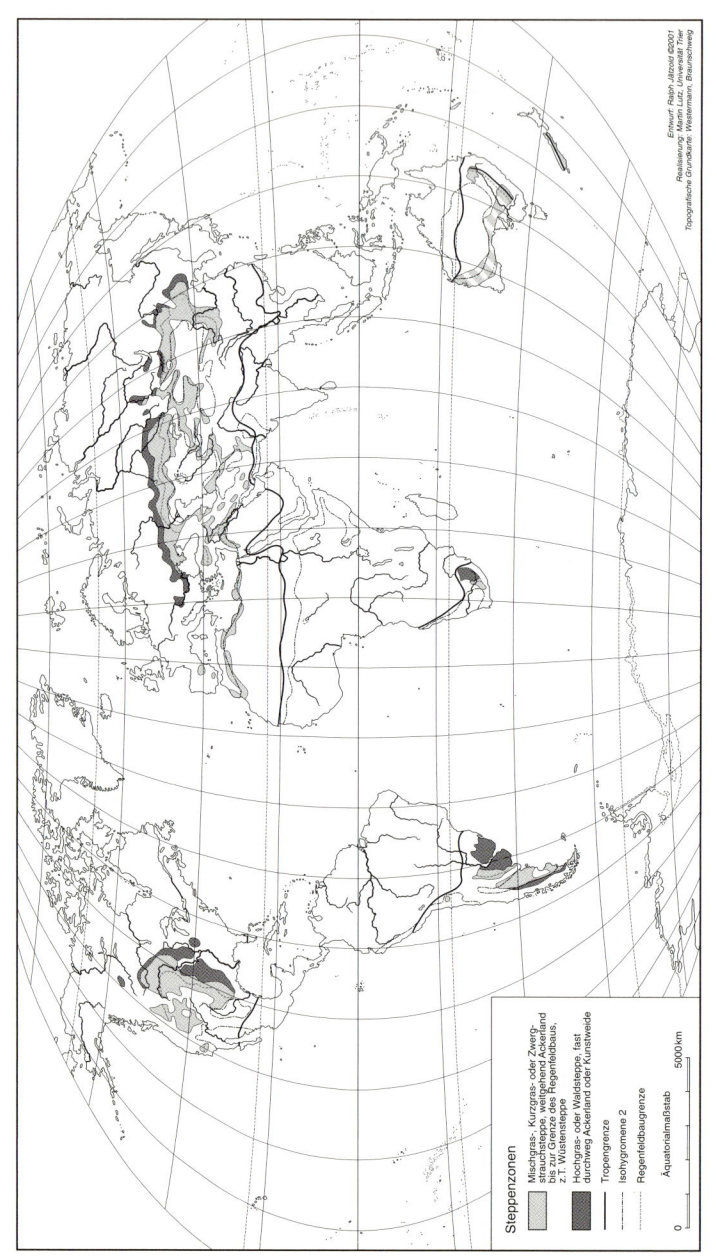

Abb. 38: Verbreitung der Steppenzonen (Entwurf: R. JÄTZOLD n. versch. Quellen; Realisierung: MARTIN LUTZ, Univ. Trier)

3.1 Die Verbreitung der Steppenzonen und ihre klimatischen Ursachen

Der Steppengürtel zieht sich nicht durchgehend über die Kontinente, er entspricht also auch keinem einheitlichen Klimagürtel. Es gibt *sommerfeuchte* bzw. wintertrockene, größere Steppenzonen im kontinentalen Innern, die nur gelegentlich wie in der Pampa bis an die Ostküste reichen. Zu diesen Haupt-Steppenzonen gehören die Prärien und Plains in Nordamerika, die südrussischen und ukrainischen Steppen, die Kasachensteppe und die Steppen der Mongolei. Auf der Südhalbkugel zählen hierzu neben der Pampa in Südamerika das Veld von Südafrika und eine steppenartige Zone in Südost-Australien (Abb. 26). Die ungarische Puszta gehört als Feuchtsteppe in den Grenzbereich semiarider Gebiete (vgl. Abb. 1 und Tab. 2). Die *klimatischen Ursachen* sind komplex. Am wichtigsten sind die Abschirmung der Westwind-Niederschläge und das winterliche Kaltlufthoch, das bei der raschen frühsommerlichen Erwärmung von Gewittertiefs abgelöst wird. In Nordamerika spielt die Leelage östlich der meridionalen Gebirge die Hauptrolle. In der Pampa und im Veld kommt es wegen der Meeresnähe nicht zur Ausbildung winterlicher Kaltlufthochs.

Die patagonische Steppe und die Steppen auf der Ostseite der Südinsel von Neuseeland haben dagegen als ausgesprochene *Lee-Steppen* keine ausgeprägte Regenzeit.

Es gibt demgegenüber kleinere *sommertrockene* bzw. winterfeuchte Steppenzonen in den Subtropen an der Westseite der Kontinente, wo während des Winters noch die Westwindzyklonen hinreichen, im Sommer sich das Passathoch hin verlagert. Es ist das Übergangsgebiet von den Hartlaubgehölzen zu den Halbwüsten: in Kalifornien, Nordafrika, im Vorderen Orient, im Kapland, in Mittelchile und Südwestaustralien.

Im östlichen Mittelaustralien überschneiden sich die nur noch schwachen tropischen Niederschlagsausläufer mit den Westwind-Einflüssen, weshalb es dort keine regelmäßige Regenzeit gibt.

Inselhaft kommen Steppenregionen noch in anderen Geozonen vor, wo die Niederschläge abgeschirmt werden: im Ebro- und im Guadalquivir-Becken in der Mediterranen Gehölzzone und im Yukon- sowie im Lenabecken sogar in der Borealen Nadelwaldzone (JÄTZOLD 2000 u. WEIN 1999).

Bei den feuchteren Steppenregionen ist es noch umstritten, wie weit sie klimatisch bedingt sind. Diese komplexe Frage nach ihrer Entstehung, das „*Steppenproblem*", ist nicht allein vom Klima her zu lösen. Dieser Faktorenkomplex wird im nächsten Kapitel angesprochen (3.2.1.1).

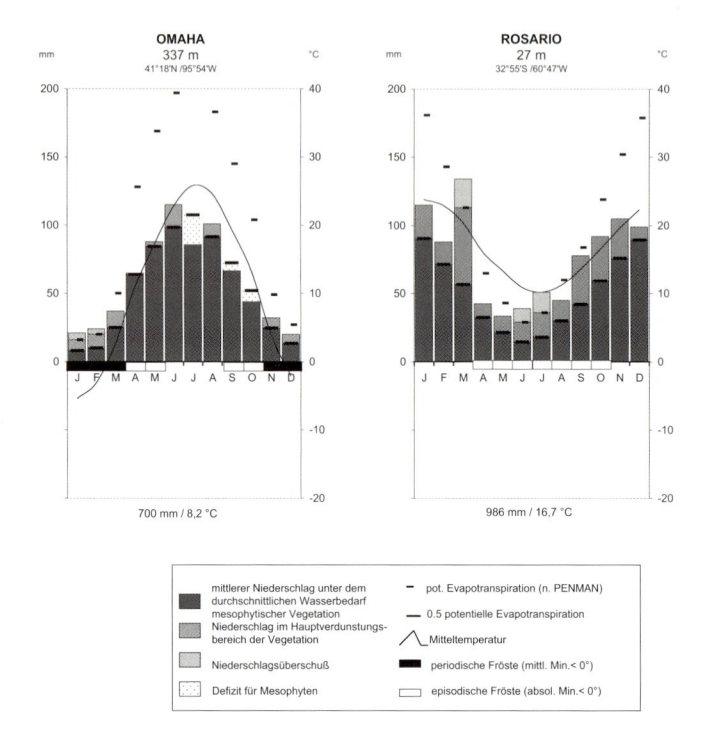

Abb. 27 u. 28: Klimadiagramme der frühjahrs- bis sommerfeuchten Wald- bzw. Hochgrassteppe in Nord- und Südamerika[41]

Omaha in E-Nebraska ist typisch für die feuchtere Ostseite der Hochgrassteppe der Prärie. Die mittleren Niederschlagsmengen liegen mehr oder weniger um den pflanzengeographisch relevanten Schwellenwert der halben potenziellen Evapotranspiration. Für tiefwurzelnde Bäume bleibt fast nichts übrig, solange das Gras nicht beseitigt oder wenigstens geschnitten wird.

Bei **Rosario** im feuchteren Teil der Pamparegion ist (nach der Realisierung, dass dort Dezember bis März die wärmste Zeit ist), die Situation ähnlich wie in der östlichen Prärie, aber etwas günstiger, denn es fallen kleine speicherbare Überschüsse an, die nicht durch die Kälte blockiert sind. Das Pampagras ist jedoch höher als in der Prärie und deshalb erdrückender für Baumkeimlinge.

Weil die Niederschlagsmittel in der Mehrzahl der Monate unter der potenziellen Evapotranspiration liegen, sind es hydrogeographisch gesehen Diagramme des semiariden Klimas, vegetationsgeographisch noch des semihumiden.

Steppenzonen 143

3.2 Die Naturraumausstattung

3.2.1 Klimacharakteristik

Zunächst lassen sich die Steppenzonen, wie bei der Verbreitung schon angedeutet, nach dem Niederschlagsregime in sommerfeuchte, sommertrockene und unregelmäßig feuchte *Subzonen* gliedern, was sich auch in den dortigen Wuchsformen niederschlägt

3.2.1.1 Sommerfeuchte Steppenzonen

Frühlings- bis frühsommerfeuchte, herbst- und wintertrockene, kontinentale Klimate sind typisch für die meisten Steppenzonen, denn dort liegt das Niederschlagsmaximum zur Hauptwachstumszeit des Grases. Zwei schwach humide Monate im Frühling genügen bereits für Steppengräser (Abb. 29).

Die Zahl arider und humider Monate sollte man in den sommerfeuchten Steppenzonen jedoch nicht so hoch bewerten wie in den Savannenzonen, weil Niederschlags- und Verdunstungskurven weitgehend parallel laufen. Kleine Verschiebungen können zwar die *Zahl* der Monate sehr verändern, aber nur wenig das *Verhältnis* von Niederschlag zu Verdunstung. Doch selbst dieses ist nicht entscheidend, denn für die Höhe des Graswuchses kommt es besonders auf die *absolute Wassermenge* an. Deshalb hat z.B. auch Amarillo in Texas (Abb. 30) noch Steppenvegetation, obwohl alle Monate semiarid sind; aber die Wuchsperiode von April bis September bekommt dort trotzdem normalerweise 365 mm Niederschlag, was für anspruchslose Gräser ausreicht.

Bei 6 humiden und 6 ariden Monaten wäre die Steppe klimatisch typisch semiarid (Abb. 31 u. 32). Aber wenn man nur die Vegetationszeit betrachtet, genügen bereits wenige semiaride Monate, um Bäume im Konkurrenzkampf mit Gras schwer zu schädigen, wenn die anderen Monate nur semihumid waren, d.h. keine speicherbaren Wasserüberschüsse angefallen sind.

Beim Vergleich der Feuchtigkeitsaussagen in herkömmlichen Klimadiagrammen, z.B. in denen nach der Methode von H. WALTER (1967), gibt es trotzdem noch Steppenzonen wie die östlichen Prärie- und Pampagebiete, die eigentlich zu humid scheinen. Ehe hier vorschnell geurteilt wird, ob oder inwieweit sie noch natürlichen Ursprungs sind, sollte man sich vergegenwärtigen, dass die potenzielle Evapotranspiration durch Gras wesentlich höher ist als die durch einfache Relationen von Niederschlag und Temperatur (1 zu 2 für Dürrezeiten bzw. 1 zu 3 für Trockenzeiten bei WALTER) errechneten Mengen, zumal in den Steppen in starkem Maße der Wind als Faktor hinzukommt. Das Beispiel Omaha am Missouri zeigt (Abb. 27), dass bei voll entwickelter Grasdecke von den 700 mm mittleren Niederschlags nur ca. 20 mm zur Vege-

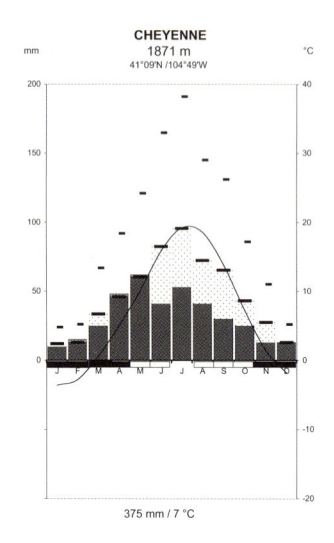

144 Steppenzonen

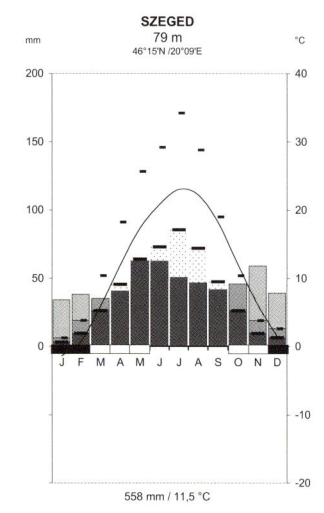

CHEYENNE
1871 m
41°09'N / 104°49'W
375 mm / 7 °C

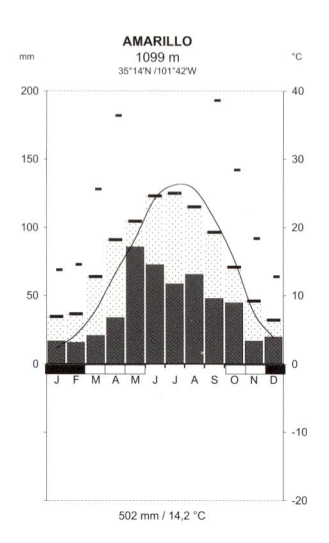

AMARILLO
1099 m
35°14'N / 101°42'W
502 mm / 14,2 °C

SZEGED
79 m
46°15'N / 20°09'E
558 mm / 11,5 °C

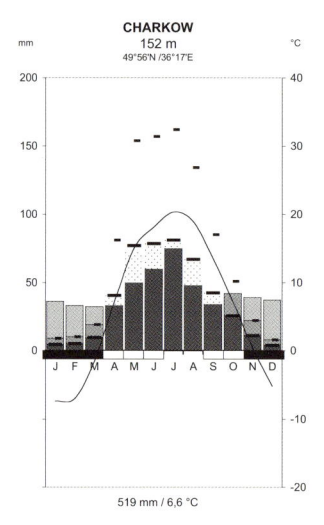

CHARKOW
152 m
49°56'N / 36°17'E
519 mm / 6,6 °C

Steppenzonen 145

Abb. 29 u. 30: (links oben) Klimadiagramme der nördlichen und südlichen Plainsregion in Nordamerika
Am Fuß der Rocky Mountains liegen die Plains schon sehr hoch (*high plains*), wie Cheyenne in Colorado zeigt. Die wegen der niedrigen Verdunstung etwas günstigere Wasserbilanz im April und Mai reicht wegen der geringen Wassermenge aber normalerweise nicht für höherwüchsige Gräser, für die auch die kühlen Temperaturen ungünstig sind. Deshalb ist Kurzgrassteppe vorherrschend.
Amarillo im nordwestlichen Texas hat zwar höhere Niederschläge als die nördlichen Plains, aber sie sind weniger günstig verteilt und wegen der höheren Verdunstung ist auch zur Hauptwachstumszeit das Defizit für hohe und mittelhohe Grasarten zu groß. Kurzgrassteppe ist daher typisch. In ihr kommen auch xerophytische Büsche vor (creosote bush), die mit dem nach Monatsmitteln ganzjährigen Defizit besser zurechtkommen als Gras.

Abb. 31 u. 32: (links unten) Klimadiagramme von Regionen der Hochgras- und Waldsteppenzonen in Europa
Szeged in Ungarn repräsentiert die Pusztaregion der Hochgrassteppenzone. Es ist jedoch bereits eine gewisse Tendenz zur Übergangssteppe zu beobachten, weil 5 Monate ein unter der halben potenziellen Evapotranspiration liegendes Wasserdefizit aufweisen, 2 sogar ein erhebliches.
Charkow hat ähnlich große Defizite, aber liegt bereits in der ukrainisch-russischen Waldsteppenregion, wenn auch im Grenzbereich zur Hochgrassteppe. Mächtige Lössdecken ermöglichen hier eine gute Speicherung der herbstlichen Überschüsse und durch rasche Infiltration auch die der Schneeschmelze, was eine für Baumwurzeln günstige Anfeuchtung tieferer Bodenhorizonte erbringt. Die Graskonkurrenz ist auch durch Verschiebung des Niederschlagsmaximums in die Zeit nach der Hauptwachstumszeit des Grases schwächer.

tationszeit für tiefwurzelnde Bäume verbleiben, was zu wenig ist. Außerdem sollte man hier infolge der stärkeren Niederschlagsschwankungen die Aridität nicht nach den *Mittelwerten* berechnen, sondern müsste mindestens den *Median* ermitteln, der hier bei 650 mm liegt. Besonders feuchte Jahre verfälschen den Durchschnitt. So kann es sogar vorkommen, dass z.B. eine Station, die aus dem Vergleich der mittleren Niederschlagswerte mit der Verdunstung nur einen ariden Monat aufweist, bei Untersuchung der Aridität in den Einzeljahren und Mittelung dieser Monatszahlen 5 aride Monate hat. In Dürrejahren können viele Monate ohne wuchseffektive Feuchte sein, was tödlich für viele Baumarten ist. Normalerweise können jedoch Bäume dort wachsen, wenn das Gras als Konkurrent beseitigt wird.

Schließlich muss man die trockeneren Verhältnisse der postglazialen Wärmezeit bei der Beurteilung der möglichen Klimabedingtheit der feuchteren Steppenzonen bedenken. Seit dieser trockeneren Phase vor 6.000 – 8.000 Jahren ist nicht genügend Zeit vergangen, dass der Wald sich über die gesamten klimatisch nun geeigneten, feuchter gewordenen Steppengebiete vorschieben konnte. Wenn Tierherden (z.B. Bisons in Nordamerika, Wildpferde in Eurasien) und von Blitzschlag hervorgerufene oder von Steppenjägern gelegte Brände den Jungwuchs behindern, schiebt sich Wald nur meterweise jährlich vor. Dies ist auch die vorherrschende Theorie bei den Amerikanern über die Entstehung der „Prärie-Halbinsel" (Abb. 26, s. auch Abb. 44), der östlichen Ausbuchtung der Hochgrasprärie (BROWN et al. 1997, S. 41 f.).

Die Gründe für das sommerfeuchte bzw. wintertrockene *Steppenklima* sind:
– Geringer maritimer Einfluss durch kontinentale Lage,
– Abschirmung der vor allem im Winterhalbjahr auftretenden Westwindzyklonen durch Gebirge oder ein kontinentales Kaltlufthoch,
– die frühsommerliche rasche Erwärmung bedingt instabile Luftmassen mit Gewittern,
– Trockenheit im Hochsommer durch Ausdehnung des Passathochs sowie im Herbst und Winter durch Abkühlung, die zu Druckanstieg führt.

Zu beachten sind für das Ökosystem der meisten sommerfeuchten/wintertrockenen Steppengebiete auch die *Temperaturen*. Kontinentales Klima ist charakteristisch und hat folgende Auswirkungen:
– Hohe Mittagstemperaturen und geringe mittägliche Luftfeuchte bedingen höhere Verdunstungswerte als man nach früheren Indices, die mit Mittelwerten arbeiten, vermutete.
– Rasch sinkende Herbsttemperaturen (und Herbsttrockenheit) verzögern einen Abbau der verwelkten Pflanzenmasse; hieraus resultiert der hohe Humusgehalt des Oberbodens.
– Schnee und Bodengefrornis im Winter verhindern das Eindringen von Winterniederschlägen, und bei der raschen Schneeschmelze im Frühjahr geht der größte Teil durch Abfluss verloren.

3.2.1.2 Sommertrockene Steppenzonen

Hier muss zur Steppenbildung das Klima *trockener* als im sommerfeuchten Bereich sein, weil die Winterniederschläge wegen der dann geringeren Graskonkurrenz leichter gespeichert werden. In den sommertrockenen Steppen herrschen infolge der sommerlichen Verlagerung des Subtropenhochs, wozu regional noch Regenschatten kommt, meist 6 bis 10 aride Monate (also auch Herbst und Frühjahr sind teilweise trocken). In den durch die äquatorwärtige Verlagerung der Westwindzone mit ihren wandernden Zyklonen hervorgerufenen 2 bis 6 humiden Monaten des Winterhalbjahres fallen durchschnittlich 150 bis 350 mm Niederschlag (Abb. 33-34). Bei weniger geht die Steppe in *Halbwüste* über, bei mehr wachsen anspruchslose Nadelgehölze wie Wacholderbüsche (Juniperusarten) und Kiefern zu dicht. (Aleppokiefern im Mittelmeergebiet, Piñonkiefern im Südwesten Nordamerikas, die vereinzelt bereits ab 250 mm Jahresniederschlag zu finden sind).

Steppenzonen 147

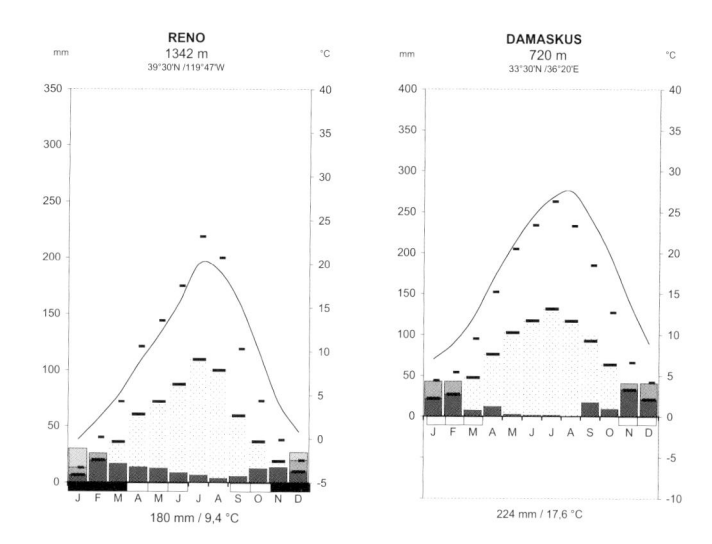

Abb. 33 u. 34: Klimadiagramme sommertrockener Steppenregionen
Das den Wüstengürtel bestimmende Subtropenhoch verlagert sich im Sommer polwärts, so dass an der Westseite der Kontinente gelegene Stationen fast keine Niederschläge mehr bekommen. Die sich im Winter äquatorwärts verlagernden Tiefs der Westwindzone erreichen **Reno** dagegen nur mit Ausläufern. Infolge der Lage im Great Basin von Nevada ist Reno zusätzlich abgeschirmt und hat deshalb nur noch Wüstensteppenklima mit Zwergsträuchern. Meist gehören sie zu der (mit dem Wermut verwandten) Gattung *Artemisia*, die sich mit der Reduzierung und dem Filzüberwuchs ihrer Blättchen gegen Verdunstung schützt. Diesen *sagebrush* bezeichnen die Amerikaner bereits als *desert*.
Bei **Damaskus** ist der Sommer noch trockener, aber die geringeren Winterniederschläge sind gut konzentriert und wegen der niedrigeren Verdunstung übersteigen sie normalerweise den semiariden Bereich 4 Monate lang, so dass auch etwas Anbau versucht werden kann.

Die potenzielle Jahresverdunstung liegt normalerweise zwischen 800 und 1500 mm. Die *Steppengrenze* fällt hier also nicht mit der hydrogeographischen *Trockengrenze* zusammen, sie liegt weit jenseits davon im trockeneren Bereich. Nadelgehölze vertragen offensichtlich lange Trockenzeiten und kommen mit sehr wenig Niederschlägen aus, wenn das Gras nicht das Wasser aufbraucht, ehe es zu den tieferen Baumwurzeln durchsickert. Dieser in sommerfeuchten Graslanden übliche „Vorwegabzug" ist hier kaum möglich, denn wenn die Regen fallen, ist es kühl, der Verdunstungssog und das Wachstum sind gering. Die Gräser müssen daher wie die Bäume tiefe Wurzeln haben, um noch möglichst lange in der warmen, wachstumsgünstigen Jahreszeit das gespeicherte Wasser tieferer Bodenschichten ausnutzen zu können. Trotz des sparsamen Verbrauchs – die Gräser sind als Hartgras meist durch eine relativ harte Außenhaut (*Cuticula*) geschützt – reicht es nach Regenzeitende jedoch nur noch für höchstens 2 Monate, dann verwelken die Halme.

Um wenigstens einen inneren Teil der jungen Triebe für die nächste Regenzeit zu erhalten, bilden die verwelkenden Halme und Blätter einen schützenden *Horst* darum. Das Halfagras (*Stipa tenacissima*) in den nordwestafrikanischen Steppen des Hochlands der Schotts (Bild 14) ist ein solches charakteristisches *Horstgras*, dessen dickwandiges Zellgewebe es zäh und damit für Zwecke wie Matratzenfüllungen geeignet macht („pflanzliches Rosshaar"). Die Horste müssen andererseits relativ weit auseinanderstehen, um ein genügendes Wassereinzugsgebiet für ihre vielen Einzelhalme zu haben. Dazwischen bleibt genug Platz für junge Baumsämlinge. Sie werden nicht erdrückt wie in den sommerfeuchten Steppen, auch nicht von annuellen Gräsern oder Kräutern. Diese bleiben klein, denn sie müssen zur kühlen Zeit wachsen, weil sie nicht so schnell ein genügend großes Wurzelsystem bilden können, um in der wärmeren Jahreszeit noch an gespeichertes Bodenwasser heranzukommen. Trotz dieser Wuchschancen für Bäume herrscht in den Steppen Nordafrikas und Vorderasiens heute Baumarmut. Sie ist vor allem durch den Menschen bedingt (Raubbau, Überweidung und Feuer).

3.2.1.3 Steppen- und Steppengehölzregionen ohne ausgeprägte Regenzeit

Sie sind nicht mehr zonal ausgedehnt, sondern aufgrund besonderer klimatischer Situationen regional begrenzt. Sie kommen im Überschneidungsgebiet des sommer- und winterfeuchten Klimaregimes wie im Inneren von Ostaustralien vor (s. JÄTZOLD 1993a). Auch in der Leelage ganzjährig feuchter Westwindgebiete gibt es eine solche Steppenregion: in Ostpatagonien (Abb. 35), wo außerdem der kalte Falklandstrom das Einströmen warmfeuchter Meeresluftmassen von Osten her verhindert. Schließlich zeigen abgeschirmte innerkontinentale Tiefländer keine markanten jahreszeitlichen Unterschiede mehr in ihren geringen Niederschlagsmengen (Abb. 36). In diesen Regionen reicht die Intensität der Regen nur selten für einen kräftigen Wuchs der Grasdecke oder Horstbildung aus. Nur einige Arten schaffen es. Annuelle Gräser sind stärker vertreten. Deshalb ist das Gebiet bei Überweidung sehr empfindlich gegen Verbuschung oder Verzwergstrauchung, weil diese anspruchslosen Pflanzen weniger auf eine kräftige Regenzeit angewiesen sind als Gras.

3.2.2 Die natürliche Vegetation

Selbstverständlich gibt es nicht nur den Unterschied zwischen winter- und sommertrockenen Steppengebieten, sondern eine ganze Reihe von vegetationsbedingten Steppenzonen gemäß der abnehmenden Feuchtigkeit, die auch für die Nutzungsmöglichkeiten von ausschlaggebender Bedeutung sind (Kap. 3.3). In jüngerer Zeit sind die verschiedenen Steppen auch als Ökosysteme näher untersucht worden (COUPLAND, ed., 1992 u. 93). Die wichtigsten

Steppenzonen 149

Ergebnisse hat SCHULTZ (1995) wiedergegeben. Sie sind zwar nur nach der Feuchtigkeit zoniert, können aber edaphisch azonale Regionen einschließen (Kap. 3.2.2.6).

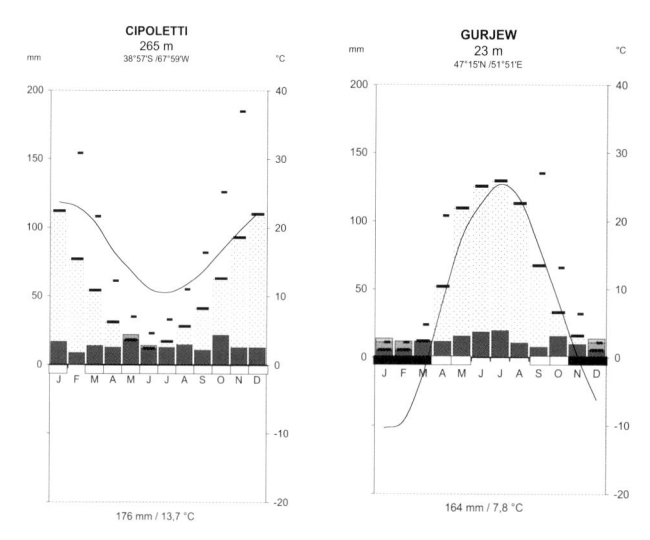

Abb. 35 u. 36: Klimadiagramme von Wüstensteppenregionen auf der Nord- und Südhemisphäre
Cipoletti in Ostpatagonien zeigt das leebedingte Trockenklima der dortigen Steppenregion. Hier im Inneren dominieren bei den hohen Defiziten Zwergsträucher, die wegen der fast ständig heftigen Westwinde meist halbkugelig wachsen, um sich vor der austrocknenden Luftbewegung zu schützen (Bild 16). Trotz der geringen Niederschläge ist Ostpatagonien weniger von außergewöhnlichen Dürren bedroht wie z.B. das semiaride Australien, weil es nicht von jahreszeitlichen Verlagerungen der Tiefdruckgürtel abhängt.
Gurjew in Kasachstan repräsentiert die west-innerasiatische Wüstensteppenregion, fern der drei klimazonalen Einflüsse: Die Westwindzone wirkt sich nur schwach aus, die Monsunregen gar nicht mehr. Aber auch das Subtropenhoch kommt kaum noch hierher, unterdrückt mit seinen Ausläufern jedoch noch aufkommende Sommergewitter, so dass die Defizite für perennierende Gräser zu groß werden, xerophytische Zwergsträucher ertragen sie gerade noch.

3.2.2.1 Waldsteppenzone

Der Graslandgürtel kündigt sich durch eine Auflichtung des Waldes und erste *Grasinseln* an, z.B. die berühmte *Blue Grass Region* in Kentucky oder die Steppeninsel von *Wladimir* östlich von Moskau. Leider sind die Waldsteppen heute wegen ihrer großen Fruchtbarkeit fast vollständig in Kultur genommen, aber wo ein Fleck unbearbeitet blieb, wie am Rande des Flugplatzes von Chicago, sehen wir ca. einen Meter hohes[42], dichtes Gras, vorwiegend aus *Andropogon*-Arten, durchsetzt mit vielerlei, meist blütenreichen, krautigen

Pflanzen, z.B. der sonnenblumenähnlichen Rudbeckia (*R. hirta*). Baum- und Gebüschgruppen stehen an den Wasserläufen, aber auch auf Hügeln, wo der Boden steiniger ist. Auf steinigem Boden hat das Gras im Konkurrenzkampf weniger Chancen, durch ein fein verteiltes oberflächennahes Wurzelwerk das Wasser zu absorbieren, ehe es die Baumwurzeln erreicht (in den sommertrockenen Steppen, wo das winterliche Wasser zunächst gespeichert werden muss, finden wir die tiefwurzelnden *Horstgräser* auch auf steinigen Böden).

Die **großen Steppeninseln** können Relikte aus der trockeneren postglazialen Wärmezeit sein (ca. 6.000-4.000 v. Chr.). Sie waren noch nicht wieder voll zugewachsen, als die ersten Ackerbauern sie in Besitz nahmen (so z.b. geschehen mit der Magdeburger Börde um 3.500 v. Chr.). In Kentucky und den anderen Waldinseln der östlichen Prärie sind sie wohl durch die großen Büffelherden offengehalten worden (JÄTZOLD 1961).

Es gibt *feuchtere* Waldsteppenregionen, wie im mittleren Osten Nordamerikas und im Westen Russlands, wo in der Waldkomponente die Eichen dominieren, und *trockenere* mit meist zerstreut wachsenden Kieferngruppen in niederschlagsärmeren, kälteren Gegenden, wie am Fuß der Rocky Mountains (die vielen *Pine Ridges* in Montana, Dakota oder Nebraska). Die Waldinseln in den besonders winterkalten Waldsteppen sind wieder von laubabwerfenden Bäumen bestimmt, von Espen (*Populus tremuloides*) in Kanada, von Birken (*Betula spec., Kolki* genannt nach WEIN 1999, S. 38) oder von Davidspappeln (*Populus davidiana*) in der Mongolei (Bild 11). Waldsteppenregionen mit artenreichem Galeriewald finden wir besonders in wärmeren Tiefländern mit nahem Grundwasserhorizont im mittleren Mississippibereich und in der nordöstlichen Pampa in Uruguay.

Eine weitere Variante der Waldsteppen sind die **Steppenheiden** (GRADMANN 1933), die als Relikte der postglazialen Wärmezeit auch in unserem Laubwaldgürtel an mikroklimatisch und edaphisch trockenen Standorten vorkommen. Die meisten sind über die Jahrtausende durch Schafweide offengehalten worden und wachsen heute wegen der kaum noch vorhandenen Schafhaltung zum großen Teil leider zu.

3.2.2.2 Hochgrassteppenzone
(Wiesensteppe, Langgras-Prärie, Feuchtsteppe)

Im Übergangsbereich zu den Steppenzonen zieht sich der Wald auf einzelne steinige Geländepartien zurück, z.B. auf Schichtstufen, weil auf steinigerem Boden die Konkurrenz des Grases geringer ist (soweit er nicht bei Südexposition wie bei den Steppenheiden zu trocken wird). Auch in kleinen Mulden oder in Taleinschnitten sieht man Baumgruppen, weil dort etwas Wasser zusammenkommt oder nahes Grundwasser vorhanden ist und die austrocknenden Winde nicht hingelangen.

Die Mehrzahl der Monate zur Vegetationszeit ist noch humid, daher der Name *Feuchtsteppe*, aber sie sind meistens nur semihumid (Niederschlag 50 bis 99 % der potenziellen Evapotranspiration). Die Jahreswasserbilanz ist also in den Hauptgebieten negativ. Ein anderer Name ist *krautreiche Wiesensteppe*, weil noch viele krautige Pflanzen gedeihen und die Ähnlichkeit mit Wiesen groß ist.

Das Gras ist 40 bis 100 cm hoch. Man spricht deshalb unmissverständlich von *Langgras-* oder *Hochgrassteppe*. Bekannte Regionen sind die Puszta in Ungarn, die Baragansteppe in Rumänien, die Schwarzerdesteppe in der Ukraine und die *Tallgrass prairie* im feuchteren östlichen Teil des Graslands von Nordamerika (Abb. 27 u. 44, Kap. 3.2.1.1 und Karte b. RINSCHEDE 1984).

Für die Region der östlichen und nordöstlichen Pampa mit ihrem hohen Pampagras ist wiederum die Bezeichnung *Feuchtpampa* üblich. Hier sind die Niederschläge tatsächlich für Steppengebiete so ungewöhnlich hoch, dass bei ihrer Einschätzung durch einen einfachen Trockenheitsindex (LAUER 1952) im Mittel 12 feuchte (humide) Monate herauskamen. Ein ähnliches Bild zeigen auch die Diagramme von WALTHER und LIETH (1967), wo gemäß ihrer Definition nach den Monatsmitteln keine Trockenzeit herrscht, weil die Niederschlagsmenge über der doppelt so hoch eingezeichneten Temperaturkurve liegt. Botaniker wie H. ELLENBERG (1962) betonten sogar die Möglichkeit des Baumwuchses in der Pampa. Diese Aussagen induzierten nochmals eine Diskussion des „Pampaproblems" , d.h. um ihre klimatische oder anthropogene Bedingtheit (H. WALTER 1967, LAUER 1968). H. WALTER fand im Gelände Anzeichen einer negativen Wasserbilanz (1967, S. 185 f.) und stellt klar, dass die aus seinen Diagrammen ersichtlichen Niederschlagsschwellenwerte für die Trockenzeit (bei 10° 20 mm, bei 20° 40 mm usw.) um mehr als die Hälfte niedriger als die tatsächliche potenzielle Verdunstung (*Evapotranspiration*) sind, insbesondere über windreichen Grasflächen. Entscheidend ist der rasche Entzug des Wassers durch hohes Gras, so dass Bäume Mangel leiden, d.h. die Pampa ist natürlich, insbesondere wenn auch die baumtötende Wirkung von Dürrejahren eingerechnet wird (WALTER 1967, S. 195).

LAUER (1968) stellt dagegen heraus, dass Teile der östlichen Pampa (die Feuchtpampa, Abb. 37) auf der feuchten Seite der Trockengrenze liegen[43]. Das ist durchaus möglich, weil sich auch im semihumiden Klima wie in der Feuchtsavanne hohes Gras in der Konkurrenz mit Baumwuchs durchsetzen kann, besonders wenn dafür weitere Faktoren günstig sind, wie auch TROLL (1968) überzeugend darlegt. Aber die Bezeichnung „*Ständig feuchte Graslandklimate*" dafür in der Klimakarte von TROLL und PAFFEN (1964, IV 6) sollte in einer neueren Ausgabe durch „*Schwach feuchte Graslandklimate*" ersetzt werden, weil sie überwiegend semi- oder subhumid sind (Abb. 28).

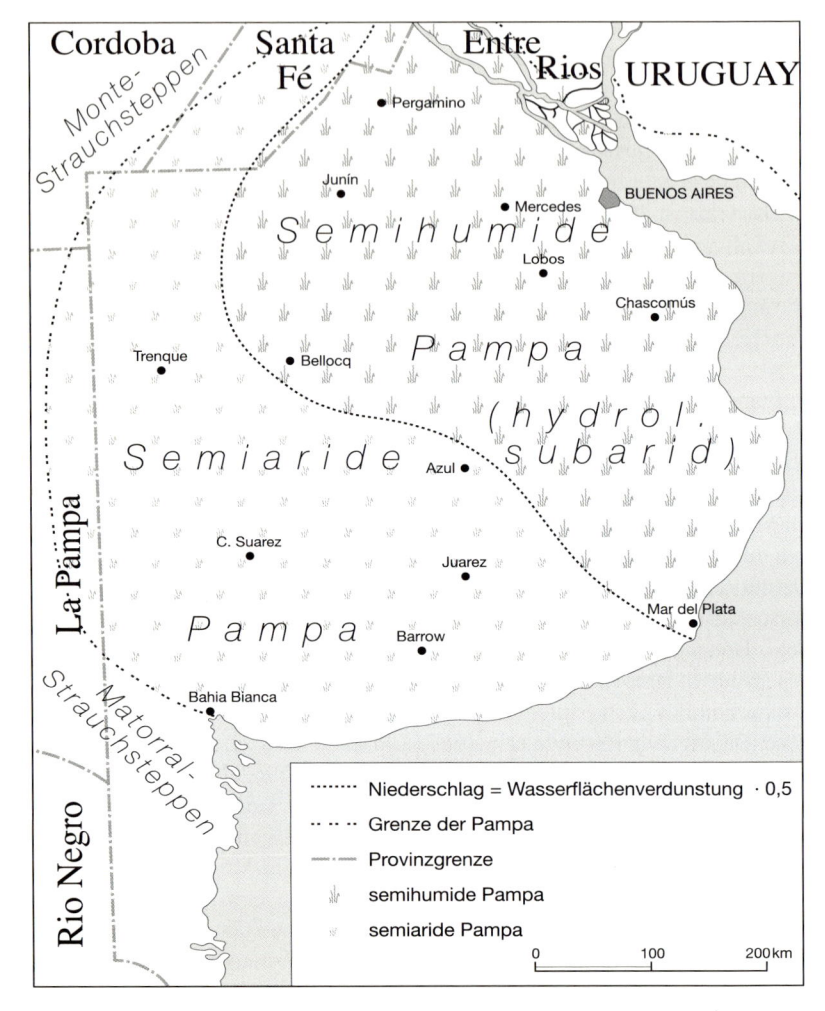

Abb. 37: Die Regionen der Pampa und ihre Wasserbilanzverhältnisse
Nach LAUER (1968, S. 157) und SCHMITHÜSEN u. HEGNER (1976, Ausschnitt), kombiniert und ergänzt v. R. JÄTZOLD, Zeichnung: M. LUTZ

Steppenzonen 153

Der bedeutende Biogeograph P. MÜLLER (1973) stellt die Ursprünglichkeit der Pampa klar, weil sie ein eigenes Ausbreitungszentrum für Steppen-Tierarten ist. Sie kann aber durch Jagdfeuer ausgeweitet worden sein. Tiere spielen auch bei der Erhaltung von aus trockeneren Klimaperioden stammenden Steppenregionen wie der östlichen Prärie eine wichtige Rolle (Kap. 3.2.1.1). Systematische und ausführliche Darstellungen der natürlichen Grasland-Ökosysteme führender Spezialisten hat COUPLAND (ed., 1992 u. 93) zusammengefasst.

Es gibt also:
1. *Semiaride Hochgrassteppen*
2. *Semihumide Hochgrassteppen (Feuchtsteppen)*, bei denen der Konkurrenzvorteil des hohen Grases Baumkeimlinge erdrückt, soweit
– die Niederschlagsverteilung ein für den Graswuchs günstiges Maximum im Frühsommer aufweist,
– feinkörnige Böden dem stark verästelten, oberflächennahen Gras-Wurzelwerk ermöglichen, das Wasser aufzunehmen und zu transpirieren (bis zur 1,6-fachen Verdunstungsmenge einer Wasserfläche), ehe es tiefere Bodenschichten mit Baumwurzeln erreicht,
– staunasse und dadurch sauerstoffarme Böden von oberflächennahen Graswurzeln besser ertragen werden als von Baumwurzeln,
– natürliche Blitzschlag-Grasfeuer oder von Ureinwohnern zu Jagdzwecken zusätzlich angelegte Feuer Baumkeimlinge vernichten oder schwächen,
– eine Wiederbewaldung nach der letzten Eiszeit und trockeneren postglazialen Wärmezeit durch Großtierbeweidung (Nordamerika), Blitzfeuer und klimatisch behinderte Baumausbreitung (Südamerika) verzögert wurde.

3.2.2.3 Übergangssteppenzone (Mischgras-Prärie)

Der trockenere Teil der *Hochgrassteppe* zeigt bereits so deutliche Übergänge zur *Kurzgrassteppe*, dass die Ausscheidung einer Übergangszone sinnvoll ist, weil hohe und niedrige Gräser gemischt sind (s. Abb. 42). In diesen Steppenregionen in der Ukraine (Bild 13) sowie am Don und in der trockeneren Puszta sind Federgrasarten (*Stipa spec.*) vorherrschend, desgleichen kleinräumig am östlichen Andenfuß in Nordpatagonien, weshalb man auch von *Federgrassteppe* spricht. Sie umfasst hauptsächlich die Übergangszone von der Kurzgras- zur Hochgrassteppe. In Nordamerika heißt sie „*mixed-grass prairie*". Ihre Region reicht beiderseits des 100. Längengrads vom südlichen Saskatchewan bis ins östliche Texas. Die Ausdehnung wird wegen unterschiedlicher Definition je nach Autor verschieden dargestellt.

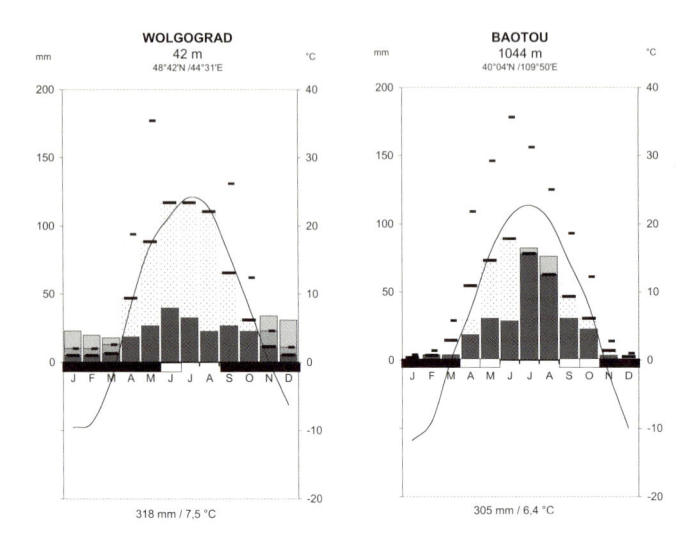

Abb. 38 u. 39: Klimadiagramme eurasischer Kurzgrassteppenregionen (Legende S. 142)
Wolgograd, das ehemalige *Stalingrad*, liegt bereits in der trockeneren Variante der Kurzgrassteppe, da fünf Monate sehr arid sind. Das Defizit wird auch nicht durch Schneeschmelzwasser wesentlich gemildert, da es wegen der raschen Erwärmung bei noch gefrorenem Boden meist durch Abfluss verlorengeht. Hier befindet sich die Trockengrenze des Anbaus.
Baotou in der Mongolei repräsentiert die dortige Region der Kurzgrassteppenzone, die ihre Hauptfeuchtigkeit vom ostasiatischen Monsunregime erhält. Der Wind ist jedoch nicht der Hauptregenbringer, sondern bei dann instabiler Luft können sich im Hochsommer Gewitter bilden oder zyklonale Regen auftreten. Im Winter dagegen verhindert das sibirische Kaltlufthoch fast jeden Niederschlag.

3.2.2.4 Kurzgrassteppenzone (Trockensteppe)

Sie zerfällt in mindestens drei *Subzonen* mit unterschiedlichen Regionen:

Reine Kurzgrassteppe
Die *typische Kurzgrassteppe* ist waldlos, wenn man von den Galeriewäldern an Fremdflüssen oder von anderen vom Grundwasser abhängigen Gehölzen absieht. Das Wasserdefizit wird normalerweise im Laufe des Jahres für Bäume zu groß. Auch das Gras wird ab dem Hochsommer „steppengelb". 7 bis 9, bei grasgünstiger Niederschlagsverteilung auch 10 Monate sind arid oder wenigstens semiarid (Abb. 38 u. 39). Bei diesem Mittelwert könnten in anderen Klimagegenden zwar Bäume schon noch gedeihen, aber hier fallen die wenigen humiden Monate meist mit der Hauptwachstumszeit des Grases zusammen, das auf feinkörnigen Böden (häufig Lössböden) im bereits geschilderten Konkurrenzvorteil um das Wasser ist. Winterliche Feuchtespei-

Steppenzonen 155

cherung kann wegen der Bodengefrornis und wegen der raschen Schneeschmelze während des Frühjahres kaum stattfinden, außerdem sind infolge des kontinentalen Kaltlufthochs die Winterniederschläge gering. Wegen der Kürze der Vegetationszeit und der im Durchschnitt nur noch 200 bis 500 mm betragenden Jahresmittel des Niederschlags wächst das Gras nicht mehr hoch (20 bis 40 cm). *Kurzgrassteppe* ist daher ein gebräuchlicher Name.

Die *Kurzgrassteppe* nimmt in Nordamerika die *Great Plains* des Mittleren Westens als große Steppenregion ein (Abb. 44) mit dem niedrigen Buffalogras (*Buchloë dactyloides*) als wichtigster Grasart und dem Blauen Gramagras (*Bouteloua gracilis*). In Eurasien treten typische Trockensteppen von der Kirgisensteppe über Kasachstan und die Mongolische Steppe bis nach Nordchina auf.

Die Feuchtigkeit reicht neben den Gräsern nur noch für wenige krautige Pflanzen. Diese wachsen meist in der Wuchsform der *Steppenroller* oder *Steppenhexen*. Das ist eine sparrige, aber doch kugelige Gestalt, die bei der Samenreife trocken wird, abbricht, vom Winde getrieben über die Steppe rollt oder hüpft (daher der Name) und dabei die Samen verstreut.

Strauchsteppe (Busch-/Baum-Trockensteppe)
In den subtropischen oder wintermilden Bereichen des Trockensteppenklimas gibt es relativ viele *Holzgewächse* im Grasland, weil hier die Bedingungen schon mehr den tropischen Savannen ähneln, wo die Regenzeitmonate so feucht sind, dass speicherbare Überschüsse im Boden entstehen bzw. im Winter der Boden nicht gefriert, sondern aufnahmefähig für Wasser bleibt.

Zu den Regionen dieser Vegetationsformation gehört im Süden Nordamerikas das *Mesquite-Grasland*, eine von Mesquitesträuchern (*Prosopis spec.*) durchsetzte Steppe. In Südamerika sind es der subtropische Teil des Buschlands des *Gran Chaco* und die Region der *Monte*-Vegetation in Argentinien westlich der Pampa. Im Namen *Monte* steckt das Wort „Berg", weil die Formation auf bergigem Gelände wächst, das wegen der steinigen Böden eher für Gehölze als für Gras geeignet ist. Auf die Dornen weist ein weiterer spanischer Name, *Espinal*, hin. Laubabwerfende Dornsträucher herrschen vor. In Nordost-Patagonien gibt es ebenfalls Buschland, aber niedrig und kleinhartlaubig, *Matorral* genannt (Waldgebüsch)[44]. Im südwestlichen Atlasvorland in Nordwestafrika gehört dazu die *Argania*-Steppe mit dem Eisenholz-Baum (*Argania spinosa*), in Südafrika das *Buschveld* der Ciskei, in Australien die *Mulga*-Steppe (Mulga = *Acacia aneura*, eine dornlose Akazie).

Steppengehölze
Die Bäume können bei für Gras weniger günstiger Niederschlagsverteilung, also vor allem Sommertrockenheit, auch dichter und höher wachsen, weil nicht soviel Feuchtigkeit vom Gras weggenommen wird. Aus der *Strauch-*

steppe werden *Steppengehölze*, meist mit immergrünen, aber blattreduzierten Bäumen bzw. hohen Sträuchern.
Sie kommen meist bei 3-6 humiden Monaten vor, auch im Gebirge. Im Mediterrangebiet sind es vor allem Phönizischer Wacholder (*Juniperus phoenicea*) oder der Balearenwacholder (*Juniperus sabina*) und Aleppokiefern (*Pinus halepensis*). Im Südwesten Nordamerikas wachsen Piñonkiefern (*Pinus sabiniana*) und Sierrawacholder (*Juniperus deppeana*) in weiten Abständen, von *Horstgräsern* und Zwergsträuchern durchsetzt. Nadeln sind ein Schutz gegen Verdunstung und Tierfraß. Statt Nadelbäumen können es auch kleinblättrige Bäume sein, z.b. die Eisenholzbäume (*Argania spinosa*) in Südwestmarokko. Bei der Mulga (*Acacia aneura*) in Australien werden die Blätter zu fadenartigen Gebilden reduziert, sie kann deshalb bis zur Halbwüste wachsen. Bei den letztgenannten Gehölzformationen gibt es auch eine offenere Steppenvariante (s.o.).

3.2.2.5 Wüstensteppenzone

Zur trockeneren Seite der Steppenzone hin bei mittleren Jahresniederschlägen unter 250 mm sind gewisse Zwergsträucher wie Wermutarten (*Artemisia spec.*) widerstandsfähiger als Gras und dominieren schließlich bei 150-200 mm und meist 10-11 ariden Monaten in der *Wüstensteppe* (Abb. 33 u. 35). Sie nennt man nach ihrem Erscheinungsbild auch **Zwergstrauchsteppe**. In Nordamerika heißt sie *sagebrush*, abgeleitet von dem englischen Wort *sage* für Wermut (Bild 15).

Typisch für diese Wüstensteppen ist der silbrige Glanz der Zwergsträucher. Das kommt von einem dichten *Haarfilz* auf den reduzierten Blättchen, der vor Verdunstung schützt. Bei anderen Arten können Wachsschichten oder eine dicke *Epidermis* bzw. *Cuticula* diese Funktion übernehmen. Gemeinsam ist den Zwergsträuchern ein zähes, tiefreichendes Wurzelwerk mit hohen Saugspannungskräften.

Wüstensteppen haben normalerweise nur noch einen humiden Monat, aber bei ungünstiger Situation für Gras (steinige oder salzige Böden, Überweidung) kommen sie als Zwergstrauchsteppe auch bei 2 humiden Monaten noch vor, bei nur schwach ariden Monaten auch ohne humide im Mittel. Sonst spielt die Niederschlagsverteilung eine geringere Rolle, denn wir finden ähnliche *Wermutsteppen* sowohl im (sehr kurz) sommerfeuchten Bereich als auch im Übergang von den sommertrockenen Steppen Nordafrikas oder Südkaliforniens zu den Halbwüsten. Die Abgrenzung zu dieser noch trockeneren Vegetationsformation ist Ansichtssache. In Amerika heißen bereits die Wüstensteppen *desert*, aber wörtlich genommen würde eine Halbwüste erst dort beginnen, wo mehr als 50 % des Bodens nicht mehr von Dauervegetation bedeckt sind.

Steppenzonen 157

Eine Besonderheit sind die Steppenzonen im Windschatten der hohen Gebirge der Westwindzonen. Im günstigeren Klima mit Winterhumidität, wie in Südost-Neuseeland, sind sie eine *Horstgrassteppe* (Tussock-Grasland), im stärkeren Regenschatten, wie in Ostpatagonien, sind sie eine *Wüstensteppe*, in der halbkugelige Polsterpflanzen versuchen (bes. *Nenneo, Mulinum spinosum*), sich vor den trockenen, heftigen Fallwinden zu schützen (Bild 16).

3.2.2.6 Azonale Sonderformation: Salzsteppen

Sie fallen aus dem zonalen Konzept heraus, sie sind azonal, weil sie durch erhöhten Salzgehalt im Boden bedingt sind. Eine negative Wasserbilanz ist allerdings erforderlich, damit sich das Salz im Boden anreichert. Das ist auf *meeresnahen Sedimenten* der Fall, wie in der Camargue oder um Endseen in abflusslosen Gebieten. *Sukkulente Pflanzen* mit starken Zellsaftkonzentrationen, um noch genügend osmotische Saugkraft zu entwickeln, wie die Quellerarten (*Salicornia spec.*), sind typisch.

3.2.2.7 Isolierte Sonderformationen: Die Trockenregionen Australiens

Australien fällt aus der weltweiten Kennzeichnung der Vegetationszonen etwas heraus, weil bekanntlich der Kontinent infolge der frühen Abtrennung sein eigenes Florenreich entwickelte (*Australis*). Dort haben die *Eucalypten* eine dominierende Stellung bekommen. Sie beherrschen die Trockensavannen und Trockenwälder im tropischen Bereich. Aber auch in den Subtropen dominieren sie, als Wald im zufallsfeuchten[45] bzw. wechseltrockenen Gebiet des Ostens bzw. als *Mallee* (Buschgehölz bis niedriger Wald von *Eucalyptus socialis*, mit Wasserspeicher-Wurzelstock) im Südwesten und im Westteil Südostaustraliens, wo winterfeuchte Verhältnisse herrschen.

Wegen der andere Pflanzen unterdrückenden Wirkung der Eucalypten und ihrer Trockenresistenz haben sich Gräser im semiariden Bereich nicht generell durchgesetzt, sondern nur auf sehr dafür geeigneten Böden (z.B. das *Mitchell*-Grasland auf Schwemmland im Nordosten, Abb. 40). Es gibt vor allem keine natürlichen Hochgrassteppengebiete, weil unter deren günstigeren Klimabedingungen Eucalypten auf jeden Fall dominieren. Anderseits finden wir in den Halbwüsten weitflächig besonders harte, *xerophytische* perennierende Gräser in der Igelpolster-Wuchsform (*Spinifex* Gras, *Triodia* und *Plectrachne spec.* Abb. 41), während sonst auf der Welt die Halbwüsten normalerweise nicht mehr durch perennierende Grasarten gekennzeichnet sind.

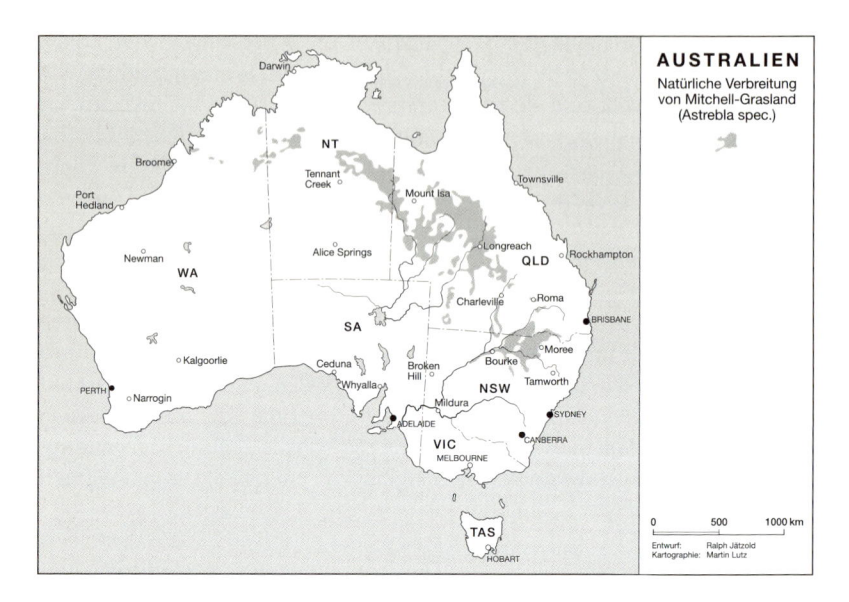

Abb. 40: Die Steppe bis Savanne des Mitchell-Graslands in Australien
Nach *Atlas of Australian Resources*, Canberra 1990, verändert von R. JÄTZOLD, Zeichnung M. LUTZ

Aber auch die andere Tierwelt hat sich ausgewirkt. Weil die Blätter fressenden Huftiere fehlen, bringen Dornen keinen Überlebensvorteil. Die dominierende Akazienart der **Mulga** (*Acacia aneura*) ist dornlos. Nur die vereinzelt im Grasland des Nordostens aus Afrika eingeschleppte *Acacia nilotica* hat Dornen.

Der dritte Grund, besonders für die Wüstenzone, ist die *Kleinheit* des Kontinents. Meeresluftmassen können deshalb immer wieder einmal auch bis ins Innere des Kontinents gelangen, das eigentlich gemäß seiner Lage am Wendekreis als *Passatwurzelzone* immertrocken sein sollte.

Verwirrung kommt auch durch den anderen Wüstenbegriff. *Desert* bedeutet unbesiedelbares Land, z.B. die sandigen Mallee-Gehölze in Westvictoria (*Big Desert* und *Little Desert*), obwohl sie vom mittleren Jahresniederschlag her mit etwa 350 mm nicht einmal in die Halbwüstenzone gehören. Selbst der Begriff „*Semidesert*", den das internationale geographische Schrifttum eingeführt hat, setzt sich nur langsam durch.

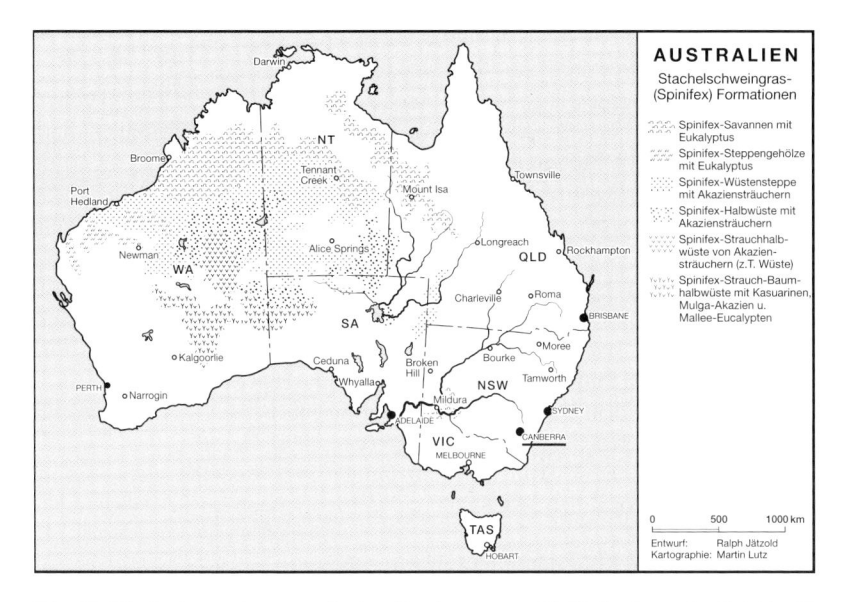

Abb. 41: Die Regionen der australischen Trockensteppen bis Halbwüsten der Spinifex-Formationen
Nach *Atlas of Austr. Resources*, Canberra 1990; verändert u. ergänzt v. R. JÄTZOLD, Zeichnung: M. LUTZ

3.2.3 Bio- und wirtschaftsgeographisch wichtige Tiere

Steppen sind der Lebensraum insbesondere von Lauftieren, Nagetieren und von auf diese Arten spezialisierten Raubtieren. Da sich aber Grasland und Huftiere, darunter insbesondere die Wiederkäuer als gute Grasverwerter, erst gegen Ende des Tertiärs entwickelt haben, gibt es große regionale Unterschiede. Am reichsten ausgebildet war die Steppen-Tiergesellschaft in den Prärien Nordamerikas, wenn auch erst in geologisch viel jüngerer Zeit, denn der **Bison** bzw. seine Vorform ist erst vor 700.000 Jahren in den Eiszeiten über die dann trockengefallene Beringstraße aus Eurasien eingewandert. Dieser *Urbison* (*Bison sivalensis-shoetensacki*) hat sich über eine langhörnige Art (*Bison priscus*) in die heutigen Unterarten Steppenbison (*Bison bison bison*) und Waldbison (*Bison bison athabascae*) differenziert. Die Bisonherden der Steppen hatten im 18. Jahrhundert wahrscheinlich einen Bestand von 60 Mio. (n. CURRY-LINDAHL 1981, S. 131), der bis 1890 auf knapp 800 zusammengeschossen war. 1905 wurde zur Rettung dieser Tierart die amerikanische Bisongesellschaft gegründet, 1907 das erste Reservat in Oklahoma geschaffen (*Wichita Mountains Reserve*), um außer der kleinen Herde von knapp 200 Stück im Waldsteppenteil des *Yellowstone Parks* einen Grundstock für einen Wiederaufbau des Bisonbestands in typischer Steppenumgebung zu legen. Heute gibt es wieder 250.000 Steppenbisons, davon 5.000 in Reservaten. Die meisten werden auf großen Ranches mit bis zu 30.000 Tieren gehalten (BROWN et al. 1997, S. 323). Die *National Bison Range* in Montana liegt leider in den Rocky Mountains, so dass landschaftlich nicht der großartige Steppenbiotop repräsentiert wird. Aber durch Zusammenarbeit von Indianern und kooperierenden Ranchern in *Buffalo Commons* rechnet man mit einem Wiederaufbau von einer mehrere Millionen zählenden Population.

In Eurasien gab es bisonähnliche *Steppenwisente*, wie die Höhlenzeichnungen erkennen lassen. Die einst von Spanien bis Sibirien verbreiteten Herden sind durch intensive Jagd der hier im Vergleich zu Nordamerika viel früher vorhandenen und zahlreicheren eiszeitlichen Jäger ausgerottet worden. Nur die an den Wald angepasste Varietät des Wisents hat sich bis heute in entlegenen Waldgebieten Osteuropas erhalten (ca. 3.000 Tiere).

Auerochsen, besser Urrinder (*Bos primigenius*), weideten nicht nur im Wald, sondern auch in den Waldsteppen, wurden jedoch im 17. Jahrhundert ausgerottet.

Wildpferde waren in den holarktischen Steppen und Wüstensteppen der Nordhalbkugel zahlreich vertreten. In der Neuen Welt starben sie während der Eiszeiten aus. In Europa wurde die Steppenwildpferd-Unterart *Tarpan* (*Equus przewalski gmelini*) erst 1879 in der Südukraine ausgerottet, der letzte Tarpan starb in Gefangenschaft 1887. In der Mongolei und Dsungarei hatte 1879 jedoch der russische Forscher PRZEWALSKI im mongolischen Wildpferd *Takh* eine weitere Unterart entdeckt, die nach ihm *Przewalski-Wildpferd* (*E. p. przewalskii*) benannt wurde. Es wurde dort in unwirtliche Trockengebiete abgedrängt und 1968 zum letztenmal gesehen. Einige Tiere hatten jedoch in europäischen Zoos überlebt. 1992 wurden zwei kleine Gruppen davon in der Mongolei wieder ausgesetzt. Die eine in dem Steppenreservat *Hustain Nuruu* ist in einem Jahrzehnt auf über 130 Tiere angewachsen, die zweite in der Halbwüste hat sich nicht vergrößert, denn Wildpferde sind eher Steppentiere.

In Nordamerika haben wenige entlaufene Pferde der spanischen Expeditionen des 16. Jahrhunderts wegen der für diese Tierart idealen Lebensbedingungen in der Steppe sich bis 1800 auf 3 bis 4 Mio. *Mustangs* vermehrt. Heute gibt es nur noch etwa 20.000 wilde Mustangs in den Zwergstrauchsteppen von Nevada und kleine geschützte Herden in Oregon und Wyoming.

Auf dem *Veld*, der Steppe in Südafrika, leben bzw. lebten drei Zebraarten (s.u.) neben drei Antilopenarten bzw. -unterarten (Blaubock, *Hippotragus equinus leucophaeus,* Bleß- und Buntbock, *Damaliscus dorcas phillipsi* und *D. d. dorcas*), Weißschwanz-Gnus (*Connochaetes gnou*) und Gazellen (Springböcke, *Antidorcas marsupialis*). Von ihnen wurden der Blaubock, das Burchellzebra (*Equus quagga burchellii*, mit Doppelstreifen) und das

Bildnachweis: Nr. 1 - 7 u. 11 - 33 R. Jätzold, 8 - 10 B. Hornetz

Bild 1: **Trockensavanne** *in Nordnamibia am Ende der Trockenzeit. Im hüfthohen Gras steht ein Steinböckchen (bur. Steenbock.).*

Bild 2: **Trockenwald** *in Simbabwe zu Beginn der Regenzeit. Es kommt zu einer so schnellen Entfaltung der Blätter („Blattschüttung", um die neue Assmilationszeit sofort nutzen zu können), dass die Blätter zunächst rot sind, weil das Chlorophyll Licht braucht, um sich zu bilden.*

Bild 3: **Baobabs im Trockengehölz** *im südlichen Burkina Faso zur Trockenzeit.*

Bild 4: **Grasreiche Spülmulde (Dambo) im Trockenwald** *auf der Rumpffläche von Simbabwe. In der Mitte steht ein kleiner Inselberg, Trockenzeit.*

III

Bild 5: **Grasreiche Variante der Dornsavanne** *auf feinkörnigen Sedimenten (vulk. Aschen) in der zentralen Serengeti mit Galeriegehölz von Schirmakazien (Acacia tortilis, grundwasserorientiert)*

Bild 6: **Gehölzreiche Variante der Dornsavanne** *im Rumpfflächengebiet der Nordserengeti mit Böhm-Zebras (Equus quagga boehmi, auch Grant-Z. genannt)*

Bild 7: **Pediment mit Mikrospülstufe oder Denudationskante** *(70 cm hoch, s. Wanderstock) am Westfuß des Riesenkrater-Hochlandes von Tansania in der trockeneren, grasreichen Variante der Dornsavanne (vulkan. Aschen, im Untergrund verbacken).*

Bild 8: **Durch Überweidung entstandener Bodenverlust auf Pedimenten in der semiariden Zone** *vor den Ndoto-Mountains in Nordkenia (Aufn. z. Trockenzeit).*

Bild 9: **Weideflächen-Wiedergewinnung durch abflußverbauende Maßnahmen**, *Turkana District, Nordkenia. Halbmondförmige Erdwälle wurden auf der Spülfläche angelegt und im Innern eingesät.*

Bild 10: **Übergang von der Kuppelhütte zum Kegeldachhaus bei Sesshaftwerdung von Nomaden**. *Neuansiedlung von Boran bei Marsabit, Nordkenia, mit Anbau kurzzyklischer Maisvarietäten (im Vordergrund, abgeerntet).*

Bild 11: **Waldsteppe** *am Südostrand der Inneren Mongolei im Biosphärenreservat östlich Xilinhot. Die Bäume sind hauptsächlich Davidspappeln (Populus davidiana). Aufn. 9.5.99, erste kleine Regen sind bereits gefallen. Süden ist rechts, die Waldinseln stehen am Schatthang.*

Bild 12: **Kurzgrassteppe mit Prairieantilope** *(Gabelbock, engl. Pronghorn antelope), Wyoming, USA.*

VII

Bild 13: **Kurzgrassteppe-Übergangssteppe** *in der Ukraine (Nationalpark Ascania Nova, eines der seltenen, noch weitgehend natürlichen, weil unter strengem Schutz stehenden Steppengebiete). Solche Statuen (8. Jh.) werden als Schutzgottheiten gedeutet.*

Bild 14: **Horstgras-Trockensteppe** *in Algerien. Es ist das Halfagras (Stipa tenacissima) im Hochland der Schotts. Durch Übernutzung ist z. T. eine Wüstensteppe bis Halbwüste entstanden (im Vordergrund).*

VIII

Bild 15: **Zwergstrauchsteppe** *bei Lander in Wyoming. Der Sagebrush (hier Artemisia tridentata) ist in dieser feuchteren Variante noch dicht und relativ hoch, bei Zwergstrauch-Wüstensteppen niedrig und lückenhaft. Indianerponies und ein Shoshone-Dorf zeigen ein Indianerreservat an.*

Bild 16: **Zwergstrauch-Wüstensteppe in Ost-Patagonien**, *150 km südöstlich von Bariloche. Durch Überweidung ist links des Zaunes bereits eine Halbwüste entstanden, aus der Boden ausgeweht wird (im Hintergrund).*

Bild 17: **Steile Schichtstufe, über die Indianer Büffelherden trieben** *(Buffalo Jump Head Smashed in, Südalberta)*

Bild 18: **Steppenschlucht und typischer kastanienfarbiger Boden** *in der Kurzgrassteppe im Südwesten der Inneren Mongolei. Aufn. zu Beginn der Monsunregen, die Schlucht ist 2 m tief.*

Bild 19: **Jurte moderner Nomaden in der Mongolei**, *die mit Lastwagen den Wohnplatz verlagern. Vorn rechts noch ein traditioneller Karren, davor links liegen Laibe von Trockenkäse flach gepresst zwischen von Steinen beschwerten Brettern.*

Bild 20: **Kashmir-Ziegen und Schafe bei einem Gehöft in der Inneren Mongolei**, *wo die Nomaden sesshaft gemacht wurden. Der Talgrund ist infolge kleiner Niederschläge vor Einsetzen der Monsunregen bereits grün (Aufn. 6.5.99).*

XI

Bild 21: **Strip cultivation des Dryfarming in der Kurzgrassteppe von Wyoming.** *Es ist schon Anfang September, aber es ging noch eines der typischen Sommergewitter nieder. Bei der Farm gedeihen durch Ausschaltung der Graskonkurrenz Bäume.*

Bild 22: **Dornstrauch-Halbwüste der Sahelzone**, *südlich Agadez, Niger. Die Saheldürren lassen immer wieder viele Büsche absterben, Überweidung hat die Grasnarbe zerstört, Sand wird eingeweht, ein Bild der Desertifikation.*

XII

Bild 23: **Rutenstrauch-Halbwüste** *mit Saxaul (Haloxylon aphyllum), in der Karakum bei der Wüstenforschungsstation von Turkmenistan.*

Bild 24: **Mulga-Halbwüste** *in Südaustralien (östlich des Lake Eyre) mit Mulga (Acacia aneura) in niedriger Wuchsform als Rutenstrauch-Halbwüste, subfossile Dünen.*

XIII

Bild 25: **Schopfbaum-Halbwüste**, *Mohave Desert in Kalifornien, mit Yoshua tree (Yucca brevifolia) und Spanish dagger (Yucca filamentosa).*

Bild 26: **Sukkulenten-Halbwüste** *in Südarizona mit Säulenkakteen (Saguaro, Cereus giganteus) und Springkakteen (Chollas, Opuntia fragilis, Vordergrd.), deren Spitzenglieder sich mit Widerhaken an Mensch oder Tier anheften und sich so verbreiten.*

XIV

Bild 27: **Zwergstrauch-Halbwüste** *der Nullarbor Plain in Südaustralien. Zwischen den nur kniehohen Zwergsträuchern Bluebush (Maireana spec.) und Bladder Saltbush (Atriplex vesicaria) wachsen niedrige annuelle Pflanzen vom letzten Regen.*

Bild 28: **Strauch-Halbwüste mit Spinifex-Gras** *(Triodium spec.) im nördlichen Mittelaustralien. Die stacheligen Graspolster wachsen mit der Zeit ringförmig weiter, weil das Innere aus Wassermangel abstirbt.*

Bild 29: **Nebelpflanzen-Halbwüste** *an der Küste von Nordperu. Die blattsukkulenten, mit der Ananas verwandten Pflanzen (Bromeliaceae) sind wurzellose Tillandsien mit Saugschuppen für Kondensationströpfchen.*

Bild 30: **Kieswüste in der Namib** *mit Welwitschia mirabilis, die nur aus den zwei immer weiter wachsenden Keimblättern besteht (und Blüten).*

XVI

Bild 31: **Randwüste** *in Nord-Niger, 100 km nördlich von Agadez. Das ausdauernde Horstgras Panicum turgidum kommt nur noch in sandigen Gerinnen mit Wasserkonzentration vor.*

Bild 32: **Kernwüste** *auf der Hammada des Tademaït Plateaus in Südalgerien. Vegetaionsloses Land dominiert optisch, ausreichende Wasserkonzentration für perennierende Zwergsträucher kommt nur noch in nicht mehr überblickbaren Abständen vor. Dunkler Wüstenlack überzieht die hellen Kalksandsteine.*

Bild 33: **Extremwüste** *mit Sterndünen südlich von In Salah. Im Vordergrund Piste neben dem zerfallenen Asphalt der Transsaharienne.*

Steppenzonen 161

Quagga (*Equus quagga quagga*, nur vorn gestreift) von den Buren 1920 bzw. 1883 ausgerottet, das Kap-Bergzebra (*Equus zebra zebra*) und der Buntbock beinahe; sie sind heute jedoch wieder häufig. Von der Oryxantilope (*Oryx gazella*) hat sich in der von Trockenwald eingeschnürten Isolation der Grasländer Südafrikas eine Unterart entwickelt, der Südafrikanische Spießbock (*O.g.gazella*).

Die Familie der **Cameliden** entwickelte sich in den Steppen und Halbwüsten Nordamerikas und breitete sich vor 2 Mio. Jahren nach Asien, Nordafrika und Südamerika aus, während sie in ihrem Ursprungskontinent während des Pleistozäns ausstarb. Die Zweihöckrigen Kamele (Trampeltiere, *Camelus bactrianus*) in Zentralasien bevorzugen die Steppe gegenüber der Wüste. Aber die letzten Reste der Wildform sind auf die Wüste Gobi zurückgedrängt. In Südamerika hatten die dem Lama ähnlichen Guanacos (*Lama guanicoe*) die Rolle der Großtiere in der Steppe übernommen und waren die Basis einer Steppenindianer-Kultur. Die Guanacos sind aber bis auf kleine Trupps in Patagonien abgeschossen. Heute werden sie dort in zwei Gebieten geschützt (Halbinsel Valdez und *Parque Torres del Paine*).

Von den kleineren Lauftieren wären die *Rehe* zu nennen, die den Waldrand- und Waldsteppenbiotop bevorzugen, weil sie Knospen lieben. In den Waldsteppen von **Nordamerika** sind auch die mit unserem Rothirsch nahe verwandten Wapitis (*Cervus canadensis*) zuhause. Nicht nur im Wald sind auch die kleineren Maultierhirsche (*Odocoileus hemonius*) zu finden. In den Kurzgras- und Zwergstrauchsteppen leben die Gabelböcke (*Antilocapra americana*), die man auch Prärieantilopen (engl. *Pronghorns*; Bild 12) nennt, was aber nicht ganz richtig ist, denn sie gehören nicht zu den Antilopen, sondern sind die letzte Tierart einer eigenen, früher artenreichen Steppentierfamilie (einstmals 14 Gattungen), den Gabelhornträgern (einer Schwesterfamilie der *Bovidae*). Diese entstand im Miozän in Nordamerika, konnte sich aber nicht nach Europa ausbreiten. Gabelböcke können nicht in der Tundra-Steppe überleben, weshalb sie nicht über die eiszeitliche Landbrücke der Beringstraße wanderten. Sie sind heute in der *National Bison Range* und im *Wind Cave National Park* zahlreich vertreten, aber in Wyoming und Montana auch auf Farmland häufig.

In **Eurasien** gibt es in der Gruppe der kleineren Grasfresser die Saiga-Antilopen (*Saiga tatarica*). Sie waren 1920 fast ausgerottet, als sie unter Schutz gestellt wurden. Bis 1990 gab es wieder größere Herden in Kasachstan (2 Mio. Tiere) und kleinere bis in den Westen der Mongolei. Dann wurden viele geschossen und wegen der Hörner (angebl. Potenzmittel) gewildert. – Die große Nase der Tiere dient im Winter zum Aufwärmen der Luft und hat auch eine Staubfilterwirkung. In der Eiszeit kamen Saigas über „Beringia" bis ins eisfreie Innere von Alaska. Außerdem leben in den Trockensteppen Westasiens die Kropfgazellen (*Gazella subgutturosa*) und in denen Ostasiens die Mongoleigazellen (*Procapra gutturosa*). In den Bergsteppen von Tibet bis nach Nordwestchina grast die Tibetgazelle (*Procapra picticaudata*). In der Pampa Südamerikas lebte der nur 75 cm hohe Pampahirsch (*Blastoceros bezoarticus*). Er ist heute dort fast ausgerottet und auch in seinen entlegenen trockeneren Rückzugsgebieten bedroht.

Unter den Nagetieren fallen in den Steppen Nordamerikas die früher viele Millionen zählenden Präriehunde (*Cynomys leucurus u. ludovicianus*) auf. Es sind keine Hunde, sondern sie gehören zur Hörnchenfamilie und haben eine den Murmeltieren ähnelnde Gestalt. Ihren Namen erhielten sie nach dem bellenden Laut, mit dem „Wächter" in einer Präriehundekolonie vor einer Gefahr warnen. Als Nahrungskonkurrenten und wegen ihrer Baulöcher als Gefahrenquelle für Rinder wurden sie sehr verfolgt, haben heute jedoch in den Schutzgebieten wie dem *Badlands National Park* eine sichere Basis.

Das Gegenstück zum Präriehund ist in Eurasien das ähnlich aussehende und ihm nahe verwandte Steppenmurmeltier (*Marmota bobac*), das in der Mongolei das wichtigste Pelztier darstellt. Alle drei Arten halten einen Winterschlaf als Anpassung an die kalten Winter. Hasen- und Kaninchenarten sind in den Steppen Nordamerikas, Eurasiens und Afrikas zu finden.

Unter den kleineren Nagetieren sind Ziesel-Arten (*Citellus spec.*) in allen Steppen Eurasiens verbreitet, der Steppenlemming (*Lagurus lagurus*) in den Trockensteppen von der Ukraine bis Kasachstan und eine nahe verwandte Art im *Sagebrush* Nordamerikas (*L. curtatus*), weil er sich besonders von den Wermut-Zwergsträuchern ernährt. Die kleinen Nagetiere sind wichtig für die Durchmischung des Bodens durch ihre Wühlgänge (*Krotowinen*), so auch die Hamster wie der Dsungarische Zwerghamster (*Phodopus sungorus*), dazu zahlreiche Mäuse.

In Südamerika übernehmen verschiedene Meerschweinchenarten den Platz der nordhemisphärischen Nagerfamilien im Ökosystem. Zur Familie der Meerschweinchenartigen gehören die Tukotukos (Kammratten, *Ctenomys spec.*). Es gibt dort sogar eine hasenähnliche Art, das Mara („Pampahase", *Dolichotis patagonum*).

In Australien wurden Kaninchen eingeschleppt und hatten sich so vermehrt, dass man sie schließlich durch Verbreitung der südamerikanischen *Myxomatose* bekämpfte, für die jedoch Mücken als Überträger gebraucht werden, die in Trockengebieten fehlen, weshalb dort Kaninchen immer noch ein großes Problem sind. Auch treten vermehrt Virus-Resistenzen auf.

Unter den **Raubtieren** sind die Steppenwölfe am typischsten. In Eurasien ist es nur eine Varietät des bekannten Wolfs (*Canis lupus*). In Nordamerika sind die etwas kleineren Präriewölfe, die *Koyoten* (*Canis latrans*), bekannt. Größer und langbeiniger ist in Südamerika der rötliche Pampawolf (auch Mähnenwolf genannt, *Chrysocyon brachyurus*). Er ist 90 cm hoch, wodurch er über das hohe Gras sehen kann.

Steppenzonen 163

Die große Nagetierpopulation ernährt auch etliche Füchse. Neben den auch dorthin sich ausbreitenden Rot- und Graufüchsen sind mehrere Arten steppentypisch: der *Korsak* genannte Steppenfuchs (*Alopex corsac*) in Eurasien, der Swift-Fuchs (*Vulpes velox*) und Kitfuchs (*V. macrotis*) in Nordamerika und der Pampafuchs (*Dusicyon gymnocercus*) in Südamerika kommen dazu. Wegen der Kaninchenplage hat man Füchse auch in Australien eingeführt, die aber mehr den leichter zu erbeutenden Echsen nachstellen und heute für die australischen Endemiten ein Problem darstellen.

Dachse und Kleinräuber sind in den Steppen häufig wie der Tigeriltis (*Vormela peregusna*) Eurasiens, mehrere Stinktierarten (*Skunks*) in der Prärie und Pampa sowie in Ostpatagonien, und in den beiden letztgenannten Steppengebieten lebt auch das Braunzottige Borstengürteltier (*Euphractus villosus*) und kleinere Arten dieser Gattung. In Südafrika finden wir einerseits noch die Raubtiere der afrikanischen Savannen vor, andererseits Besonderheiten des Faunenreichs *Capensis* wie die zu den Schleichkatzen gehörenden Erdmännchen (*Suricata suricatta*).

Viele Raubvögel, darunter mehrere Adlerarten wie der am Boden *horstende* **Steppenadler** (*Aquila nipalensis*), leben ebenfalls von den Nagetieren.

Körner und junge Pflanzentriebe sind Basis für viele Vögel. Sie können als große flugunfähige **Laufvögel** entwickelt sein. Nandu-Arten bevölkern noch heute die Graslände Südamerikas, der Pampa-Nandu (Pampastrauß, *Rhea americana*) die höherwüchsigen Pampas einschließlich der Savannen, der kleinere Darwin-Nandu (*Pterocnemia pennata*) die ostpatagonischen Wüstensteppen und die Puna. Das Gegenstück ist in den Steppen Südafrikas eine Strauß-Unterart, der Südafrikanische Strauß (*Struthio camelus australis*), in denen Australiens der Emu (*Dromaius novaehollandiae*). In den Steppen der Südinsel Neuseelands waren es die bis 3 m großen Moas (Fam. *Dinornithidae*, mehrere Arten), die im 18. Jahrhundert ausgerottet wurden.

Die *Übergangsform*, als noch flugfähige Laufvögel, die aber nicht gern fliegen sind die Trappen. Sie sind in mehreren Arten in Eurasien und Afrika vertreten: die Großtrappe (*Otis tarda*) und die Zwergtrappe (*Otis tetrax*) in den Steppen Eurasiens, aber auch stellenweise in den *Kultursteppen,* d.h. auf den großen Feldern des östlichen Mitteldeutschlands und insbesondere Spaniens. Die Riesentrappe (Koritrappe, *Ardeotis kori*) der afrikanischen Savannen kommt bzw. kam auch bis in die südafrikanischen Steppen vor, wie schon aus ihrem burischen Namen ersichtlich ist. In Nordamerika ist diese Lebensform nicht richtig entwickelt. Der Rennkuckuck (*Roadrunner, Geococcyx velox*) ist kleiner und mehr in den ariden oder strauchreicheren Gebieten zuhause, die Truthühner sind kurzbeinig und mehr in den semihumiden Regionen zu finden. In Südamerikas Grasland ernährt sich die trappenähnliche Seriema (*Cariama cristata*) hauptsächlich von Insekten und Reptilien.

Nicht zu vergessen sind die zahlreichen **Wasservögel** auf den Steppenseen. Das Wasser ist wegen der negativen Wasserbilanz salzig oder in den Feuchtsteppen zumindest sehr nährstoffreich, weshalb Fische und Vögel in einer besonderen Dichte vorkommen, was man bereits im Steppenwinkel Österreichs am Neusiedlersee und Zicksee sehen kann. Auch Kraniche gehören auf der Nordhalbkugel zur Steppen-Biozönose. In der Mongolischen Steppe kommen sogar mehrere Arten vor.

Es gibt in den Steppen auch eine graslandspezifische **Kriechtierfauna**. Nagetiere sind die Hauptnahrungsbasis für Schlangen, wobei auch hier das zweite biozönotische Grundprinzip gilt: die einseitigen Lebensbedingungen führen zu wenig Arten, die hohe Produktivität des Raumes aber zu zahlreichen Individuen. In den eurasischen Steppen sind die Vipern durch die Wiesenotter (*Vipera ursinii*) und die Nattern durch die bis 3 m lange, aber ungefährliche Pfeilnatter (*Coluber jugularis*) vertreten. Eine Besonderheit in den eurasischen Steppen ist die fußlose, bis anderthalb Meter lange und unterarmdicke Panzerschleiche Scheltopusik (russ. = Gelbbauch, *Ophisaurus apodus*). Als Echse, die Beine und Füße besonders ausgebildet hat, existiert dagegen der Steppenrenner (*Eremias arguta*).

In Nordamerika ist die Prärie-Klapperschlange (*Crotalus viridis*) sehr bekannt. Größer (bis 2,50 m lang) ist die Kettenbullennatter (*Pituophis sayi*). In Südamerika kommt die südliche Unterart der Tropischen Klapperschlange, die sehr giftige Schauerklapperschlange (*Crotalus durissus terrificus*, Cascaval) in der Pampa vor. Auffälliger sind dort die Erdleguane, von denen drei Arten (MÜLLER 1977, S. 159) besonders charakteristisch sind.

In Südafrikas Steppen haben sich die Schlangen und anderen Kriechtiere der ost- und südwestafrikanischen Savannen verbreitet, z.B. die Warane (2 Arten).

In Australien gibt es wesentlich mehr Waranarten. Sie sind dort sogar besonders differenziert und haben unterschiedliche ökologische Nischen besiedelt. Andererseits stellen Goannas, wie die großen Echsenarten der Waranfamilie dort heißen, eine wichtige Nahrung der Ureinwohner dar, vor allem der 75 cm lange braungelbe Stachelschwanzwaran (*Varanus acanthurus*). Die kleineren Agamen sieht man häufiger, vor allem die bei Gefahr einen abschreckenden stacheligen Kragen aufstellende Kragenechse (*Chlamydosaurus kingii*). Weniger auffällig sind die gefährlichen Vertreter der artenreichsten australischen Schlangenfamilie, der *Elapidae*, zu denen u.a. die Todesotter (*Acantophis antarcticus*), der Taipan (*Oxyuranus sautellatus*) und die Mulgaschlange (Australische Schwarzotter, *Pseudechis australis*) gehören, deren Gift (insbesondere das des Taipan) toxischer ist als jenes der Schwarzen Mamba Afrikas.

Unter den Insekten sind **Fliegen** zahlreich. Einige Arten der Dasselfliegen (*Ostridae*), die mit ihren parasitären Larven auf Pferde, Rinder und Schafe spezialiert sind, kann man zur sekundären Steppenfauna zählen. Mit Weidetieren wurden mehrere solcher Fliegenarten nach Australien gebracht. Dort sind aber noch keine Vögel auf sie spezialisiert. Deshalb wurden dort Fliegen zur Landplage.

In Nordamerika gefährdet die Rinder der von Fliegen übertragene *New World Screwworm* (*Cochliomya hominivorax*). Er ist 1989 auch in Libyen eingeschleppt worden. Die Vermehrung wird jetzt mit in Mexiko steril gemachten Männchen gestoppt. Eine üble Tierkrankheit der Steppen und heute auch der künstlichen Weiden ist die Tularämie, die von Zecken und Milben auf Nagetiere und Schafe übertragen wird (MÜLLER 1977, S. 160).

3.2.4 Zonale Formung des Reliefs und Zonengliederung durch das Relief

3.2.4.1 Klimabedingte Besonderheiten und Abtragungsformen

Steppen sind zonal gesehen mehr Akkumulations- als Abtragungsgebiete, denn aus kälteren oder trockeneren Nachbarzonen ausgewehter Schluff und Staub lagert sich in der zwischen den Grashalmen beruhigten Luft ab. Dieser **Löss** stammt in den polwärtigen Steppenregionen aus den *Frostschutzzonen* der Eiszeiten. In den wüstennahen Regionen der Steppenzonen geht die Lössakkumulation auch heute noch als Einwehung von Wüstenstaub weiter. In beiden Fällen handelt es sich um ein kalkreiches Sediment, das den Untergrund der meisten Steppen bildet. *Lössebenen* oder sanfte, von Löss umkleidete Hügel sind charakteristisch. Wo jedoch *Schichtstufen* oder Gebirgsrücken auftreten, kommt das Relief sehr markant heraus, denn wegen der geringen Durchfeuchtung ist die chemische Verwitterung gering. Sogar Mergel bilden Schichtstufen, weil sie nicht ausreichend durchfeuchtet werden, um ins Rutschen oder Fließen zu kommen.

Andererseits ist in gehobenen Steppengebieten die **Erosion** wegen der häufigen Gewitter und dem fehlenden Walddach relativ groß. Mergel sind besonders anfällig für die lineare Erosion. Zerrunste *Badlands* wie in Süddakota sind die Folge (GRAF 1981, S. 171). Solche *Zerrunsungen* werden auch durch anthropogene Zerstörung der Grasnarbe hervorgerufen.

Sogar in den Ebenen können **Steppenschluchten** (russ. *Owragi*) durch lineare, rückschreitende Erosion entstehen (Bild 18), wenn der Vorfluter einige Meter tiefer liegt. Der standfeste Löss begünstigt die steilen Schluchtwände. Solche Schluchten werden häufiger, je dünner die Grasnarbe wird. In den mächtigen Lössdecken Nordchinas können sie hundert und mehr Meter tief sein. In winterkalten Steppenregionen wie in der Mongolei sind bei der Beurteilung des Reliefs aber auch die periglazialen Vorzeitformen zu beachten (LEHMKUHL 1999 u.a.).

Schichtstufen sind in den Steppenzonen scharfkantig ausgebildet, weil die chemische Verwitterung gering ist. Das die Stufe bildende Gestein bricht steil nach, weil die Abspülung der weicheren Unterlage wegen der dünnen Vegetation und den starken Gewitterregen intensiv ist (Bild 17). Wegen der starken Abspülung wirken auch die Gebirge schroff, wenn sie nicht von Löss überweht sind.

Bodenverluste sind eine große Gefahr im trockeneren Steppengürtel, auch in den Ebenen. Ist die schützende Grasnarbe beseitigt worden, um großflächig zu ackern, kann der **Wind** den Boden aufnehmen und wegtragen (*Deflation*). Im Westen der USA haben in den trockenen 30er Jahren des 20. Jahrhunderts berüchtigte Staubstürme Boden aus den *Great Plains* bis in die Städte der Ostküste Nordamerikas verfrachtet. Gewittergüsse führen auch zur **flächigen Abspülung** (*Denudation*), die schleichend aber stetig vor sich geht und nur in außergewöhnlichen Starkregenjahren wie 1983 in Amerika der Öffentlichkeit als Gefahr bewusst wurde. In den Staaten der ehemaligen Sowjetunion wird nach den negativen Erfahrungen bei der Kultivierung der Trockensteppen Kasachstans in den späten 50er und frühen 60er Jahren jetzt systematischer an der Verhütung von *Bodenverlusten* gearbeitet.

Wird es trockener, nimmt der Gesteinszerfall durch *Insolationsverwitterung* zu und wegen der größeren Pflanzenabstände auch die flächige Abspülung, soweit noch heftige Regen fallen. In bergigen Wüstensteppen überwiegen die Verwitterungsschuttanlieferung einerseits und Flächenspülung andererseits bereits so stark, dass sich am Fuß der Berge sanft geneigte **Fußflächen** (*Pedimente* bzw. *Glacis*) ausdehnen. Sie kommen als Vorzeitform trockenkalten Klimas auch in feuchteren, aber kontinentalen Steppen vor (LEHMKUHL 1999). Insgesamt ist ihre Erklärung sehr komplex (DOHRENWEND in ABRAHAMS u. PARSONS 1994, S. 321 ff.).

Auf den Fußflächen gibt es bei Zunahme der Trockenheit bzw. bei dünner werdender Vegetationsdecke eine mit wenigen Dezimeter hohen „Mikrospülstufen" rückwärts wandernde Denudation (*Denudationskanten*), welche letzten Endes den Winkel der Fußfläche entsprechend der vergrößerten Spülintensität abflachen. Nicht nur in den Wüstensteppen, sondern auch im trockeneren Teil der Trockensteppen bei 9 bis 10 ariden Monaten sowie in der grasreichen Variante der Dornsavanne kommen diese Formen vor (Bild 7).

3.2.4.2 Reliefbedingte Steppenregionen

Vom russischen Wort *stepj (ebenes Grasland)* her zu schließen, sind weite Ebenen typisch für die Steppen: die *Great Plains* in Nordamerika, die Rumpfebenen Südrusslands und der Ukraine, die Sedimentebenen von Kasachstan, die Mongolische Hochfläche, die Lössebenen Nordchinas, das Tiefland der Pampa und Ostpatagoniens, das Hochland der Schotts in Nord-

Steppenzonen 167

afrika, das Binnenhochland Südafrikas und die Schwemmländer in Australien östlich der *Dividing Range*. Daneben gibt es noch zahlreiche kleinere Steppenebenen: im Kalifornischen Längstal, auf der spanischen und marokkanischen Meseta, im Ebrobecken, in der Ungarischen Tiefebene, in der Dobrudscha, im Hochland Anatoliens, im „*fruchtbaren Halbmond*" im Vorderen Orient, die Fußebenen der Gebirge von Turkmenistan und andere.

Gebirge sind mehr als *Störungen* der Zonen zu betrachten, wodurch eine regionale Kammerung entsteht. Zum Beispiel teilen die drei Stränge des westamerikanischen Gebirgssystems die Steppenregion im Lee der Küstenketten und die intramontanen Steppenregionen ab. Außerdem sind die Gebirge meist gehölzreicher, da sie Steigungsregen empfangen und wegen der steinigen Böden ungünstiger für Gras sind. So sind die von Kiefern bestandenen *Ranges* eine häufige Erscheinung in den intramontanen Steppen Nordamerikas. Die waldigen Ausläufer des Altai beleben die Steppenlandschaften in der Westmongolei, die des Großen Chingan in der Ostmongolei. Die gehölzreichen *Pampinen Sierren* unterbrechen die Pampaebene in Südamerika, die Ausläufer des Kapgebirges das Veld in Südafrika.

3.2.5 Typische Bodenzonierung

Die *Bodenzonierung* folgt streng der Klima- und Vegetationszonierung und ist deshalb ein altes Kerngebiet der *Bodengeographie* (BERG 1958/59): Für die Waldsteppe und Hochgrassteppe ist die **Schwarzerde** (russ. = *Tschernosjem*) charakteristisch, was auch für den natürlichen Ursprung dieser Grasländer spricht. Es ist ein Boden mit reicher Basensättigung, wegen der geringen Ausspülung und einem bis zu 1,5 m mächtigen, humusreichen *Ah-Horizont* (4-12 % Humus). Am mächtigsten ist die Schwarzerde unter der Hochgrassteppe im Grenzbereich zur Waldsteppe. Dort ist das Verhältnis von Feuchtigkeit (die viel Graswuchs mit dichtem Wurzelwerk ermöglicht) zu Trockenheit plus Winterkälte (die den Abbau der organischen Substanz bremst) am günstigsten für die Humusproduktion. Zahlreiche Bodentiere arbeiten den Humus in die Tiefe ein (*Bioturbation*). Sichtbar sind verschiedene Wühlgänge (russ. *Krotowinen* = Maulwurfgänge), vor allem vom Steppenmurmeltier Bobak, von Hamstern und Zieseln, in Nordamerika von Erdhörnchen, Präriehunden und Steppenlemmingen. Nicht so deutlich, aber auch wichtig, sind die vielen Regenwurmgänge. Am besten entwickelt sich die Schwarzerde auf Löss. Es ist der fruchtbarste Boden und ist wegen der guten *Sorptionskapazität* des Kalk-Ton-Humuskomplexes auch nachhaltig düngbar.

Unter der Waldsteppe kann die aus der postglazialen warmtrockenen Periode stammende Schwarzerde infolge Ausspülung durch größere Niederschläge schon degradiert sein. Dann kommt es auch unter dem A-Horizont zu einem Einspülungshorizont B, der bei dem typischen Schwarzerdeprofil fehlt.

Unter der Hochgrassteppe ist die Schwarzerde am typischsten. Gelöster Kalk fällt unterhalb der Durchfeuchtungstiefe von 2-3 m als weißer **Karbonathorizont** (russ. *Bjeloglaska)* aus. Zur Trockensteppe hin wird die Schwarzerde flacher, und auch der Karbonathorizont kommt aus einer Tiefe von ca. 1,50 m in der Übergangssteppe bis auf weniger als 0,5 m in der Wüstensteppe an die Oberfläche heran, weil die Durchfeuchtung normalerweise nicht mehr tiefer eindringt (Abb. 42).

In der trockeneren Kurzgrassteppe (in weniger winterkalten Zonen auch schon in der Übergangssteppe) tritt wegen geringerer Anlieferung organischen Materials der Humusanteil (2-5 %) gegenüber der roten *Eisenoxidbildung* farblich zurück, und es entsteht aus der Farbmischung der **Kastanienfarbige Steppenboden** (russ. *Kastanosjem*, Bild 18). Die *Oxidation* wird durch die hochsommerliche Erhitzung des trockenen Bodens gefördert. Die braune Farbkomponente ist in erster Linie durch die *Fulvosäure* des Humusabbaus bedingt, für die wiederum eine gewisse Feuchte erforderlich ist. In der Wüstensteppe gehen deshalb die Kastanienfarbigen Steppenböden in Graubraune Halbwüstenböden (russ. *Burosjeme*) über. Hier kommen am unteren Ende der Bergfußflächen auch die feintonigen basischen *Takyrböden* verbreitet vor, die bei abflusslosen Senken in die Salzböden *Solonetz* und *Solontschak* übergehen können (s. ZECH 2002).

3.2.6 Wasserhaushalt und Gewässerverhältnisse

Der Karbonathorizont in den Steppenböden (Abb. 42) ist ein Beweis für die negative Wasserbilanz des Jahres. Nur in den Jahreszeiten mit Wasserüberschuss wird der Boden je nach Menge und Dauer des Überschusses (abzüglich der Abflussverluste) durchfeuchtet, aber schon in der Feuchtsteppe nur noch bis zu einer Tiefe von nicht viel mehr als 1,50 m. Das zeigt, dass sie trotz ihres Namens hydrologisch bereits weitgehend zu den semiariden Zonen zu rechnen ist. Es treten dort auch bereits abflusslose Seen auf, weil die Verdunstung den Niederschlag und den Zufluss aufwiegt. Die dadurch erfolgende Mineralanreicherung macht diese *Steppenseen* eutroph, damit nahrungsreich und ermöglicht dort eine zahlreiche Vogelwelt. So kommen z.B. die meisten Kranicharten in der Mongolischen Steppe vor.

Zur Trocken- und Wüstensteppe hin werden die Seen salzhaltiger, schließlich zu *Salzseen* oder gar zu *Salzpfannen* in abflusslosen Senken mit nur noch jahreszeitlicher Überflutung wie die *Schotts* im Steppenhochland Nordafrikas. In der Sibirischen Steppe überschneidet sich die Steppenzone regional mit der *Permafrostzone*, z.B. in der Turgaisenke. Dort finden sich zahlreiche

Steppenzonen 169

runde Tau-Seen infolge des sich selbst verstärkenden Prozesses des Einsinkens und Überflutens lokal aufgetauten Bodens (z.B. nach einem Steppenbrand) und weiteren Einsinkens durch die bessere Wärmeleitung des Wassers gegenüber grasbedeckten Bodenoberflächen.

Die Steppenflüsse sind meist *Fremdlingsflüsse* aus feuchteren Gebieten und bilden mit ihren Galeriewäldern besondere Biotope. Die Steppenzonen selbst sind wegen der begrenzten Durchfeuchtung des Bodens arm an Quellen und dauernd fließenden *autochthonen* Bächen. In der Trocken- und Wüstensteppenzone fehlen sie demgemäß. Die *Steppenschluchten* (Bild 18) werden nur bei Starkregen durchflossen, der schneller fällt als er in den Boden eindringen kann.

3.3 Das Naturraumpotential im Hinblick auf Nutzungs- und Entwicklungsmöglichkeiten

3.3.1 Anbauzonen

Sie entsprechen den *Subzonen* (Abb. 42), die Realisierung in den Regionen ist jedoch unterschiedlich. Die feuchteren Subzonen sind **Maisanbaugebiete**, soweit die Temperaturen stimmen (optimale Mitteltemperatur 20-24 °C), d.h. auch, dass die Nachttemperaturen mindestens 3 Monate lang über 14 °C liegen sollten, denn sonst bekommt der Mais Schwierigkeiten mit der Eiweißbildung (REHM u. ESPIG 1984, S. 27). Mais ist ein Hochgras und deshalb besonders für Hochgras- und Waldsteppengebiete geeignet, wo von Natur aus ebenfalls Hochgräser wachsen. Es ist daher eine optimale Ausnutzung der Naturbedingungen, wenn sich der *Corn belt* in Nordamerika im Bereich der Waldsteppen sowie der feuchten Prärie und nördlich bis zu den Großen Seen ausdehnt. (Durch Züchtungen anspruchsloser Maissorten, die mit 250 mm Niederschlag in 3 Monaten auskommen, und Zusatzbewässerung reicht der Maisanbau allerdings heute westwärts auch weit in den Weizengürtel hinein).

Das Gegenstück auf der Südhalbkugel ist die Maisanbauzone in der Feuchten Pampa. Der Mais geht darüber hinaus noch stärker als in den USA in die Übergangssteppe, weil Mais in Argentinien zu den Grundnahrungsmitteln gehört (*tacos* und *tortillas* aus Maisfladen).

In der Alten Welt wurde der Mais von Amerika aus besonders in den Hochgras- und Waldsteppengebieten Ungarns und Rumäniens übernommen. In der Ukraine breitete er sich zunächst weniger aus, weil dort die feuchtemäßig geeigneten Steppenzonen kühler sind und Weizen die Hauptrolle spielt. Erst seit Züchtung anspruchsloserer Sorten und der Förderung durch CHRUSCHTSCHOW Ende der 50er Jahre hat die Anbaufläche dort stark zugenommen. Im *Corn belt* Amerikas ging dagegen die Anbaufläche zurück, denn die Sojabohne wurde dort die zweitwichtigste Kulturpflanze. Sie dient hauptsächlich als Futtermittel für Rinder, während der Mais mehr Schweinefutter ist, so dass der *Corn belt* heute auch *Corn-soybean-pork-cattle-belt* genannt wird. In Südafrika dominiert der Mais in den Steppen wie in den Savannen, soweit die Feuchte ausreicht, denn Maisbrei (*millipap*) ist die tägliche Hauptnahrung auf dem Lande. Australien hat dagegen trotz regional guter Bedingungen fast keinen Maisanbau, weil die englische Küche vorherrscht, in der Mais keine Rolle spielt.

Die Übergangssteppen und die feuchteren Teile der Kurzgrassteppen sind normalerweise der **Hauptweizengürtel** (Abb. 42), im winterkalten Bereich mit Sommerweizen, sonst mit Winterweizen, der auch in den feuchteren sommertrockenen Steppen angebaut wird (Australien, Südafrika). Im trockeneren Bereich dieser winterfeuchten Steppen wie in den Atlasländern ist die Wintergerste die Hauptfrucht. Die Trockengrenze des Anbaus setzte man früher bei 400 mm mittlerer Niederschlag an. Heute ist sie bis auf 200 mm mittlerer Niederschlag (zur Vegetationszeit) vorgeschoben: mit Neuzüchtungen und verschiedenen Methoden des *dry farming* besonders in den USA (Bild 21) und in Kasachstan, mit Wasserkonzentrationsanbau v.a. in den Atlasländern (KUTSCH 1982) und mit *chance cropping* (Ausnutzung feuchterer Jahre) besonders in Israel. ANDREAE (1983, S. 67) gibt als agronomische Trockengrenze für Saskatchewan 230 mm, Kansas 350 mm, Texas 375 mm und Kasachstan 250 mm mittlerer Jahresniederschlag an, lokal ist es sogar noch weniger.

Wo Bevölkerungsdruck herrscht, ist eine solche Ausnutzung der äußersten Möglichkeiten notwendig. Hier besteht aber die Gefahr, dass der Verlust an Boden größer ist als der Wert des Getreideertrags (SPÄTH 1980). Wo bereits Überproduktion herrscht, wie in den USA, sollte man diese Form des *Agromining* im Interesse kommender Generationen daher möglichst einschränken.

Weitere wichtige Anbaugewächse in den Steppengebieten sind *Sonnenblumen* (Hochgrassteppe, mit neuen Zwergsorten auch in den feuchteren Teilen der Kurzgrassteppe, besonders in der Ukraine), *Leinsaat* (vor allem in der Pampa) und *Sorghumhirse* (mit neuen anspruchslosen Zwergsorten vor allem im Trockengrenzbereich des Anbaus in den USA). Die flächigen Anbaumöglichkeiten in den Steppen sind mit den Neuzüchtungen ziemlich ausgeschöpft, ausgenommen vielleicht bei Leguminosen, aber die Erträge lassen sich noch steigern. Das Schwergewicht der Forschung muss in den Steppen heute jedoch bei der *Erhaltung der Böden* liegen, die z.T. zu den wertvollsten der Erde gehören (agro-ökologische Trockengrenze = Grenze der durch Strohproduktion vermeidbaren Bodenabtragung, nach SPÄTH 1980).

Der entscheidende der den agronomischen Trockengrenzbereich bestimmenden Faktoren ist das zunehmende **Dürrerisiko**. Dabei lassen sich Ertrags- und Misserntewahrscheinlichkeiten über jährliche *Wasserbedarfs- und Befriedigungskurven* errechnen wie in den Savannenzonen (Kap. 2.3.1). Neben diesen normalen Schwankungen gibt es katastrophale Dürren wie im Iran im Jahr 2000, wo 3 Mio. t Getreide vertrockneten und 800.000 Weidetiere starben.

3.3.2 Weidewirtschaftspotenziale

In den Steppenzonen liegen von Natur aus die günstigsten Weidegebiete der Erde, soweit das Klima nicht zu kalt ist. Sie sind von den Böden mit *humusreichem Löss* und damit vom *Nährwert des Grases* her noch günstiger als die meisten Savannenregionen (ausgenommen diejenigen, die auf vulkanischen Aschen vorkommen).

Die größte jährliche *Phytomasseproduktion* weist die **Hochgrassteppe** auf: um 8 t/ha im Mittel nach den Ökosystem-Forschungen (SCHULTZ 1995, S. 271). Wesentlich ist dabei, dass diese *Phytomasse* weitgehend Futtermenge bedeutet und zwar von höherer Qualität als in der Feuchtsavanne. Abgesehen vom schon erwähnten höheren Mineralgehalt wird das Gras hier nicht so hoch und strohig wie in der vergleichbaren Savannenzone. Dadurch ist der Prozentsatz an als Nahrung verwertbaren Pflanzenbestandteilen im Verhältnis zum wertlosen *Lignit* günstiger. Trotzdem gibt es heute kaum Weideregionen in dieser Subzone, da Anbau von Kraftfutter (Mais, Sojabohnen, Luzerne) und Mast mehr einbringt. In den winterkalten, schneereichen Subzonen muss auch die Schwierigkeit der Winterweide eingerechnet werden.

Der Anbau von Getreide hat auch in der Übergangssteppenzone und in der anbaufähigen Subzone der **Kurzgrassteppe** noch eine höhere *Flächenrentabilität* als die Weidewirtschaft. Deshalb ist heute die Kurzgrassteppe erst jenseits der Anbaugrenze die typische Subzone für Rinderweide. Die jährliche Produktion der *Phytomasse* ist hier zwar mit ca. 3 t/ha (SCHULTZ 1995, S. 271) wesentlich geringer, aber es ist ein für Rinder gut geeignetes Futter, und die verfügbaren Flächen sind groß (s.u.). Hier ist auch die Schneedecke dünner, so dass die Tiere das „Heu auf dem Halm" meist noch erreichen können.

Die **Zwergstrauchsteppe** ist weniger für Rinder als für Schafe geeignet. Selbstverständlich können diese auch in der *Trockensteppe* gut gedeihen, jedoch weniger in der *Feuchtsteppe*, weil dort Schnecken als Zwischenwirte für die schädlichen *Leberegel* vorkommen. Ziegen wären an alle Subzonen angepasst, aber abgesehen von der feinen Wolle der *Kashmirziegen* besteht nach ihren Produkten nicht genügend Nachfrage. Das gilt auch für Pferde, Esel und Kamele, die in den trockeneren Subzonen gut gedeihen.

Auch die **Wüstensteppen** haben noch ein Weidepotenzial, allerdings mit geringer Bestockung (weniger als 30 Schafe pro 100 ha). Grenzen Wüstensteppen an feuchtere, aber im Winter verschneite Gebirge, ist eine *saisonale Wanderweidewirtschaft* als Anpassung üblich, entweder als *Transhumanz* wie in Utah oder als *Halbnomadismus* wie in den Atlasländern. In der Mongolei ist dabei sogar noch *Vollnomadismus* zu finden mit Verlagerung der gesamten Jurtensiedlung in den einzelnen Jahreszeiten (MÜLLER u. BOLD 1996, MÜLLER u. JANZEN 1997).

Die Bewertung des Potenzials in den Subzonen und Regionen ist wie in den Savannenzonen nicht nur eine Frage der Grasqualität, der verwertbaren *Phytomasse* und der sonstigen Futtermöglichkeiten, sondern auch der Futtersicherheit bzw. der **Dürregefahr**. Dazu kommt die größere *Unschärfe* der Regenzeiten und der thermische Einfluss. Auf eine kurze Formel gebracht, müsste neben der durchschnittlichen Dauer und jahreszeitlichen Lage der für Gras geeigneten Wuchsperiode mit Niederschlagsmenge und Temperatur auch die *Wahrscheinlichkeit* günstigerer Perioden und das Risiko von Dürren genannt werden. Dafür sind *Wuchszeitübersichten* über mehrere Jahrzehnte

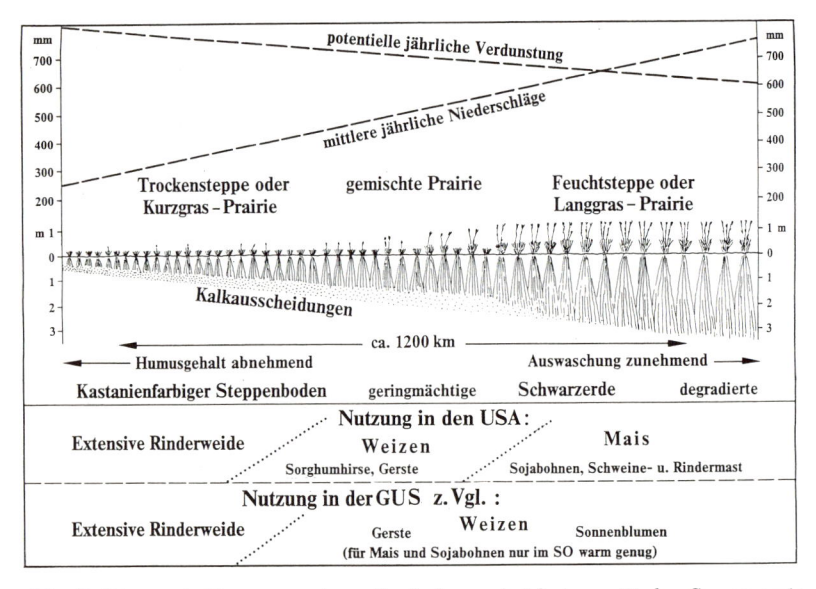

Abb. 42: Die zonale Nutzung nordamerikanischer und südosteuropäischer Steppenregionen
Der großflächige Getreidebau ist optimal in der Mischgrassteppenzone und in den trockenen Randzonen der früheren Feuchtsteppen, die extensive Weidewirtschaft dominiert in den Trockensteppen. Die eigentliche Feuchtsteppenzone (Hochgrassteppenzone) ist Mais-, Soja-, Sonnenblumen- und Viehmastgebiet. Oberer Teil in Anlehnung an H. WALTER (1968), verändert und im unteren Teil erweitert von R. JÄTZOLD

Steppenzonen 173

(Abb. 43) so notwendig wie in den Savannenzonen, um die komplizierteren Verhältnisse anschaulich zu machen (JÄTZOLD 1993 a u. b). Bei einer Bewertung einer Ranch für den Verkauf bzw. eine Investition mit Risikotoleranz-Abschätzung ist das eigentlich unumgänglich. Wenn auch die Simulationsmodelle noch keine zuverlässigen absoluten Werte liefern, so sind doch die relativen zu einer vergleichenden Bewertung bereits brauchbar.

Als Beispiel soll hier eine Berechnung aus der zonal idealen Steppenregion Nordamerikas vorgestellt werden (Abb. 43). THOMAS LITSCHKO hat sie mit dem von ihm auf der Basis der idealisierten Wasserbedarfskurve von Gras und der jeweiligen Wasserverfügbarkeit entwickelten Computerprogramm PASTURE 1988 erstmals durchgeführt (*publiziert 1993*) und damit die Möglichkeit zu solchen, das Potenzial charakterisierenden Diagrammen zur Wuchszeiten-Übersicht gegeben.

Die Weideverhältnisse auf der Kurzgrassteppe der *Great Plains* sind im Durchschnitt recht gut. Zwar gibt es im Mittel nur an 50 bis 75 Tagen Graswuchs, aber sonst gibt es noch „*Heu auf dem Halm*", das meist auch im Winter bei nur 15 cm mittlerer Schneedecke erreichbar ist. Die 300 bis 400 mm Niederschlag lassen wichtige *Futtergräser* ca. 50 cm hoch werden. Das ist allerdings etwas niedriger als im wärmeren Tiefland mit vergleichbaren Feuchteverhältnissen. Problematisch ist die große *Dürregefahr*. Sowohl in der *Häufigkeit* – durchschnittlich in jedem 5. Jahr herrscht statt der Frühsommerfeuchte eine Dürre – als auch in der *Dauer*, denn über ein Jahr lang können für Graswuchs relevante Niederschläge ausbleiben (Abb. 43). Deshalb ist auch unbewässerter Anbau zu risikobelastet, obwohl die relativ hohen Mittelwerte der für Graswuchs geeigneten Perioden den Anbau von Futtergerste, Zwergsorghum oder Luzerne möglich erscheinen lassen. Aber bereits die Untergrenze der mit Zweidrittelsicherheit eintreffenden Werte ist mit nur 40 Tagen zu niedrig für eine Rentabilität.

Beispiel: **Cheyenne, Südostwyoming, trockenere Variante der Kurzgrassteppe** (Abb. 29 und 43)
375 mm Jahresmittel, durchschnittl. 43 Tage mit Graswuchs in der Zeit von April bis Oktober mit Mitteltemperatur über 5 °C, Mittel der Hauptwuchsmonate Mai bis Juli 15 °C, mittl. Niederschlagsmenge dieser Zeit 155 mm, Mai bis Oktober 289 mm, dazu kaum *Speicherfeuchte* wegen des zur Schneeschmelze noch gefrorenen Bodens; Drittjahrchance 60-100 Wuchstage in 10 v. 30 Jahren, Zweidrittelsicherheit mind. 35 Wuchstage in 20 v. 30 Jahren, *Dürrewahrscheinlichkeit*: 8 von 30 Jahren sind ohne relevanten Graswuchs.

Cheyenne ist eine typische Station der *Great Plains*. Obwohl es noch relativ hohe Niederschläge erhält, hat es jedoch eine geringe Wuchszeit und -sicherheit. Die Frühsommerregen erscheinen ziemlich zuverlässig, aber durchschnittlich in jedem vierten Jahr haben sie keinen relevanten Graswuchs gebracht (Abb. 43). Es sind sogar schon 18 Monate ohne Graswuchsperiode vorgekommen. Reserven an Heu bzw. Luzerneheu oder Kapitalrücklagen, um es kaufen zu können, sind daher unbedingt notwendig.

Wie entscheidend für die Existenz die Vorsorge für Dürren sein kann, ist besonders in Australien näher untersucht worden (JÄTZOLD 1993a).

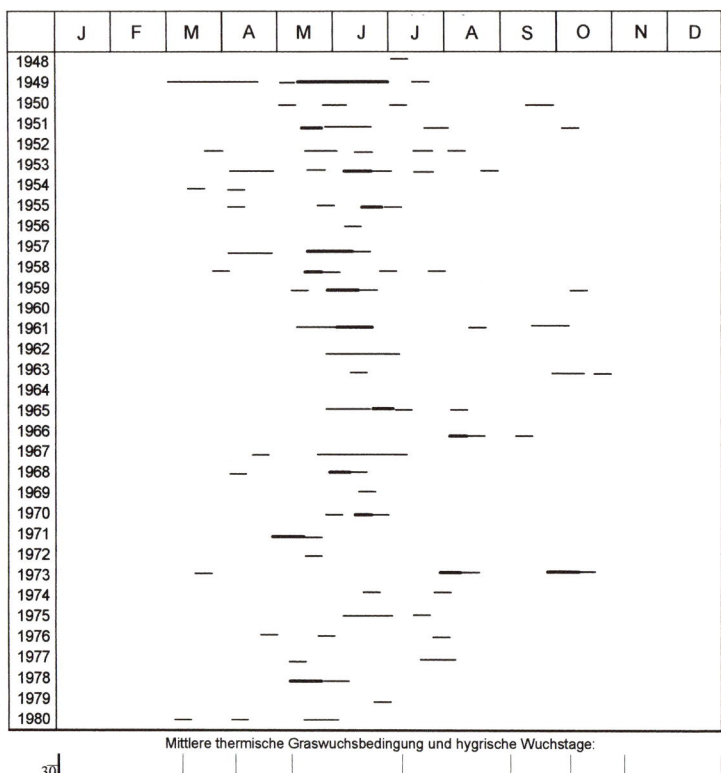

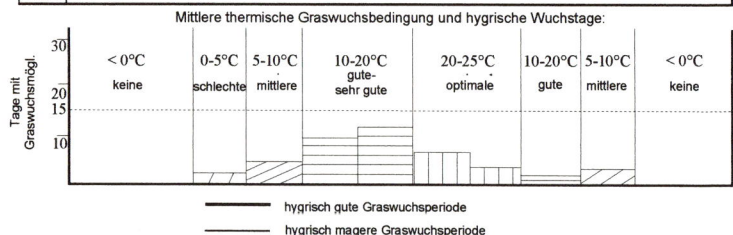

Abb. 43: Graswuchszeiten und Dürregefahr in einer frühsommerfeuchten Kurzgrassteppe, trockenere Variante: Cheyenne, Südostwyoming (vgl. Abb. 29)
Entwurf: R. JÄTZOLD, berechnet v. T. LITSCHKO mit Programm PASTURE (LITSCHKO 1993). Die Wuchsperioden liegen meist auch thermisch günstig, aber Zufütterung ist in vielen Jahren nötig.

Steppenzonen 175

3.4 Traditionelle Lebens- und Wirtschaftsformen

3.4.1 Verdrängte und ausgestorbene spezialisierte Jäger- und Sammlerkulturen

Nach den Savannen gehören die Steppen zu den Ur-*Entwicklungsräumen* der Menschen. Hier hatten sie die Möglichkeit Herdentiere zu jagen, indem diese in Engstellen oder über Klippen getrieben wurden, was vor der Erfindung von Speeren und anderen Jagdwaffen die effizienteste Jagdmethode war. Sie hielt sich regional sogar noch bis in die historische Zeit, wie in **Nordamerika** als besonders ergiebige Methode der Büffeljagd vor Einführung des Pferdes: Oberhalb einer scharfkantigen Fels-Schichtstufe oder Talkante wurde ein trichterförmiger Verhau angelegt. Zusätzlich wurde dieser durch Indianer mit Lärminstrumenten und Fackeln verstärkt, wenn es gelang, eine Büffelherde hineinzutreiben. Deren Spitzengruppe wurde von den in Panik nachdrängenden Tieren schließlich über die Felskante gedrängt und stürzte ab. Über die Jahrhunderte häuften sich so große Mengen von Knochen und anderen Tierresten der Verarbeitung derart an, dass die ersten Siedler im 19. Jahrhundert diese Lagerstätten sogar abbauten, um aus den Nitraten Schießpulver zu gewinnen, auch war es guter Dünger. Eine dieser Stellen in Südalberta, *Head Smashed in Buffalo Jump,* ist zum *National Monument* erklärt worden (Bild 17). Weitere Möglichkeiten der Treibjagd waren das Treiben von Herden in Steppenschluchten oder in Einzäunungen.

Vor Übernahme der Pferde hatten die Indianer nur Hunde als Nutztiere. Sie zogen auch Lasten bis zu 30 kg auf zwei schleifenden Stangen. Das war für die Verlagerung der Büffelhaut-Zelte (*tipis*) zu den sommerlichen Jagdgründen und den Rücktransport des getrockneten Fleisches eine Erleichterung.

Die entlaufenen Pferde der spanischen Expedition von CORONADO 1541 im Südwesten Nordamerikas und verwilderte Pferde der spanischen Viehzüchter in Texas haben sich in den idealen Lebensräumen der Steppen unglaublich schnell zu den bekannten *Mustangherden* vermehrt. Es gehört zu den großen Leistungen einer in wenigen Jahrzehnten erfolgten *Kulturumstellung,* dass die Indianer solche verwilderten Pferde einfingen, zähmten und eine auf Büffel spezialisierte *Bogenjäger-Reiterkultur* entwickelten. Dabei spielte das Abpassen der jahreszeitlichen Büffelwanderungen eine große Rolle. Deshalb war – abgesehen von der unverantwortlichen Abschlachtung der Bestände – nach der Zerschneidung der Grasländer durch Siedlerland eine Aufrechterhaltung der Büffelkultur in den kleinräumigen Indianerreservaten nicht möglich. Sie war in den USA 1878, in Kanada um 1885 zu Ende. Heute sind dort zwar noch vereinzelte indianische Jagdreservate eingerichtet, wie z.B. die *Pine Ridge Indian Hunting Reservation* der Sioux in Süddakota mit einem beachtlichen Büffelbestand, aber in schneereichen Wintern oder bei Dürren muss Zusatzfutter gegeben werden, und der Stamm verkauft lieber teure *Abschusslizenzen*, als selbst dort zu jagen.

Unumgänglich war bei den einstigen jahreszeitlich und räumlich begrenzten Jagdmöglichkeiten die Konservierung des Büffelfleisches. Das ist im windreichen, trockenen Steppenklima durch *Trocknung* leicht möglich. Bekannt ist die Mischung des zerkleinerten Trockenfleisches mit Fett und getrockneten Beeren zu *Pemmikan*, der auch eine gute Verpflegung für unterwegs war. Unter den Beeren spielte die *Saskatoon Berry* (*Amelanchier alnifolia*) eine wichtige Rolle, weil sie unter semiariden Bedingungen gut gedeiht, was bei den meisten der bekannteren Beerenarten nicht der Fall ist.

Neben Fleisch und Beeren waren Wurzeln, Knollen und Zwiebeln ein wichtiger Nahrungsbestandteil der Prärieindianer. Auch in dieser spezialisierten Büffelkultur waren sie also Jäger und Sammler. Die Entwicklung von solchen pflanzlichen *Speicherorganen* wird angeregt durch den in Steppenzonen typischen Wechsel von feuchten, trockenen und kalten Jahreszeiten. Die Prärie-Rübe (*Psoralea esculenta*) war der wichtigste dieser Kohlehydratlieferanten. Es handelt sich allerdings nicht um eine Verwandte unserer Rübe, sondern um die lange *Speicherwurzel* einer unscheinbaren, blau blühenden und nur ca. 15 cm hohen Art der Bohnenfamilie (*Fabaceae*). Weitere stärkehaltige Wurzeln, die besonders von den Indianern der nordwestlichen Grasländer gesammelt wurden, waren die vom *Silverweed* (*Potentilla anserina*) und *Balsamroot* (*Balsamorhiza sagittata*), einem gelbblühenden Korbblütler. Zur selben Familie gehört Topinambur (*Helianthus tuberosus*), bei uns später als „Pferdekartoffel" angebaut. Dazu kamen Zwiebelpflanzen, denn Zwiebeln sind auch ein typisches *Speicherorgan* der Steppenpflanzen, wie die *Nodding Onion* (*Allium cernum*) und vor allem die *Blue Camas* (*Camassi squamash*). In den flachen *Steppenseen* wurde ein als Wilder Reis (*Zizanica aquatica*) geschätztes Getreidegras abgeerntet.

Die Indianer in den Waldsteppen des Kalifornischen Längstals waren auf essbare Eicheln spezialisierte Sammler. Die Sammelwirtschaft nahm auch bei den Indianern der Zwergstrauch- und Wüstensteppen im *Great Basin* eine große Rolle ein, z.T. wegen des Mangels an Großtieren sogar eine größere als die der Jagd. Es wurden vor allem *Speicherwurzeln* ausgegraben, weshalb sie auch *Digger Indians* genannt wurden. In den Gebirgszügen dieser Region wurden im Herbst die Samen der dort zwischen dem *Sagebrush* wachsenden *Piñons*, Nusskiefern (*Pinus edulis*) gesammelt.

Auch die in **Südamerika** in den Steppen am östlichen Andenfuß lebenden Mapuche-Indianer haben Samen gesammelt, hier der besonders an der Höhengrenze des Waldes wachsenden *Araucarie,* die von den Spaniern *piñones* („Pinienkerne") genannt wurden (ERIKSEN 1970, S. 31). Dazu kam die Jagd vor allem auf Guanakos, die nicht nur für die Nahrung, sondern auch für

Steppenzonen 177

Kleider und Zelte wichtig waren, und auf Nandus. Um 1870 hatten sie jedoch von den deutschen Siedlern in Südchile bereits Weizen, Rinder, Pferde, Schafe und Äpfel übernommen, sogar die Herstellung von Apfelwein (MUSTERS 1871).

Die Indianer in der Pampa waren spezialisierte Guanako-Jäger. Sie hatten dafür eine besondere Methode entwickelt, die Wurfkugel mit Seil, die *Bola*, die sich um die Läufe der Opfer wickelte und sie zu Fall brachte.

Die Buschmann-Völker in den Steppen von Südafrika verwendeten Straußattrappen, um sich in Schussnähe für ihre Giftpfeile an die Herden zu schleichen. Von den Ureinwohnern in Australien (vgl. Kap. 2.4.1.1) wurden die Steppenkänguruhs sehr effektiv mit einem (nicht zurückkehrenden) *Bumerang* gejagt, der wie ein Kantenschlag gegen Hals oder Beine ging und die Tiere zu Fall brachte. (Die zurückkehrenden *Bumerangs* waren für die Entenjagd bestimmt).

Über die Steppenjägerkulturen in Eurasien wissen wir weniger, weil sie in historischer Zeit bereits lange zum Nomadismus übergegangen waren (ab dem 6. Jahrtausend v. Chr., s. SCHOLZ 1995).

3.4.2 Traditionelle Wanderweidewirtschaft

Bereits im 9.-7. Jahrtausend v.Chr., also vor dem Aufkommen des Nomadismus, wurden in Vorder- und Mittelasien Wildschafe und -ziegen an den Menschen gewöhnt (WILSON 1984, S. 5). Vielleicht spielten Salzgaben dabei eine Rolle. Auf jeden Fall war die nachlassende Ergiebigkeit der Jagd infolge Überjagung bei zunehmender Bevölkerung ein Impuls, aber auch das Verlangen der zum Anbau übergegangenen Gruppen, überhaupt noch an tierische Produkte zu kommen. Zuvor war die Domestizierung des Hundes bereits in der Jägerkultur erfolgt. Hunde waren dann unerlässlich für das Zusammenhalten der Herden vor der Zähmung des Pferdes. Diese erfolgte an mehreren Stellen der eurasischen Steppenzone erst im 4. bis 3. Jtsd. v. Chr. Das war etwa 2.000 Jahre später als die Zähmung von Rindern (s. SCHOLZ 1995, S. 56ff.). Vom 3. Jtsd. v. Chr. an wurden von Nomaden in Innerasien, vor allem als Lasttiere für das erforderliche jahreszeitliche Verlagern der Wohnsitze, Esel und Kamele (*Trampeltiere*) abgerichtet (WILSON 1984). Zur Ernährung sind dort Rinder neben den anderen Tieren wichtig. Die Sauermilch (*Kefir*) wird, wenn möglich, täglich getrunken. Aus ihr wird auch ein getrockneter, käseartiger Quark (mong. *Arul*, kasach. *Kurd*) gemacht, der in Säcken monatelang für die milchlose Winterzeit aufbewahrt wird. Fleisch ist dann die Hauptnahrung, da es sich bei der Kälte gut hält. Vergorene süße Stutenmilch (*Kumys*) ist vorwiegend Männergetränk. Es wird auch Schnaps daraus gebrannt.

Die Schaf- und Ziegen-Wanderweidewirtschaft in den Steppen des Orients wurde und wird besonders von den *Beduinen* am Rand der Halbwüste betrieben. Dabei sind die Steppen wichtige jahreszeitliche *Ausgleichsräume* für die langen futterarmen Trockenzeiten der nur sehr kurzzeitig beregneten Halbwüsten. Es gilt auch für die Turkmenen sowie die anderen nördlich der Gebirgszone lebenden Völker in Zentralasien und für die Berber der Atlasländer, dass die Gebirgsfuß- oder Hochlandsteppen regelmäßig aufgesucht werden, erstere vor allem im Winter, letztere im Sommer (SCHOLZ 1995).

Die Wanderweidewirtschaft der Mongolen beruht besonders auf Schafen für Fleisch und Wolle. Aber je nach Zone werden auch Rinder, Yaks, Ziegen, Trampeltiere und viele Pferde gehalten. Das (früher kriegerische) Pferdereiternomadentum ist typisch für die Steppen Zentralasiens (s. SCHOLZ 1995, S. 73ff).

3.4.3 Alte bäuerliche Kulturen in den Steppen

In den Steppenzonen des **Vorderen Orients** entstand vor 13.000 Jahren (s. PESQ-MARTIN 2002) der Getreideanbau. Die Verknappung der jagdbaren Tiere hatte zu einer Intensivierung des Sammelns der stärkehaltigen Körner großsamiger Wildgräser geführt. Vom Auskeimen weggeworfener Reste bis zur Aussaat war es dann nur noch ein kleiner Schritt bis zum *Anbau*. Weil dafür die vielversprechendsten größten Körner genommen wurden, entstand von selbst eine *Auslesezüchtung*. Die Wildweizenarten Emmer, Einkorn und Dinkel wurden so zuerst in den Steppen der Anatolischen Hochfläche in Kultur genommen. Für die Bodenvorbereitung zur Aussaat wurde zunächst eine Hacke mit Steinspitze verwendet, ab dem 4. Jahrtausend v. Chr. war der *Hakenpflug* üblich, für den inzwischen gezähmte Zugtiere zur Verfügung standen. Selbstverständlich entwickelte sich in den Steppenzonen der Anbau nur in den anbaufähigen Wald-, Hochgras- und Übergangssteppen. Abbrennen war deshalb der erste erforderliche Schritt und Abhacken der *Soden* der zweite vor dem Pflügen.

Die pro-Kopf-Produktion an Nahrungsmitteln stieg durch den *Getreideanbau* in den Steppen des Vorderen Orients vom Anatolischen Hochland über den „*Fruchtbaren Halbmond*" um das *Zweistromland* bis in die Steppen des westlichen Hochlands von Iran derart an, dass damit bereits vor der Erfindung der künstlichen Bewässerung (5. Jahrtausend v. Chr.) die erste Voraussetzung für eine arbeitsteilige Wirtschaft und damit für die Entstehung von Städten gegeben war, was sich in den Funden von *Catal Hüyük* in Anatolien, *Tepe Ganj Dareh* im Iran und in *Jericho* zeigt.

Interessanterweise hat sich der *Getreideanbau* zwar über die feuchteren Steppen-Subzonen nördlich des Schwarzen Meeres und über die an der Donau nach Europa ausgedehnt, aber in Vorderasien wurde er durch den stark aufkommenden kriegerischen Nomadismus bald weitgehend auf die bewässerbaren Regionen beschränkt, weil deren dichtere Bevölkerung eine stärkere

Steppenzonen 179

staatliche Organisation zur Abwehr ermöglichte. In Ostasien jedoch konnte sich im chinesischen Machtraum der Weizen- und Hirseanbau in die Lösssteppen ausdehnen.

Eine besondere Stellung nimmt die Landwirtschaft der **Hopi**-Indianer ein (KOSHEAR 1987). Sie bauen in der trockenen Zwergstrauchsteppe von Arizona noch Mais jenseits der *Regenfeldbaugrenze* an, denn die mittleren Jahresniederschläge betragen dort nur 260 mm, und zur Vegetationszeit fallen nur 125 mm. Ausnutzung des Mikroreliefs mit Wasseranreicherungsstellen, Aufsuchen von Sandböden mit Speicherfähigkeit der Winterniederschläge (Eindringen ohne Abflussverlust, kaum kapillare Verdunstungsverluste, leichte Abgabe an die Wurzeln), großer Pflanzenabstand für genügende Wassereinzugsbereiche und sorgfältige jahrhundertelange *Selektion* für anspruchslose Sorten machen es möglich. Infolge der verbleibenden Unsicherheit durch Niederschlagsschwankungen nehmen *Regen* und *Mais* einen ungewöhnlich breiten Raum im *Kult* und in der *Kunst* ein, was zu einer besonderen *Kulturraum-Identität* führte[46]. Die für semiaride Steppen geeigneten Hirsen waren wie die anderen altweltlichen Getreide in Amerika unbekannt.

3.4.4 Zonaltypische traditionelle Wohn- und Siedlungsformen

In den Steppen ist das *Zelt* entwickelt worden, als optimale Nutzung des zur Verfügung stehenden Materials gemäß der wirtschaftlich notwendigen Beweglichkeit, und zwar als *Lederzelt* vorwiegend bei den Jägerkulturen und als *Woll-* bzw. *Filzzelt* bei den Wanderhirten. Stangen dafür mussten in den Waldinseln geschlagen werden und waren so kostbar, dass sie bei der Wohnplatzverlagerung mitgenommen wurden.

Das bekannteste Lederzelt war das **Tipi** *(Tepeeh)* der nordamerikanischen Prärie-Indianer. Es wird heute nur noch aus touristischen oder nostalgischen Gründen (bei Festen) vereinzelt aufgebaut.

Große, breitgespannte Zelte mit *Firstbalken*, bedeckt mit dicht gewebten schwarzen Wollbahnen, meist aus Ziegenhaar, sind noch heute bei manchen Nomaden Nordafrikas und des Nahen Ostens in Gebrauch. Diese „Schwarzen Nomadenzelte" werden hauptsächlich benutzt, um zwischen der Steppe und der Halbwüstenzone jahreszeitlich die Wohnplätze und Herden zu verlagern.

Die vollkommenste Lösung ist das von Turkestan bis in die Mongolei übliche Filzzelt, die **Jurte** (turkestanisch *Kibitka,* mongolisch *Ger*; Bild 19). Dieses *Zelthaus* ist so geräumig (normalerweise ca. 6 m Durchmesser) und isoliert gegen Hitze und Kälte so gut, dass es noch heute in der Mongolei nicht nur auf dem Lande die bevorzugte Wohnform ist, sondern sogar um die Städte bildet sich ein Saum von festen *Jurtensiedlungen.* Es sei auch im Winter angenehmer, in einer *Jurte* zu wohnen als in einem (billigen) Haus. Das

Wandgerüst besteht aus aneinandergebundenen Scherengittern, auf das als Dach ein Stangenkranz gelegt wird, der in einem auf vier Pfosten ruhenden *First-Rad* endet. Zentimeterdicke Filzmatten werden um dieses stabile Gebilde herumgeschlungen und mit großen Stoffbahnen umhüllt (früher Leinen, heute auch Baumwolltuch), die allerdings aus Nachbarzonen bezogen werden müssen. Sie werden mit Riemen festgebunden. Im Sommer wird zur Belüftung der Filz ein Stück hochgeschlagen, und die Dachklappe ist offen; im Winter ist sie zu, aber es bleibt ein Loch für das Rohr des zentral stehenden Ofens, der zugleich Herd ist. Eine Holztür schließt die *Jurte* fest ab. Auch Stürme können dieser optimal angepassten Behausung nichts anhaben. Trotz der kompliziert wirkenden Konstruktion wird für den Abbau nur etwas mehr als eine halbe Stunde benötigt, für den Aufbau genügt eine knappe Stunde. Außerhalb der Mongolischen Republik ist diese zonal gut angepasste Wohnform infolge politischen Fortschrittsdrucks leider weitgehend verschwunden.

Die Bauern bauen sich in der Waldsteppe noch *Blockhäuser*. In den baumarmen Trockensteppen gab es **Grassodenhütten**, z.B. von den ersten Siedlern in den Great Plains in Nordamerika. Als beständige und günstige Wohnform haben sich die **Lösshöhlen** in China erwiesen. Im semiariden Klima feuchtet der Löss nicht so tief durch, dass sie feucht würden. Vom Hang aus sind sie leicht zu graben, aber auch in ebenem Gelände werden sie angelegt, indem ein breiter Hofschacht ausgehoben wird, von dem aus die Höhlen abzweigen.

Eine ähnliche Ausnutzung trocken bleibender, leicht aushöhlbarer Kalkmergel-Schichten finden wir z.T. noch in Steppenregionen Südspaniens sowie auf der Meseta und in Südtunesien.

Der Mangel an Brennmaterial und die geringe Durchfeuchtungsgefahr führten zur Verwendung von ungebrannten Ziegeln bei den **Adobe-Häusern.** Sie sind noch heute bei den Hopi- und Pueblo-Indianern der Wüstensteppen im Südwesten von Nordamerika üblich, aber auch in Nordafrika und in Asien bis in die Innere Mongolei. Desgleichen wurden sie in den Steppen Südamerikas und Südafrikas für die ärmeren Bevölkerungsschichten übernommen, aber hier kann man kaum noch von traditionellen Formen sprechen, wie auch bei den Estancias, Ranches und Farmen.

Die *Form* der Siedlungen ist bei den Jägern und Wanderhirten der *Streuweiler*, weil sie viel Jagd- bzw. Weideraum benötigen. Die Bauern bevorzugen größere Dörfer aus Nachbarschafts- und Sicherheitsbedürfnis, die Farmer und Rancher die ökonomisch günstige *Blockflur* mit *Einzelhöfen*.

Die *Lage* ist bei den Wanderhirten jahreszeitlich wechselnd, z.B. im Sommer in den Bergen, im Herbst in den fruchtbaren Niederungen (um den Tieren für die futterarme Zeit einen Fettvorrat zu ermöglichen), im Winter oberhalb der Kaltluftseen und geschützt vor Nordwinden am Fuße der oft schneefreien Südhänge, im Frühjahr und Frühsommer am Fuß der feuchteren Nordhänge. Bei den Bauern und Ranchern ist neben der Nähe der Felder und Wei-

Steppenzonen 181

den eine permanente natürliche oder künstliche *Wasserstelle* entscheidend. Bei den Wanderhirten nimmt man gewisse Entfernungen in Kauf, und im Winter benutzt man geschmolzenen Schnee. In schneearmen, sehr kalten Wintern kann allerdings *Verdurstungsgefahr* für die Herden bestehen, da auch das Grundwasser gefroren ist.

3.5 Überprägungen der Steppenzonen durch Kolonisation in historischer Zeit

3.5.1 Gelenkte Aufsiedelung durch Landverteilung an Bauern

Die **Steppen Südosteuropas** waren im Mittelalter von den Türken, im Osten auch von Tataren, als begehrte Weidegebiete erobert worden. Nach ihrer Vertreibung im 17. und 18. Jahrhundert (z.T. noch im 19. Jahrhundert) setzte eine staatliche *Agrarkolonisation* ein. Die ungarische und russische bzw. ukrainische Bevölkerung reichte dafür nicht aus, so dass Siedler aus den überbevölkerten Teilen Deutschlands ins Land gerufen wurden, vor allem aus Schwaben, die besonders im Donautiefland (Banater Schwaben) und in den Steppen an der Wolga siedelten (Wolgadeutsche)[47]. Die von KATHARINA DER GROßEN 1763 gewährte Religionsfreiheit lockte auch strenge Sekten wie die *Mennoniten* an, sich niederzulassen. Sie entwickelten eine auf Pferde gestützte Ackerbaukultur, die sie in ihrer religiös-konservativen Art jedoch nicht mehr veränderten und auch in die anderen, z.T. infolge der russischen Revolution aufgesuchten Auswanderungsgebiete, in die kanadischen Prärien oder die bolivianischen Savannen mitnahmen und bis heute beibehielten.

Ein interessantes Beispiel, wie politischer Wille, menschliche Stärken und Schwächen die Nutzung einer Region beeinflussen, wie aber auch eine unzureichende Beachtung der *Geofaktoren* katastrophal sein kann, ist eine frühe gelenkte Bauernansiedlung in der **texanischen Steppe**: Die im 19. Jahrhundert zunehmende Landknappheit in Deutschland, die auch politische Unruhe befürchten ließ, veranlasste deutsche Fürsten, die Auswanderung zu fördern, indem sie 1842 einen Verein dafür gründeten, von seiner Gründungsstätte her „Mainzer Adelsverein" genannt. Er erwarb 1843/44 in den Steppen im mittleren Texas auf dem *Edwardsplateau* ein Gebiet von der doppelten Größe von Rheinland-Pfalz. 1844-47 brachte er 7.000 Auswanderer nach Texas (SCHMIEDER 1963, S. 256). Das Projekt schlug weitgehend fehl, denn die Böden waren zu flachgründig und mager, das Klima zu trocken, die zugeteilten Flächen zu klein, manche Einwanderer zu illusionär[48], und das „erworbene" Land gehörte ohnehin noch den Comanchen. Aber die als Raststätten auf dem Zufahrtsweg gegründeten flussnahen Siedlungen *Neu-Braunfels* und *Friedrichsburg* entwickelten sich durch Handelsbetriebsamkeit, Handwerkerfleiß und intensive Nebenerwerbslandwirtschaft (auf je 4 ha) zu kleinen Städten, die noch heute durch ihre deutschstämmige Bevölkerung und an Deutschland erinnernden Häuser, Bräuche und diesbezüglichen Tourismus auffallen. Viele deutschstämmige Farmer sind Rancher geworden.

Eine besondere und sehr alte Form der gelenkten Bauernansiedlung in den Steppen schildern DÜRR und WIDMER (1984, S. 38) von **Nordchina**. Angrenzende Nomadenvölker unterwarfen Bauern, versklavten und verschleppten sie in die Steppen, um dort für ihre Herren, die als Hirten zu stolz für die Landarbeit waren, den notwendigen Bedarf an Getreide anzubauen. So geschah es bereits im 10. Jahrhundert durch die *Khitan*, die sich mit Gewalt han-chinesische und koreanische Bauern holten.

Vom 17. Jahrhundert an nahm die Bevölkerung Chinas so zu, daß von daher ein *Siedlungsdruck* auf die Steppenzonen der Mandschurei und Südmongolei entstand. Die in China (seit 1368) regierende Mandschu-Dynastie unterstützte die Besiedlung zunächst als stärkere Inwertsetzung der mandschurischen Steppenregionen, aber 1651 wurde aus Furcht vor Überfremdung und Einengung der Weidegebiete diese Richtung verboten und der Zuzug in die südlichen Randsteppen der Mongolei zu kontrollieren und zu beschränken versucht (DÜRR u. WIDMER 1984, S. 38). Aber er ließ sich nicht völlig lenken und ging teilweise in wilde Kolonisation über, wie der Chinaforscher RICHTHOFEN 1872 berichtete (TIESSEN 1907).

3.5.2 Pionier-Kolonisation durch Landnahme

In **Südafrika** waren die Steppen, bis zur Ankunft der Weißen, das Jägerland der *Nama*, die auch Rinder hielten, und der Buschleute. Der Vorstoß der Bantu-Bauern mit ihren Rinderherden von den Savannen Südostafrikas her erfolgte erst, als sich auch die Buren vom Kapland aus für die Steppenregionen interessierten. 1775 stießen sie mit ihnen am *Kei River* (der heutigen Südgrenze der Transkei) zusammen, woraus sich die „*Kaffernkriege*" entwickelten, die schließlich zur Verdrängung der *Bantu* aus ackerfähigem Steppenland bzw. zu ihrer Unterwerfung führten. Die Steppen wurden von den Buren als Ackerland angesehen, weshalb sie diese auch *Veld* nannten, aber es eignete sich nur die mittlere Höhenlage zwischen 1200 und 1800 m, die von Lesotho war zu kühl und das *Lowveld* im Osten zu warm für Weizen, im Westen zu trocken. Dort ließ man die *Bantubauern* ihr Sorghum unter weißer Oberherrschaft anbauen. Vom neuweltlichen Mais waren damals in Südafrika noch keine für semiarides Klima geeigneten Varietäten gezüchtet worden.

In **Nordamerika** erfolgte die Besiedlung der Steppen durch europäische Ackerbauern (Abb. 44) im wesentlichen erst ca. 50 Jahre nach dem Erwerb (1803) des spanischen Teils von Louisiana jenseits des Mississippi, wenn man

Steppenzonen 183

von weiter östlichen Steppeninseln wie der *Blue Grass Region* in Kentucky absieht. Die eigentliche Steppenzone wurde als Indianergebiet übersprungen. Das Grasland wurde, sobald das Futter spross, mit Planwagen, den *Prairie Schoonern*, durchquert, ca. ab 1841 auf dem *Overland-Oregon Trail* nach West-Oregon und Washington, was dort um 1850 zu einem *landrush* führte.

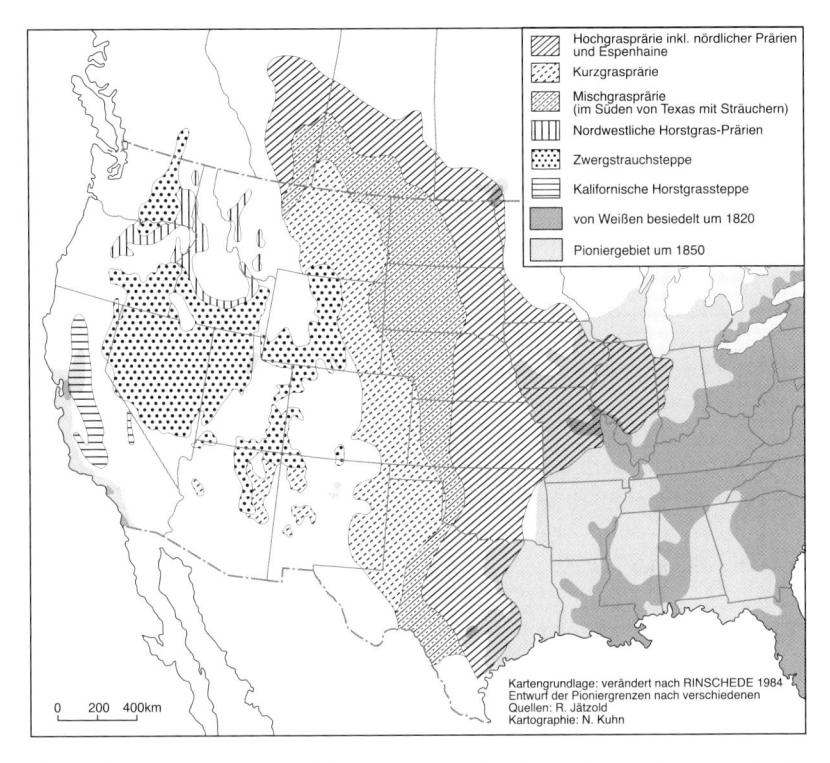

Abb. 44: Die Grenze der weißen Kolonisation vor und zu Beginn der Landnahme in den Steppenzonen Nordamerikas
Die Steppen waren als Indianerland noch um die Mitte des 19. Jahrhunderts weitgehend frei von weißen Siedlungen, von Handelsposten und spanischen Missionsstationen abgesehen (Entwurf: R. JÄTZOLD n. versch. Unterlagen, Kartographie: A. GROß u. N. KUHN).

Der erste größere Schub von Siedlern in der eigentlichen Prärie waren überwiegend deutsche Einwanderer, die sich von 1853 an am unteren Missouri niederließen (SCHMIEDER 1963, S. 230). Die rechtliche Voraussetzung war eine Änderung der Indianerpolitik, die bis 1851 das Land westlich des Mississippi noch als „*One Big Reserve*" ansah, denn das meiste gehörte ohnehin zur „*Great American Desert*" (also auch das als nicht anbaufähig erachtete semiaride Grasland). Nun wurden die Indianer in einzelne Reservate gedrängt.

Die Indianer wehrten sich besonders 1862-68 in den „Indianerkriegen der Plains" dagegen. Dann erfolgte nach dem Ende des *Sezessionskriegs* 1865, zeitgleich mit der Einführung von *Colt* und *Repetiergewehr*, mit dem *Eisenbahnbau* ab 1866 und der Indianerverdrängung die Aufsiedelung nicht nur bis zur Anbaugrenze, sondern durch Rancher von Texas her mit Longhorn-Rinderherden auch darüber hinaus. Das geschah zunächst ohne Landzuteilung auf öffentlicher *open range*. Nachdrängende Siedler wurden mit dem *Colt* verjagt, auch um die Wasserstellen und Viehtriebwege freizuhalten, v.a. zu den Bahnstationen, bis 1874 der Stacheldraht aufkam. Das Heimstättengesetz (*homestead act*) von 1862 unterstützte jedoch die Ackerbaubesiedlung, indem es jedem als Farmer siedlungswilligen Bürger ein Viertel einer Quadratmeile zubilligte, das sind 160 *acres* oder 64,5 ha. Das war jedoch nur das Bundesgesetz für eine von den nördlichen Einzelstaaten schon seit fast einem Jahrhundert ausgeübte Praxis der quadratischen, den Himmelsrichtungen parallen Landvermessung und -vergabe, die jedoch in den ertragsärmeren Steppenzonen bereits zu kleine Betriebsgrößen iniziierte. 1887 wurde dieses Landvergabegesetz auch auf die Indianer ausgedehnt. Ein Hintergrund war die Absicht, den Indianern mit diesem „Einbürgerungsweg" auch pro Familie nur diese begrenzte Menge Land zuzubilligen und dadurch *Reservatsland* zu bekommen, wie es bei der Aufteilung des indianischen Oklahoma-Territoriums auch geschah. Dadurch wurde viel Land frei, auf das am 22.4.1889 ein Siedlungswettrennen erfolgte. Weitere *land runs* waren 1891 sowie 1892 und auf 6 Mio. *acres* Cherokee-Land am 16.9.1893 nochmals. Das war der letzte große *run* mit 100.000 Menschen (SCHMIEDER 1963, S. 241) auf Land, ein Nachspiel der schon 1890 fast abgeschlossenen kolonisatorischen Besiedlung der Steppenzonen. Kleinere Aufteilungen von *Reservatsland* erfolgten noch bis 1904.

Die Indianer hatten keine nachhaltige Chance dagegen gehabt. In den Verdrängungskriegen 1874-79 war der Sieg der Sioux am *Little Bighorn* 1876 über General CUSTER nur ein kurzer Erfolg, der aber die Zukunft nicht positiv beeinflussen konnte, denn die 1870 noch auf 15 Mio. Büffel (MILLER 1970, S. 221) geschätzte Lebensgrundlage der Prärieindianer wurde nach Erfindung der kommerziellen Verarbeitung von Büffelleder 1871 und nach dem Eisenbahnbau (erste Durchquerung 1869) rasant dezimiert (1872-74 jährlich ca. 3 Mio., MILLER 1970, S. 222), und der Bisonbestand war schon 1878 in den USA, 1883 in den Steppen Kanadas fast völlig vernichtet.

Die Besiedlungswelle in der trockeneren Steppenregion der Kurzgrassteppe der *Great Plains* der USA kam bald danach durch Übernutzung zum Umkippen. Bereits im Trockenjahr 1886 war ein großes Viehsterben infolge Überbestockung (in vorherigen guten Jahren) ein Disaster. In den 90er Jahren des 20. Jahrhunderts mussten nach einer Häufung von Trockenjahren 250.000 Ackerbau-Kolonisten ihre Farmen aufgeben (SCHMIEDER 1963,

Steppenzonen 185

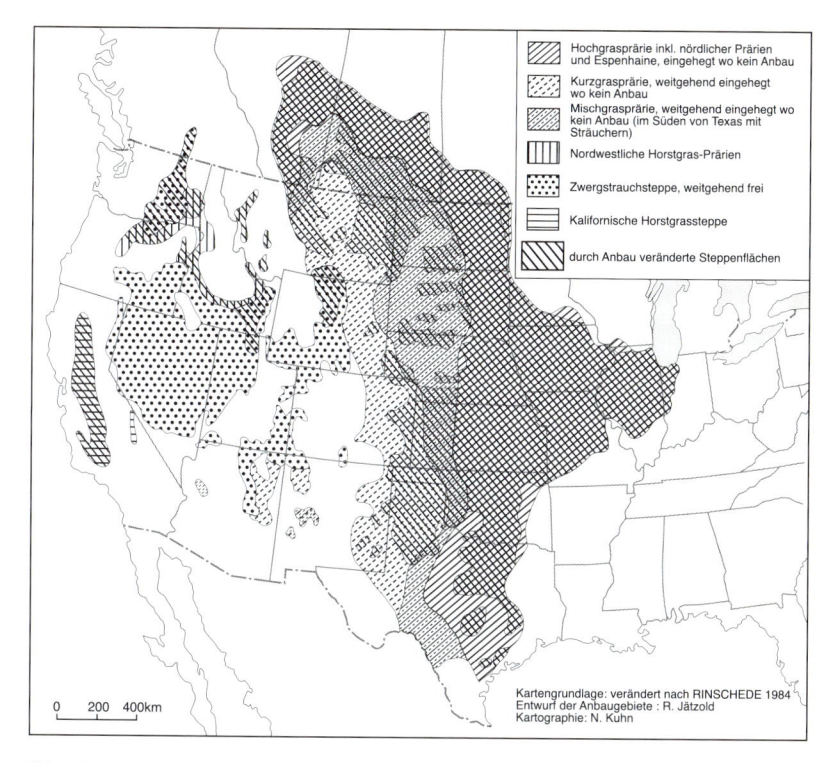

Legende:
- Hochgrasprärie inkl. nördlicher Prärien und Espenhaine, eingehegt wo kein Anbau
- Kurzgrasprärie, weitgehend eingehegt wo kein Anbau
- Mischgrasprärie, weitgehend eingehegt wo kein Anbau (im Süden von Texas mit Sträuchern)
- Nordwestliche Horstgras-Prärien
- Zwergstrauchsteppe, weitgehend frei
- Kalifornische Horstgrassteppe
- durch Anbau veränderte Steppenflächen

0   200   400km

Kartengrundlage: verändert nach RINSCHEDE 1984
Entwurf der Anbaugebiete : R. Jätzold
Kartographie: N. Kuhn

Abb. 45: Die heutigen Restgebiete der Steppen und die durch Anbau überformten Steppenzonen Nordamerikas
(Entwurf: R. JÄTZOLD n. mehreren Quellen, Kartographie: A. GROß u. N. KUHN).

S. 257). Daraufhin breitete sich das 1885 zufällig in Kanada entdeckte *dryfarming* rasch aus: In einem eingeschalteten Brachejahr wird Feuchte im Boden gespeichert, indem durch Pflügen und mehrfaches Eggen die kapillare Boden-Verdunstung und der Wasserverbrauch der Unkrautpflanzen reduziert werden. (Die Schwarzbrache bietet jedoch eine große Angriffsfläche für Wasser und Wind, Kap. 3.7.1). Die *homestead*-Farmgrößen waren wegen der 50 % Brache 1909 auf 320 *acres* (129 ha) verdoppelt worden, wegen der im Anbau-Grenzbereich geringeren Erträge und der zum Risikoausgleich notwendigen Viehhaltung 1916 sogar auf 640 *acres* (eine Quadratmeile). Trotzdem wurde nach den Dürrejahren 1931-36 die große Zahl von 650.000 Farmern als ruiniert gemeldet (SCHMIEDER 1963, S. 258). Es gibt eben keine stabile Regenfeldbaugrenze, nur einen *Bereich zunehmenden Risikos*.

Bei der schematischen Landaufteilung blieben etliche Quadrate ohne Zugang zum Wasser. Sie wurden nicht besiedelt und blieben Staatsland. Später wurden sie als *National Grasslands* vom *Bureau of Land Management* verwaltet und zur begrenzten saisonalen Beweidung gegen Gebühr freigegeben.

In **Kanada** erfolgte die Besiedlung der Steppenregionen später als in den USA, weil die Pelzhändler dagegen waren. Sie hatten vor allem an den Bibern der Steppengewässer Interesse, wofür sie seit 1696 Handelsstationen angelegt hatten. Sie brannten deshalb den ersten Versuch einer Ansiedlung von 1813 am *Red River* (südlich von Winnipeg) bereits 1815 nieder und vertrieben die Kolonisten, die sich zwar 1818 endgültig wieder festsetzten und die *Kulturlandschaft* durch ihre typisch frankokanadische *Flusshufenflur* bis heute prägen (SCHMIEDER 1963, S. 231), aber trotzdem war die Siedlungsrichtung bis zum Bau der *Canadian Pacific Railway* 1881-85 von den Prärien abgelenkt worden. Deshalb erhofften sich die in den nördlichen USA geschlagenen Indianerstämme in Kanada unter der „Großen Mutter" (Queen VICTORIA) sogar eine neue Lebensmöglichkeit. Aber letzten Endes wurde auch dort alles Grasland aufgesiedelt. Insgesamt blieben in den Steppenzonen Nordamerikas trotz einer ab 1934 wieder indianerfreundlicheren Politik nur kleine *Reservate* für die Ureinwohner übrig, meist in den nicht mehr anbaufähigen *Subzonen*. Dort treiben sie etwas Viehhaltung (für eine Lebensbasis sind jedoch die Flächen zu klein) und leben ansonsten von Sozialhilfe. Die Lebensleere lässt viele zum Alkohol greifen, obwohl er im Reservat verboten ist. Eine *Indian revival*-Bewegung zur Wiederbelebung der wertvollen Traditionen ist heute zu beobachten.

In **Südamerika** wurde die Hochgrassteppe der Pampa in Argentinien und Uruguay bereits kurz nach der endgültigen Festsetzung der Spanier 1580 in Montevideo und Buenos Aires in *Latifundien* aufgeteilt und als Rinderweide *extensiv* genutzt. Diese Nutzungsart dehnte sich, im Zuge der Vertreibung der in den Steppen von der Guanako-Jagd lebenden Indianer weiter landeinwärts aus und war erst 1878 abgeschlossen. Die *Estancieros* widersetzten sich einer Agrarkolonisation, so dass die ersten Ackerbausiedlungen 1856 am ungünstigeren Außenrand der Pampa einsetzten wie die der Deutschen in Santa Fé (WILHELMY 1940, S. 216). Mit dem Wachstum der beiden Hauptstädte und ihrer Nachfrage breitete sich jedoch der das Naturpotenzial intensiver nutzende Mais- und Weizenanbau aus. Als sich dafür gegen Ende des 19. Jahrhunderts Exportchancen boten, stieg der Anbau mächtig an, und *Ölsaaten* kamen hinzu (Leinsaat, Sonnenblumen). Die Großgrundbesitzer, die nach spanischer Art in der Stadt leben wollten, betrieben ihn jedoch nicht selbst, sondern nutzten den wachsenden Bevölkerungs- und Einwandererdruck, um Pächter die Arbeit machen zu lassen. Das System bestand in Argentinien darin, den ein Drittel des Ertrages zahlenden Pächtern nur Fünfjahresverträge zu geben, sie das Land urbar machen zu lassen und es am Schluss mit Luzerne eingesät zurückzuverlangen, wobei bis zur *Agrarreform* 1957 Agenten als Zwischenpächter die Bauern zusätzlich ausbeuteten (WILHELMY u. ROHMEDER 1963, S. 211).

Steppenzonen 187

Die Rinderzucht zog sich mehr in die Trockensteppe der äußeren Pampa Argentiniens zurück. Das Fleisch war fast nicht absetzbar, es ging um das *Leder* als Exportprodukt. Erst nach der Erfindung des Fleischextraktes durch JUSTUS VON LIEBIG 1864 war auch ein Fleischerzeugnis über große Entfernungen zu den Absatzmärkten interessant geworden. Noch wichtiger wurde eine weitere Erfindung in Deutschland, die Gefriermaschine von CARL V. LINDE 1876. Dann setzte seit etwa 1880 auch die Nutzung der Strauchsteppenanteile des *Gran Chaco* für Rinderhaltung ein (BÜNSTORF 1971), und *Estancias* von 10.000 bis 20.000 ha Größe und 5.000 bis 10.000 Rindern entstanden durch kapitalkräftige städtische Unternehmer. Daneben gab es kleine *Puestos* von Kolonisten mit rund 100 Rindern neben etlichen Schafen, Ziegen und Pferden auf Staatsland. Diese Kleinerzeuger besitzen nur wenige eigene Hektar Ackerfläche für die Selbstversorgung mit Mais, Bohnen, Kürbissen, Melonen und etwas Baumwolle zum Verkauf (Beispiele b. BÜNSTORF 1984, S. 19 f.). Argentinien wurde durch die Pampa und den *Gran Chaco* zum bedeutenden Gefrierfleischexporteur.

In **Australien** versperrte die *Dividing Range* mit den *Blue Mountains* den Zugang von der 1788 erfolgten Erstgründung, der Sträflingskolonie Sydney, zu den Steppenregionen im Regenschatten des Gebirges. Erst 1813 gelang es einer Expedition, diese zu erreichen. Die bereits 1797 eingeführten Schafe konnten jetzt in den *Mallee*- und *Mulga*-Steppengehölzen auf großen Flächen gezüchtet werden, während vorher die Rodung der Eucalyptuswälder dafür sehr mühsam war. Schafrancher, die einerseits aus den Offizieren des *New South Wales Corps* hervorgingen, andererseits als Einwanderer mit Kapital kamen, konnten soviel Regierungsland benutzen, wie sie brauchten. Daraufhin gerieten sie mit den Ureinwohnern wegen der Landnahme in einen Konflikt, der mit der Übermacht der Feuerwaffen in wenigen Tagen entschieden war. Angeblich weil die „Wilden" Schafe stahlen, wurden sie zu Freiwild erklärt und regelrechte „Jagdparties" auf sie veranstaltet. Danach kam ein neuer Konflikt, denn die Viehzüchter auf öffentlichem Land hatten, wie in den USA, sich ansiedelnde, Ackerbau treibende *Squatter* (bäuerliche Siedler) zu dulden, die das Land von der Regierung erwarben. Auch hier versuchten die Rancher, die Siedler wieder zu vertreiben, allerdings weniger brutal als in den USA. Das Spannungsverhältnis endete erst, als nach Erfindung des Stacheldrahts 1874 auch die Rancher fest umgrenzte Landstücke erwarben. Gegen Ende des 19. Jahrhunderts waren die Wollpreise so hoch, dass die Schafbesitzer reich wurden. Aber die Hirten und die wandernden Schafscherer blieben arm, denn die Arbeiterschicht war im wesentlichen aus den ehemaligen Sträflingen hervorgegangen oder aus armen Einwanderern. Heute sind die Wollpreise an der unteren Grenze des Kostenniveaus.

Viel geringer als in den Grassteppen war naturgemäß der *Kolonisationsdruck* auf die Regionen, in denen **Zwergstrauch- bis Wüstensteppen** vorherrschen, denn ohne Bewässerung versprach dort nur noch *extensive Schafhaltung* ein Einkommen. Außerdem ging die Kolonisation von den feuchteren Zonen aus, so dass sie auch aus diesem geographischen Grund dort später einsetzte, falls nicht besondere Gründe vorlagen. Im *Great Basin* von **Nordamerika** war das mit Goldfunden oder religiös motivierter Siedlungsgründung der Fall. 1846 kamen die ersten *Mormonen*, die als Sekte vom Mittelwesten vertrieben worden waren, östlich des *Great Salt Lake* an. Sie konzentrierten sich auf Bewässerung und betrieben die Schafzucht nur nebenbei, wobei die *Transhumanz*, die Herdenwanderung ohne Siedlungsverlagerung, zwischen den Zwergstrauchsteppen im Winter und den bis zu 400 km entfernten Gebirgsweiden im Sommer die vorherrschende Wirtschaftsweise wurde[49]. An die ab 1848 nach Kalifornien und später nach Nevada durchziehenden Goldsucher konnten sie gut die erzeugten Nahrungsmittel verkaufen. Reine Viehzuchtnutzung entwickelte sich langsam ab 1855 von Kalifornien her und kam erst in Schwung, als nach dem Eisenbahnbau ab 1869 und den dadurch geschaffenen Absatzmöglichkeiten Rinder- und Schafzüchter großes Interesse bekamen.

Noch später erfolgte die Kolonisation der Zwergstrauch- und Wüstensteppen in **Südamerika**. Südlich der Pampa gab es zunächst nur lokale Gründungen: 1833 eroberten die Briten die Falkland-Inseln, 1843-49 gründeten die Chilenen *Punta Arenas* als Stützpunkt mit Sträflingskolonie, und 1865 erlaubte Argentinien 150 Emigranten aus Wales, am Unterlauf des *Rio Chubut* eine Siedlung zu gründen.

Die eigentliche Kolonisation der **patagonischen Steppenregion** vollzog sich vor allem 1880-1930 (ERIKSEN 1970, LISS 1979, SCHMIEDER 1968, WILHELMY u. ROHMEDER 1963). Die Ureinwohner, *Mapuche*-Indianer im Norden, *Tehuelche* im Süden, hatten eine geringe Population (max. 32.000, n. ERIKSEN 1970, S. 31). Sie lebten hauptsächlich in der Waldsteppe am Andenrand, wo sie etwas Anbau betrieben. Sie unternahmen saisonal weite Jagdzüge auf Guanakos und Nandus ostwärts bis in die Wüstensteppen. 1876-79 wurden sie im „*Wüstenfeldzug*" vernichtend geschlagen, vertrieben oder getötet. Über die angestammten Rechte dieser Menschen hinweg wurde das Land nach anfänglicher, von Chile her eindringender ungeordneter Kolonisation großflächig in *Quadratleguas*, 2.500 ha umfassende Blöcke von 5 km Seitenlänge, aufgeteilt. Die Indianer wurden in die schlechtesten Landstücke abgedrängt, die besten im nördlichen Andenvorland (v.a. um Bariloche) erhielten höhere Offiziere des Eroberungskrieges als Schenkungen. Die meisten verkauften ihr Land bald weiter an Kapitalgesellschaften oder Privatpersonen. Diese *patrones* ließen ihre *estancias* von *peones* mit Schafen bewirtschaften und lebten weiter in Buenos Aires. Demgemäß wird das Land als *Geldquelle* und nicht als *Lebensraum* angesehen mit entsprechend negativen Folgen (Kap. 3.7.1). Der trockenere mittlere und schon recht kühle südliche

Steppenzonen

Teil verblieb für echte Kolonisten. Darunter befanden sich auch Deutsche, die anfangs von Buenos Aires bis zu dem ihnen zugewiesenen Land ein Jahr lang unterwegs waren. Sie versuchten außer Schafzucht auch etwas Bewässerungslandwirtschaft zu betreiben. Weiter im Süden siedelten sich von den Falkland-Inseln her vor allem britische Schafzüchter an, die in diesem Wirtschaftszweig die meiste Erfahrung hatten, das windige, kalte Klima nicht scheuten und ein langfristiges Interesse an ihrem Raum hatten. Das kommt auch von einer anderen Einstellung zur weiten Natur, die sie im Gegensatz zu den meisten Menschen mediterranen Ursprungs als Lebensraum mehr schätzen als eine enge Stadt.

1910 waren noch 80 % der Fläche Ostpatagoniens Staatsland, das in langfristigen Pachtverträgen von bereits bestehenden *Estanzien* zusätzlich genutzt bzw. an ärmere Einwanderer vergeben wurde. Ein späterer Erwerb als Eigentum war vorgesehen, de facto jedoch schwierig (LISS 1979, S. 27).

3.6 Jüngere Veränderungen, heutige Situation und weitere Entwicklung

3.6.1 Die Konzentration zu Großbetrieben

Mit der *sozialistischen Kollektivierung* hatte seit 1928 in der Sowjetunion, seit 1948 auch in Ungarn und Rumänien, eine Konzentration zu *Großbetrieben* eingesetzt. Eine gewisse Zahl großer Güter des Adels gab es schon vorher, die aber bereits 1919 bzw. 1945/46 in *Staatsgüter* überführt worden waren. Die genossenschaftlichen Kolchosen wurden schließlich zu „*Agrarischen Produktionseinheiten*" von etwa 5.000 ha Ackerland zusammengelegt. Damit wurden sie jedoch auch schwerfällig, und eine bürokratische Oberschicht machte sich breit, was auf die Produktivität drückte. Seit der Änderung der Wirtschaftspolitik im *Ostblock* Ende der 80er Jahre hat sich jedoch nicht viel geändert, denn an einer Reprivatisierung in etwa 100 bis 200 ha große ackerbauliche oder 500 – 1.000 ha große Viehzucht-Betriebe besteht nur geringes Interesse, weil keine unternehmerischen Bauern mehr da sind und auch das private Kapital dafür fehlt. So ist die Produktivität weiterhin relativ niedrig, und Staaten wie die Ukraine oder Rumänien, die von ihren anbaufähigen Steppenzonen her agrarisch reiche Länder sein müssten, kümmern dahin. In Ungarn dagegen, wo die wirtschaftliche Aktivität nie so reduziert worden war, sind intensiver Maisanbau und Viehzucht mit exportfähigen Produkten (z.B. Salami) im Aufwind.

In den Steppen Nordamerikas und Australiens sind wegen des Einkommensniveaus bzw. der hohen Löhne die Betriebe noch größer geworden. So rechnet man in einem Getreidebetrieb mindestens 250 ha pro ständiger Arbeitskraft, in einer Rinderranch 1.000 ha, bei Schafranches 2000 ha und mehr je nach Besatzdichte (Kap. 3.6.5). Trotzdem geben viele Rancher auf.

3.6.2 Jüngere Anbauausweitung in die Trockensteppen

Maisanbau hat sich auch in der Ukraine bereits in den späten 50er Jahren durch die Maßnahmen von CHRUSCHTSCHOW ausgeweitet, ist aber z.T. unter politischem Druck in klimatisch weniger geeignete Regionen der Trockensteppen vorgedrungen.

Eine besondere Erwähnung verdient noch die Ausweitung des Anbaus in den Steppen Asiens. Sie waren zunächst besonders durch kriegerische *Pferdereiter-Nomaden* bevölkert. Aber nach ihrer Unterwerfung durch eine militärgestützte Staatsmacht Russland, drängten Bauern in die anbaufähigen *Subzonen*. Als *staatliches Großprogramm* der Sowjetunion wurde in den 60er Jahren des 20. Jahrhunderts der Anbau in den Trockensteppen von Kasachstan vorangetrieben (ROSTANKOWSKI 1984). Dabei kam es zu empfindlichen Misserfolgen durch Trockenjahre und Bodenabtragung, ehe der ökonomische und ökologische Grenzbereich mit einem noch akzeptablen Verhältnis von Chance, Risiko und Nachhaltigkeit erkannt wurde. Generell sind die Erträge geringer als in der anbaufähigen Trockensteppe der Ukraine, da das wachstumsgünstige Frühsommermaximum der Niederschläge niedriger ist und wegen der Winterkälte sowie geringeren Schneebedeckung und ihrer starken Verblasung nur das um ein Drittel ertragsärmere Sommergetreide angebaut werden kann.

Im Westen wenig beachtet (und bis zur Öffnung Chinas nach 1976 kaum beachtbar) war die jüngere **chinesische Steppenkolonisation.** Auf dem *Lössplateau* im Hwangho-Bogen erfolgte vor allem im 20. Jahrhundert eine größere Ausdehnung des Anbaus über die *Große Mauer* hinaus, der historischen Grenzbefestigung des einstigen anbaufähigen Landes gegen die Nomadenvölker. Der Bevölkerungsdruck hat diese Kolonisation der Trockensteppen induziert, und die Neuzüchtung anspruchsloser Weizen-, Gerste- und Sorghumhirsesorten (*Kaoliang*) hat sie ermöglicht. Besonders breit ist die Ackerbau-Ausdehnung im Süden der Inneren Mongolei. In der heutigen Kulturlandschaft sind deutlich *drei Zonen* zu unterscheiden:

- Die *unplanmäßige Kolonisationszone* der Chinesen bis zur Kollektivierung mit kleinräumigen Erschließungen und lockeren Dörfern.
- Die *planmäßige* chinesisch-mongolische Kolonisationszone der *maoistischen Zeit* mit großen Feldern und schematischeren Dörfern der Volkskommunen (Beispiel b. DÜRR u. WIDMER 1984, S. 40). Bewirtschaftung in großen *Blockstreifen* mit *Rotationswirtschaft* von Weizen, Ölsaaten und Brache[50].
- Die *unplanmäßige Inkulturnahme* meist durch Mongolen in der neuen, reformiert sozialistisch und privatwirtschaftlich orientierten Zeit seit Ende der 80er Jahre mit mittelgroßen Feldern in moderner Bewirtschaftung mit Methoden des *dryfarming*, zerstreut bei Einzelhöfen.

Steppenzonen 191

Die jüngeren wirtschaftlichen Veränderungen in den Trockensteppenzonen **Nordamerikas**, außerhalb der neuen Bewässerungsgebiete (Kap. 3.6.6), sind:
1. der starke *Rückgang des Dryfarming* (Kap. 3.5.2), einerseits weil die Getreidepreise so niedrig sind, dass es sich nicht lohnt und in den USA Prämien für Brachland („Renaturierungsland") wegen der Überproduktion gezahlt werden, andererseits weil sich das kostengünstigere und umweltschonendere *Minimum or no tillage* – Verfahren seit Anfang der 80er Jahre durchgesetzt hat (HOPPE 2000, S. 23 ff.).
2. Insgesamt hat die *Züchtung* wassersparender und schnellreifender Getreidesorten, in den USA vor allem von *Futter-Sorghum*, den Anbau ausgeweitet, desgleichen die *Zusatzberegnung* mit den Roll-Sprinklern. Aus beiden Gründen ist der Anbau in jüngster Zeit wieder stärker in die traditionellen Ranchingregionen vorgedrungen, so dass wir heute dort auch viele Gemischtbetriebe finden.
3. Eine *Vergrößerung der Betriebe* wurde notwendiger. In den Steppenregionen der USA gibt es heutzutage keinen Farmer mehr, der mit den 64,5 ha des *Heimstättengesetzes* von 1862 auskommt. Bereits in der ertragreichen Hochgrasprärie mit Mais- und Sojabohnenanbau sowie Schweine- und Rindermästung haben sich die Betriebe auf mindestens zwei *homesteads*, meist durch Aufkauf der aufgegebenen, vergrößert. In der *Weizenzone* müssen es heute mindestens vier sein, also 259 ha, und in der *Ranching-Zone* rechnet man mit ökonomischen Größen erst ab ca. 1.500 ha (Kap. 3.6.5).

Die Zukunft wird von den Farmern düster gesehen, weil die niedrigen Getreide- und Viehpreise, die bei der heutigen Überproduktion von den günstigsten Regionen bestimmt werden, in vielen Gebieten kaum noch die *Gestehungskosten* decken. Nähere Angaben zu den Veränderungen am Beispiel von Wyoming macht RINSCHEDE (1984b), die Probleme zeigen WINDHORST u. KLOHN (1991) für die *Great Plains* differenziert auf.

3.6.3 Veränderungen in ehemaligen Kolonialländern

In den **Maghrebländern** von Nordafrika hatten sich während der französischen Kolonialzeit in den dortigen Steppenregionen europäische Farmer niedergelassen, weil die Besitzansprüche der einheimischen Hirten im Gegensatz zu denen der Bergbauern nicht deutlich waren. Die agrarischen Leistungen waren mit Weizen-, Wein- und Olivenanbau beachtlich, aber nach der Unabhängigkeit mussten sie trotzdem das Land verlassen. Heute gehören die Farmen Kapitalgesellschaften oder reichen Landesbürgern. Das trockenere Steppenland ist infolge des *Bevölkerungsdrucks* ebenfalls weitgehend unter Kultur genommen worden, wobei die Bauern *Wasserkonzentrationsmethoden* anwenden oder wenigstens durch Vergrößerung der Pflanzenabstände eine noch Ertrag bringende Wassermenge pro Pflanze ermöglichen, wie es auf der marokkanischen *Meseta* zu beobachten ist (KUTSCH 1978). Auch in Tunesien ist der Anbau stark in die Trockensteppen vorgedrungen (GIESSNER, mdl. Mitt. 1999).

Jenseits des Hohen Atlas gibt es eine Besonderheit in der *Argania*-Steppe: Deren Eisenholz-Bäume (Argania spinosa) sind nicht nur wegen der auf sie kletternden Ziegen bekannt, die Früchte liefern auch ein hochwertiges Öl, dessen Verkauf vielen Familien heute eine wirtschaftliche Existenz ermöglicht.

In den Steppen von **Südafrika** wurden auch nach der Abschaffung der *Apartheid* mit ihren getrennten Wohngebieten die weißen Mais-, Weizen- und Viehfarmer geduldet, weil eine Aufteilung der großen Betriebe unwirtschaftlich wäre und die Nahrungsmittelversorgung des Landes in Gefahr bringen würde. Aber infolge der Bevölkerungszunahme und des Landmangels wird in jüngster Zeit nicht intensiv bewirtschaftetes, aber auch weidewirtschaftlich genutztes, jedoch als anbaufähig angesehenes Farmland besetzt und aufgeteilt.

3.6.4 Die Sesshaftwerdung von Nomaden und Wiederkehr des Nomadismus

Die meisten Wanderhirten in den Steppenzonen sind heute weitgehend sesshaft geworden, denn die normale Futtermasseproduktion der Steppen ermöglicht eine dementsprechend hohe Bestockungsdichte, und das abgetrocknete Gras („*Heu auf dem Halm*") gleicht die Jahreszeiten soweit aus, dass die Betreuung einer genügend großen Herde von einem festen Wohnsitz aus in vielen Regionen möglich ist. Dabei kann es noch zu relativ kurzen Teilwanderungen zu Gebirgsweiden im Sommer kommen. Die Möglichkeit zu einer diesbezüglichen saisonalen Wanderung besteht nur in Steppenregionen, die weniger als ca. 150 km von einem Gebirge entfernt liegen. Aber es gibt unterschiedliche Entwicklungen sogar im gleichen Volk unter verschiedenen Einflüssen: So sind heute die **Mongolen** der zu China gehörenden Inneren Mongolei sesshaft und haben ihre festen Gehöfte (Bild 19). Die *Jurte* (Bild 18), das *Filzzelt*, ist dort nur noch selten zu sehen. Sie dient vor allem als Sommerbehausung in den Bergen. In der Mongolischen Republik hat seit der politischen Wende Anfang der 90er Jahre der Nomadismus wieder zugenommen (F.-V. MÜLLER 1999), und die Jurte ist die bevorzugte Behausung.

Schafe und Ziegen sind auch heute noch in den mongolischen Steppen die wichtigsten Nutztiere (Bild 20). Sie werden immer noch von berittenen Hirten zusammengetrieben. Es werden aber mehr Pferde gehalten (pro Familie bis 100, durchschnittlich 20 in den Trockensteppen der Inneren Mongolei)[51] als dafür gebraucht oder verkauft werden können, denn die Liebe zum Pferd geht über wirtschaftliche Erwägungen weit hinaus. Andererseits könnten in den feuchteren Varianten der Steppenzonen mehr Rinder gehalten werden, aber als Erwerbsquelle sind sie nicht so sehr in der Tradition verankert. So sind etwa ein Dutzend Tiere pro Familie ein Durchschnittswert in den dafür geeigneten Zonen des Ostens der Inneren Mongolei[59].

Die Haupteinnahmen bringt heute die feine, hochwertige Wolle der *Kaschmir-Ziegen* (Kaschmir-Wolle, 42 US-$/kg 2001), obwohl es pro Tier und Jahr nur 250 bis 300 g sind. Daneben ist Schafwolle noch ein wichtiges Verkaufsprodukt. Die *Trampeltiere* geben eine gröbere Wolle, pro Tier nach dem Winter bis 12 kg, aber sie geht kaum in den Verkauf. Eine Familie in der innermongolischen Wüstensteppe besitzt durchschnittlich 300 bis 500 Schafe und 200 *Kaschmir-Ziegen*[59].

In der sozialistischen Zeit waren die sesshaft gemachten innerasiatischen Nomaden zu *Kollektiven* zusammengefasst. Nach der Ende der 80er Jahre erfolgten Wende in der Wirtschaftspolitik in diesen Staaten strebten die Nomaden viel schneller als die Bauern in den Anbaugebieten (wo Maschinen große Flächen erfordern) eine Rückkehr zu Familienbetrieben an. Gemäß den Naturbedingungen und den Vermarktungsmöglichkeiten werden Rinder, Pferde, Kamele, Schafe und Ziegen gehalten, wobei die Zahl der *Kaschmir-Ziegen* stark zugenommen hat (für die Vegetationserhaltung schon zu stark), während die frühere *Karakulschafzucht* nach dem Ende der Mode mit Persianerpelzen fast erloschen ist. Wirtschaftlich ist es allgemein schlechter geworden. Da auch die Zahl der halbsesshaften Viehhalter stark gestiegen ist, weil viele arbeitslos gewordene Menschen so zu überleben versuchen, sank statistisch die Tierzahl pro Nomadenfamilie auf die Hälfte (Tab. 8).

Tab. 8: Tierbestand, sesshafte Viehhalter und Nomaden in der Mongolei

	Tierbestand	Seßhafte Viehhalterfam.	Nomadenfamilien	Tiere pro Nomadenfam.
1989	24,7 Mio.	66.457	68.963	358
1997	31,3 Mio.	226.442	183.636	170
1989-97	+ 27 %	+ 241 %	+ 166 %	- 52 %

Quelle: MÜLLER (1999, S. 37), vereinfacht

Auch **Indianer** wie die Navajo nutzen heute ihre Reservate in den Trockensteppen für Koppel-Weidewirtschaft, in den Wüstensteppen ohne Zäune für offene Weidewirtschaft mit kleinräumigen jahreszeitlichen Wanderungen (ohne Verlagerung des Familien-Wohnplatzes).

3.6.5 Modernes Ranching

Anders als in ehemaligen Nomadengebieten sieht es beim Ranching in *Kolonisationsgebieten* aus, das sich auf große Zahlen einer Tierart konzentriert. Ranches haben heute Größen zwischen 1.000 und 150.000 ha. Das Minimum für einen Betrieb richtet sich nach der Zahl der notwendigen Tiere und der möglichen *Bestockungsdichte*, um den landesüblichen Lebensstandard für eine Familie zu erwirtschaften. Das sind in den USA mindestens 400 bis 500 Rinder, dafür braucht man in den Kurzgrassteppen Nordamerikas 1.000 bis 1.500 ha. Eine *Estancia* in der Pampa oder im *Gran Chaco* ist normalerweise 5.000-20.000 ha groß mit 2.000-12.000 Rindern, ein kleiner Familienbetrieb (*Puesto*) hat 80-130 Rinder auf 400-1.000 ha (BÜNSTORF 1984). Konzentrationen unter Kapitalgesellschaften erreichen in den USA bis 1,2 Mio. ha, verteilt auf mehrere Gebiete (bis zu 15).

Die **Trockensteppen** (Kurzgrassteppen) gelten als **Rinder-Ranchinggebiete** und sind es – abgesehen von dem mit Neuzüchtungen und *dry farming* oder Zusatzbewässerung eingedrungenen Ackerbau – auch heute noch. Bis 1874 war es eine offene Weidewirtschaft. Dann hat die Erfindung des Stacheldrahts zur Einzäunung von Weidekoppeln geführt, wodurch nicht nur die Besitzverhältnisse deutlich markiert wurden, sondern durch *Rotationsweide* auch die *Bestockungsdichte* erhöht werden konnte. Zwei deutsche Erfindungen zu dieser Zeit hatten die Fleischerzeugung exportfähig gemacht, zunächst 1864 LIEBIGS *Fleischextrakt*, dann 1876 LINDES *Gefriermaschine* (Kap. 3.5.2). Dadurch wurde besonders die Pampa zum Fleischexportgebiet.

In den Kurzgrassteppen der *Great Plains* der USA werden die Rinder heute meist nur aufgezogen und dann in großen *feed lots* nahe der Eisenbahnstationen oder Großschlachtereien mit Sojaschrot und anderem Kraftfutter gemästet. Das geschieht in einer Weise, dass man nicht mehr von artgerechter Tierhaltung sprechen kann. Diese halbindustrielle Tierhaltung hat großen Umfang angenommen (Karte bei WINDHORST 1997, S. 24).

Die Mechanisierung rationalisiert zwar den Aufwand, verringert jedoch die Lebensqualität. Aber die reitenden Cowboys und Gauchos gehören trotzdem nicht der Vergangenheit an, wenn auch mancherorts wie in Australien die Hirten die Herden eher auf dem Geländemotorrad als zu Pferde zusammentreiben, weil es so schneller geht. In den USA ist jedoch eine gewisse Rückbesinnung auf die Lebenswerte zu beobachten, und der Viehtrieb per Pferd wird sogar als Erlebnisurlaub angeboten. Das trifft vor allem auf die Gebiete zu, wo die Tiere im Sommer auf unwegsame Gebirgsweiden getrieben werden.

In die alternative Richtung geht auch die Zunahme des **Bison-Ranching**, das nicht nur kommerziell auf bis 30.000 ha großen und 2.000 Tiere umfassenden Ranches betrieben wird, sondern auch als Hobby von pensionierten

Leuten auf ca. 15 ha großen Kleinbetrieben mit 15-20 Tieren bei Luzerneanbau mit Zusatzbewässerung und etwas Kraftfutter. Es lohnt sich, denn der Fleischpreis ist dreimal so hoch wie der von Rindern. *Hobbyranches* von durchschnittlich 35 *acres* (14 ha) Größe sind durch Aufteilung von Ranches in der Umgebung größerer, in Steppen gelegener Städte der USA heute sehr verbreitet. Man wohnt dort, und es werden normalerweise einige Reitpferde gehalten.

In der Strauchsteppe, Zwergstrauch- und Wüstensteppe ist **Schafhaltung** geeigneter als Rinderhaltung. 2.500 bis 5.000 Schafe werden heute als Minimum angesehen. Dafür sind je nach Weidepotenzial 2.500-50.000 ha erforderlich. Die Einzäunung lohnt nicht mehr, wenn die *Bestockungsdichte* mit über 10 ha pro Schaf zu gering wird. In den australischen Wüstensteppen gibt es die größten Ranches. Dort werden die Tiere mancherorts sogar mit dem Hubschrauber zusammengetrieben. In den USA war die Schafhaltung in Regionen mit Gebirgen mehr eine Wanderviehwirtschaft (RINSCHEDE 1984a), in Ebenen Ranching. Heute geht der Schafbestand zurück, da bei den dortigen Einkommen die Wolle zu teuer produziert wird und für Lammfleisch dort kaum eine Nachfrage besteht. So werden heute auch in der Zwergstrauchsteppe zunehmend Rinder gehalten, wenn die Möglichkeit vorhanden ist, sie im Sommer in die feuchteren Gebirgsweiden zu treiben. Sehr trockene Schafregionen wie Westtexas verfallen.

Die Schwierigkeit bei der Schafhaltung liegt darin, dass die Tierzahl in Zeiten schlechter Preise erhöht werden muss, aber die mögliche Bestockungsdichte begrenzt ist, in trockenen Jahren sogar viel geringer wird. Kommt ein Preistief mit einer Dürre zusammen, können deshalb viele Betriebe nicht durchhalten. Ein gravierendes Problem sind die besonders in Australien etwa einmal pro Jahrzehnt auftretenden schweren Dürren (Abb. 72), in denen Tausende von Tieren verhungern oder erschossen werden müssen (JÄTZOLD 1993a). Ein Transport zu feuchteren Gebieten oder Futterzukauf lohnt bei den niedrigen Preisen für Wolle und Schaffleisch nicht, nur bei Rindern rentiert es sich noch.

Ein anderes Problem ist die Verbuschung (*bush encroachment*) durch Überweidung, wodurch das Gras als Konkurrent der Büsche ausgeschaltet wird. Die Strauchsteppen in Australien und Südafrika leiden besonders darunter, weil infolge des wettbewerbsbedingten *Maximierungszwangs* der Bestockung bereits bei durchschnittlichen Wuchsbedingungen Überweidung auftritt.

Auch die Landnutzung in den Trocken- bis Wüstensteppengebieten Ostpatagoniens wird von Schafhaltung bestimmt. Die *Estancias* haben sich von den ursprünglich vorgesehenen 2.500 ha meist auf 5.000 bis 50.000 ha vergrößert. Interessante Beispiele beschreibt LISS (1979), wovon BÜNSTORF (1984) einen typischen Familienbetrieb in seine schulorientierte Kurzdarstellung übernimmt: Auf 20.000 ha werden von der Besitzerfamilie mit 7 Dauer- und 6 Saisonarbeitern 10.500 Schafe gehalten (dazu für den Eigenbedarf 65 Rinder und 30 Pferde). Das entspricht einer Dichte von einem Schaf pro 1,9 ha. Es wirkt wie eine sehr geringe Bestockung, ist aber für eine nachhaltige Nutzung ohne Vegetationszerstörung richtig in der Wüstensteppe von Südostpatagonien, die mit dem kühlwindigen Klima auch thermisch nicht wuchsgünstig ist.

Die meisten dortigen *Estancias*, vor allem die von in der Stadt lebenden Besitzern, sind *überbestockt* und treiben Raubbau an Vegetation und Boden (Kap. 3.7.1), sowohl in Zeiten hoher Wollpreise, um möglichst viel Gewinn herauszuholen, als auch in denen niedriger Preise, um durch hohe Wollproduktion trotzdem genügend Einnahmen zu haben. Einen gewissen Ausgleich bietet die Möglichkeit zum Schaffleischverkauf, der aber nur bis etwa 100 km Entfernung von den Märkten bzw. von den Gefrierfleischanlagen der Küstenstädte lohnt. Die kleineren Schaf-*Puestos* ärmerer Einwanderer (900-2.500 ha n. LISS 1979) oder der Indianer mit wenigen hundert Hektar mageren Weidelandes geraten, um überhaupt überleben zu können, ohnehin in den Teufelskreis von *Überbestockung – Ökotopdegradierung – geringerer Bestockungsfähigkeit*. Großbetriebe von Kapitalgesellschaften umfassen nach BÜNSTORF (1984, S. 217) 28.000 bis 200.000 ha und nehmen ein Viertel der Fläche ein. Hier kommt es sehr auf die Art der Gesellschaft an. Manche (v.a. iberoamerikanische) betreiben rücksichtslose Ausbeutung der Natur, andere wollen nachhaltig wirtschaften, wie eine von Einwanderern aus Bremen gegründete Wollhandelsfirma mit ihren fünf *Estancias* (LISS 1979, S. 40), oder eine andere deutsche Firma (*Jacobs Kaffee*), die in den 80er Jahren östlich von Bariloche 30.000 ha übernommen hat und dort im Waldsteppenbereich sogar Aufforstung versuchte.

3.6.6 Großflächige Bewässerung

Die zonalen Gegebenheiten zur Nutzung der Steppenregionen wurden durch Bewässerung in großem Stil besonders in den **USA** so erweitert, dass neue *Wirtschaftsregionen* entstanden (BARTH 1990). Im westlichen Nordamerika sind alle drei Möglichkeiten zur Bewässerung vorhanden: Nahe stark beregnete Gebirge, reichlich Wasser führende *Fremdlingsflüsse* und im Untergrund wasserspeichernde Schichten. Als erstes wurden die Steppen auf dem Grabenboden im Kalifornischen Längstal bewässert. Neun Jahre vor dem dortigen *Gold rush* von 1848/49 hatte bereits ein deutscher Pionier, JOHANN AUGUST SUTTER, damit begonnen (SCHMIEDER 1963, S. 42). Sein mustergültiger Großbetrieb wurde jedoch von den Goldsuchern überrannt und zerstört. 1869 brachte die Eisenbahnverbindung mit ihren Absatzmöglichkeiten einen *Bewässerungsboom*, vor allem für Obst, der bis heute anhält.

Als Nächstes wurde in den USA von 1902 an die Bewässerung gesetzlich gefördert und ab 1935 große Stauseen an den durch die Steppen der *Great Plains* ziehenden Flüssen angelegt, die zum Wasserstandsausgleich und zur Bewässerung dienen. Aber weil die Täler meist zu tief eingeschnitten sind, ist die ökonomisch bewässerbare Fläche relativ klein (KLOHN u. WINDHORST 1995). Unter den *Great Plains* wurde schon Ende des 19. Jahrhunderts eine wasserführende Schicht in der Tiefe entdeckt (*Ogallala Aquifer*), die seitdem zur Bewässerung ausgebeutet wird ohne Rücksicht darauf, dass es zum großen Teil eine begrenzte Wasserressource aus eiszeitlichen *Pluvialen* ist (KLOHN 1992). Die großflächige Bewässerung der Zwergstrauch- und Wüstensteppe im *Great Basin* begann, nach kleineren Projekten der *Mormonen* und anderer Siedler, mit dem 1934 als Arbeitsbeschaffungs-, Energiegewinnungs- und Landerschließungsprogramm aufgelegten, umfangreichen *Columbia Basin Reclamation Project*. Das Columbia Plateau war nur im Ostteil von anbaufähiger Steppe bedeckt. Daraus war ein Weizengebiet geworden, und 500.000 ha für Anbau bisher zu trockenes Land konnten, nach Fertigstellung des letzten von fünf großen Dämmen 1942, bewässert werden; zusätzlich konnte Strom für Industrieansiedlungen erzeugt werden. Große Felder wurden angelegt und in den Tälern viele Apfelbaumanlagen angepflanzt. Aber auch abseits dieser Großprojekte gehört heute die Zusatzbewässerung mit den über das Feld fahrenden Beregnungsanlagen zum gewohnten Bild, auch in Ranchingregionen (dort vor allem für Luzerneanbau).

In den Kurzgrassteppen **Kanadas** hat das 1958 fertiggestellte *Saskatchewan River Project* die Bewässerung von annähernd 1 Mio. ha ermöglicht.

In Südamerikas Steppenzone in **Argentinien** sind *Rio Colorado, Rio Negro* und *Chubut* Fremdflüsse, denen vor allem deutsche und walisische Siedler Wasser entnommen haben, um Felder und Obstpflanzungen anzulegen. Aber viel mehr ist dort nicht zu erschließen.

In den Steppen der **Sowjetunion** sind Stauseen an den großen Flüssen vor allem zur stalinistisch-sozialistischen Zeit entstanden. Aber sie sind in erster Linie für die Energiegewinnung angelegt worden.

3.6.7 Heutige Stellung der Steppenregionen in der Weltwirtschaft

In den Hochgras- und Übergangssteppenzonen liegen die wichtigsten **Kornkammern** der Erde. Es leben weniger als 2 % der Weltbevölkerung dort, aber sie produzieren mehr als 50 % des Weizenbedarfs der Menschheit, und die Erzeugung kann noch gesteigert werden. Außerdem ist die Produktionsweise wegen der großen Fruchtbarkeit der meist auf *Löss* entstandenen und nicht unter Auslaugung leidenden Böden und wegen des weithin ebenen, also maschinengünstigen Geländes besonders billig. Daher bestimmen diese

Steppenregionen den Weltmarktpreis des Getreides, was andererseits ein Problem für die nicht so begünstigten Anbaugebiete wie die meisten der EU ist und dort Unterstützungen rechtfertigt, weil man sie aus mehreren Gründen nicht zugrunde gehen lassen kann.

Der **Hauptgetreideerzeuger** sind die USA mit durchschnittlich 324 Mio. t im Jahr (1995-2001)[52]. Das sind pro Kopf rund 1400 kg, d.h. etwa siebenmal so viel wie ein Mensch benötigt. Der größte Teil, vor allem des Maises, ist Futtergetreide, und ein hoher Export ist unerlässlich, weshalb die USA im Agrarbereich so sehr auf Freihandel drängen. Mit *Prämien* für langjährig stillgelegte Flächen soll eine Überproduktion verhindert werden. Andererseits werden die Farmer bei den niedrigen Erzeugerpreisen gezwungen, auf den bestellten Flächen durch Kunstdünger möglichst viel herauszuholen und mit schweren Maschinen zu arbeiten, was zu den bekannten Schädigungen führt. Der Weizen, das typische Getreide der Übergangssteppenzone, nimmt zwar nur 19 % der Getreideerzeugung der USA ein, mit 59 Mio. t (Durchschn. 1999-2001) sind es aber noch fast 300 kg pro Einwohner im Jahr. Deshalb herrscht auch hier Exportdruck (27 Mio. t 2000). Pro Kopf eine noch höhere Überschussproduktion an Weizen hat **Kanada** mit 26 Mio. t (Durchschnitt 1995-2001) bei 35 Mio. Menschen. Hier ist es vor allem der Weizen der Prärieregion (für Mais ist es weithin schon zu kalt, wo es feucht genug wäre). Deshalb steht hier der Weizenexport noch mehr im Vordergrund (17 Mio. t 2000). Kanada und die USA sind mit Australien (16 Mio. t 2000) und Argentinien (11 Mio. t 2000) die Weizenlieferanten der Welt.

In der **Russischen Föderation** sieht dagegen die Weizenversorgung schlecht aus. Mit der Verselbstständigung der Ukraine und Kasachstans 1991 ist ein großer Teil der Steppenregionen der ehemaligen Sowjetunion verloren gegangen, und die Hektarerträge gingen durch Mangel an Maschinen und Dünger im Chaos des Wirtschaftsumbruchs zurück von durchschnittlich 1,8 t/ha in den letzten Jahren vor der Wende auf 1,35 t/ha in den ersten Jahren danach. Das ist nur knapp die Hälfte von den Hektarerträgen in den USA. Die Getreideerzeugung sank von 1992 bis 1994 von 104 auf 79 Mio. t, die des mehr auf die Steppenregionen beschränkten Weizens sogar von 40 Mio. auf 32 Mio. t, wovon nur ein kleiner Anteil klimatisch bedingt war, denn der Durchschnitt seither (1995-2001) beträgt nur 35 Mio. t. Deshalb muss Russland trotz seiner Steppenregionen Weizen vor allem von Kanada kaufen, denn auch die **Ukraine** leidet unter wirtschaftsbedingtem Produktionsrückgang von 19,5 Mio. t Weizen 1992 auf 14 Mio. t 1994, und der Durchschnitt der folgenden 7 Jahre (1995-2001) ist mit 15,6 Mio. t auch nicht viel besser[53], obwohl die Hektarerträge an die der USA herankommen (2,7 t/ha 1995-2001).

In **Kasachstan** war der Rückgang der Erzeugung seit der Unabhängigkeit geradezu katastrophal – von 18,3 Mio. t 1992 auf 9 Mio.t 1994 –, weil der

Steppenzonen 199

Weizen infolge der Neulandaktion in den 60er Jahren meist in russisch geführten Staatsfarmen erzeugt worden war, die nun vernachlässigt wurden, und wegen des damaligen, auch politisch forcierten Vordringens in marginale Bereiche das trockenere Jahr 1994 sich stärker auswirkte. Im Dürrejahr 1998 waren es sogar nur 4,7 Mio. t. Aber bei nur 17 Mio. Menschen blieb Kasachstan noch ein Getreideexportland und forciert diese Chance neuerdings durch Intensivierung, was im guten Jahr 1999 wieder 11,3 Mio. t brachte, 2001 sogar 12 Mio. t.

Einen ähnlich starken Rückgang seit der Wende Anfang der 90er Jahre beobachten wir in der **Mongolei**, von 841.000 t im Jahre 1992 auf 443.000 t 1994 und weiter herunter bis 2001 auf 158.400 t, denn auch hier waren es vor allem Staatsfarmen auf mit russischem Einfluss neuerschlossenem, z.T. nicht sehr günstigem Land. Absolut gesehen waren die Mengen zwar nicht groß, aber bei einer Bevölkerung von nur 2,5 Mio. Menschen doch beachtlich. Die Mongolen sind jedoch traditionell Viehzüchter und haben sich seit 1990 nach Schwinden des von der Sowjetunion aufgedrückten Sozialismus diesem Hauptinteresse wieder mehr zugewandt (Kap. 3.6.4). Deshalb wird die Mongolei trotz ihres hohen Steppenanteils von mehr als 50 % der Landesfläche, wo bis zu 10 Mio. t Getreide erzeugt werden könnten, nicht zum Exportland, obwohl China dafür ein naher und wachsender Markt wäre. Das ist ein typischer Fall, dass bei Bewertung der Nutzungsmöglichkeit eines Naturpotenzials der Faktor Mensch besonders beachtet werden muss. Einige unternehmerische Mongolen erkennen zwar inzwischen die mit der Privatisierungspolitik gegebene Chance, aber es fehlt an Kapital und *Inputs*.

Auf der **Südhalbkugel** ist die Bedeutung des Pampalandes Argentinien als Getreideexporteur zurückgegangen, denn den durchschnittlich 25 Mio. t Produktion pro Jahr (davon 14 Mio. t Weizen im Durchschnitt 1995-2001) stehen inzwischen 37 Mio. Menschen gegenüber, und ein Großteil des Getreides, vor allem Mais, wird für die Mast gebraucht. Deshalb bringt Weizen nur noch knapp 12 % der Exporterlöse. Schlecht sieht es in Südafrika aus mit der Erzeugung von Weizen auf dem Steppenland, dem *Veld*. Die Menge ging von 2,7 Mio. t 1997 auf 1,5 Mio. t 1999 zurück (obwohl die Erträge leicht gestiegen sind), weil viele Weizenfarmen an afrikanische Bauern aufgeteilt werden, die Mais bevorzugen. Inzwischen ist jedoch die Weizenproduktion infolge der zunehmenden städtischen Nachfrage nach Brot wieder angestiegen (2,1 Mio. t 2001).

Der Weizen in Südaustralien ist dagegen auch für den Export wichtig, aber er wird vor allem in der winterfeuchten Gehölzklimaregion der *Mallee* erzeugt, die hier nicht mitbehandelt wird, weil für die *mediterranen Subtropen* ein eigenes Heft in der vorliegenden Reihe existiert (ROTHER 1984).

Längst nicht so dominant wie Getreide, aber trotzdem erwähnenswert, weil sie hauptsächlich in den Export geht, ist die Bedeutung der **Ölsaater-**

zeugung in den anbaufähigen Steppenzonen, besonders Leinsaat. In Kanada sind es 3,4 Mio. t (Durchschnitt 1997-2001), in Argentinien 5,9 Mio. t (das sind über 40 % der Ölsaaterzeugung in Südamerika). Bei den 16 Mio. t in den USA – immerhin 17 % der Weltproduktion – handelt es sich jedoch überwiegend um Sojabohnen, die besonders in der ehemaligen Waldsteppen- und Laubwaldregion des *Cornbelt* erzeugt werden, also nicht in der semiariden Zone.

Etwas differenzierter ist die heutige Bedeutung der Steppenregionen in der **Welt-Viehwirtschaft**. Während dieser Wirtschaftszweig bei Rindern trotz der in der Kurzgrassteppe idealen Weideverhältnisse (relativ gesehen) zahlenmäßig nicht so einen großen Anteil einnimmt (denn hier spielt die Rinderhaltung in feuchteren Gebieten auf *Kunstweiden* mit Zufütterung die überwiegende Rolle), ist bei der **Schafhaltung** die Steppendominanz überwältigend, denn in feuchten Gebieten ist die Gefahr des durch Schnecken (als Zwischenwirte) übertragenen *Leberegels* sehr groß. Australien ist mit durchschnittlich 150 Mio. Schafen (14 % des Weltbestands von 1,0 Mrd.) der mit Abstand größte Wollerzeuger (ca. 20 % der Weltproduktion), reagiert aber auch entsprechend heftig auf den Markt und leidet in der Haupt-Schafhaltungsregion, dem westlichen *New South Wales*, oft unter Dürren (JÄTZOLD 1993). Deshalb steigt der Bestand in Jahren hoher Wollpreise und günstigen Klimas auf 170 Mio. Tiere wie 1990, fällt dagegen nach Dürre und niedrigen Wollpreisen, wie 1994 auf 130 Mio., als viele Tiere erschossen wurden, weil Futter fehlte und sich ein Transport zum Markt als Fleischtiere wegen der auch gefallenen Fleischpreise nicht mehr lohnte. Ein in Zukunft ansteigender Absatz von Schaffleisch ist in den darauf eingestellten Ländern des Orients möglich, die ihre Weidegebiete durch Übernutzung zerstört haben.

In Neuseeland hat mit 47 Mio. Tieren die Schafzucht relativ zur Bevölkerung gesehen die größte Bedeutung, denn es kommen durchschnittlich 14 Tiere auf einen Einwohner. Dagegen fallen die anderen Steppenländer stark ab: Kasachstan hat 9 Mio. Schafe (2001, 1994 noch 33 Mio.!), Südafrika 29 Mio., Uruguay 13 Mio. (traditionsbedingt, denn es hat nur Hochgras-Steppen, die eher für Rinder geeignet sind), Argentinien 14 Mio., Mongolei 16 Mio. Der Schafbestand in den USA sank von 10 Mio. 1992 auf 7 Mio. 2001, in der Ukraine von 9 Mio. auf 1 Mio.![54].

Bei der **Rinderhaltung** führen die USA mit 97 Mio. Tieren (Weltbestand 1,4 Mrd.), allerdings wird die überwiegende Zahl nicht auf Steppenweiden gehalten, sondern in Mastbetrieben. In der Russischen Föderation ging nach dem Zerfall des Sozialismus der Rinderbestand von 54 Mio. 1992 auf 27 Mio. 2001 zurück, in der Ukraine von 23 Mio. 1992 aud 10 Mio. 2001.

In Argentinien ist die Rinderhaltung von 50 Mio. Tieren auf die Pampa konzentriert. Es war der größte Gefrierfleisch-Exporteur, ist aber wegen der

Steppenzonen 201

Abschottungspolitik Europas (als früherem wichtigsten Abnehmer) und steigendem Eigenbedarf stark zurückgefallen. Führende Länder in der diesbezüglichen Weltversorgung sind Kanada und Australien, die (nach Frankreich) die zweit- und drittgrößten Rinderexportzahlen aufweisen. Uruguay hat 10,6 Mio. Rinder und noch einen beachtlichen Fleischexport, die übrigen Steppenländer weniger und spielen in der Rindfleisch-Weltwirtschaft keine wesentliche Rolle.

Als neue Entwicklung hat das Farming von **Straußen** seit einem Jahrzehnt weltwirtschaftliche Dimensionen erreicht. Es ging für teures Fleisch und kostbares Leder von Südafrika aus und sprang dann trotz des Versuches der Südafrikaner das zu verhindern nach Australien und die USA über. Seit der BSE-Krise boomen *Straußenfarmen* sogar in Deutschland. Es ist erstaunlich, wie dieser Laufvogel der Savannen und Steppen Afrikas sich an andere Zonen anpassen kann.

3.7 Erhaltungs- und Umweltprobleme in den Steppenzonen und ihre Lösungsmöglichkeiten

3.7.1 Bekämpfung von Bodenverlust, Bodenverschlechterung und anderer Potenzialzerstörungen

Die großen Flächen, insbesondere bei der Schwarzbrache des *dryfarming* bieten dem Wind Angriffsflächen für die *Deflation*. Die Dürren in der durch marginalen Ackerbau genutzten Trockensteppenregion der USA um den 100. Längengrad in den Jahren 1935 bis 1939 und Mitte der 50er Jahre hatten zu umfangreichen Bodenverlusten durch *Staubstürme* geführt, besonders in Nebraska und Kansas. Die Region wurde deshalb *dust bowl,* Staubschüssel, genannt. Dazu kommt die *Denudation* durch sommerliche Starkregen. Bereits 1940 wurde vom amerikanischen Landwirtschaftsministerium erkannt, dass im Durchschnitt fast ein Drittel der fruchtbaren oberen Bodenschicht von durchschnittlich 25 cm bereits verloren ist und 13 % des Bodens der USA zerstört seien. Das hat die Bevölkerung aufgerüttelt und Schutzmaßnahmen hervorgerufen. Dichte *Baumreihen* zum Schutz gegen den Wind schienen eine Lösung zu sein. Auch in der Sowjetunion setzte man darauf große Hoffnungen. Heute sieht man es realistischer:

Der Schutzeffekt der **Windschutzstreifen** ist gegenüber ihrem erforderlichen Boden- und Wasseranteil kurzfristig nicht sehr ökonomisch, und dort, wo sie am nötigsten wären, wachsen diese Gehölzstreifen am schlechtesten. Selbst in der ehemaligen Sowjetunion, wo 1948 mit viel Propaganda ein *Schutzwaldstreifen-Programm* vorangetrieben wurde, ist es darum still geworden. Die Waldstreifen zwischen den großen Feldern sind nur lückenhaft gediehen, und es ist weniger als die Hälfte davon noch erhalten (ROSTANKOWSKI 1984, S. 34). Lediglich in Nordchina werden sie noch besonders geschätzt, weil sie die belästigenden Staubeinwehungen in die Bevölkerungsballung von Peking verringern (DÜRR u. WIDMER 1984, S. 39). Die dort bei dem trockenen Wintermonsun die Atmung behindernde Staubbelastung der Luft hat das Problem der Winderosion auch für die Regierung so fühlbar gemacht, dass sie 1978 (nach der sogar gegen Bäume rücksichtslosen Kulturrevolution) das Programm der „*Großen Grünen Mauer*" gegen die *Desertifikation* der Steppen propagierte (obwohl der meiste Staub direkt aus der Umgebung von Peking kam). Nach großen Anpflanzungen in den ersten Jahren (Abb. 46) kam die Erkenntnis, dass der Effekt mehr psychologisch als realistisch ist, und nach dem Nachlassen des staatlichen Drucks in den 90er Jahren sieht man nur noch wenige Jungpflanzungen, und in den bestehenden Stücken dieser „Mauer" sind durch die austrocknenden Winde Lücken entstanden, denn die Luftbewegung lässt sich nur kurz bremsen, aber nicht aufhalten und das Wasserdefizit nicht relevant verringern.

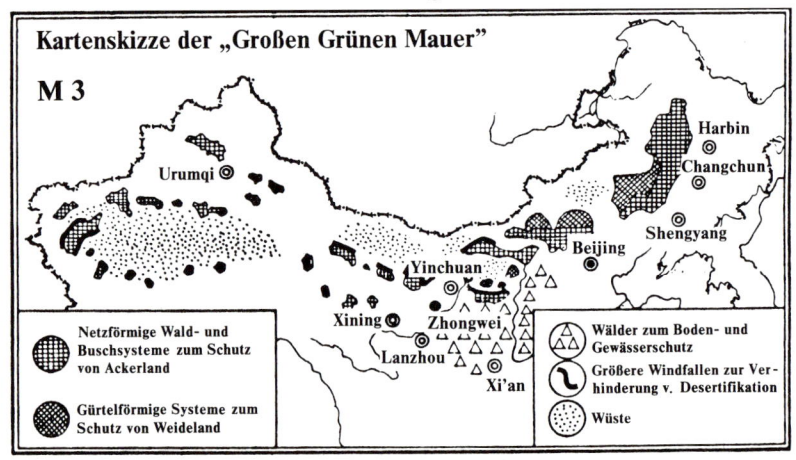

Abb. 46: Kartenskizze der „Großen Grünen Mauer" in China
Quelle: DÜRR u. WIDMER (1984, S. 39)

Heute konzentriert man sich in den Steppenzonen der ganzen Welt zur Erhaltung des Bodens mehr auf **direkte Schutzmaßnahmen** gegen *Denudation* und *Deflation*. Neben einfachen Methoden wie hangparallelem Pflügen (*contour ploughing*) wird streifenförmiger Anbau betrieben (*strip farming*) und das Mulchen mit den Strohstoppeln (*stubble mulching*) durchgeführt (SPÄTH 1980). Das *strip farming* geht aber bereits wieder zurück, in den semiariden Prärieregionen Kanadas z.B. von 1991 bis 1996 von 48 auf 28 % der Fläche (HOPPE 2000, S. 24 f.), und das *minimum-or no-tillage*-Verfahren setzt sich durch. Heute arbeiten in Nordamerika Mähdrescher, die das Stroh gleich häckseln und wieder verteilen.

Die publizistisch oft mit erschreckenden Bildern Aufmerksamkeit erregende lineare Bodenerosion ist dagegen nicht so dramatisch, weil sie meist nur lokal wirkt und reliefbedingt eng begrenzt ist. Die Bodenverarmung durch das *Agromining* ist schlimmer.

Ein großes Problem ist die **Bodenverdichtung** infolge des Drucks der immer schwereren Maschinen. Zunächst wirkt sie bis zu einem spezifischen Bodengewicht von 1,25 gr/cm^3 noch positiv, dann wird sie sehr schnell immer negativer (mdl. Mitt. v. V. MEDEDEV, Charkow, 1995).

Regional bereitet die zunehmende **Versalzung** große Sorgen. Sie kann sogar durch Trockenfeldbau geschehen, wie auf 5,5 Mio. ha in Kanada (HOPPE 2000, S. 26). Aber auch in Weidegebieten kommt sie vor, wie in Patagonien durch Windtransport (MENSCHING 1993, S. 363).

Die regionalen **Erhaltungsprobleme** sind auch wegen sozialgeographischer Einflüsse oft von spezifischer Art. So sind sie z.B. in der patagonischen Steppenregion besonders akut. Die in Kap. 3.5.2 und 3.6.3 geschilderte geringe Beziehung der ausbeutungsorientierten ibero-amerikanischen Großgrundbesitzer zum Land bzw. die Not der meist indianischen Kleinbesitzer mit der resultierenden *Überbestockung* haben zunächst die Vegetation degradiert. Weiche *Süßgräser* wurden ausgerottet, Pflanzen mit geringem oder fehlendem Weidepotenzial, wie harte „*Bittergräser*" und dornige *Polsterpflanzen*, breiten sich aus (LISS 1979). Dieser noch grünen ersten Phase der **Desertifikation** folgte vielerorts bereits die zweite, gekennzeichnet durch Bodenverlust, verringerte Wasserspeicherung und dadurch vergrößerten Abstand der Pflanzen bis zur Halbwüstensituation mit mehr als 50 % nacktem Boden (Bild 16). Selbst erfahrene Botaniker haben in Ostpatagonien Schwierigkeiten zu sagen, ob weite Areale primäre oder sekundäre Halbwüsten sind. Weitere Bodenabtragungen und Vegetationszerstörungen finden statt. Ein gemeinsames Projekt des argentinischen *Instituto Nacional Tecnologico Agropecuario* und der Deutschen Gesellschaft für Technische Zusammenarbeit hat durch Einsatz von geobotanischen Methoden und Fernerkundung die Problembereiche deutlich gemacht (INTA y GTZ 1995), kann jedoch an der wirtschafts- und sozialgeographischen Situation kaum etwas ändern. Positive Bemühungen bleiben bisher leider die Ausnahme.

Aber auch mittelgroße Familienbetriebe haben ihre Probleme, z.B. viele Schafranches in Australien. Sinkende Wollpreise bei ansonsten steigenden Lebenshaltungskosten zwingen zur Aufstockung der Tierzahl, was besonders in trockeneren Jahren zu Überweidung führt, überall der erste Schritt zur *Weidepotenzialzerstörung*. Hier kommt es nach einer, von der Ausbreitung wertloser **Weideunkräuter** gekennzeichneten ersten Phase zur Ausschaltung des Grases als Wasserkonkurrent und dadurch zu einer Ausbreitung von Büschen, dem *bush encroachment*. Das ist eine **Verbuschung** ähnlich wie in den Savannengebieten, der kostengünstig nur im Frühstadium begegnet werden kann: Bei verringerter Beweidung verbleibt welkes Gras, dessen (kontrolliertes) *Abbrennen* vernichtet die aufkommenden Büsche weitgehend. De facto fehlt jedoch oft dieser Bestockungsspielraum, und der Teufelskreis von Überbestockung – Potenzialschädigung – dadurch relativ stärkerer Überbestockung bis hin zur Potenzialzerstörung ist in Gang gekommen. Ein Ausweichen auf Zusatzeinnahmen, etwa durch Möglichkeiten im *Tourismus*, könnte ihn durchbrechen.

Sogar in normal bestockten Ranches wie in den USA können Weideunkräuter zum Problem werden, besonders wenn sie eingeschleppt sind und die einheimischen Gräser unterdrückende Eigenschaften haben, wie das *Pepperweed* (*Lepidum latifolium*).

Eine besonders bedauerliche Entwicklung zur Vegetationszerstörung ist mit der politischen Wende in den ehemals sozialistischen Staaten der Steppenzone in Gang gekommen, insbesondere in der Mongolei (F.-V. MÜLLER und J. JANZEN 1997, F.-V. MÜLLER 1999). Das kollektive System, das die Beweidung kontrollierte, wurde aufgehoben. Die Tiere wurden an die Mitglieder des Kollektivs im weitesten Sinne aufgeteilt, so dass nicht nur die durchschnittlich 600 Nomaden, sondern auch viele andere Arbeitskräfte dieser untersten Organisationseinheit, zu der auch ein eigener zentraler Ort gehörte, Tiere erhielten, diese z.T. aber auch benötigten, weil ihre Arbeitsstellen im Wirtschaftswandel kaputtgingen. Diese „*neuen Nomaden*" verstehen nicht viel von der Wanderweidewirtschaft und ruinieren die Weiden, weil sie zuwenig wandern. Aber auch die eigentlichen Nomaden, deren Wunsch wieder eigene Tiere zu haben, sehr verständlich ist, wirtschaften nicht mehr so nachhaltig wie früher. Die alten, die Weideverhältnisse regulierenden *Sippenverbände* existieren nicht mehr. Jeder will jetzt aus dem Allgemeingut gebliebenen Land für sich das meiste herausholen und erhöht seine Viehzahl zu sehr. In der Mongolei ist inzwischen der früher an die Tragfähigkeit angepasste Tierbestand von rund 24 Mio. auf fast 34 Mill. im Jahr 2000 angewachsen. Die Folge ist Überweidung, Vegetationszerstörung und Desertifikation, vor allem auch durch die Zunahme der Ziegen (besonders der Einnahmen bringenden *Kaschmirziege*), die das Gras zu kurz abgrasen oder gar mit der Wurzel herausreißen. Es bleibt kein „*Heu auf dem Halm*" für die Versamung oder als Weide für den Winter. Ist dieser schneereich, wie 1999/2000 und 2000/2001, finden die Tiere nichts mehr zu fressen und sterben zu Millionen. Die früher zur Unterstützung üblichen staatlichen Futterlieferungen gibt es nicht mehr. Dafür hat bereits hier und dort ein Kampf um die Weiden eingesetzt. Die GTZ engagiert sich gegen die Desertifikation, aber kann sie die Ursachen beseitigen? Fast alle Steppen gehören zu den *Desertifikationsgebieten* der Erde (Abb. 24).

3.7.2 Nationalparks und andere Schutzgebiete

Es ist den Menschen leider etwas zu spät klargeworden, dass auch Steppen geschützt werden müssen, denn im Unterschied zu den Wäldern waren die meisten Steppengebiete vor Beginn der Naturschutzbewegung bereits aufgeteilt, und auch heute kommen sie in der Rangliste erst weiter unten: Mit dem Schutz typischer Steppengebiete als **Welterbe** durch die UNESCO sieht es sehr schlecht aus. Unter den 128^{55} von ihr ausgewiesenen „Naturdenkmälern" dominieren nicht die noch zu rettenden intakten Restgebiete typischer Naturräume (Abb. 45), sondern exotische Besonderheiten. Die Aufgabe dieser internationalen Organisation, wenigstens je ein Teilgebiet pro räumlichem Typus des Naturerbes (und Kulturerbes) zu erhalten, wird für den Regenwald und die Savannenzonen zwar einigermaßen erfüllt, aber in Bezug auf die Steppenzonen noch kaum in Ansätzen angegangen. Erst 1999 wurde das erste Steppengebiet aufgenommen, die Halbinsel Valdés von Argentinien, jedoch weniger wegen ihrer *Steppenbiozönose* als wegen ihrer Küstentierwelt. Aber wenigstens ist hier der Typus Strauchsteppe in seiner regionalen südamerikanischen Variante als *Matorral* mit Guanakos, Emus, Maras, Steißhühnern und nahezu der gesamten übrigen Tiergesellschaft dieser Georegion nun international geschützt. Vielleicht sieht es die UNESCO zu sehr als Sache der *Biosphärenreservate* an, die obengenannte Aufgabe als *Biozönosen-Schutz* zu erfüllen. Für die Wissenschaft mag das stimmen, aber für die interessierte Öffentlichkeit sind deren Kernzonen ja gar nicht zugänglich. Deshalb müsste gefordert werden, für jede der vier Steppenzonen (Waldsteppen-, Hochgras-, Kurzgras- und Zwergstrauchsteppenzone) je ein *Welterbe*-Schutzgebiet pro typischer Region einzurichten bzw. schon bestehende Reservate dahingehend aufzuwerten.

In Eurasien hat die Mongolei einiges anzubieten, aber auch an Kasachstan wäre wegen der Saigabestände in der Hungersteppe zu denken. In der Ukraine gibt es ein früheres Gut, *Ascania nova,* das heute auf 60 km^2 erweitert ein kleiner Nationalpark ist (Bild 13), der aber auch fremde Tiere wie Elenantilopen enthält und im öffentlich zugänglichen Teil zu zooartig ist. In jüngerer Zeit kam noch der kleine *Ukrainski Stepnoj Nationalnij Park* hinzu. Die russische Waldsteppe ist nur in einem Reservat bei Woronesh völlig geschützt. In der *Puszta* Ungarns gibt es den Nationalpark von *Hortobagy* (70.000 ha) und zwei kleine Nationalparks mit Steppenanteilen, aber alle drei leiden unter starker touristischer Belastung. Dort werden auch noch die alten Nutztierrassen Steppenrinder, Zackelschafe und Wollschweine gehalten.

In den USA ist der ebenfalls nur kleine *Wind Cave National Park* in den Black Hills von Süddakota zu nennen, wo man besonders gut Bisons und Prärieantilopen beobachten kann. Die exaktesten geobotanischen Studien lassen sich im Kurzgrassteppen-Biosphärenreservat bei *Fort Collins* (Colorado) durchführen, wo aber auch Forschungen zum optimalen *Range Management* laufen. Einige *National, State* und *Provincial Parks* in Nordamerika umfassen auch einzelne Steppeninseln, z.b. der *Badlands National Park* ein Kurzgrassteppengebiet, doch steht dort das Relief der zerschnittenen Schichtstufe im Vordergrund. Der große *Riding Mountain Nat. Park* im zentralen Südkanada liegt im Übergangsbereich von Wald zur Waldsteppe. Hier ist auch ein *Biosphärenreservat* zum Studium der Grasland-Ökologie eingerichtet, aber es ist ein Randbereich dafür. *Flint Hills* im Mittelwesten der USA (3200 ha) war bis 1979 das einzige größere Hochgrasprärie-Schutzgebiet, aber es ist zum großen Teil von den flachgründigen Felsböden her nicht typisch. Deshalb war die damals erfolgte Ausweisung eines *Biosphärenreservats* im östlichen Kansas, die *Konza Prairie*, ein wichtiger Schritt für die Wissenschaft, die dort vor allem Forschungen zur Restaurierung von Hochgrassteppen betreibt.

In Patagonien hat der argentinische *Parque Nacional de Lago Nahuel Huapi* auch einen kleinen Steppenanteil, noch ausgeprägter der chilenische *Parque Nacional de Torres del Paine*, wo auch größere Guanako-Herden beobachtet werden können.

In Südafrika gibt der *Mountain Zebra National Park* des Kaplands einen guten Eindruck von der Hochlandsteppe, während der *Karroo Nationalpark* mehr die Wüstensteppe repräsentiert. Im *Golden Gate National Park* und anderen Schutzgebieten der Drakensberge steht das eindrucksvolle Relief im Vordergrund.

Gemessen an der Größe, Bedeutung, Vielfalt und Tierwelt der Steppenzonen sind noch viel zu wenige Schutzgebiete ausgewiesen. Bei der agraren Überproduktion in den USA könnte man auch an eine *Renaturierung* eines abgelegenen, kümmernden Farmgebiets denken, insbesondere in den Feuchtsteppen, wo noch ein Nationalpark fehlt. In den Übergangs- und Trockensteppen gibt es dort *National Grasslands,* in die nur in bestimmten Jahreszeiten eine kontrollierte Anzahl von Rindern der umliegenden Betriebe getrieben werden darf. In Australien wird aufgegebenes Ranch- und Farmland bereits in Naturreservate (*conservation areas*) zurückverwandelt. Die Erhaltung oder Wiederherstellung der natürlichen Umwelt ist dort jedoch besonders problematisch, weil eingeschleppte Kaninchen und verwilderte Ziegen durch Massenvermehrung sehr vegetationszerstörend wirken.

Kulturschutz in den Steppen ist naturgemäß von geringerer Bedeutung. Die typischen Ziehbrunnen in der Puszta, die *Jurten* der Mongolen, Kasachen und Kirgisen, die spitzen Lederzelte der Indianer oder die großen Wollzelte der nordafrikanischen Halbnomaden sowie die Hütten und Geräte der ersten Siedler in den Prärien sollten aber zumindest in *Freilicht-Museen* dokumentiert sein. Von letzterem Kulturerbe ist jüngstens in Nordamerika und Australien einiges aus der Pionierzeit konserviert oder auch rekonstruiert worden. Das Erbe der *Ureinwohner* wird jedoch noch zu wenig beachtet. Alte *Haustierrassen* werden dagegen in Schutzgebieten sorgfältig erhalten wie das Longhornrind in Texas oder das Steppenrind und die Razkaschafe in der Puszta.

3.7.3 Inwertsetzung attraktiver Regionen in den Steppenzonen durch sanften Tourismus

Nicht nur als bewahrte Naturräume haben Steppengebiete einen großen Wert, sondern auch als *Erholungsräume* (Reiterferien, Segeln auf den Stauseen). Tierbeobachtung als Urlaubsinhalt steckt in den Steppen im Gegensatz zu Savannen noch in den Anfängen, birgt jedoch noch ein großes Potenzial. Auch aus diesem Grunde sollten neben der notwendigen Naturerhaltung weitere Schutzgebiete angelegt werden. Die bisher üblichen Kurzbesuche mit Tendenz zum Touristenrummel wie in Hortobagy wären dagegen zu reduzieren.

Außer den genannten Nationalparken und besuchenswerten großen Schutzgebieten sind die Regionen mit *Steppenseen* bzw. Lagunen wegen der reichen Vogelwelt attraktiv: In Europa z.B. der Neusiedler- und der Zicksee in Südostösterreich oder die Salzseen in den Salzsteppen der Camargue mit ihren Flamingos, in Asien die Steppenseen mit ihren Kranicharten und anderen seltenen Vögeln.

Allgemein sind die Steppen im Vorland der hohen Gebirge faszinierend, weil sich über dem weit überblickbaren Gelände meist schneebedeckte Kämme erheben: von den westlichen *Great Plains* oder den Wermutsteppen des *Great Basin* gegen die *Rocky Mountains*, von der Patagonischen Steppe gegen die Anden, von der Pampa gegen die pampinen Sierren, von der Kirgisensteppe gegen den Kaukasus, von der südlichen Hungersteppe gegen die nördlichen Ketten des Tienshan, von der Mongolischen Steppe gegen den Mongolischen Altai, den Khangai, das Kentei-Gebirge oder den Großen Khingan.

Ohne Zäune sind größere Steppenareale – außer in den Nationalparks und strengeren Schutzgebieten – noch in den *National Grasslands* der USA, in den *Transhumanz*-Gebieten von Utah, in den Halbnomaden- und Nomaden-Gebieten von Nordafrika, des Orients, Kirgisiens, Kasachstans, Turkmenistans und der Mongolei zu finden. Die Wanderweidewirtschaft, der *Nomadismus*, müsste auch als Freiheitsideal erhalten bleiben und unter dem Kulturschutz-Aspekt sogar gefördert werden. In der Inneren Mongolei ist *Steppen-*

tourismus stark im Aufblühen, weil die Chinesen aus den Ballungsgebieten die Weite des Graslands genießen wollen, aber auch an *Jurten* und Folklore interessiert sind.

In den USA gibt es wieder viele Möglichkeiten, Bisons und Prärieantilopen zu beobachten, auch auf *Rangeland*. Im *Pine Ridge* Jagdreservat der Sioux-Indianer in Süddakota wird unter deren Führung der Kontakt mit Bisons zum besonderen Erlebnis, während im *Wichita Mountains Game Reserve* (Oklahoma) die Erinnerung an die ersten Schutzmaßnahmen lebendig wird. Einige andere *National*, *State* und *Provincial Parks* in Nordamerika umfassen auch einzelne Steppeninseln. In Südamerika sind Guanakos im Steppenanteil des chilenischen *Parque Nacional de Torres del Paine* und im Naturschutzgebiet der argentinischen Halbinsel Valdez am besten zu sehen.

---

41 Alle Klimadiagramme sind entworfen von R. JÄTZOLD, die potenzielle Evaprotranspiration berechnet von R. KELLER mit der von MCCULLOCH (1965) an die Breitenlage adaptierten Formel von PENMAN (1956) und per EDV dargestellt von S. SCHILL.

42 In kühleren bzw. hoch gelegenen Waldsteppenregionen ist das Gras niedriger (Bild 11)

43 Es ist interessant, dass LAUER (1968, S. 156), wie wir, die halbe Wasserflächen-Verdunstungsmenge als relevant ansieht.

44 Dieser spanische Name ist aber nicht spezifisch und wird auch für dichtes Hartlaubgehölz wie *Macchie* gebraucht (SCHULTZ 1995, S. 347).

45 Humide oder semihumide bzw. aride oder semiaride Perioden zu keiner bestimmten Jahreszeit

46 KNEIP, A.: Das Kunsthandwerk der Hopi und seine Rolle als Bewahrer ihrer regionalen Kulturraum-Identität.- Magisterarbeit Universität Trier 1999

47 Die Banater Schwaben wurden nach dem 2. Weltkrieg vertrieben, die Wolgadeutschen schon 1941 nach Zentralasien (bes. Kasachstan) und Sibirien umgesiedelt.

48 Z.B. die 40 Heidelberger und Gießener Studenten, die eine kommunistische Agrarsiedlung gründeten, die bald wieder einging (SCHMIEDER 1963, S. 257). Sie war „Bettina" nach der bedeutenden Frau der Romantik, BETTINA VON ARNIM, genannt worden.

49 Siehe LAUTENSACH, H.: Das Mormonenland als Beispiel eines sozialgeographischen Raumes. Bonn 1953 (Bonner Geographische Abhandlungen 11)

50 Feuchteanreicherung durch Brache war in China wie im Vorderen Orient schon lange vor ihrer Zufallsentdeckung 1885 in Nordamerika bekannt.

51 Nach Auskünften des Leiters der Umweltbehörde der Inneren Mongolei X. ZHANG 1999

52 Alle Zahlen nach UN Statistical Yearbook und FAO Production Yearbook entsprechender Jahre bzw. n. Statistics Canada 2000, neuere Zahlen aus dem Internet: *http://www.fao.org*

53 Aber bei nur 51 Mio. Einwohnern bleibt noch etwas für den Export übrig.

54 Alle Zahlen außer bei Jahresangaben sind Durchschnittswerte 1995-2001 nach der FAO im Internet, http://www.fao.org; in den USA sinkende Tendenz der Schafzahlen; bei Rindern allgemein steigend.

55 Stand 1.5.2002

4. HALBWÜSTEN- und WÜSTENZONEN

Sie müssen zusammen behandelt werden, weil sie einen Großzonenkomplex bilden (*„Wüstengürtel"*). „Wüst" heißt eigentlich „verlassen", ursprünglich im Sinn von *siedlungsleer*, d.h. ohne feste Siedlungen. Auch in anderen Sprachen ist die Bedeutung des Begriffes meist ähnlich: engl. und frz. *desert*, span. *desierto* = Wüste, leer, verlassen. In Deutschland hat jedoch der Begriff im 19. Jahrhundert unter dem Eindruck der Berichte der Saharaforscher wie HEINRICH BARTH einen Bedeutungswandel durchgemacht zu „leer von Vegetation, *vegetationslos*". Für den Zwischenbereich ist dadurch der Begriff *Halbwüste* erforderlich geworden, der jedoch in unseren Nachbarsprachen als *semidesert* nur zögernd übernommen wird. Es ist aber über die Vegetation die einzige exakte Definitionsmöglichkeit gegeben, nachdem viele Nomaden inzwischen auch in festen Siedlungen leben bzw. leben müssen.

Definition:
– Die *Halbwüste* beginnt gegenüber den feuchteren Zonen dort, wo weniger als die Hälfte des Bodens von Dauervegetation bedeckt ist. Die Vegetation ist jedoch noch annähernd gleichmäßig verteilt. Annuelles Gras ist normalerweise gegenüber dem perennierenden vorherrschend.
– Die *Wüste* beginnt dort, wo Flächen auftreten, die keine Dauervegetation mehr haben. Je nachdem, ob diese Flächen nur Teile, das meiste oder alles einnehmen, kann man zwischen *Randwüste*, *Kernwüste* und *Extremwüste* unterscheiden.

4.1 Die Verbreitung der stark ariden Zonen und ihre klimatischen Ursachen

Das Areal der Halbwüsten und Wüsten umfasst 14 % der festen Erdoberfläche, und es ist im Zunehmen begriffen. Zonal erstrecken sich die Halbwüsten- und Wüstenzonen zwischen 17° und 33° Breite, aber nur die Sahara, die Arabische Wüste und die Australischen Wüsten folgen dieser einfachen Gesetzmäßigkeit der Luftdruckgürtel der Erde. In Nordamerika liegen diese Zonen zwischen 23° und 38°N und fehlen auf der feuchten Ostseite, in Asien zwischen 23 und 48°N, in Südamerika zwischen 6° und 32°S, in Südafrika erstrecken sie sich von 14°–33°, und auch in diesen drei Gebieten fehlen sie auf der Ostseite, weil dort auflandige Winde vorherrschen.

4.1.1 Ursachen und klimagenetische Wüstentypen

Der zonale *Wüstengürtel* ist durch den passatischen *Hochdruckzellengürtel* bedingt, der einerseits durch das Absinken der in der *Innertropischen Konvergenzzone* aufgestiegenen Luft, andererseits durch äquatorwärtiges Ausscheren von Hochs aus der Westwinddrift bzw. äquatorwärtige Luftmassenverlagerung bei einer Beschleunigung der Düsenströmung entsteht. Die in dieser Wurzelzone des Passats liegenden Wüsten nennt man auch **Passatwüsten**. Sie sind am größten, insgesamt 17,3 Mio. km^2 (fast 50 x die Fläche von Deutschland). Die *Sahara*, die *Rub al Khali* in Saudiarabien, *Lut* in Persien, *Tharr* in Indien und in Australien die *Große Sandwüste*, *Tanami-*, *Gibson-*, *Simpson-* sowie die *Victoriawüste* gehören überwiegend zu diesem Typ.

Die übrigen Wüsten sind nur teilweise durch die Niederschlagsarmut infolge hohen Luftdrucks mit absinkenden Luftmassen bedingt. In Südamerika und Südwestafrika spielen die kalten Meeresströmungen eine besondere Rolle. Diese bringen zwar Nebel, aber die Feuchtigkeit löst sich landeinwärts durch die Erwärmung auf. Solche typischen **Küstenwüsten** an der Westseite der Kontinente wie die *Atacama* und *Namib* sind schmal und lang; insgesamt bedecken sie nur 0,25 Mio. km^2.

Die kalten Meeresströmungen und aufsteigendes kaltes Tiefenwasser werden von den ablandigen Passaten hervorgerufen. Die Wüsten dehnen sich im Bereich dieser Passatzone aber nicht bis zur Ostseite der schmalen Südkontinente aus, weil sie bald in den Passatluv kommen. So ist die *Kalahari* ostwärts zunehmend niederschlagsreicher, im Westen hat sie Halbwüstenklima, im Osten bereits Dornsavannenklimaverhältnisse.

Auch in Niederkalifornien spielen kalte Auftriebswasser (der Kalifornienstrom) sowie das passatische Nordpazifikhoch für die Niederschlagsarmut eine Rolle, aber der Hauptgrund für die weiter im Binnenland liegenden nordamerikanischen Wüsten ist die Regenschattenlage, so dass wir sie vereinfacht **Leewüsten** nennen können, was z.T. auch für die innerasiatischen Wüsten gilt. Sie umfassen ca. 3 Mio. km^2 (8 x Deutschland). Manche Wüsten wie die *Gila-* und *Sonorawüste*, *Karakum* und *Kysilkum* sind Mischtypen aus Passat- und Leewüsten. Niederschlagsarmut durch abgeschirmte Lage und winterliches kontinentales Kaltlufthoch kennzeichnet die *Taklamakan*, *Shamo* und *Gobi*, so dass **Binnenwüsten** für sie eine treffendere Bezeichnung als Leewüsten ist.

Insgesamt gibt es auf der Erde rund 20 Mio. km^2 Wüsten und Halbwüsten. Im weiteren Sinne gehören die Kältewüsten auch dazu, insbesondere die trockenheitsbedingten Frostschutzzonen in Nordgrönland und in der Ostantarktis, aber weil die Kälte das primäre Merkmal ist, zählt man sie zu den Polarzonen.

4.1.2 Klimatische Schwellenwerte für Halbwüsten und Wüsten

Nach TROLL (1952) und LAUER (1952) scheint es noch klar zu sein: Das *Halbwüstenklima* hat 11 aride Monate, das *Wüstenklima* 12 im Mittel. Einen humiden Monat bräuchten die Dauerpflanzen der Halbwüsten für ihre Vegetationsperiode. Aber es gibt viele Gebiete mit 12 ariden Monaten, wo trotzdem noch Halbwüste herrscht, weil bei bestimmten angepassten Pflanzenarten auch schon solche Feuchtigkeitsmengen pro Monat genügen, die ihn rechnerisch nur als semiarid ausweisen würden. Derartige Halbwüsten ohne humide Jahreszeit finden wir im südwestlichen Nordamerika (Abb. 48), Australien (Abb. 49), Nordkenia (Abb. 56) und Somalia, d.h. überall dort, wo nicht in einem humiden Monat die Niederschläge fallen, sondern in mehreren, dafür aber nur semiariden Monaten. Für eine Vollwüste müssen es also normalerweise mindestens 11 vollaride Monate im Jahr sein.

Bei den Niederschlagsmengen lassen sich nur schematische Schwellenwerte angeben, weil sie sowohl von der Verdunstungshöhe bzw. potenziellen Evapotranspiration (1000–4000 mm im Jahr) als auch von der Schwankungsgröße abhängen (z.B. ob häufiger Jahre ohne effektiven Niederschlag auftreten, was typisch für die Wüste ist). Außerdem ist die Dauer der hygrischen Vegetationsperiode entscheidend und wichtig. Grob gesehen kann man sagen, dass an der kälteren Seite des Wüstengürtels etwa 120–150 mm im *Jahresmedian* (zutreffender als das -mittel) die Grenze für die Halbwüste und 60–75 mm für die Wüste sind, an der wärmeren Seite 200–250 mm und 100–125 mm. Die Grenze zur Dornsavanne liegt ungefähr bei N (mittl. Jahresniederschlag) = 0,1 PET (pot. Evapotranspiration). Wenn dabei die regenlose Zeit häufiger über 11 Monate hinausgeht und nicht wenigstens einmal in 5 Jahren eine zusammenhängende Graswuchsperiode von über 50 Tagen auftritt, so dass auskeimende perennierende Gräser gut und tief anwurzeln sowie Horste bilden können, dann kann sich keine Dornsavanne entwickeln.

DUBIEF (1959) versuchte Untergliederungen zu schaffen mit einem *Wüstenindex*, der angibt, wieviele Tage lang der mittlere Niederschlag die potenzielle Verdunstung kompensieren würde. So eine extreme Mittelwertsklimatologie wird jedoch dem Zufallscharakter der für eine Vegetationsphase ausreichenden Niederschlagsverhältnisse nicht gerecht (vgl. Abb. 57, S. 249).

212   *Halbwüsten- und Wüstenzonen*

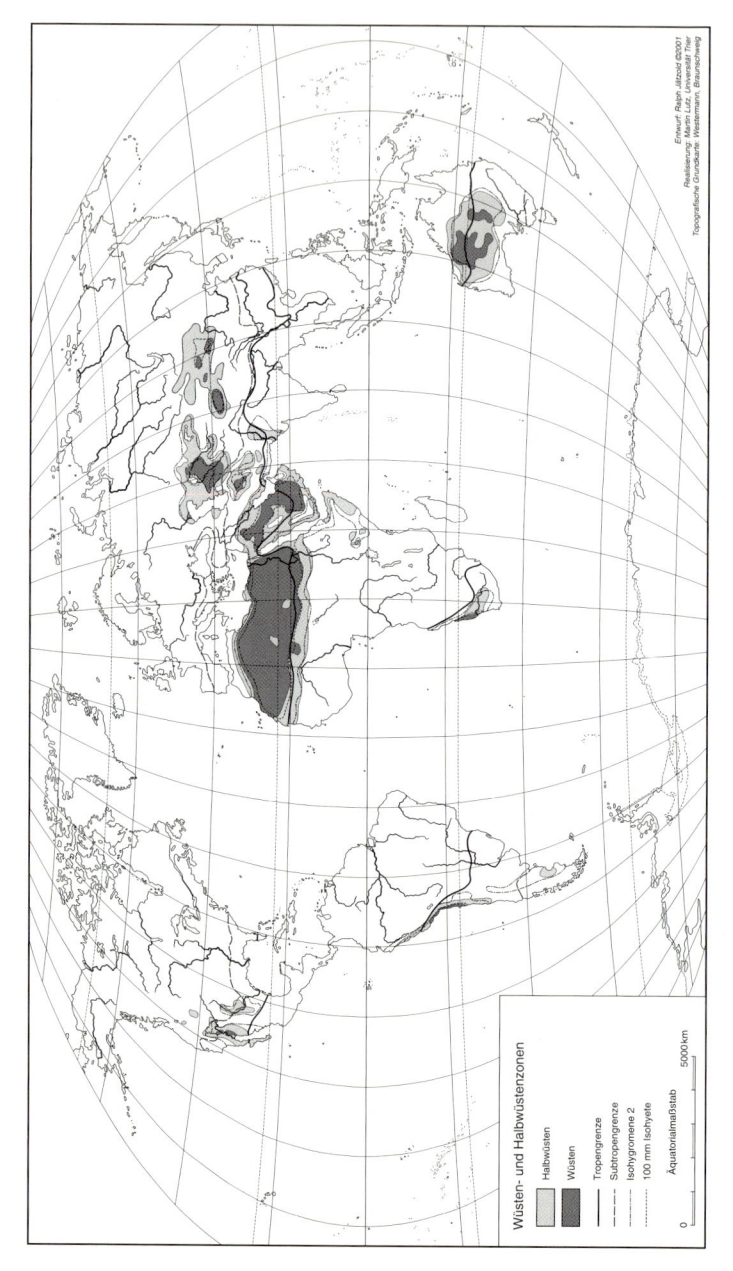

Abb. 47: Verbreitung der Halbwüsten und Wüsten in Bezug zu dafür relevanten klimatischen Grenzlinien (Entwurf: R. JÄTZOLD, Kartogr. M. LUTZ)

Halbwüsten- und Wüstenzonen 213

4.2 Die Naturraumausstattung

4.2.1 Klimacharakteristik der Halbwüsten

Es ist noch mit periodischen Niederschlägen zu rechnen, aber sie können auch über ein Jahr lang ausfallen. Die Regenzeiten können scharf abgegrenzt sein, bei außertropischen Halbwüsten (außer im Monsunbereich) und bei kleinen Kontinenten sind sie eher unscharf.

So ist es in Nordamerika, wo der Kontinent im Passatbereich schmal ist und deshalb sowohl die Ausläufer der tropischen Tiefdruckgebiete als auch die von Westwindzyklonen etwas Niederschlag bringen (Abb. 48).

In der *Passatwüstenzone* kleiner Kontinente wie Australien können sogar im Zentrum noch so viele Niederschläge durch eindringende Meeresluft fallen, dass es Halbwüsten der feuchteren Variante ergibt (Abb. 49). Am markantesten ist der Niederschlagsgang in der Halbwüstenzone an der äquatorwärtigen Seite der *Passatwüsten* wie der *Sahara* und der ostasiatischen Binnenwüsten wie der *Gobi (Abb. 50 und 51)*, weil die Innertropische Konvergenzzone mit ihren Gewittern bzw. die Monsunniederschläge sie gerade noch erreichen.

4.2.2 Klimacharakteristik der Wüsten

Im Zentrum der *Passatwüsten* und bei weiter Entfernung vom Meer ist die Wahrscheinlichkeit von Niederschlägen sehr gering. Die Mittelwerte sagen nicht viel aus und die Mehrzahl der Jahre ist ohne Niederschlag. Das ist extremes *Kernwüstenklima* (Abb. 52). Im randlichen *Kernwüstenklima* gibt es bereits Niederschläge, die mit gewisser Regelmäßigkeit in einer bestimmten Jahreszeit fallen, äquatorseitig im Hochsommer (Abb. 53), zur Westwindzone hin im Winter. *Fata Morganas*, Sand- und Staubstürme (GOUDIE 1983) gehören ebenfalls zum Wüstenklima.

Scheinbar am niederschlagsärmsten sind die *Küstenwüsten* (Abb. 54 u. 55), besonders in Südamerika. Aber warmfeuchte Meeresluft, die von Westen kommt, wird über dem kalten Meeresstrom abgekühlt und bildet dabei Nebel. Diese treiben als Hochnebel noch bis zu 30 km in das Land herein, ehe sie sich auflösen. Aus ihnen heraus kann es zu Nebelnässen kommen, das jedoch kaum messbar ist. Nur wo die Hochnebelbänke an Berge stoßen, kommt es zu größerer Feuchtigkeitskondensation am Boden und an Pflanzen, die diese Feuchtigkeit direkt aufsaugen können (*Loma-Vegetation*). Größere Niederschläge kommen nur zustande, wenn z.B. mit einer kräftigen Störung oder infolge der Strömungsoszillation des *El Niño*-Phänomens warmfeuchte Luft bis zum Festland gelangt. Das geschieht jedoch nur etwa einmal pro Jahrzehnt, kann aber verheerende Wirkungen haben wie 1997 in der Halbwüste von Südwestecuador, wo statt des Jahresmittels von 200 mm 3000 mm fielen (auch in Nordwestperu) und 600 Tote zu beklagen waren.

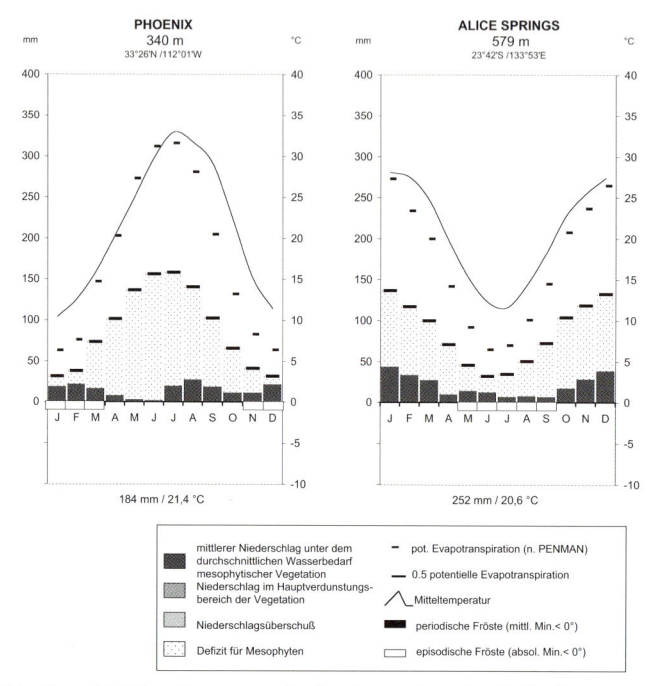

Abb. 48 u. 49: Klimadiagramme der feuchteren Seite der Halbwüstenzone

Bei **Phoenix** in Arizona kommen noch zwei Regenzeiten vor, aber sie sind schwach, weil die von Westen kommenden Winterniederschläge weitgehend von den küstennahen Gebirgen abgehalten werden und die von Süden kommende Sommergewitterzone nur noch schwach hereinreicht. Aber die Kakteen stellen sich darauf ein, das wenige Wasser mit oberflächennahem Wurzelwerk rasch aufzusaugen und in sich zu speichern, ehe es verdunstet.

Das Diagramm von **Alice Springs** beweist, dass auch bei 12 ariden Monaten noch Halbwüste herrschen kann, wenn einige nur semiarid sind. Obwohl nahe des Wendekreises gelegen, wo es ganz trocken sein müsste, gelangen wegen der Kleinheit des Kontinents immer wieder feuchte Meeresluftmassen ins Innere, die sich an der nahen *Macdonnellkette* oder in heftigen Gewitterschauern abregnen. So hat jeder Monat Niederschlagschancen, aber sehr unregelmäßig. Im Mittel lässt sich jedoch eine Regenzeit im Sommer, wenn auch unscharf, ausgliedern, die aber durch die dann hohe Verdunstung keinem Monat humide Verhältnisse geben kann. Trotzdem gibt es einen besser als bei Agades über das Jahr verteilten und gemäß der Jahresniederschlagsmenge größeren Zuwachs an Pflanzenmasse, der die Schafzucht begünstigt und sogar Rinderhaltung ermöglicht. Es ist schon fast eine *xerophytische* Busch-Savanne im Inneren Australiens.

Halbwüsten- und Wüstenzonen

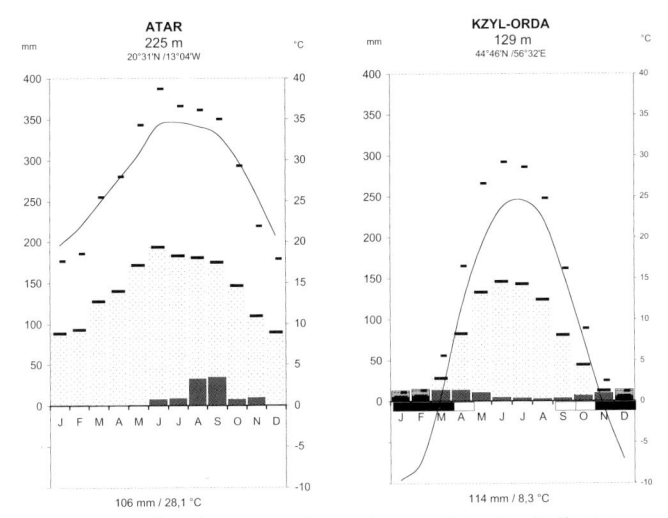

Abb. 50 u. 51: Klimadiagramme der trockeneren Seite der Halbwüstenzone im Übergangsbereich zu der Randwüste

Nach **Atar** in Mauretanien, das den äußersten Rand der Sahelzone repräsentiert, kommt die *Innertropische Konvergenzzone* nur noch schwach, etwas verzögert und in manchen Jahren auch gar nicht hin. Das Ökosystem ist deshalb empfindlich, denn nur in feuchten Jahren haben Tiefwurzler eine Nachwuchschance, und die Annuellen dürfen nicht abgefressen werden, ehe sich wenigstens ein Teil versamen kann. Nomadismus und Halbnomadismus sind daher nicht nur wegen der jahreszeitlichen Weideflächenveränderung, sondern auch zur Flächenschonung sinnvoll.

Kzyl-Orda, Kasachstan, repräsentiert den kontinentalen winterkalten Halbwüstengürtel in Innerasien. Die jährlichen Temperaturschwankungen sind groß. Man kann nicht von einer humiden Jahreszeit sprechen, aber die Kälte und geringe Verdunstung im Winterhalbjahr führen dazu, dass sich etwas Schnee ansammelt, der vom Wind in den kleinsten Mulden zusammengeweht wird. Nach der Schmelze steht damit neben den geringen Frühjahrsregen dort Wasser für Gräser und Zwergsträucher zur Verfügung.

Die dünne Vegetationsdecke macht extensive Wanderweidewirtschaft sinnvoll, um ein großes Areal abzudecken. Aber eine Saisonwanderung wird vom Klima nicht gefordert, wodurch in der sozialistischen Zeit die Kollektivierung der Nomaden und eine Sesshaftmachung ihrer Familien erleichtert wurde. Inzwischen haben sich die Kollektive wieder aufgelöst, die meisten Menschen sind abgewandert und das Gebiet ist fast ungenutzt.

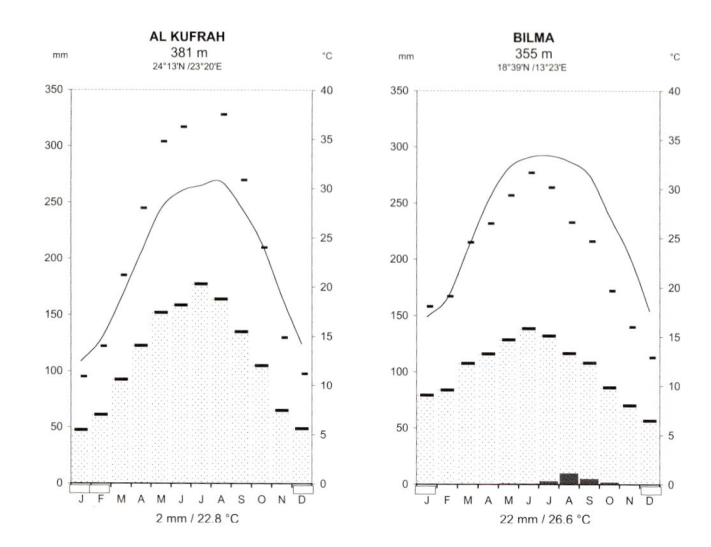

Abb. 52 u. 53: Klimadiagramme der Sahararegion der Passatwüstenzone

Al Kufrah in Ägypten repräsentiert die innere Sahara mit fast niederschlagslosem, extremem Kernwüstenklima. Nur ein- bis zweimal in 30 Jahren gibt es einen relevanten Regen, bei dem jahrelang ruhende Samen eine *ephemere* Vegetation bilden.
Die potenzielle Verdunstung ist hier eine sehr fiktive Größe. Sie wird aus der Einstrahlungsenergie berechnet. Die tatsächlich mögliche Verdunstung in Oasen ist viel höher, weil ständig trockene Luft von außen nachgeführt wird (*Oaseneffekt*).
Bilma in Algerien am Nordrand der Ténéré-Wüste empfängt im Spätsommer gelegentlich noch Ausläufer der *Innertropischen Konvergenzzone*. Deshalb zeigt es das Klima einer randlichen Kernwüste, wo sich an wenigen günstigen Stellen etwas Wasser für eine Dauervegetation konzentrieren kann.
Die thermische Tropengrenze ist hier wie in den meisten Wüsten schwer zu ziehen, weil zwar die Mitteltemperaturen noch tropisch sind, aber die wegen der klaren Nächte manchmal vorkommenden Fröste dagegen sprechen.

Halbwüsten- und Wüstenzonen 217

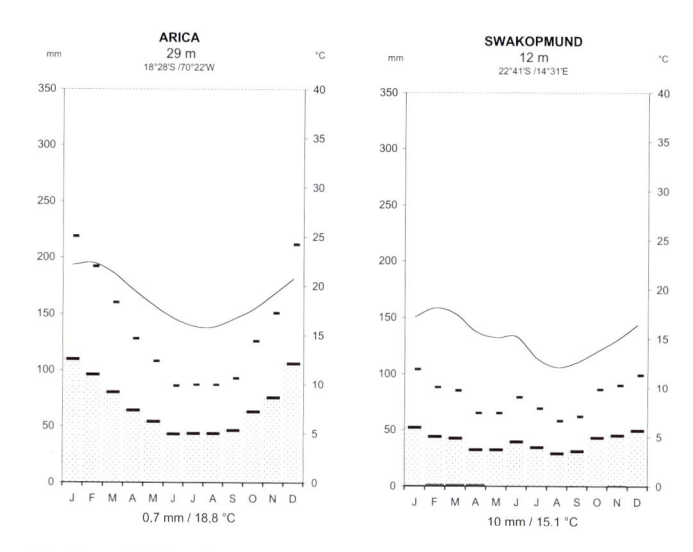

Abb. 54 u. 55: Klimadiagramme von Küstenwüsten

Arica, die Hafenstadt in Nordchile, repräsentiert die tropische Küstenwüste. Die Niederschlagsarmut der *Rossbreiten* wird hier noch verstärkt durch den kalten *Humboldtstrom*, dessen Wassertemperaturen im Februar etwa 18°, im August 14° betragen. Auf das Land kommt also nur kalte Meeresluft, die sich dort erwärmt, wodurch ihre relative Luftfeuchtigkeit sinkt. Warmluft, mit der sie dort zusammenstoßen könnte, ist trocken. Es kommt also nicht zu Niederschlag. Allerdings bilden sich vor allem in den Wintermonaten um den August herum (Südhalbkugel) Nebelbänke über dem kalten Meeresstrom aus, weil dann der Gegensatz zu dem sonstigen Pazifikwasser am größten ist.
Swakopmund in Namibia zeigt uns die Verhältnisse einer subtropischen Küstenwüste, wofür die südliche Namib typisch ist. Obwohl wegen der ausgleichenden Wirkung des Meeres keine Fröste vorkommen, liegt die Jahresmitteltemperatur unter der *Wärmemangelgrenze* der Tropen von 18°, und der kälteste Monat hat nur 12° Mitteltemperatur.
Auch hier ist das Primäre ein kalter Meeresstrom, der *Benguela-Strom*, der die Niederschlagsarmut bedingt. Außer der Nebelkondensation gibt es eine Niederschlagsmöglichkeit fast nur im Herbst, wenn die Zyklonentätigkeit der Westwindzone sich dem Kontinent nähert, ehe die stabilisierenden Nebellagen durch Abkühlung des Meerwassers sich ausgebildet haben.

4.2.3 Die natürliche Vegetation: Biogeographische Halbwüsten- und Wüstensubzonen

Die unterschiedlichen Wasserangebote unter verschiedenen Temperaturverhältnissen und die einzelnen Anpassungsformen der Pflanzen, die auch nach genetischem Florenreich, Region und anthropogenem Einfluss sehr verschieden sein können (s. SCHROEDER 1998), haben mindestens 13 *Subzonen* nach den physiognomischen Vegetationsformationen hervorgebracht, davon allein zehn in der Halbwüste, die damit ein sehr vielseitiger Landschaftsgürtel ist. Diesen Subzonen ist auch eine spezifische Tierwelt eigen (Kap. 4.2.4). Sie können nach Floren- und Faunenregionen wie der *Saharo-sindischen* Region weiter differenziert werden, aber das ist eine mehr biologische als geographische Aufgabe.

Die feuchteren Varianten werden noch von Sträuchern bestimmt, die jedoch normalerweise nur knapp mannshoch sind oder so weit auseinander wachsen, dass die Sicht kaum behindert ist. Es gibt drei (im weiteren Sinn fünf) Subzonen dieser *Strauch-Halbwüsten*:

4.2.3.1 Dornstrauch-Halbwüsten

Sie kommen in Afrika, Amerika und Asien vor. Vom tropischen Savannengürtel in Richtung der Wendekreise ausgehend, treffen wir zunächst auf die *Dornstrauch-Halbwüste*. Sie geht aus der Dornsavanne hervor, deren Bäume, Büsche und Grashorste nur niedriger und weitständiger werden. Die perennierenden Gräser treten gegenüber den annuellen zurück, weil die Feuchtigkeit nicht mehr ausreicht, dass Keime in der Hülle abgewelkter Blätter überleben können. Heute sind viele Grasarten wegen der Überweidung ohnehin weitgehend verschwunden (Bild 22), das Aussehen ist daher wüstenhafter geworden. Die Regenzeiten sind sehr kurz (um 1 Monat), aber markant und führen zu einer gewissen Wasserspeicherung im Boden, was für tiefwurzelnde Holzgewächse günstig ist. Strauchförmige Akazien dominieren, wobei die Trichterform zur Wasseranreicherung nahe der Hauptwurzel vorherrscht wie bei der *Acacia reficiens* oder *A. nilotica* in der Sahelregion, die besonders typisch für die Dornstrauch-Halbwüsten sind. Dichter stehen die Büsche in den äquatorialen Halbwüsten wie in Nordkenia, weil dort zwei Regenzeiten ihnen bessere Überlebenschancen gewähren. Die ebenfalls an Dornbüschen reiche Kalahari ist nur im SW-Teil eine Halbwüste, sonst Dornsavanne.

An günstigen Stellen mit etwas zusätzlicher Wasseranreicherung im Untergrund kann noch der Gao-Baum (*Acacia albida*) wachsen, dessen Schoten (bis 75 kg pro Baum) ein wertvolles Viehfutter darstellen. Er wird zur Verbesserung und Absicherung der Lebensgrundlagen im Sahel seit 1975 stark propagiert, die geeigneten Standorte sind jedoch begrenzt, er ist eher

Halbwüsten- und Wüstenzonen 219

ein Baum der Grundwasser-Gehölze in der Dornsavanne. Vereinzelte Bäume wie der Seifenbeerenbaum (*Balanites aegyptiaca*) kommen, auch ohne dass ein edaphischer Gunststandort zu erkennen ist, in der Halbwüste des tropischen Afrika vor.

In Asien sind es nur relativ kleine Regionen, wie um die Wüste *Tharr*, in Amerika sind sie auch nicht groß, wie in Nordperu, und werden von dortigen Arten bestimmt (z.B. *Algarrobo, Prosopis chilensis*).

4.2.3.2 Hartlaubstrauch-Halbwüsten

Eine *Hartlaubstrauch-Halbwüste* ist in Nordmexiko und den südwestlichen Teilen der USA dort entstanden, wo es für Kakteen zu trocken ist. Sie wird vom nahezu immergrünen *Creosotbush* (*Larrea divaricata*) geprägt, der kleine, harte Blätter hat, die nur bei extremer Trockenheit abgeworfen werden. Er wächst durch Ausläufer weiter, breitet sich dadurch ringförmig aus, wobei die inneren Büsche absterben. Das geht sehr langsam vor sich. So ein *Klon-Ring* kann mehrere tausend Jahre alt sein. Wuchshemmer für andere Pflanzen, die in den Boden abgegeben werden, scheiden die Konkurrenz aus und sichern ein genügendes Wassereinzugsgebiet. Der *Creosotbush* kann sich deshalb auch in der *Kakteen-* und *Schopfbaumhalbwüste* behaupten und auf der anderen Seite noch gegen Steppengräser durchsetzen.

In Australien müssen sich die Sträucher der Halbwüsten weniger als in Afrika gegen Tierfraß schützen, sie sind daher meist dornlos. Zur Verringerung der Verdunstung haben ihre Blätter eine harte verdickte, häufig noch mit Wachs überzogene Haut oder sie ist mit Filzhaaren bewachsen wie beim *Oldman Saltbush (Atriplex nummularia)*. Bei den Mulga-Akazien (*Acacia aneura*, Bild 24) sind die Blätter bis auf grüne Stränge reduziert. Die Hartlaubstrauch-Halbwüste ist hier also nicht so typisch wie in Nordamerika, sondern etwas komplexer mit Tendenzen zu anderen Subzonen wie der *Rutenstrauch-Halbwüste*.

4.2.3.3 Rutenstrauch-Halbwüsten

In den sommerheißen und winterkalten Halbwüsten Zentralasiens, besonders in der *Karakum*[56], ist ein Strauch dominierend, der *Saxaul* (*Haloxylon lycopersicum, H. aphyllum* u. andere, Bild 23). Seine „Blätter" sind zur Wasserersparnis nur noch dünne Stränge, die Äste wirken dadurch wie Ruten. *Rutenstrauch-Halbwüste* ist daher der treffendste Begriff für diese Halbwüsten-Subzone, die bis in die Mongolei reicht.

Vereinzelte Anklänge finden sich stellenweise im Norden der Sahara und der Arabischen Halbinsel (VESTE u. BRECKLE 2000, S. 26) mit dem *Retam*-Strauch (*Retama raetam*), im Innern Australiens mit den seltsamerweise dort

"*Desert Oaks*" genannten *Kasuarinen* (*Casuarina cristata* und *decaisneana*), und auch die australische *Mulga* (*Acacia aneura*) geht teilweise in diese Richtung.

In Nordamerika fehlt diese Wuchsform, weil die Entwicklung der Pflanzenwelt durch die Trennung der Kontinente andere Wege ging. Dort haben sich neben den oben genannten *Creosot*-Büschen dafür Schopfbäume und Kakteen an die Trockenheit angepasst.

4.2.3.4 Schopfbaum-Halbwüsten

Die zu den Liliengewächsen gehörenden *Yuccas* (Palmlilien) entwickelten sich im Südwesten Nordamerikas (s. Karte in SCHMITHÜSEN u. HEGNER 1976) zu bizarren Schopfbäumen, wie der *Joshua-tree* (*Yucca brevifolia*) und *Mojave Yucca* (*Yucca schidigera*). Die *Mojave Desert* in Südostkalifornien ist die typischste Region dieser *Schopfbaum-Halbwüste* (Bild 25). Eine gewisse Parallele als Konvergenzerscheinung findet sich dazu in Südafrika mit einer Baumaloë, dem Köcherbaum (*Aloë dichotoma*), und ähnlichen Wuchsformen wie den *Halfmens* (*Pachypodium namaquanum*) am Nordwestrand der *Karoo* bis nach Südnamibia. Sie gehören jedoch auch bereits zu den Blatt- und Stammsukkulenten, so dass hier ein Übergang zur nächsten Subzone besteht.

Sogar manche Palmlilien können etwas Wasser speichern, aber nur im Stamm, was vielleicht der Grund für die bis 9 m hohe baumartige Wuchsform wie beim *Joshua-tree* ist. Selbstverständlich gibt es viele Sträucher zwischen den Schopfbäumen, so dass auch die *Schopfbaum-Halbwüste* im weiteren Sinn zu den *Strauchhalbwüsten* gehört.

4.2.3.5 Sukkulenten-Halbwüsten

In *Strauch-* oder *Zwergstrauch-Halbwüsten* können wasserspeichernde Pflanzen (Sukkulenten) so häufig auftreten, dass sie für die Formation kennzeichnend werden.

Nach den Wildwestfilmen scheint der Westen Nordamerikas vorwiegend mit Säulenkakteen wie dem Riesen-Kandelaberkaktus (*Carnegia gigantea* = *Cereus giganteus*) bestanden zu sein (Bild 26). Es ist aber nur eine relativ kleine Region in Arizona, die man als *Kakteen-Halbwüste* bezeichnen kann, weil diese Pflanzen gar nicht so anspruchslos sind. Sie können als Sukkulenten mit einem balgartig erweiterbaren Stamm zwar viel Wasser speichern (bis 3.000 Liter n. F. GEIGER in NOLZEN 1995, S. 137)[57], aber die niederschlagslosen Zeiten sollten normalerweise nicht viel länger als ein halbes Jahr dauern. Südarizona ist dafür günstig, weil es ein Überschneidungsgebiet zyklonaler subtropischer Winterregen und konvektiver Sommerregen ist, die aus der tropischen Zirkulation von Mexiko bis hierher gelangen. So gibt es in

Südarizona öfter Niederschlag, den die Kakteen mit ihrem weitgespannten oberflächennahen Wurzelwerk rasch aufsaugen und speichern können. Außerdem wird das Gebiet im Winter normalerweise nicht kälter als -5 °C, was ebenfalls wichtig ist, denn sonst werden die Frostschäden bei den verschiedenen Kakteenarten zu groß. Kakteen sind auch typisch für manche Trockenregionen in Westperu und in Nordchile im Übergangsraum zu mehr wüstenhaften Zonen.

Kakteen fehlen in der Alten Welt. Sukkulente *Wolfsmilchgewächse* haben sich dafür konvergent zu ähnlichen Wuchsformen entwickelt. Aber die den Säulenkakteen ähnelnden *Kandelaber-Euphorbien* Afrikas gedeihen in Halbwüsten nicht mehr, denn dort ist es für sie schon zu trocken. Auf den östlichen, leeseitigen Kanarischen Inseln und in Südwestmarokko haben sich jedoch einige *Euphorbia*-Arten so angepasst, dass *Sukkulenten-Halbwüsten* entstanden (LÜPNITZ 1999). Außerdem gibt es eine *Zwergsukkulenten-Halbwüste* in der *Karoo* mit zu rundlichen Kleinformen reduzierten „Kieselsteinpflanzen" (*Lithops spec.* u.a.), und im Randbereich der *Namib* wächst die altertümliche Blattsukkulente *Welwitschia mirabilis* (Bild 30). Auch von der Gattung *Staphelia* gibt es zu den Kakteen konvergente, wenn auch kleinere Wuchsformen in den Halbwüsten Südafrikas.

Wenn die Feuchtigkeit für Sträucher nicht mehr ausreicht, dominieren Halb- oder Zwergsträucher. Sie können sich auch in feuchteren Gebieten ausbreiten, wenn die Grasnarbe zu sehr durch Überweidung geschädigt wird (*Verzwergstrauchung*). Es gibt zwei Subzonen der *Zwergstrauch-Halbwüsten*.

4.2.3.6 Typische Zwergstrauch-Halbwüsten

Wo die Winter für Sukkulenten und Schopfbäume zu kalt werden (bzw. wo sich solche besonderen Pflanzen nicht entwickelt haben) oder wo es für solche Pflanzen und für Sträucher zu trocken ist, dominieren Zwergsträucher. In den USA, Nordafrika und Kasachstan gehören sie vor allem zu der holarktischen Gattung der Wermutarten (*Artemisia*), die mit ihren reduzierten und von Filz überzogenen Blättchen sehr gut gegen Verdunstung geschützt sind und außerdem ein großes Wurzelwerk haben. Ihre hohe Zellsaftkonzentration macht sie zudem unempfindlich gegen Frost. Diese Zwergstrauch-Halbwüste wird in den intramontanen Becken im Westen der USA auf weite Strecken vom silbrigen *Sagebrush* (aus 12 *Artemisia*-Arten) gebildet[58]. Ähnliche Formationen finden sich im Süden der Atlasländer sowie im Norden der *Karakum* und *Kyzilkum*.

In den tropischen *Zwergstrauch-Halbwüsten* Afrikas, die mit ca. 200 mm Jahresniederschlag besonders in Nordkenia vertreten sind, dominieren *Indigofera spinosa* und *I. cliffordiana*, in Gerinnen das anspruchsvollere *Duo-*

sperma eremophilum. In der *Zwergstrauch-Halbwüste* von Südafrika (in der Großen *Karoo*) gibt es ähnliche Wuchsformen, aber wegen des *Capensis*-Florenreichs von anderen Arten.

In den subtropischen *Zwergstrauch-Halbwüsten* Australiens sind der *Bluebush* (*Maireana spec.*) und der *Bladder Saltbush* (*Atriplex vesicaria*) auffällig. Zwischen den Zwergsträuchern gibt es niedrige annuelle Pflanzen, die von den gelegentlichen Regen leben. Die typischste Region ist die baumlose Nullarbor-Ebene (Bild 27).

4.2.3.7 Dornpolster-Halbwüsten

Sind Halbwüsten-Regionen sehr windig und andererseits reich an Weidetieren, so können die Zwergsträucher Hartpolster- oder Dornpolsterform annehmen. Wir finden diese Wuchsform stellenweise am Nordrand der Sahara mit den *Anabasis*-Polstern von *Fredolia aretioides*. Eindrucksvoll ist diese Vegetationsformation im Innern von Ostpatagonien mit fließendem Übergang zur Wüstensteppe (Abb. 47). Das halbkugelig wachsende *Nenneo* (*Molinia spinosa*) ist die dortige Charakterpflanze.

Besonders ausgeprägt sind *Dornpolster-Halbwüsten* in trockenen, windigen Hochländern, z.B. auf dem Altiplano von Südbolivien und dem nordwestlichsten Argentinien (SCHMITHÜSEN 1968, S. 224 f.). Dort ist in der *Tola*-Formation die kleinblättrige harte Polsterpflanzengattung *Lepidophyllum* bestimmend. Bekannt sind auch die *Azorella*-Polster der *Llareta*-Formation, die bis in die Anden von Nordchile reicht. Igelpolster von *Astragalus*-Arten kommen in trockenwindigen Hochländern von Afghanistan vor.

4.2.3.8 Gras-Halbwüsten

In Afrika und Australien, wo sich *xerophytische* Gräser entwickelt haben, können diese selbst in Halbwüsten dominieren, obwohl es sonst für diese Zonen charakteristisch ist, dass die perennierenden Gräser zurücktreten.

Auf lockeren feinkörnigen, meist sandigen Böden sind bestimmte Gräser gegenüber den Zwergsträuchern im Vorteil, weil sie dort ihr feines Wurzelnetz besser entwickeln können und einsickerndes Wasser aufsaugen, ehe es tiefer wurzelnden Zwergsträuchern zugute käme, die als immergrüne Pflanzen auch eine gewisse Feuchtigkeitsreserve in tieferen Bodenschichten benötigen. Am Südrand der *Sahara* wächst in der *Dornstrauch-Halbwüste* auf graslandgünstigen Böden das zähe, niedrige *Cramcram* Gras (*Cenchrus biflorus*), dessen stachelige, sich überall festsetzende Samen eine Plage sind. Die meisten perennierenden Grasarten wachsen in büscheligen Horsten, deren äußere Blätter in der Trockenzeit abtrocknen und damit eine schützende Hülle um die grün bleibenden Erneuerungsknospen abgeben. Solche

Halbwüsten- und Wüstenzonen 223

Horstgras-Halbwüsten gibt es vor allem am feuchteren Nordrand der beiden großen *Ergs* in der algerischen *Sahara* mit einem stechenden Gras, das die dortigen Hirten „Vater des Knies" nennen (*Aristida pungens*). Macht die Grasbedeckung im Schrägblick einen flächigen Eindruck, kann man noch von Wüstensteppe sprechen, obwohl bei dem typischen Fall, der Halfagrassteppe in den Atlasländern, die Bodenbedeckung von *Stipa tenacissima* nur um 30 % liegt. Auch in Namibia gibt es *Horstgras-Halbwüsten*.

In vielen Halbwüsten Australiens wächst ein besonders widerstandsfähiges, durch *xerophytische* Triebe und Blätter stachelig wirkendes Buckelgras (*Hummock grass*), das aus mehreren ähnlichen Arten bestehende Stachelschwein- oder *Spinifex*-Gras (*Triodea* und *Plectrachne spec.*), das dort die *Spinifex-Halbwüste* als besondere Region bildet (Abb. 41). Der Buckel wächst im Laufe der Zeit in die Breite, der Mittelteil stirbt ab, es entsteht ein ringförmiges Gebilde (Bild 28). *Spinifex*-Gras kann mit Mulga-Akazien vergesellschaftet sein und sich auch in feuchtere Zonen ausdehnen.

4.2.3.9 Nebelpflanzen-Halbwüsten

Diese regionale Besonderheit der ariden Zonen kommt durch die kalten Meeresströmungen zustande. Wo die über den Küstenwüsten in Peru und Namibia häufig liegende Nebeldecke dem ansteigenden Gelände nahekommt (was besonders in Peru der Fall ist), gibt es Nebelnässen. Viele Pflanzen können auch die Nebeltröpfchen auskämmen (z.B. Kakteen mit dichten Stacheln) bzw. niedergeschlagene Kondensationströpfchen (auch vom Tau) direkt mittels Saugfäden oder Saugschuppen aufnehmen. Letztere Eigenschaft haben in Südamerika *Tillandsien*, die deshalb fast keine Wurzeln haben. Einige Arten zeigen mit ihrer Wuchsform, dass sie in die gleiche Familie der *Bromeliaceen* wie die Ananasstauden gehören (Bild 29). Ihre dicken Blätter sind sukkulent, weil einige Monate im Jahr kein Nebel herrscht (zur wärmeren Jahreszeit), für die sie Wasser speichern müssen. Neben diesen ausdauernden Pflanzen bestimmen im Bereich des Nebelnässens, an den vom Hochnebel berührten Hängen, viele annuelle Kräuter die „Lomavegetation" der Nebelniederschlagsbänder der Küstenwüste Perus (die dadurch entstehenden Weideflächen heißen dort *Lomas*).

Weniger auffällig sind die vielen Flechtenarten, die hier und besonders am Westrand der *Namib* vorkommen. Sie saugen mit ihren Pilzfäden Kondenswasser auf.

4.2.3.10 Halophyten-Halbwüsten (Salzpflanzen-Halbwüsten)

Diese Halbwüsten sind mehr edaphisch als klimatisch bedingt und deshalb eher als lokale Erscheinung denn als Subzone zu bezeichnen. Sie kommen meist ringförmig um Salzseen und Salzpfannen vor, die wegen der stark negativen Wasserbilanz als eingetrocknete *Endseen* ein typisches Element der Halbwüsten sind. Nur wenige Pflanzenarten können ihren Zellsaft so mit Salzen anreichern, dass noch ein osmotisches Gefälle zum salzhaltigen Boden entsteht. Es ist in Nordamerika v.a. das Fettholz (*Greasewood, Sarcobatus vermiculatus*), ein Zwergstrauch, der mit einer Zellsaftkonzentration bis 43 atm. osmotischen Drucks bzw. Saugkraft (H. WALTER 1970, S. 105) sich an solche extremen Standorte angepasst hat. Das in seinen Sprossen gespeicherte Wasser ist durch den hohen Mineralgehalt dickflüssig und wirkt fettig. In der Alten Welt sind es vorwiegend Quellerarten (*Salicornia spec.*), die sich auch als Pionierpflanzen am Meer finden.

4.2.3.11 Wüstensubzonen nach der Vegetationsverteilung

In den Wüsten ist der zonierende Faktor weniger die Art der Vegetation, sondern mehr ihre zunehmend ungleichmäßige Verteilung und die größer werdenden Abstände der Stellen mit perennierenden Pflanzen.

Randwüste (Übergangswüste)
Ist die Dauervegetation nicht mehr *dispers* verteilt, sondern *kontrahiert*, kommt man von der Halbwüste in die Wüste. Solange aber noch das Zusammenfließen von Wasser in den Geländemulden, Gerinnen und Talanfängen dort zu soviel Dauervegetation führt, dass sie mosaikartig auftritt und trotz der weiten kahlen Flächen dazwischen noch einen netzartigen Pflanzenbesatz hervorruft (Bild 30), kann man von *Randwüste* oder *Übergangswüste* sprechen. Diese Dauerpflanzen sind meist Zwergsträucher, wie in Nordamerika der dem Wermut verwandte *Sagebrush* (*Artemisia spec.*), in Nordafrika und Asien kleinere Wermutarten sowie der Kameldorn (*Alhagi spec.*). Dazwischen ist in den *Randwüsten* nackter Boden, der sich jedoch zur Regenzeit mit annuellem Gras und ebenso kurzlebigen Kräutern bedeckt.

Kernwüste (Vollwüste)
Kommt Dauervegetation nur noch inselhaft in voneinander nicht mehr überblickbarem Abstand vor, dann kann man von *Kernwüste* sprechen (Bild 32), weil das normalerweise im Kern der Wüstengebiete der Fall ist. Die Vegetationslosigkeit dominiert, aber *Vollwüste* ist trotzdem ein problematischer Begriff, weil einerseits noch an Wasseranreicherungsstellen Vegetation vorhanden ist, andererseits auch die *Extremwüste* dazugehört.

Wie bei den Randwüsten ist aber noch eine gewisse Regelmäßigkeit der jährlichen Niederschläge erforderlich mit Mengen, die in den *Randwüsten* bei mehr als ca. 50 mm Jahresmittel fast an jeder tieferen Stelle zu der für

Halbwüsten- und Wüstenzonen 225

Dauerpflanzen erforderlichen Anreicherung führen, in den *Kernwüsten* mit weniger als ca. 50 mm Jahresmittel nur noch vereinzelt an besonders günstigen Stellen. Die Übergänge zwischen beiden Wüstenzonen sind fließend.

Extremwüste
In der *extremen Vollwüste* oder kurz *Extremwüste* (Bild 33) fehlen auch die von der obengenannten lokalen Wasserkonzentration hervorgerufenen Vegetationsinselchen. Ausdauernde Vegetation gibt es hier nur noch durch Fremdwasser (Fremdflüsse, artesisches Wasser), weil so lange Zeiten (mehrere Jahre) absolut ohne effektiven Niederschlag vorkommen, wie es Dauerpflanzen nicht überstehen können. Aber auch in den *Extremwüsten* fällt gelegentlich einmal ein heftiger Regen. Dann keimen selbst dort die Samen ephemerer Pflanzen, die sich jahrelang keimfähig erhalten haben, wieder aus und erzeugen in unglaublich raschem Wuchs einen blühenden Pflanzenteppich (arab. *acheb*), der jedoch schnell wieder vergeht.

4.2.3.12 Intra- und azonale Wüsten

Die intrazonalen Wüsten, vor allem Sand-, Kies- und Steinwüsten, haben eine starke, nicht zonale Komponente wie den Untergrund und werden deshalb bei den *morphologischen Wüstentypen* beschrieben (Kap. 4.2.5). Bei den azonalen Wüsten dominiert ein Faktor so, dass er alles bestimmt, z.B. wie ein für Pflanzen zu hoher Salzgehalt des Bodens die Salzwüsten. Das können Salztonebenen sein, auf denen an günstigen Stellen noch einzelne *Halophyten* wachsen, oder auch reine Salzflächen wie bei ausgetrockneten pluvialen Seen in Australien. Am berühmtesten sind aber wohl die vom eiszeitlichen *Lake Bonneville* gebliebenen Salzflächen des *Great Salt Lake* in Utah, auf denen die Weltrekordstrecke für Autos markiert ist.

4.2.4 Bio- und wirtschaftsgeographisch wichtige Tiere

In den Halbwüsten der Alten Welt dominierten einst die Gazellen. Die Forschungsreisenden des 19. Jahrhunderts berichteten von großen Gazellenherden. Heute ist es ein Glücksfall, wenn man dort eine Gazelle sieht. Diese Tiere sind, wie die selteneren Wüstenantilopen mit modernen, weittragenden Gewehren leicht zu jagen, denn es fehlt die Deckung auf den vegetationsarmen Flächen. An Nahrung bieten Halbwüsten und Randwüsten diesen gut angepassten anspruchslosen Lauftieren genug; einige Arten gehen sogar bis in die Kernwüste, denn sie können mehrere Wochen ohne Wasser auskommen. Sie decken weitgehend ihren Feuchtigkeitsbedarf aus dem bei der Kohlehydratverbrennung der Nahrung entstehenden Wasser. Das können vor allem Oryx- und Mendesantilopen, Edmi-, Dorkas- und Dünengazellen, die im Halbwüsten- und Wüstengürtel Nordafrikas und Arabiens beheimatet sind. Die Weiße oder Arabische Oryx (*Oryx gazella leucoryx*) kam in der Arabischen Wüste vor, ist aber durch Jagden vom Auto aus dort ausgerottet worden. Die Art wurde gerettet durch Tiere, die vor einigen Jahrzehnten in einen Zoo in Arizona gebracht worden sind. Am Rand der Arabischen Wüste wurde diese seltene Antilopenart im *Arabian Oryx Sanctuary* in Oman 1980 neu angesiedelt (1999 schon 150 Tiere). In der Kalahari ist eine andere, braunere Oryxunterart, der Südafrikanische Spießbock (*Oryx gazella gazella*, burisch *Gemsbock*) in einem großen Nationalpark geschützt. Den Platz der Gazellen nimmt in Süd- und Südwestafrika der gazellenartige Springbock (*Antidorcas marsupialis*) ein. Die graue Mendesantilope (*Addax nasomaculatus*) kann sogar monatelang ohne Wasser auskommen. Deshalb konnte sie sich ins Innere der *Sahara* zurückziehen und so der Ausrottung noch entgehen. Sie ist aber trotzdem bedroht. Aus diesem Grunde ist eine Zuchtgruppe im Zoo von Hannover außerordentlich wertvoll.

Dorkasgazellen (*Gazella dorcas*) sind am verbreitetsten. Die Damagazellen (*Gazella dama*) wandern jahreszeitlich zwischen der Sahelzone und *Sahara*, wobei sie kleine Herden bilden. Die Dünengazelle (*Gazella leptoceros*) konzentriert sich auf die *Ergs* und ist dort leider weitgehend ausgerottet. In den Halbwüsten und Wüsten, von der *Nordwestsahara* bis zur *Tharr*, gibt es die Edmigazelle (*Gazella gazella*), und vom Irak bis zur Mongolei erstreckt sich der Lebensraum der Kropfgazelle (*Procapra subgutturosa*) in den Halbwüsten- und Wüstensteppen.

Als ganz besonders angepasst gelten Kamele, obwohl sie nur maximal 17 Tage ohne Wasser auskommen, aber sie können in dieser Zeit Lasten bis 400 km weit befördern. Die Wildform des Dromedars (*Camelus dromedarius*) ist schon lange ausgestorben, ca. 500 freilebende Baktrische Kamele (Trampeltiere, *Camelus ferus*) gibt es noch in den Halbwüsten der Mongolei. Dort lebt auch die Mongoleigazelle (*Procapra mongolica*).

In den Halbwüsten im Nordosten Afrikas kommen noch die schmal gestreiften Grévy-Zebras (*Equus grevyi*) und Wildesel (Afrik. Wildesel, *Equus asinus*) vor. In Asien sind die Halb- oder Pferdeesel, die regionale Unterarten gebildet haben, auf die Halbwüsten zurückgedrängt worden, z.B. der Asiatische Wildesel (*Equus hemionus),* der Khur (*E.h. khur*) im Süden der *Tharr* oder der Kulan (*E.h. kulan*) in der mongolischen *Gobi* (noch ca. 2.700 nach offiziellen Angaben).

Die Wüsten und Halbwüsten Amerikas haben – wohl wegen ihres jungen Alters und der geringeren Ausdehnung – keine eigene Gruppe großer Lauftiere hervorgebracht. Nur in die Halbwüsten Arizonas sind der Maultier-

Halbwüsten- und Wüstenzonen 227

hirsch (*Odocoileus hemionus*) und der Weißwedel-/ Virginiahirsch (*Odocoileus virginianus*) über die Höhenwälder eingedrungen, haben sich angepasst und zu Unterarten weiter entwickelt (*crooki* bzw. *coueai*). Auch Nabelschweine (Halsband-Pekaris, *Tayassu tajacu*) haben die Anpassung von den Savannen Mexikos her geschafft, indem sie sich auf die Wurzelknollen und Zwiebeln der häufigen *Geophyten* spezialisierten. An kleineren Lauftieren gibt es dort großohrige Hasen (Esel- und Antilopenhase, *Lepus californicus* und *Lepus alleni*), ähnlich wie in der Alten Welt (Wüstenhase, *Lepus capensis*).

Felsige Wüstengebirge werden in Amerika von Schwarzen Dickhornschafen (*Ovis canadensis stonei*) bewohnt, in Nordafrika von Mähnenspringern (*Ammotragus lervia*) und im Nordosten des Kontinents sowie auf der Arabischen Halbinsel von einer Unterart des Steinbocks, dem Nubischen Steinbock (*Capra ibex nubiana*), einem Relikttier aus feuchtkühleren Klimaperioden. In den Gebirgshalbwüsten Südostarabiens lebt der Arabische Tahr (*Hemitragus jemlahicus jayakiri*), nördlich von Arabien bis zum Kaspischen Meer ist auf ähnlichen Gebirgsinseln die Bezoarziege (*Capra aegagrus*), die Stammform unserer Hausziege, zu finden, soweit sie überhaupt noch vorkommt oder nicht vegetationsreichere Gebiete bevorzugt, wo dies möglich ist. In den Gebirgen von Zentralasiens Wüsten wie im *Gobi*-Altai leben dickhornige Wildschafe (*Argali, Ovis ammon*) und Sibirische Steinböcke (*Capra ibex sibirica*).

Die sogenannten Wüstenelefanten der *Namib* können dort nur existieren, weil die vom Hochland kommenden Wadis noch eine beachtliche, das Grundwasser nutzende Randvegetation haben. Aber es ist eine Unterart mit langen Beinen, um die Entfernungen zwischen den Vegetationsinseln und Wasserlöchern schnell genug zurücklegen zu können.

Vorwiegend von den Lauftieren ernähren sich schnelle Lauf-Raubtiere wie der Gepard (*Acinonyx jubatus*) in der Alten Welt. In Amerika versuchen Koyoten (*Canis latrans*) seine Stelle einzunehmen. Der Rotluchs (*Lynx rufus*) Amerikas und der Wüstenluchs (*Caracal caracal*) der altweltlichen Halbwüsten müssen sich mehr auf kleine Tiere einstellen. Es kommen relativ viele kleine Springtiere vor (Springmäuse, in Amerika Kängururatten), die hauptsächlich von Samen leben, die vom episodischen Pflanzenteppich her auch in der Wüste vorhanden sind. Ihren Wasserbedarf decken sie aus der Kohlehydratverbrennung. Die Luchse, dazu die afroasiatische Sandkatze (*Felis margarita*) sowie die Wüstenfüchse (Fennek in der Alten Welt, *Fennecus zerda*, in Amerika der Großohr-Kitfuchs, *Vulpes macrotis*) verschmähen auch Kriechtiere und Insekten nicht.

Die Halbwüsten im Südwesten Nordamerikas sind wegen ihrer Vegetationsvielfalt besonders reich an Vögeln. In alten Spechthöhlen der Säulenkakteen brütet der Elfenkauz (*Micrathene whitneyi*), in Erdhöhlen die Kanincheneule (*Speotyto cunicularia*). Der *Roadrunner* ist ein schneller Rennkuckuck (*Geococcyx californianus*), eine kleinere Laufvogel-Konvergenz.

In den Halbwüsten und Wüsten Australiens gibt es an einheimischen Großtieren nur Emus (*Dromaius novahollandiae)* und auf diesen vegetationsarmen Biotop eingestellte Känguruarten (v.a. das Rote Riesenkänguru, *Macropus rufus*). Höhere Säugetiere fehlen bekanntlich, weil dieser Kontinent vor ihrer Entwicklung zur Kreidezeit bereits von der Landbrücke zum Urkontinent Gondwanaland abgetrennt war. Die einzige Ausnahme, der Wildhund Dingo, stammt von vorgeschichtlich eingeschleppten Hunden ab. Ein Problem durch Massenvermehrung bilden die erst im 19. Jahrhundert ausgesetzten Kaninchen. Heute gibt es dort auch verwilderte Kamele, Ziegen, Schweine und Esel.

Kleintierarten sind besonders in den Halbwüsten noch relativ zahlreich und bilden deshalb auch ein wichtiges Glied in der Nahrungskette. Manche Tiere schützen sich vor Raubtieren durch abschreckende Farben wie die giftige Gila-Krustenechse (*Gila Monster, Heloderma suspectum*) oder die noch giftigere Korallenschlange (*Micruroides euryxanthus*) in Arizona, andere durch Stacheln wie die Dornschwanz-Agamen (*Uromastyx spec.*) der Alten Welt und Australiens. Konvergenzen dazu gibt es auch in Amerika wie die Stachelleguane (*Sceloporus spec.*). Die Dornen dienen auch als Kondensationsstellen für Tautröpfchen, die über Hautröhrchen aufgenommen werden. Unter den Reptilien der Wüste sind die „Sandfische" (Sandskinke, *Scincus spec.*) eine eindrucksvolle Sonderform in der Alten Welt, die sich mit verkümmerten Beinen nach Nahrung durch den Sand schlängeln und z.B. Käfer finden, die selbst in extremen Wüstengebieten von hereingewehtem organischem Staub (*Detritus*) leben können. Andere skinkverwandte (einige Arten sind sogar beinlos) kommen auch in Halbwüsten und in Nordamerika vor. Käfern und anderen Insekten stellen Skorpione nach, aber große Arten wie der Riesen-Wüstenskorpion (*Hadrurus arizonensis*) Amerikas fressen auch kleine Echsen und Schlangen. Zahlreiche Schlangen (vor allem Hornvipern und Sandrasselottern in Afrika und Asien, über den Sand gleitende *Sidewinders* und andere Klapperschlangenarten in Amerika) leben vor allem von Mäusen und Echsen, die in der Halb- und Randwüstenzone auftreten. Australien hat ähnliche Reptilien wie Afrika, weil zur Zeit ihrer Entwicklung die Landbrücke über Südasien noch bestand. Die bis 90 cm lange Kragenechse (*Chlamydosaurus kingii*), die Bart-Agame (*Amphibolurus barbatus*) und der Wüstenteufel (*Moloch horridus*) haben abschreckende Hautteile. Die großen Goannas sind flinke Echsen, langsame wie die Tannenzapfenechse, auch „*Sleepy Lizard*" genannt (*Tiliqua rugosa*), haben einen Schuppenpanzer zum Schutz. Echsen waren eine wichtige Nahrungsgrundlage für die Ureinwohner.

Halbwüsten- und Wüstenzonen

Als Erntevernichter sind die neun Arten der Wanderheuschrecken gefürchtet wie die Wüstenheuschrecke (*Schistocerca peregrina*) in der Alten Welt, deren Massenbrutstätten am Rande der Wüsten liegen. Mit Fernerkundungsmethoden (F. Voss, Berlin) werden heute die Brutstätten erfasst (z.B. feuchtere Sandschwemmebenen wie das Tokar-Delta im Sudan), so dass man sie dort konzentriert bekämpfen kann. Andere Arten der Wanderheuschrecken, auch in der Neuen Welt, brüten in trockenen Savannen und Steppen. Dort können auch Grillen massenhaft auftreten.

Rinder-Fliegen wurden mit Tierkot aus Afrika nach Australien eingeschleppt und sind noch mehr als in Afrika auch für die Menschen zur Plage geworden, weil viele Vogelarten fehlen, die Fliegen fressen würden.

4.2.5 Zonale Formung des Reliefs und Zonengliederung durch das Relief

Die Vegetationsarmut lässt eine Differenzierung der Wüsten durch *Relief*, *Gestein* und *Bodenart* besonders hervortreten, was z.T. auch noch für die Halbwüsten gilt.

4.2.5.1 Die reliefbedingten Wüstenregionen

Den allgemeinen Vorstellungen von Wüsten entsprechen am meisten die **Sandwüsten** (arab. *Erg*, berb. *Edeïen*, chin. *Shamo*), weil sie in der *Nordsahara* sehr verbreitet sind und die ersten Forschungsreisenden vor allem davon berichteten. Kamele können hier besser laufen als auf scharfkantigem Hamada-Gestein, und in Dünensenken kann sich Grundwasser sammeln, das mit einfachen Brunnen zugänglich gemacht werden kann. Beim heute motorisierten Wüstenverkehr werden die Sandwüsten möglichst gemieden, insbesondere die *Barchan-Sandwüsten* mit ihren sichelförmigen Dünen und daraus zusammengewachsenen Querdünen, während die älteren *Strichdünen-Sandwüsten* in Längsrichtung breite Dünentäler (*Gassi*) haben. Die Entstehung dieser Regionen ist komplexer Natur (BESLER 1992; LANCASTER in ABRAHAMS and PARSONS, eds., 1994, S. 479 f.).

Im Gegensatz zu einer weitverbreiteten Meinung sind Sandwüsten nicht der vorherrschende Wüstentyp, denn sie entstehen nur in der Nähe eines *Liefergebietes*. Das können physikalisch verwitternde Sandsteinplateaus sein, die der Auswehung unterliegen, oder der Sand wurde aus Gebirgen bzw. Hochflächen in Schwemmfächern angeschwemmt und von dort ausgeweht. Bei den Küstenwüsten kann er auch aus Strandwällen stammen. Wegen dieser besonderen Bedingungen gibt es nur wenige Sandwüsten-Regionen, z.B. den *Westlichen* und den *Östlichen Großen Erg*, die durch Ausschwemmung von Sand aus Plateaus bzw. Gebirgen und Anwehung entstanden sind (SCHIFFERS 1971), oder den *Edeïen Murzuk*, eine flache Schüssel von Sandstein-Schichten in der zentralen *Sahara*. Nur 7 % der *Sahara* sind Sandwüste.

Dünenlose Sandschwemmebenen (arab. *Feschfesch*) kommen im äquatorwärtigen Bereich des Wüstengürtels vor. Sie werden dort von den gelegentlichen heftigen Starkregen geschaffen. In ihnen bleiben Fahrzeuge leicht stecken. Meistens sind diese Sandflächen zum Glück nur wenige Quadratkilometer groß, gehören also eher zu Geotopen als zu Regionen, aber es gibt auch sehr ausgedehnte, wie die *Ténéré-Ebene* der *Südsahara*.

Sehr typisch sind **Steinwüsten** (arab. *hamada*, chin. *gobi*). Meist sind sie an flachlagernde Gesteinsschichten gebunden. Infolge der nahezu fehlenden chemischen Verwitterung kommt es zu keiner Bodenbildung. Das durch physikalische Verwitterung zerfallende Gestein bildet ebenfalls keinen Boden, denn das Feinmaterial (Staub, Sand) wird vom Wind verfrachtet. Zurück bleiben nur gröberer Schutt und nackte Blöcke. Eine „*Hamada*" ist entstanden. Der Begriff stammt aus Nordafrika und bezeichnet dort die weiten Plateauebenen auf den Schichtstufen. *Hamada* (auch *hammada* geschrieben) heißt auf arabisch „unfruchtbar" und lässt sich hier mit „totes Gestein" übersetzen und nimmt Bezug auf die sterilen Gesteinstrümmer oder -schichten. Synonym heißt es auch „(Fels-)Bank".

Für die Begeh- und Befahrbarkeit sind die *Untertypen* wichtig: Anstehende, von Kerben zerschnittene Gesteinsbänke dominieren in der noch jungen *Schicht-Hamada*, die relativ gut begehbar, aber fast nicht befahrbar ist. In schwer verwitterbarem Gestein wie Basaltplateaus herrscht *Block-Hamada* vor, die nur schwer zu begehen und nicht zu befahren ist. Auf leicht verwitterbaren, wenig zerschnittenen Kalk- oder Sandsteinplateaus entwickelt sich eine *Schutt-Hamada*, die wegen ihrer kleineren Steine, die Faustgröße kaum überschreiten, gut begeh- und befahrbar ist (Bild 32).

Die Oberfläche der typischen **Kieswüste** (Bild 30) besteht aus gerundeten Kieseln verschiedener Größe. Ihre Zurundung deutet auf Transport durch Wasser. Es handelt sich meist um pluvialzeitliche Schwemmfächer. Mancherorts können sie sogar rezent sein, abgelagert von den Schichtfluten der seltenen, aber heftigen Regenfälle. Auch die Tatsache, dass kaum Wüstenlack ausgebildet ist, beweist eine wiederholte Umschichtung der Gerölle durch fließendes Wasser. Gemäß ihren Entstehungsbedingungen sind Kieswüsten normalerweise nicht sehr ausgedehnt. Das kommt auch in ihrem arabischen Namen *seghir* oder *serir* = „die Kleine" mit einem gewissen Bedauern zum Ausdruck, denn sie sind eigentlich der verkehrsgünstigste Wüstentyp. Der Untergrund ist fest und nicht scharfkantig, was sowohl für Karawanen als auch für Autos ideal ist. Sie eignen sich sogar für den Sport der *Sail-*

Halbwüsten- und Wüstenzonen

carts. Nur eine Kieswüste hat die Dimension einer großen Region, die *Serir Kalancho* in der *Ostsahara*. Andere Kieswüsten von nur wenig gerundeten Kieseln können auch in entsprechenden Gesteinen aus sehr alten Steinwüsten durch fortschreitenden Gesteinszerfall entstehen, nicht nur auf Gesteinsbänken (insbesondere bei Konglomeraten), sondern auch auf Rumpfflächen. Das Feinmaterial wird ausgeweht, zurück bleibt ein *Deflationspflaster*.

Wo die Schichtfluten enden, lagert sich in dem stehenden Wasser Ton ab, und nach dem Verdunsten bleibt Salz zurück. Eine Abfolge von Ton-, Salzton- und *Salzwüste* entsteht dabei in den abflusslosen Senken (arab. *Sebkhas, Dayas*) bzw. ringförmig darum herum. Dies sind jedoch nur edaphisch bedingte Wüstenvarianten bzw. Ökotope in den -regionen. Sie können aber subregionale Dimensionen annehmen, z.B. in Australien (LÖFFLER 2000, S. 12). In lockerer Ausbildung als *Staubwüste* oder von dünner Salzkruste verdeckter Schlammfläche (pers. *Kawir*) werden diese Wüsten zu gefährlichen Hindernissen. Positiv zu sehen ist dagegen die *Lössstaubwüste*, weil Schluff der Hauptbestandteil ist; in ihm finden Räder eher Halt und er ist bei Bewässerung sehr fruchtbar.

Weiterhin gibt es noch die Gebirgs- oder **Felswüste**. Sie ist von vielen Tälern zerschnitten. Auch in den Wüsten werden gehobene Krustenteile oder *Eruptiva* in erster Linie von fließendem Wasser geformt, das trotz seiner Seltenheit wegen der Heftigkeit der Regen und fehlender Vegetationsdecke eine große Erosionskraft entwickelt. Die Abspülung verläuft am Steilhang meist schneller als die Verwitterung, so dass nackter Fels in diesen Gebirgswüsten ansteht, dessen Fuß jedoch meist im groben Schutt steckt, weil dort die Transportkraft des Wassers für eine Abspülung oft nicht ausreicht.

Abgetragene alte Gebirge, die nur noch als Schild anstehen, können in dieser Klimazone als *Schildwüste* bezeichnet werden. Aufgrund des Alters stehen meist fossile Böden früherer feuchter Klimaperioden an, wie in Südwestaustralien (LÖFFLER 2000, S. 12).

4.2.5.2 Klimabedingte Reliefbesonderheiten

Wüsten und Halbwüsten sind auch im kleineren Maßstab als den regionsprägenden Formen durch besondere morphologische Eigenheiten gekennzeichnet (MABBUT 1977).

Infolge der Trockenheit fehlt die chemische Verwitterung weitgehend, und Gesteinsunterschiede kommen dadurch prägnanter als in jedem anderen Klima heraus, was vor allem bei Schichtstufen und -rippen auffällt. Dagegen ist der *mechanische Gesteinszerfall* sehr aktiv durch

- *Zerspringen* großer Steine infolge Temperaturspannungen zwischen Oberfläche und Kern („Kernsprünge"), sei es allein durch Erhitzung (*Insolationsverwitterung*) oder durch die plötzliche Abkühlung bei einem der starken Regengüsse, was zur Abschalung (*Desquamation*) führen kann.
- *Zerbröckeln* kleinerer Steine vor allem durch *Salzsprengung* der an der Oberfläche auskristallisierenden Salze oder rein thermisch durch unterschiedliche Ausdehnungskoeffizienten der verschiedenen Gesteinskristalle.
- *Zerfallen* kleinster Steine zu Staub besonders durch den *Hydratationsdruck* der in der langen Trockenzeit dehydrierten und bei Regen oder Tau wieder Kristallwasser einlagernden Moleküle von Gesteinssalzen wie bei der Umwandlung von Anhydrit zu Gips. Diese „*Hydratationssprengung*" führt schließlich zu Salzstaubböden.

Ein typisches Kennzeichen ist der dunkle **Wüstenlack** (Gesteinslack, *rock varnish*) auf nicht zerbröckelnden Steinen. Er verwischt alle Gesteinsfarben und macht die Steinwüsten (*Hamadas*) düster. Der starke *Verdunstungssog* des trockenheißen Wüstenklimas bringt kolloidal gelöste Eisen- und Mangansalze an die Oberfläche der Gesteine, die dort zu einer harten, rotbraunen bis braunschwarzen *Oxidkruste* („Hartrinden") auskristallisieren, sogar auf hellem Kalk (OBERLANDER in ABRAHAMS and PARSONS 1994, S. 106 ff.). Der Sand und Staub der Wüstenwinde poliert sie zu einem glänzenden Lack. Eine gewisse Durchfeuchtung ist für die Lösung erforderlich. Deshalb ist die Wüstenlackbildung dort am stärksten, wo es noch gelegentlich regnet, nicht in den extremen Teilen der Wüste. In Halbwüsten können sich *biologische Krusten* bis 10 mm Dicke aus Bodenflechten bilden, die vor Verwehung und Abspülung schützen (VESTE u. BRECKLE 2000, S. 27 f.).

Außer in der Extremwüste dominiert noch die Erosion in der Reliefierung. Dichte Runsen gehen in Wadis über, an deren Ende sich erst Kies-, dann Sand- und schließlich Tonebenen ausbreiten. Flache Schuttfächer am Gebirgsrand können sich zu *Glacis* vereinen (MENSCHING 1982).

Die **Windwirkungen** teilen sich in Auswehung (gelegentlich wannenförmig = *Deflationswannen*), Sandstrahl-Korrasion, die *Pilzfelsen* schafft, und Akkumulation. Die Ausblasung des Feinmaterials aus skelettreichem Bodensubstrat führt zu Steinpflasterböden. Die Akkumulation des ausgewehten Staubes erfolgt erst in dichterer Steppenvegetation außerhalb der Wüsten als *Löss*, die des Sandes noch innerhalb. Nach dem HELMHOLTZSCHEN Prinzip ist die Ablagerung wellenförmig. Das weitere Wandern des Sandes erfolgt im höheren Mittelteil einer Welle wegen der größeren zu bewegenden Sandmasse langsamer als an den Enden, weshalb sich Sicheldünen oder *Barchane* bilden. Sie können sich bei viel Sand zu Querdünen vereinen. In Halbwüsten kann durchwachsende Vegetation die Sichelenden festhalten, es gibt dann

Halbwüsten- und Wüstenzonen 233

Paraboldünen. Bei gleichbleibender Windrichtung über Jahrmillionen können schließlich kilometerlange Längsdünen = Strichdünen entstehen wie in der *Namib*, deren Genese ziemlich komplex ist (zur Dünengenese: BESLER 1992 u. 2000). Im Bereich verschiedener Windrichtungen kommt es auch zu sehr hohen Sterndünen (Bild 33).

Im Windschatten kleiner Sträucher setzen sich Sandfahnen (*Jarlange*) an. Wo buschige Vegetation den Sand festhält, bildet sich eine Strauchdüne *(Nebkha)*, denn der Busch wächst über die Anhäufung hinaus, weiterer Sand häuft sich an usw... Diese Kleinform ist typisch für Halbwüsten oder bei Grundwasserfeuchte erreichender Vegetation auch in Wüsten. *Nebkhas* finden sich geschart um die ehemaligen Seebecken in der südlichen Mongolei und um Schwemmfächer in der *Taklamakan* oder im südwestlichen Nordamerika.

Trotz der lebhaften physikalischen Verwitterung und der seltenen Regen kann die Abspülung in den Halb- und Randwüsten mit der Schuttanlieferung noch Schritt halten. Die flächige Abspülung (*Denudation*) bringt Schichtstufen besonders markant zur Geltung, und die lineare Abspülung (*Erosion*) zerschneidet sie schluchtartig und löst sie in viele *Zeugenberge* auf. Deren Zahl ist im Halb- und Randwüstenklima besonders groß, weil die durch Vegetation praktisch nicht behinderte rückschreitende Erosion der Stirnrunsen wesentlich schneller vor sich geht als die Erniedrigung der Stufen oder deren Zurückversetzung durch Quellmuldenerosion, denn Überlaufquellen entstehen wegen der geringen Niederschläge nicht.

Die Abspülung führt am Hangfuß zu *Pedimenten* (DOHRENWEND in ABRAHAMS and PARSONS 1994), besonders in Grundgebirgs-Halbwüsten. Solche Pedimente können sich überschneiden und bilden Flächenpässe, weshalb diese Gebirge relativ gut durchgängig sind.

4.3 Das Naturraumpotenzial im Hinblick auf wirtschaftliche Nutzungs- und Entwicklungsmöglichkeiten

4.3.1 Das Weidepotenzial nach pastroökologischen Zonen

Wie bereits bei den Savannen- und Steppenzonen beschrieben, gehen die agroökologischen Zonen (Abb. 14) im Bereich der Regenfeldbaugrenze über in rein weidewirtschaftliche Zonen, die man vom Klima- und Bodenpotenzial her als pastroökologische Zonen bezeichnen kann. Es sind – von den Höhenzonen abgesehen – die *Zonen 6* bis *8*. Davon wäre hier die *Zone 6* als Rinderweidezone abzutrennen, weil sie noch in die Dornsavanne bzw. Steppe gehört, es ist deren nicht mehr im Regenfeldbau weitflächig nutzbare Randzone. Dort wächst noch perennierendes Gras, das „*Heu auf dem Halm*" ergibt, weshalb stationäres Ranching mit Rindern oder Schafen möglich ist. Es ist also eine Ranchingzone oder *Cattle-Sheep-Zone*.

Für die Halbwüste typisch ist die *Zone 7*. Hier ist das perennierende Gras – soweit überhaupt noch welches wächst – zu xerophytisch wie das Spinifex-Gras (*Triodia* und *Plectrachne spec.*) der australischen Halbwüste (s. Abb. 41), nur junge Triebe haben Futterqualität, und die gibt es nur nach Regen. Zwerg- oder Halbsträucher sind normal. Haben sie filzige statt harte Blätter (Kap. 1.2), dann sind sie noch Futter, soweit sie nicht zu bitter oder giftig sind. Das beste und heute weltweit verbreitete Beispiel ist der australische *Bladder Saltbush* (*Atriplex vesicaria*). Aber die Pflanzendichte (weniger als 50 % Bodenbedeckung) ist so gering und die Wuchsleistung so niedrig, dass sich Zäune in der Halbwüste nicht mehr lohnen. Auch ist der Aktionsradius von einer festen Siedlung nicht ausreichend, um eine Herde zu ernähren. Wanderweidewirtschaft ist daher notwendig und andererseits eine Chance, um jahreszeitlichen Wuchs auszunutzen, sei es in Halbwüsten mit noch periodischer, wenn auch sehr kurzer Regenzeit (Abb. 50) und annuellem Gras, oder bei episodischen Regen mit ephemerem Pflanzenteppich. Bei sehr langen Trockenzeiten oder überlangen Dürren (Abb. 56) *müssen* sie in angrenzende Gebiete ziehen, wo *Heu auf dem Halm* zu finden ist, also entweder in *Zone 6* oder in eine feuchtere Höhenstufe, weshalb diese Gebiete auch bis zu dem erforderlichen Maß als Ausweichräume eigentlich freizuhalten sind, aber heute von landhungrigen Bauern besetzt werden. Die Wanderhirten verlagern meist nur die Herden dorthin, nicht die Siedlungen. *Zone 7* ist also eine Seminomadismus-Zone, wobei sie wegen der Haupttiere auch *Kamel-Schaf-Zone* genannt werden kann (Abb. 14, S. 56).

Ausweichräume sind unerlässlich, weil die periodischen Regen so unsicher sind und oft so lange ausbleiben können, dass auch die ausdauernden Zwergsträucher ihre Blättchen abwerfen. Andererseits bilden sich gelegentlich kurzfristige Weidemöglichkeiten durch episodische Regen.

Die nähere Kennzeichnung erfolgt wie bei der *Zone 6* der Steppen und Savannen (s. Abb. 13 u. 43) durch Angabe der Dauer der Vegetationszeiten und der Wahrscheinlichkeit ihres Ausfalls. Ein Beispiel für die trockenste Subzone der *Zone 7*, also der Halbwüste im Übergangsbereich zur Randwüste, sei hier gegeben:

North Horr, Nordkenia (Abb. 56)
3°19'N, 37°04'E, 580 m; 133 mm Jahresniederschlag (Median), N : pot. Evapotranspiration = 0.06.
Durchschnittl. ca. 20 Tage mit Graswuchs, meist im April bei 30° Mitteltemp., mittl. Niederschlagsmenge dieser Zeit 80 mm; 200 T. große Trockenzeit; zweite Regenzeit um Nov. mit durchschn. 12 Tagen m. Grasw. bei

Halbwüsten- und Wüstenzonen

50 mm, aber Medianwerte nahezu 0 mm (50 % der Fälle); zweite Trockenzeit 150 Tage. Drittjahreschance 30-60 T. in 1. Rzt. bzw. 5-50 T. in 2. Rzt. in 10 v. 30 Jahren, Zweidrittelsicherheit mind. 10 bzw. 0 Tage in 20 v. 30 Jahren; Dürrewahrscheinlichkeit: 13 erste bzw. 17 zweite Regenz. in 30 Jahren waren ohne relevanten Graswuchs, in 5 v. 30 Jahren fielen beide aus, max. waren 43 Monate ohne effektiven Regen (1969-72).

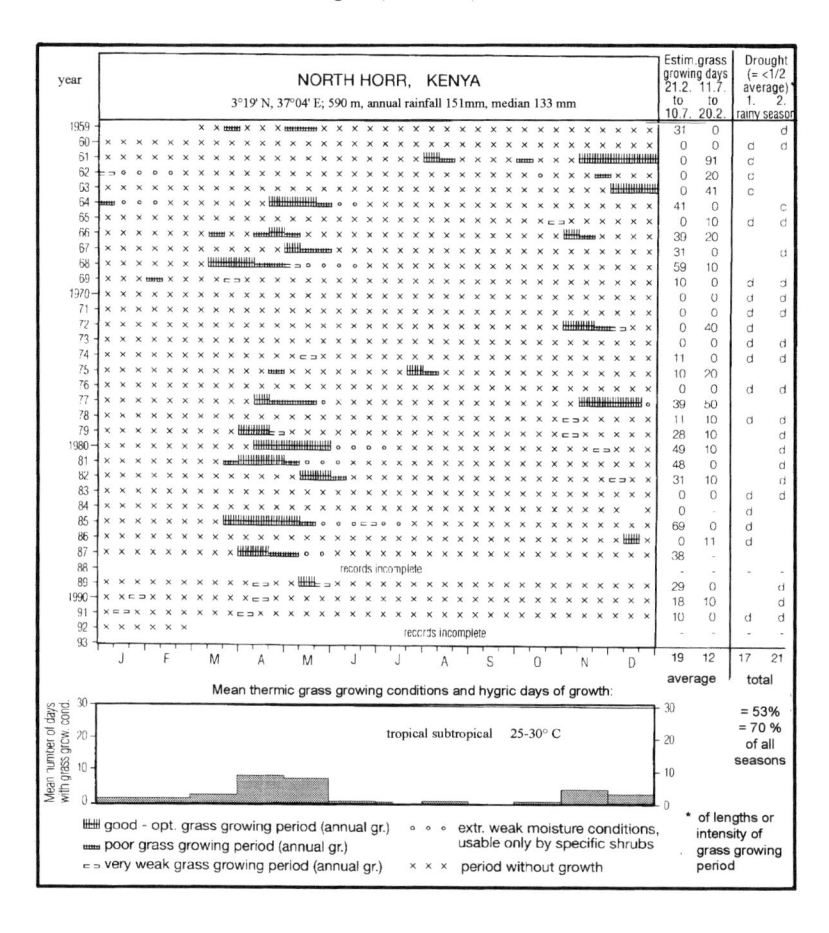

Abb. 56: North Horr in Nordkenia als Beispiel der Wuchszeiten-Verteilung und -Unsicherheit aus der Zone 7
Es sind zwar die im äquatorialen Bereich typischen zwei Regenzeiten zu erkennen, aber sie sind so oft so schwach oder fallen aus, dass ein Mittelwertsdiagramm ein irreführendes Bild bezüglich der Risiken ergäbe.
Berechnet für annuelles Gras mit dem Programm PASTURE von TH. LITSCHKO (1993), Entwurf: R. JÄTZOLD.

Für die Randwüste und noch nicht extreme Kernwüste typisch ist die *Zone 8*. Die Dauervegetation kommt nur noch an Stellen mit Wasseranreicherung wie Gerinnen und Mulden vor. Das Futterangebot ist so gering, dass ein ständiges Umherziehen notwendig wird. Die Distanzen der Stellen mit Futtervorkommen und von den Wasserstellen sind so groß, dass nur besonders angepasste Tiere wie Kamele sie überwinden können, weshalb für diese Nomadismus-Zone auch der Name *Kamel-Zone* sinnvoll ist.

Bei der *Zone 8* sind die obigen Möglichkeiten der Untergliederung an ihrer Grenze angelangt, denn das Auftreten von Wuchszeiten wird vom Normalfall zum Sonderfall (Abb. 57, S. 249).

Ein statistisches Erfassen der Risiken macht in *Zone 8* nicht mehr viel Sinn, weil sie ohnehin dominieren, und die Chancen sind zu unsicher, um sie vorauszusehen, es sei denn, die Verbindung zum *El Niño-Southern Oscillation System* wird noch genauer untersucht. Trotzdem sei auch hier für das gegebene Beispiel (Abb. 57) die Art der Kennzeichnung zum Vergleich durchgeführt, um die Chance einer Beweidung von annuellen Gräsern und Kräutern aufzuzeigen.

Selbstverständlich werden die pastroökologischen Zonen vor allem bezüglich der Bestockungsmöglichkeiten auch nach den Temperaturverhältnissen differenziert, dann nach den reliefbedingten Wüstenregionen (Kap. 4.2.5.1) regional gegliedert und schließlich durch die Boden- und Wasserverhältnisse in pastro-ökologische Einheiten untergliedert, z.B. Salztonpfannen mit *Halophyten*-Zwergsträuchern zwischen Dünen und weitständigen Grashorsten eines *Ergs* der *Zone 7*, aber mit erreichbarem süßen Grundwasser wie im *Souf* der *Nordsahara*. Kartierungen dieser Art stehen erst am Anfang.

4.3.2 Differenzierung des Potenzials durch die Bodenverhältnisse

Generell wird die Bodenbildung in den Halbwüsten und Wüsten nicht nur durch fehlendes Bodenwasser und ein arides Bodenfeuchteregime erschwert, sondern infolge der lückenhaften oder fehlenden Vegetationsbedeckung auch durch häufige äolische, fluviatile und kolluviale Umlagerungsprozesse. Trotzdem ist die Fruchtbarkeit der Böden größer als zunächst vermutet, wenn man die bei Bewässerung auftretenden Probleme wie Salzanreicherung und *Kalkchlorose* in den Griff bekommt (VOGG 1981).

Als zonale Böden kommen in den Halbwüsten *Arenosole*, *Xerosole* und *Yermosole*, in den Wüsten *Yermosole* und *Lithosole* (Rohböden) vor. Trotz des unzureichenden Feuchteangebotes findet in den *Arenosolen* (lat. *arena* = Sand), *Xerosolen* (gr. *xeros* = trocken) und *Yermosolen* (span. *yerma* = Wüste) der Halbwüsten unter weitgehend ungestörten äußeren Bedingungen eine aktive Bodenentwicklung mit physikalischer und chemischer Verwitterung statt, so dass eine Profildifferenzierung (A-B-C-Horizonte) zustandekommt. Häufig treten die 3 Bodentypen vergesellschaftet in Form von *Catenen* auf, was durch klimatische Gradienten und/oder die topographischen Verhältnisse bzw. die Nähe zum Abtragungsgebiet bedingt ist. So z.B. kommen die im Oberboden noch schwach humosen *Arenosole* in den Halbwüstenregionen des nördlichen Kenia auf den etwas feuchteren Standorten an den oberen Abschnitten der Pedimente vor (VAN KEKEM 1986). Das Material ist dort meist grobsandig und enthält nur wenig austauschfähige Substanzen, die für die Wasser- und Nährstoffspeicherung entscheidend sind. *Arenosole* können sich auch über Dünensanden entwickeln, wenn diese über längere Zeit durch Vegetation stabilisiert werden, und es damit zur Bodenbildung kommen kann.

Xerosole und *Yermosole* als die am weitesten verbreiteten Bodentypen der Halbwüsten kommen häufig auf den trockeneren, leicht geneigten unteren Abschnitten der Pedimente (*Glacis*) oder auf staunässefreien Akkumulationsebenen, aber auch über Dünensanden, vor. Im Gegensatz zu den *Arenosolen* enthalten sie überwiegend feinsandiges(–lehmiges) Material und besitzen nur sehr schwach ausgeprägte diagnostische Merkmale, was auf das aride Bodenfeuchteregime zurückgeführt werden muss; denn laut Definition (SCHEFFER u. SCHACHTSCHABEL 1982, S. 397) enthalten diese Böden während weniger als 6 Monaten pro Jahr überhaupt pflanzenverfügbares Wasser (pF < 4.2) im Durchwurzelungsraum (10-30 cm bei Tonen, 20-60 cm bei Lehmen, 30-90 cm bei Sanden). Die Unterscheidung zwischen *Xerosolen* und *Yermosolen* ist stark umstritten (SCHULTZ 1995, S. 319), da als Kriterium der Humusgehalt des Oberbodens herangezogen wird, der bei den *Xerosolen* prinzipiell „etwas" höher liegen soll als bei den *Yermosolen*, aber niedriger als bei den normalen Ah-Horizonten (sandiger *Yermosol*: <0,5 %; lehmiger *Yermosol*: <0,8 %; toniger *Yermosol*: < 1,0 %; sandiger *Xerosol*: 0,5-0,6 %; lehmiger *Xerosol*: 0,8-0,9 %; toniger *Xerosol*: 1,0-1,2 %; SCHEFFER u. SCHACHTSCHABEL 1982, S. 397 u. 351). VAN KEKEM (1986, S. 120) schlägt daher vor, die Differenzierung z.B. anhand der wesentlich aussagekräftigeren Tonmineralstruktur oder des Kalkgehaltes durchzuführen; neuerdings wird versucht, diese Böden je nach ihren besonderen Eigenschaften anderen Bodentypen zuzuordnen wie z.B. den *Fluvisolen, Cambisolen, Calcisolen* etc. (SCHULTZ 1995, S. 319).

Eine Besonderheit in den Halbwüsten (und feuchteren Teilen der Wüsten) bilden die zu den *Yermosolen* gehörenden Steinpflasterböden, die man verbreitet über vulkanischen Decken (z.B. in Ostafrika) findet. Hier geschieht die Bodenbildung infolge der chemischen Verwitterung durch einsickerndes Niederschlagswasser vor allem unter der Erdoberfläche, da das an der Oberfläche entstehende Feinmaterial wegen der lückenhaften oder fehlenden Vegetation durch den Wind und den Regen sofort weggeführt wird, und es damit dort nicht zur chemischen Verwitterung kommen kann. Durch die selektive Form der Gesteinsaufbereitung bilden sich im Unterboden in der Regel mächtige, meist mineralreiche (Ca, Na) und feinkörnige Substrate mit Säulengefüge (*takyrisches Gefüge*) und alkalischer Reaktion. Das oben aufliegende Steinpflaster ist häufig mit einer *Wüstenlackschicht* aus Eisen- und Manganoxiden überzogen, die unter Mitwirkung von niederen Pflanzen (*Cyanophyceen*) aus dem Gesteinsinnern gelöst werden und sich an der Oberfläche als feine Krusten niederschlagen. Steinpflasterböden können auch das Resultat anthropogener Landschaftsbeeinträchtigungen sein, wenn infolge der Vegetationszerstörung (z.b. durch Überweidung) Flächenspülung und Ausblasung das Feinmaterial der Oberböden wegführen (z.b. um die Wasserstellen in Nordkenia: MÄCKEL u. WALTHER 1993, S. 93).

Zu den zonalen Bodentypen zählt man auch die in Salztonebenen und –pfannen vorkommenden Weiß- (*Solonchake*) und Schwarzalkaliböden (*Solonetze*). Diese entstehen durch die Anreicherung von ton-, salz- und natriumreichen Sedimenten und die hohe Verdunstung in den Endseen.

Als azonale/intrazonale, meist kleinräumige Bildungen kommen – häufig mit *Fluvisolen* vergesellschaftet – in der Nähe von Wadis und Laggas Kalkkrusten-*Lithosole* vor (*Calcrete*). Diese Krusten entstehen durch aus den Wadis/Laggas kapillar aufsteigendes Grundwasser, dessen Ca-Bestandteile im Unterboden oberflächennah ausfällen; durch Abtragungsprozesse werden die Krusten freigelegt und können sogar wirtschaftlich genutzt werden. In besonderen Fällen, wo Stauwasser zur Regenzeit auch SiO_2 gelartig aus seinen Verbindungen mobil werden lässt, können sich sehr harte Kieselkrusten entwickeln (*Silcrete*). Häufig entstammen diese subfossilen Bildungen aus etwas feuchteren Klimaphasen (DIXON in ABRAHAMS and PARSONS 1994, S. 82 ff.).

4.3.3 Die Wasserverhältnisse für Versorgungs- sowie Bewässerungsmöglichkeiten und die Salzgewinnung

Berühmt sind die Wasser enthaltenden größeren Strudeltöpfe (*gueltas*) eines Wüstengebirges wie im *Hoggar*. Aber sie sind eine seltene Ausnahme.

Zonal gesehen ist nur in den Halbwüsten ein autochthones Wasserangebot aus noch mit mehr als 50 % Wahrscheinlichkeit zu erwartendem Abfluss vorhanden. Er ist jedoch zeitlich sehr eng begrenzt, und die Niederschläge reichen gewöhnlich zur Befeuchtung tieferer Schichten nicht aus, was eine länger währende Speisung von Quellen ermöglichen würde. Deshalb müssen dort, wo Wasser zusammenrinnt, tief einsickert und dadurch Grundwasser speist, wie in Wadis oder Senken, Brunnen gegraben oder gebohrt werden. In Senken kann das Wasser bereits salzig sein. Aber 1,1 % Salzgehalt ist die äußerste Grenze für die Nutzung, die dann nur noch für salztolerante Pflan-

Halbwüsten- und Wüstenzonen 239

zen wie Dattelpalmen möglich ist. Wichtig sind Vorkommen von Wasser in tieferen Kalk- oder Sandsteinschichten. Sind diese eingemuldet und von undurchlässigen Schichten bedeckt, kann es unter artesischem Druck stehen. Die Wassermenge in einem *Aquifer* ist meist in der letzten Pluvialzeit aufgefüllt worden, und es bedarf sorgfältiger Feststellung der heutigen jährlichen Erneuerungsmenge, wenn es durch erbohrte artesische oder Pump-Brunnen nachhaltig genutzt werden soll.

Kleine Dämme in den Gerinnebetten und Wadis sind eine andere Möglichkeit, Wasser zur Verfügung zu haben. Aber bei zu heftigen Niederschlägen werden die Dämme zerstört, generell schwemmen die Stauteiche schnell zu, und in etlichen Jahren gibt es gar keinen speicherbaren Abfluss. SCHIFFERS (1971, S. 412) berichtet, dass z.B. das Wadi *Saura* in 57 Jahren nur 33 mal auf mindestens 200 km Wasser geführt habe[59], und nur in 13 dieser Fälle ist es über die oberen 300 km dieses vom Hohen Atlas herabkommenden, mehr als 1000 km langen Wadis hinausgegangen. Nicht zu vergessen ist jedoch das noch weiter als der Oberflächen-Abfluss reichende Grundwasser, das z.B. hier von Dattelpalmen noch genutzt werden kann, doch es ist nicht viel.

Die azonalen Wasservorkommen sind deshalb wichtig. Die *Fremdlingsflüsse* (*allochthone* Flüsse, griech. „von fremdem Boden") aus feuchteren Gebirgen wie Colorado, Tarim, Indus, Euphrat und Tigris oder aus feuchteren Zonen wie der Nil sind bedeutende Lebensadern, nicht nur direkt, sondern auch mit ihrem Grundwasser. Man nennt sie auch *diarhëische* Flüsse (v. griech. „durchfließend"), es sei denn, sie enden in der ariden Zone wie der Tarim, dann sind sie *endorhëisch*. Bei ihnen kann es durch Übernutzung zu Problemen wie der Verlandung der Endseen kommen. Beim Aralsee ist das dramatisch (GIESE 1997, DECH u. RESSL 1993 u.a.), aber sogar beim Kaspischen Meer weicht das Ufer zurück. Bisherige Bemühungen, durch effizientere Bewässerung den Flüssen weniger zu entnehmen, haben keine signifikante Wirkung gehabt. Weil der große Wasserbedarf weiterbesteht, wird der alte sowjetische Plan, Wasser der sibirischen Flüsse nach Süden in die Wüste umzuleiten, von auf Trockengebiete spezialisierten Wissenschaftlern erneut diskutiert (BEAUMONT 1989, S. 396 ff.).

Die *autochthonen* Flüsse und Bäche entspringen in der Zone selbst und fließen bei stark aridem Klima nur selten und heißen deshalb dort auch *arhëisch,* also „nichtfließende" Flüsse, was aber nicht ganz stimmt, denn in Halb- und Randwüsten gibt es noch periodische Abflüsse, sonst gelegentlich noch episodische (bei Starkregen). Sie enden in Salztonebenen, Salzpfannen oder Salzseen, die z.T. ineinander übergehen. Je nach Liefergebiet und Ausfällungsgrad können es unterschiedliche Salze sein. Natriumkarbonate kommen aus Vulkangebieten, Kochsalz aus ehemaligen Meeresablagerungen. Der Abbau wird sowohl von Kleinstunternehmern als auch von großen Firmen betrieben, die leider die ersteren verdrängen wie am Assalsee in der Danakilsenke.

Wie komplex Vorkommen artesischen Wassers mit natürlichen Quellaustritten mancherorts sind und auch zur Bildung großer Salz- und sogar *Alaunvorkommen* führen können (BAUMHAUER u. LANGE 1991), beschreiben BAUMHAUER und HAGEDORN (1990) im *Kawar* und seiner Hauptoase *Bilma*. Eine unbedachte Tiefbrunnenbohrung hat dort bereits das hydrologische System empfindlich gestört (BAUMHAUER und HAGEDORN 1990, S. 103). Es sind vor solchen Maßnahmen genauere Untersuchungen der hydrologischen Situation erforderlich (BAUMHAUER 1997).

Für Wasserkonzentrationsanbau (Kap. 4.6.2) sind auch die Schichtfluten wichtig, die als bis wenige Zentimeter hoher flächenhafter Abfluss in den Halbwüsten noch mit einer gewissen Regelmäßigkeit auftreten (GRAF 1988, S. 105 ff.).

4.4 Traditionelle Lebens- und Wirtschaftsformen

4.4.1 Jäger und Sammler, eine aussterbende Reliktform

Die geringe Flächenproduktivität und der Wassermangel der stark ariden Zonen führt dazu, dass nur in den Halbwüsten bzw. an Fremdflüssen solche Gruppen leben können, von Streifzügen in die Wüsten bei Regenfällen abgesehen. Aber auch die Halbwüstenzone ist für diese besonders angepassten und meist dorthin abgedrängten Gruppen nur ein marginaler Lebensraum am Rande der Dornsavannen, Steppen oder semiariden Gehölze, wo die Hauptgruppen leben bzw. lebten (Kap. 2.4.1). Wo in der *Namib* Grundwasser auftritt, das von den vom Hochland kommenden Flüssen Swakop und Kuiseb genährt wird, leben noch etwa 400 **Topnaar**-Namas, ein Teil eines Reliktunterstamms der Nama von etwa 3000 Menschen. Ihre Hauptnahrung ist die Nara-Melone (*Akanthoskyos horrida*). Sie wächst nach einem der seltenen Regen auf der Leeseite kleiner Dünen, und mit einer schnell ausgebildeten, bis 30 m langen Pfahlwurzel erreicht sie das Grundwasser. Die Melonen können fast das ganze Jahr gesammelt werden. Ihr süßes Fruchtfleisch lässt sich als gekochter Brei-Fladen auf dem Sand als Vorrat oder zum Verkauf trocknen, die Samen geben ein wertvolles Öl. Doch diese Reliktkultur ist bedroht von der Einschränkung des Sammelraums durch den Naukluft-Namib-Nationalpark, Abpumpen des Grundwassers, durch Übernutzung und durch Aus-

Halbwüsten- und Wüstenzonen

bleiben des Aufkäufers, weil die kleinen Mengen sich nicht mehr lohnen. Die Topnaar wollen deshalb zum Anbau der Pflanzen übergehen.

Die **Buschleute** sind hauptsächlich Bewohner der Dornsavanne (Kap. 2.4.1.2), woraus der größte Teil der *Kalahari* besteht. Nur im Südwesten ist die Vegetation halbwüstenartig. Um dort überleben zu können, haben sie außergewöhnlich große Fähigkeiten im Fährtenlesen und eine umfangreiche Kenntnis nutzbarer Pflanzen entwickelt, wobei deren Speicherorgane als Nahrung besonders wichtig sind, wie z.b. die Wurzelknollen der Maramabohne (*Tylosema esculentum*, HORNETZ 1993). Leider gehen diese Kenntnisse mehr und mehr verloren, weil durch Verdienstmöglichkeiten in Farmen oder bei der Armee – so kümmerlich diese sein mögen – billige Zivilisationsprodukte Eingang finden. Eine gewisse Hoffnung zur Erhaltung der ursprünglichen Kultur besteht seit 1990 in einer gewissen Rückwanderung (BARNARD 1992, S. 240) in das für Buschleute als Jagd- und Sammelraum zugelassene *Central Kalahari Game Reserve*, aber das gehört schon zur Dornsavannenzone. Seit 2000 dürfen Buschleute auch im *Kgalagadi Transfrontier Park* (Botswana und Südafrika) leben, wofür die dort wachsenden Wildwalnüsse (*Ricinodendron rautenii*) eine wichtige Grundlage sind.

Mehr auf die Halbwüste orientiert sind noch die Verhältnisse bei den Ureinwohnern von Australien, den **Aborigines**. In den feuchteren, für Weidewirtschaft günstigen Gebieten wurden sie ausgerottet oder in kleine *Reservate* abgedrängt (Kap. 2.4.1.1), aber in den Halbwüstenzonen hat man ihnen in jüngerer Zeit große Reservate zugestanden, wo sich noch Relikte der ursprünglichen Lebensweise erhalten haben.

Während in den Grasländern das Feuer eine große Jagdhilfe war, kann es bei der Lückenhaftigkeit der Vegetation in den Halbwüsten dafür nicht mehr eingesetzt werden. Die *Bumerang-Technik* wurde deshalb stark entwickelt. Mit nicht zurückkehrenden und deshalb exakter fliegenden *Bumerangs*, die mit ihrem scharfen Kantenschlag den Hals oder die Beine von Känguruhs und Emus brechen, war die Jagd so effizient, dass keine anderen Jagdwaffen zur Entwicklung kamen. Kleinere Tiere, vor allem die vielen Echsenarten, wurden und werden noch mit der Hand gefangen. Auch manche Insektenarten oder deren Raupen sind beliebt und nahrhaft. Außerdem sammelten die Aborigines zahlreiche Wildpflanzen. Heute bekommen auch diese Ureinwohner Sozialhilfe, die sie in den Geschäften außerhalb der Reservate meist für Alkohol und industriell erzeugte Lebensmittel ausgeben.

Auch in den Halbwüsten Nordamerikas behaupteten sich Jäger- und Sammlerstämme, es waren die **Digger Indians**. Der Name deutet schon darauf hin, dass für sie das Ausgraben von Wurzelknollen eine besonders wichtige Lebensbasis war, z.B. bei den Papagos-Indianern in Süd-Arizona die Knollen der *Buffalo Gourds (Cucurbita foetidissima)*, einem kleinen Halbwüstenkürbis, von dem auch die ölhaltigen Samen nahrhaft sind, wenn sie auch wie die Wurzel bitter schmecken. Die Bitterstoffe können jedoch weggelöst werden. Die Trockenmasse der knolligen Wurzel enthält neben viel Stärke auch 11 % Rohprotein (BERRY et al. 1978, S. 355). FELGER u. MOSER (1976) fanden sogar 75 für Ernährung genutzte Pflanzenarten bei den Seri-Indianern der *Sonora Desert*. Der Eiweißbedarf wurde auch durch Kleinlebewesen wie Raupen und Puppen gedeckt. Obwohl auf die „*Deserts*", zu denen dort auch die Halbwüsten gerechnet werden, kaum Siedlungsdruck von Seiten der Weißen ausgeübt wurde, verschwand diese Wirtschaftsform völlig durch den Sog der Zivilisation und die heutigen Sozialhilfe-Zahlungen an die Indianer.

4.4.2 Wanderweidewirtschaft: Nomadismus und Teilnomadismus

In der Halbwüste können noch Wollschafe und Ziegen gehalten werden, zeitweise (Abb. 57) sogar Rinder. Kamele sind am besten angepasst, weil sie über zwei Wochen ohne Wasser auskommen und Fettreserven haben.
In der *Randwüste* gibt es vor allem Kamele, dazu Fettsteiß- und Fettschwanzschafe, die keine Wolle liefern, aber mit den Reservestoffen im dicken Steiß oder Schwanz Hungerzeiten bzw. -strecken überdauern können (Verbreitungskarte in F. SCHOLZ 1995, S. 53).

In den Halb- und Randwüsten der Alten Welt dominiert traditionell die Wanderweidewirtschaft mit Kamelen, Ziegen und Schafen. Sie hat ihren Ursprung einerseits in Südarabien mit dem Dromedar, andererseits in Zentralasien mit dem Baktrischen Kamel (= Trampeltier, vgl. S. 253). Der Nomadismus (SCHOLZ 1994 u. 95) ist eine optimale Anpassung:
– Erstens an den *jahreszeitlichen Wechsel* der Niederschläge: In der langen Trockenzeit zieht man in die feuchteren Zonen oder ins Gebirge.
– Zweitens an die *räumliche Unregelmäßigkeit* der Niederschläge, um den durch vereinzelte lokale Starkregen hervorgerufenen Pflanzenwuchs auszunutzen, andererseits um bei Ausfall der periodischen Niederschläge in feuchtere Regionen ausweichen zu können.
– Drittens entspricht die Wanderweidewirtschaft der geringen *Tragfähigkeit* der ariden Gebiete, die es normalerweise unmöglich macht, von einem festen Wohnsitz aus genügend Weideflächen zu erreichen. RUTHENBERG (1980) rechnet bei 100 mm Jahresniederschlag 50 ha pro Großvieheinheit. Das gilt aber nur für unzerstörte, gut gemanagte Flächen.
Normalerweise liegt die Größenordnung des Flächenbedarfs in einer mage-

Halbwüsten- und Wüstenzonen 243

ren Zwergstrauch-Halbwüste pro Großvieheinheit (die 7-10 Schafen oder Ziegen entspricht) bei 100-200 ha. Etwa 50 GVE pro Familie sind ein normaler Bedarf zur Lebensgrundlage. Eine wenigstens weilerartige Ansiedlung müsste aus mindestens fünf Familien bestehen. Der Flächenbedarf für die 250 GVE wäre dann ca. 250-500 km^2 oder 25.000-50.000 Hektar.
– Viertens ist das Wandern eine Art *Weiderotation ohne Zäune*, die sich hier ohnehin nicht lohnen würden.

Entscheidend ist für die Wanderweidewirtschaft, dass *Ausweichgebiete* für die langen Trockenzeiten und insbesondere bei Ausfall des Regens vorhanden sind und bleiben, d.h. nicht durch Dauernutzer aufgesiedelt und verzäunt werden.
Heute ist weitgehend **Halb- oder Teilnomadismus** (TRAUTMANN 1987) üblich, d.h., die Wohnsitze sind fest, um die Familien an eine gewisse Infrastruktur anzuschließen, und etwas Milchvieh ist dort, aber die jüngeren Männer sind mit den Herden unterwegs. Wo zu sehr von den Siedlungen aus beweidet wird, gibt es ernste Probleme infolge der Vegetationszerstörung durch Überweidung mehrere Kilometer um die Wohnplätze herum (Kap. 4.6.1).

4.4.3 Die traditionelle Oasenkultur

Auch die Nomaden brauchen Bezugspunkte für vegetabilische Nahrung und Gebrauchsgüter. Eine entscheidende Rolle für die Nutzung und die Verkehrserschließung der Wüsten und Halbwüsten spielen daher selbstverständlich die Oasen (von altägypt. *wahe,* arab. *waha* = fruchtbarer Ort, Rastplatz); man denke nur an die Transsahararouten und die Seidenstraße. Oasen können aber auch sehr groß bis zur eigenen Staatenbildung sein.
Aufgrund der Entstehungsbedingungen gibt es mehrere *Oasentypen:*
– Weitaus am größten und bedeutendsten sind die **Flussoasen** an Fremdlingsflüssen, wo große Bewässerungskulturen entstanden (Karte in MAINGUET 1999, S. 159). So begann vor über 7.000 Jahren am Euphrat und Tigris der Anbau in vom Fluss bewässerten Flächen durch Bauern aus den Steppen, wo zu dieser postglazialen Wärmezeit Dürren häufig waren, weshalb sie in die Stromebenen zogen. Sie sind als Stromoasen im Zweistromland und in Ägypten die Wiege der Hochkultur, denn hier wurde der Mensch sehr früh zur Zusammenarbeit unter gewisser Ordnung gezwungen, nicht zuletzt durch die Neufestlegung der Feldgrenzen nach der jährlichen Hochwasserüberflutung und Schlammablagerung, denn es war eine *Überschwemmungsbewässerung,* wofür seit ca. 5.500 Jahren abgemessene Beckenfelder angelegt wurden. Später gab es auch Schöpfräder und -schnecken (*Archimedi-*

sche Schrauben). Der Ertrag pro Kopf war so hoch, dass sich mehrere nichtbäuerliche Schichten ausdifferenzieren konnten mit einem *Gott-Königtum* an der Spitze.

Dazu gibt es auch eine geographische Erklärung. Die das Bewässerungswasser liefernden Flüsse sind Fremdflüsse. Das Einzugsgebiet ist weit von der Vorstellungswelt der Bauern entfernt. Bei Euphrat und Tigris sind es die ostanatolischen Gebirge mit Winterniederschlägen. Beim Nil ist es insbesondere das Äthiopische Hochland mit Sommerniederschlägen. Da es sich anfangs um eine Überflutungsbewässerung handelte, war sie extrem hochwasserabhängig. Die Ursache der Hochwässer war wegen der Entfernung und mangelnder Einsicht in die atmosphärische Zirkulation unbekannt und wurde deshalb göttlichem Einfluss zugeschrieben. Gute Beziehungen zur „göttlichen Macht" waren daher lebensnotwendig. Eine *Priesterkaste* bildete sich aus, die zugleich *Herrscherkaste* wurde. Tempelbauten sind dementsprechend der Anfang der Hochkultur, Grabmäler für die *Gott-Könige* die konsequente Weiterentwicklung.

Zur Bedarfsbefriedigung der priesterlichen und königlichen Herrscherschicht mit gehobenen Ansprüchen und der immer noch einen Restmehrwert behaltenden Bauern entwickelte sich eine Handwerkergruppe. Dazu kam besonders in Mesopotamien noch eine reiche Händlerschicht, denn die günstige Kreuzweglage zwischen den am Mittelmeer entstehenden Hochkulturen und der Induskultur einerseits sowie zwischen Südarabien (*Weihrauchstraße*) und Persien andererseits förderte den Handel, der die Gunst der Verkehrsmöglichkeiten auf Flüssen und Meeren sowie mit Karawanen nutzte.

– Zum Gebirge hin werden aus den *Flussoasen* des Vorlandes *Flusstaloasen*, schließlich *Bachoasen* in engen Tälern. **Gebirgsfußoasen** auf den Pedimenten und Schwemmfächern werden von aus dem Gebirge kommenden Flüssen oder Bächen gespeist. Die bedeutendsten Beispiele liegen an der *Seidenstraße* in Zentralasien. Aber auch in den Küstenwüsten von Peru gibt es die charakteristische Abfolge der flussbedingten Oasen. Auch dort entstanden (ab 2.000 v. Chr.) Hochkulturen, lange vor der Inkazeit. Berühmt war die Königsstadt Kutcha, die im 7. Jahrhundert 160.000 Einwohner hatte.

Ein Sondertyp der *Flussoasen* sind *Wadioasen*. Entweder wird dort das Grundwasser in gegrabenen oder heute gebohrten Brunnen angezapft, oder Dämme fangen das in der sehr kurzen Regenzeit bzw. bei gelegentlichen Starkregen abkommende Wasser auf. Berühmt dafür war der gemauerte Damm von *Marib* im Jemen (EICHLER 1986), mit 680 m Länge das größte Wasserbauwerk der Antike, der Mitte des 1. Jahrtausends v. Chr. im Sabäerreich erbaut wurde, um den zeitweiligen Abfluss des Wadi Dhanah aufzustauen.

Halbwüsten- und Wüstenzonen 245

Das Problem solcher Stauseen sind neben der Sedimentablagerung die zwar seltenen, aber sehr heftigen Starkabflüsse, die zur Zerstörung der Dämme führen wie in *Marib* 370, 450, 543 n. Chr. und schließlich Anfang des 7. Jahrhunderts, was zur Aufgabe der großen Oase führte, denn in der damaligen Untergangsphase des Sabäerreiches waren die zur Reparatur erforderlichen 20.000 Arbeitskräfte nicht mehr bereitzustellen und zu ernähren (EICHLER 1986).

– **Grundwasseroasen** nutzen durch Brunnen das z.B. im Vorland der Gebirge versickernde Wasser. Sie liegen auch häufig am Rand von Hamadas und Sandwüsten, soweit diese sich noch im Bereich regelmäßiger Niederschläge befinden. Größere Niederschlagsmengen versickern im Kalk oder Sand meist schneller als sie verdunsten können. Zum Beispiel sammelt sich zwischen dem *Großen Westlichen Erg* und der Schichtstufe der Kreide das in den Sanden und Kreidekalken versickernde Wasser im Untergrund eines breiten Wadi und ist bei El Golea durch Brunnen angezapft worden. Die Grundwasservorkommen können aber auch problematisch sein wie in NE-Niger (s. BAUMHAUER und HAGEDORN 1990).

Statt durch Brunnen kann oberflächennahes Grundwasser geeigneten Pflanzen auch direkt in ausgegrabenen Mulden zugänglich gemacht werden, wie in den Palmenoasen des *Souf* bei El Oued. Die Wurzeln der Dattelpalme reichen mehr als 10 m tief.

– Eine alte Sonderform der Grundwassergewinnung sind die **Foggara**-Oasen (arab./berb. Tunnelkanäle, westberberisch *Rhettara*, persisch *Kareze* oder *Qanate*). In flache Schuttfächer an Gebirgs- oder Stufenrändern wurden stollenartige Tunnel gegraben, die ein etwas geringeres Gefälle als der Grundwasserstrom haben. Sie schneiden ihn dadurch an und bringen das Wasser an die Oberfläche. Das Graben und Instandhalten dieser bis 25 km langen (NIR 1974, S. 65) und mit zahlreichen Lüftungsschächten versehenen Tunnel ist sehr arbeitsaufwendig. Früher wurden dafür Sklaven benutzt. Heute verfallen diese vor ca. 3.000 Jahren in Persien erfundenen Systeme zugunsten erbohrter Brunnen und Pumpen, die jedoch nicht überall möglich sind. In der Turfansenke sind noch viele hunderte von Kilometern davon intakt. Auch bei den indianischen Hochkulturen in der peruanischen Küstenwüste gab es solche Tunnelkanäle, auf deren Ähnlichkeit mit den persischen TROLL (1963) hingewiesen hat, nach NIR (1974, S. 66) sollen sie von den Spaniern iniziert worden sein.

– **Quelloasen** sind selten, sie kommen meist nur am Fuß regenreicher Gebirge vor. Manche dieser Oasen, wie *Touzeur* in Südtunesien, können allerdings ziemlich ausgedehnt sein, weil sie von kräftig schüttenden *Karstquellen* gespeist werden.

– **Artesische Brunnenoasen**: Solche unter Druck stehenden Grundwasservorkommen stammen von Niederschlägen, die am Rande eines artesischen

Beckens in einer wasserdurchlässigen Schicht versickern oder in Pluvialzeiten versickerten. Eine Bedeckung dieser eingemuldeten Schicht im Innern des Beckens durch wasserundurchlässige Schichten verhindert ein Aufsteigen dieses Grundwassers, wodurch der Druck zustandekommt. Zum Anzapfen wird meist eine Tiefbohrung gebraucht, weshalb dieser Oasentyp nur in seinen kleineren Anfängen zur traditionellen Oasenkultur gehört.

Das Hauptkulturgewächs in den Oasen der heißen Wüsten ist die Dattelpalme, die mindestens 2.400 Sonnenscheinstunden im Jahr braucht, Fröste unter -10 °C nicht verträgt, und zum Ausreifen der Früchte Tagesmaxima von über 35 °C bei weniger als 50 % Luftfeuchte benötigt. Stärkereiche Sorten (Mehl- oder Trockendatteln) dienen als Grundnahrungsmittel. Unter und neben den Dattelpalmen werden Gerste, Weizen, Pferdebohnen, Zwiebeln, rote Rüben, Salat und Aprikosen angebaut, zum Füttern auch Luzerne. Das gilt vor allem für kleine Oasen. Innerhalb der Flussoasen ermöglicht die größere Wassermenge auch Reis und Baumwolle. Gefahren für die Oasen bestehen in der Versalzung und Versandung (VOGG 1981, S. 169 f.). Mit Gittergeflechten aus Palmwedeln versucht man, die wandernden Dünen aufzuhalten.

4.4.4 Zonaltypische traditionelle Wohn- und Siedlungsformen

Bei den Sammlern und Jägern der Halbwüstenzonen sind einfache Windschirme typisch gewesen. Der Windschutz war wichtiger als der vor den seltenen Regen, und der Aufwand musste bei der wandernden Lebensweise gering sein. Wenn es regnete, konnten Häute darübergelegt werden.

Bei den Nomaden sind die Formen ganz ähnlich wie in den benachbarten Steppen bzw. Dornsavannen, weil ursprünglich ein gemeinsamer Lebensraum mit diesen feuchteren Zonen bestand. So ist in Nordafrika und Vorderasien das *schwarze Nomadenzelt* der Steppe auch in der Halbwüstenzone üblich, denn das hauptsächlich verwendete Material, Ziegenhaar, gibt es auch dort. In der Wüste werden die filzigen Wollbahnen durch Leder ersetzt, was bei der Größe der Zelte allerdings ziemlich aufwendig ist. Im winterkalten Zentralasien würden solche Zelte nicht genug isolieren, und die *Jurten*, runde Zelthütten mit dicken Filzwänden, sind wie in der Steppe üblich (Bild 19). In Kasachstan und der Mongolei sind sie noch häufig. Das zusammenlegbare Holzgerüst dafür (Kap. 3.4.4) muss in der Waldsteppe angefertigt werden. In den tropischen Gebieten an der Grenze zu den Savannen hat sich die *Kuppelhütte* als typische Wohnform entwickelt. Zweige höherer Büsche werden im Kreis gesteckt, nach innen gebogen, verflochten und mit Häuten, Gras

Halbwüsten- und Wüstenzonen 247

oder einer Mischung aus Lehm und Kuhmist verkleidet. Die *Siedlungsform* bei den mobilen Gruppen ist der geringen Flächenproduktivität entsprechend weit gestreut als Jagd- bzw. Hütegemeinschaften in kleinen Großfamilienweilern.

Die *kastenförmigen Häuser* der Oasenbauern bestehen dagegen aus Stampflehm oder luftgetrockneten Lehmziegeln (*Banco, Adobe*). Die Flachdächer werden von Dattelpalmen- oder in kühleren Zonen von Pappelstämmen getragen. Die *Siedlungsform* sind große kompakte Dörfer, früher waren sie zum Schutz gegen die Nomaden meistens sogar mit Mauern umgeben (*Qsar* = befestigter Ort). Oft enthalten sie eine Burg (arab. *Kasbah*). Zentrale Orte haben einen *Souk* (Markt) und *Bazar,* und Handelsstützpunkte ein Warenlager, wie der ehemalige Karawanen-Ausgangs- und -Endort *Qsar Ouled* bei Dabbab in Südtunesien (heute verlassen). Kamen mehrere Funktionen zusammen, konnten sich Städte wie Timbuktu entwickeln (früher 120.000, heute nur noch 30.000 E.), das aber schon in der Sahelzone liegt.

4.5 Junge Veränderungen und heutige Situation

4.5.1 Großranching und kommerzielle Chancen-Beweidung in den Halbwüsten

In den Halbwüsten von Australien, Südafrika und in den halbwüstenartigen Wüstensteppen im Innern Patagoniens hat sich *Großranching* mit Wollschafen entwickelt. Schafhaltung ist in Australien jedoch nur südlich des Zaunes gegen die Dingos möglich, und der größte Teil wird in feuchteren Zonen betrieben, weil die Halbwüste sehr dürregefährdet ist. 40.000 ha mit 5.000 Schafen werden heute in ihr als Minimum für einen Familienbetrieb mit einer Hilfskraft angesehen (Scheren und andere Saisonarbeiten mit Kontraktarbeitern). In Südafrikas *Karoo* rechnet man für eine angemessene Existenz mit der halben Flächengröße und Tierzahl, weil auch das Fleisch dank der besseren Marktsituation und einer vorbildlichen Vermarktungsorganisation gut verkauft werden kann. In Patagonien liegen einheimische Betriebe wegen des geringeren Lebensstandards und niedriger Löhne noch darunter.
Nördlich des Dingozaunes in Australien gibt es trotz der Halbwüste Rinderhaltung, aber ohne Zäune und betrieben von Kapitalgesellschaften, die bis zu 500.000 ha bewirtschaften. Diese Flächen sind auf verschiedene Zonen verteilt. Durch Herdenverlagerung mit großen Viehtransportern auf eigene Ranches in feuchteren Gebieten wird das Dürrerisiko umgangen und werden die Chancen nach Regen wahrgenommen (Abb. 57). Diese *kommerzielle Chancen-Beweidung* ist das Optimum moderner Wanderweidewirtschaft.

4.5.2 Große Bewässerungsprojekte

Großtechnische Veränderungen begannen bereits 1833 in Ägypten mit dem Bau des Nilwehres unterhalb von Kairo, wodurch die Bewässerung des Nildeltas etwas geregelt werden konnte. 1902 wurde der erste Staudamm bei **Assuan** fertiggestellt, der 1912 und 1932 zur besseren Nilregulierung erhöht wurde und ergänzt durch drei weitere Staudämme im Niltal bis Assiut, wo ein 334 km langer Bewässerungskanal abzweigt. Bis 1960 wurde in Ägypten ein Kanalsystem von 25.000 km Länge geschaffen, wenn man auch die kleineren Kanäle mitzählt. Doch infolge der Bevölkerungszunahme von 800.000 Menschen pro Jahr herrschte trotzdem zu dieser Zeit bereits wieder eine solche Landnot, dass mit dem Bau des Assuan-Hochdamms begonnen wurde, um nicht nur ca. 500.000 ha neues Bewässerungsland zu gewinnen, sondern auch durch ganzjährige Wasserzufuhr eine zweite und dritte Ernte auf dem alten, bisher durch die jährliche Überschwemmung bewässerten Land zu ermöglichen. 1971 wurde dieser 111 m hohe und 3,6 km lange Damm eingeweiht, der einen Stausee von 500 km Länge aufstaut. Bald zeigten sich jedoch die Nachteile (SCHAMP 1983). Die Verminderung der Schlammfracht reduzierte die natürliche Düngung in sehr ernstem Ausmaß für die Nachhaltigkeit der Nutzung, vergrößerte die Erosionskraft des Nils in bedrohlicher Weise für die Fundamente der anderen Regulierungsbauten, und die Küste des Deltas wird vom Meer zurückgedrängt.

Ein weiteres Großprojekt in Ägypten seit 1970 ist das *New Valley*, die Vergrößerung der westlich des Nils gelegenen Oasenkette durch per Tiefbohrung gefördertes fossiles Wasser. Dieses Projekt kann wegen des begrenzten Wasservorrats nicht nachhaltig sein und schuf nur eine zeitweilige Entlastung, denn die maximal mögliche neue Bewässerungsfläche (600.000 ha) entspricht nur dem Landbedarf einer Bevölkerungszunahme von etwa 6 bis 8 Jahren (5–7 Mio. Menschen, davon bäuerlich 2,5–3,5 Mio.). Auf der Nilwasserkonferenz 2001 forderte deshalb Ägypten vom Sudan, den 1978–85 zu zwei Dritteln fertiggestellten, aber wegen Bürgerkrieg und Umweltprotesten eingestellten Umgehungskanal der *Sudd*-Sümpfe zu vollenden, in denen über die Hälfte des Wassers des Weißen Nils durch Verdunstung verloren geht. Ägypten braucht mehr Wasser, als Erstes für einen 200 km langen Bewässerungskanal, der vom *Assuan*-Staudamm ins *New Valley* führt und 2003 fertig sein soll.

Aber auch der Sudan muss wegen des Bevölkerungsdrucks seine bewässerte Fläche vergrößern. Obwohl es nur im Nordteil in der Halbwüste und sonst bereits in der Dornsavannenzone liegt, soll hier wegen des Anstoßes von Ägypten (und England) aus auch das **Gezira-Projekt** erwähnt werden (arab. *Djesire* = Insel, hier Halbinsel zwischen Weißem und Blauem Nil). Der 3,2 km lange und 26 m hohe Staudamm dafür am Blauen Nil wurde 1922 bis

Halbwüsten- und Wüstenzonen 249

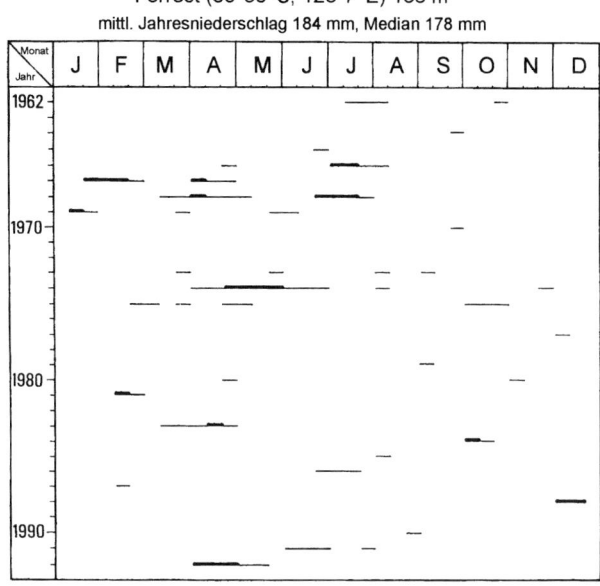

Forrest (30°50' S, 128°7' E) 156 m
mittl. Jahresniederschlag 184 mm, Median 178 mm

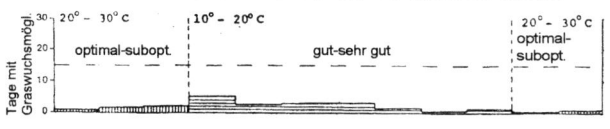

Mittlere thermische Graswuchsbedingungen und hygrische Wuchstage:

$20° - 30°C$ optimal-subopt. $10° - 20°C$ gut-sehr gut $20° - 30°C$ optimal-subopt.

— hygrisch gute Graswuchsperiode
— hygrisch magere Graswuchsperiode

Abb. 57: Wuchszeitendiagramm als Beispiel der „Dürren als Normalfall" in Zone 8, aber der trotzdem noch vorhandenen Chancen: Forrest, Südaustralien
Hier in der Nullarbor-Ebene wird der gelegentliche Graswuchs aus episodischen Regenfällen durch moderne Wanderweidewirtschaft mit Viehtransportern von großen Rinderbetrieben aus feuchteren Zonen genutzt (gegen Gebühr auf Staatsland).
Berechnet für annuelles Gras mit dem Programm PASTURE von TH. LITSCHKO (1993), Entwurf: R. JÄTZOLD.

1926 erbaut und ermöglichte zunächst die Bewässerung von 126.000 ha. Mit späterem Ausbau und Pumpwasser aus dem Weißen Nil wurde die Gesamtfläche auf rund 1 Mio. ha ausgedehnt. Sogar hochwertige, langstapelige Baumwolle (ägyptische Maco, über 4 cm) kann angebaut werden, da kaum einmal Regen in die geöffneten Kapseln fällt, der die langen Samenhaare verfilzen würde. Eine Rotation mit Sorghumhirse, Weizen, Erdnüssen und Futteranbau (Lubia) wird betrieben. Am Atbara werden durch einen mit deutscher Entwicklungshilfe 1965 fertiggestellten Staudamm 216.000 ha bewässert, wovon ein großer Teil mit Zuckerrohr bestellt wird. Auch Nomaden wurden angesiedelt, damit sie nach Regierungsmeinung „... ein glücklicheres Leben führen", was aber wohl kaum der Fall ist. In jüngster Zeit kamen in der Republik Sudan noch das *Rahad* und *Fung Scheme* hinzu.

Saudiarabien bohrt mit Einnahmen aus dem Erdöl an vielen Stellen nach Wasser, denn von seinen 2.240.000 km^2 sind bisher nur rund 9.000 bewässert. Deshalb müssen, vom Import abgesehen, 2.300 Menschen von 1 km^2 Anbaufläche ernährt werden (2000) – einer der höchsten agrarischen Dichtewerte der Erde. Ägypten hat eine ähnlich hohe Bevölkerungsdichte pro landwirtschaftlich nutzbarer Fläche und versucht deshalb ebenfalls, alle Wasservorkommen zu erschließen.

Größere artesische Becken besitzen Algerien und Australien. Stammt das artesische Wasser ganz oder z.T. aus früheren Pluvialzeiten, dann lässt der Druck der erbohrten Quellen allmählich nach. Man kann zwar noch pumpen, aber die Erschöpfungsgefahr lässt sich nicht abwenden.

Klein (36.000 ha), aber vorbildlich (EICHLER 1986) ist das 1977 bis 1985 von Jordanien angelegte Siedlungs- und Bewässerungsprojekt im Jordangraben. Eine Familie bekam 3 bis 5 ha, relativ viel bei bewässertem Land. Das Wasser wird nicht nur in einem 75 km langen Kanal vom Jarmuk gebracht, sondern auch durch Dämme in den Wadis des Grabenrands aufgefangen.

Ein Musterbeispiel für eine moderne *Wadioase* finden wir in Südjordanien nordöstlich des *Wadi Rum*. Das von den umgebenden Sandsteinplateaus kommende, aber mehr als 300 m tief über der Grundgebirgsfläche liegende Grundwasser wurde seit 1984 an 28 Stellen erbohrt. Mit rundlaufenden Radialregnern (amerik. *Center pivots*) werden Weizen, Zwiebeln, Bohnen, Alfalfa und Kartoffeln angebaut, mit *drip irrigation* Obst und Trauben. Es ist ein kapitalintensiver Großbetrieb mit ca. 3.000 ha bewässerter Fläche (S. 252).

Das größte zusammenhängende Bewässerungsgebiet der Erde liegt am Indus und im Fünfstromland (*Punjab*) in Pakistan, das meiste davon in der Halbwüstenzone. Nach den Anfängen in frühhistorischer Zeit (Induskultur mit *Mohenjo Daro*, um 2.500 n.Chr.) wurde in der englischen Kolonialzeit das erste Wehr zur Kanalbewässerung Mitte des 19. Jahrhunderts gebaut (im *Ravi*). Mit dem Bau des Großwehres bei Sukkur (1932) konnten weite Flächen der unteren Industalebene dauerbewässert werden. Insgesamt gibt es 20 große Wehre und 10 Staudämme, von denen der 1975 gebaute gewaltige Indusdamm von Tarbela nicht nur der Bewässerung dient, sondern auch Kabul mit Strom versorgt (SCHOLZ 1984). Es ergaben sich jedoch erhebliche Versalzungsprobleme (Kap. 4.6.4).

Nicht ganz so bedeutend war die Vergrößerung der alten Stromoase zur modernen Bewässerungs-Wirtschaftsregion im Irak an Euphrat und Tigris, weil das Land auch große Regenfeldbaugebiete hat und nicht so sehr unter Bevölkerungsdruck stand. Erst 1908 bis 1911 wurden die alten Bewässe-

Halbwüsten- und Wüstenzonen 251

rungssysteme mit englischer Hilfe wiederhergestellt und 1911 bis 1913 der erste Damm gebaut, 1937 bis 1939 der zweite. Moderne Rückhalte-Stauseen im Gebirge erleichtern heute die Regulierung der Wasserführung. Wegen der nahen und reichen Erdölvorkommen wird ungefähr die Hälfte der Fläche mit Motorpumpen bewässert, die viel Grundwasser heraufholen.

Im Iran wird Wasser vom Elbursgebirge durch Staudämme festgehalten und dem Raum um Teheran im großen Maßstab zu Verbrauchs- und Bewässerungszwecken zugeführt.

In der Wüsten- und Halbwüstenzone Nordamerikas ist die Grabensenke des *Imperial Valley* in Südostkalifornien die bedeutendste Bewässerungsregion. Sie erhält das Wasser durch den *All American Canal* vom unteren Colorado, der damit weitgehend aufgebraucht wird (ein Teil geht auch zum *Mexicali Valley*).

Ein Beispiel, wie Wasser auch von der wüstenabseitigen, feuchteren Seite eines Gebirges zur Bewässerung benutzt werden kann, bietet das *Tinajones*-Projekt in Nordperu. Mit deutscher technischer Hilfe wurde in den 70er Jahren ein Tunnelkanal durch die Anden gebaut. Es konnte dadurch eine neue Bewässerungs-Wirtschaftsregion geschaffen werden, in der vor allem Rohrzucker produziert wird. Auch Reis und Baumwolle (*Maco*) sind wichtig.

Eine relativ neue Bewässerungsregion am *Olifants River* an der Westküste Südafrikas hat sich auf Weinanbau spezialisiert. Damit nutzt sie die hohe Strahlungsdauer bei durch den Benguelastrom gemilderter Sommerhitze für hochwertige Qualitätsweine aus, die neben anderen südafrikanischen Weinen eine ernste Konkurrenz für unsere Weinbauregionen darstellen.

Totalitäre Regime können relativ leicht umfangreiche Mittel und zahlreiche Arbeitskräfte mobilisieren, um große Bewässerungsprojekte durchzuführen. Im Süden der ehemaligen Sowjetunion wurde mit dem 1400 km langen *Karakum-Kanal* ein Großteil des Wassers des Amudarja in die Wüste und Halbwüste Süd-Usbekistans und Turkmenistans umgeleitet. Riesige Baumwoll-Staatsfarmen (*Sowchosen*) wurden in den 60er und 70er Jahren dort geschaffen und bestimmen heute noch die Wirtschaftsregion. Die ökologischen Folgen, besonders am Aralsee, sind alarmierend (GIESE 1997 u. Kap. 4.6.4).

Auch aus China gibt es dementsprechende Beispiele (BETKE u. KÜCHLER 1986). Dort kommt in Sinkiang (heute Xinjiang) die politische Absicht dazu, möglichst viele Han-Chinesen in dem anderssprachigen Kasachen- und Uiguren-Gebiet in Staatsfarmen anzusiedeln. Am Nordfuß des Tienshan gab es schon seit vielen Jahrhunderten eine Oasenkette auf den Schwemmfächern der Gebirgsflüsse, die aber im Erschließungsgebiet *Manas-Kuytun* 1950 nur 40.000 ha umfassten. Nach wissenschaftlich fundierten Plänen und mit Hilfe der Armee waren es durch viele Dämme und Kanalbauten bis 1965 fast 400.000 ha geworden, eine maximale Ausnutzung des Wasserpotenzials, wenn auch viel Natur (Auenwälder, Feuchtgebiete, Weideland) weichen musste, Versalzung auftrat und die Bevölkerungszunahme (von 1949 64.000 auf 1980 841.000) zu ökologischen Sekundärschäden führte, die bei dem anderen Projekt in Xinjiang, Aksu/Aral am Tarim, aber noch wesentlich problematischer sind, obwohl es viel kleiner ist (BETKE u. KÜCHLER 1986, S. 45-47).

Moderne Wüstenbewässerung durch kapitalorientierte Großbetriebe

Neben den staatlichen, an Staudämme und Kanäle gebundenen Projekten entwickeln sich zunehmend Großbetriebe als Aktiengesellschaften, die nach Wasser bohren und mehrere tausend ha damit bewässern. Sie suchen *Aquifere* wie von regenreicheren Höhen kommende Sandstein- oder Kalkschichten über wasserstauendem Grundgebirgs- oder Ton/Mergelhorizonten auf und bohren an mehreren Stellen bis ca. 1.000 m Tiefe (pro Brunnen bereits eine Millioneninvestition). Dem Wasser werden exakt dosiert Düngemittel beigegeben. Für Feldbewässerung werden durchschnittlich 500 m lange Radialregner (amerik. *Center pivots*) angeschlossen. Dieses Rohr mit Spraydüsen (Rollsprayerarm) fährt langsam im Kreis (in 17-20 Std.). So ein rundes Feld ist bei dieser mittleren Regnerlänge 60 ha groß. Der Boden wird nicht tief befeuchtet, um die Salz-Aufsteigung klein zu halten. Aber durch große Verdunstungsverluste ist der Wasserverbrauch ziemlich hoch. Für Weizen z.B. werden 1.000 mm gerechnet, obwohl die Pflanze selbst gut mit 500 mm auskommen würde.

Dauerkulturen werden mit Tropfbewässerung (*drip irrigation*) gezogen, da genügen 700 mm pro Baumwurzelteller (entspricht 500 mm auf der Gesamtfläche). In dem bei Jordanien genannten, 800 m hoch liegenden Beispiel werden so Aprikosen, Nektarinen, Pfirsiche, Äpfel, Birnen, Pflaumen, Mandarinen, Zitronen, Feigen und Oliven auf 450 ha erzeugt (über 10.000 t pro Jahr), dazu auf 100 ha Tafeltrauben, und auf einigen ha werden die Früchte von Feigenkakteen gewonnen. Eine eigene Vermarktungsorganisation in der Hauptstadt und für den Export (v.a. nach Saudiarabien, frühe Tafeltrauben bis nach London) ist daher notwendig. Zu den Obstplantagen kommen 2.280 ha Feldkulturen mit 38 Radialregnern. 250 feste Arbeitskräfte und 250-300 ägyptische Saisonarbeiter bewältigen die Arbeit. Das ist ein günstiger Wert für Bewässerungsland mit eigener Infrastruktur bis hin zu Schulen und großer Werkstatt. Trotz der beachtlichen Effizienz sind die Gewinne nicht hoch, beim Weizen sogar marginal und Milchvieh hat sich nicht gelohnt. Das Alfalfaheu wird deshalb an die umwohnenden Nomaden verkauft, weil die Weideflächen bei dem dortigen Jahresniederschlag von 50-70 mm wegen der zunehmenden Bevölkerung und zurückgehenden Wanderbereitschaft nicht mehr ausreichen.

4.5.3 Verkehrserschließung und Wüstentourismus

Routen durch die Wüsten hat es bereits seit der Domestizierung des Dromedars (ca. 2800 v. Chr., KIRCHSHOFER 1986) und des Trampeltiers (ca. 2.700 v. Chr.) gegeben. Die alte Karawanenroute von Bilma nach Nordnigeria zum Tausch von Salz gegen Hirse wird immer noch benutzt (SPITTLER 2002).

Die großen *Transsahara-Pisten* wurden erst seit den 20er Jahren des 20. Jahrhunderts von den Franzosen angelegt, eine im Westen über Mauretanien nach Dakar, eine in der westlichen Mitte über die *Tanezruft* nach Gao, die wichtigste führt zentral über Tamanrasset nach Agadez (die *Transsaharienne*) und eine in der östlichen Mitte über Bilma zum Tschadsee (die von Libyen und Ägypten aus sind unbedeutender). Sie benutzten nur auf den Teilstrecken festeren Untergrunds die alten Karawanenrouten, weil diese mit Vorliebe durch die Sandwüsten gingen, was für die weichen Hufe der Dromedare günstiger war. Kraftfahrzeuge bevorzugen die *Hamadas*, soweit diese nicht von zu großen Steinen bedeckt sind.

Der Nordabschnitt der *Transsaharienne* wurde in den 70er Jahren bis über *In Salah* hinaus asphaltiert. Aber die Hitze im Innern der *Sahara* und die Schwerlaster haben den Asphalt so zerstört, dass die meisten Autos sich eine Spur daneben suchen. Ein Problem bilden die Sandschwemmebenen im Süden, wo Sandbleche oder -matten beim Steckenbleiben wieder heraushelfen. Weil zerfahrene Pisten schwierig sind, werden immer neue Möglichkeiten gesucht, so dass die Spuren unübersichtlich sein können und man den Weg verlieren kann, was eine tödliche Gefahr bedeutet.

Die berühmteste Verbindung durch Wüsten ist die *Seidenstraße*, die als Bündel von drei Karawanenwegen von Xian in China nach Persien, Indien und vor allem zum Mittelmeer seit dem 2. Jahrhundert vor Chr. besteht. Sie hat einen Vorläufer in der *Pelzstraße,* auf der schon seit der späten Bronzezeit Pelze von Norden nach China gebracht und gegen Seide eingetauscht wurden. Die nördliche Route der Seidenstraße geht über die Oasen am Nordfuß des Tienshan, die mittlere über die entsprechende Kette am Südfuß nördlich des Tarimbeckens, und die südliche Route nutzt die Oasenkette am Kuenlun, der die Wüste *Taklamakan* im Süden begrenzt. Von ihr zweigt noch eine Verbindung über mehr als 4000 m hohe Pässe Tibets nach Indien und Pakistan ab. Zur höchsten Kulturentwicklung kam es weiter westlich, wo die Routen zusammenlaufen. Heute sind die Routen der Seidenstraße zu Autostraßen ausgebaut und asphaltiert. Sie bieten für anspruchsvolle *Wüstentouristen* eine optimale Verbindung von Wüstenlandschaften, eindrucksvollen Randgebirgs-Panoramen, Oasenerlebnis und Kulturbauten, insbesondere im islamischen Bereich (Buchara, Samarkand u.a., PANDER 1996). Die großen Oasen sind heute selbstverständlich an das Flugnetz angeschlossen, wie in allen Wüstenregionen.

Weniger gut ist die moderne Verkehrserschließung im Bereich der alten *Weihrauchstraße*, die von Südjemen ins östliche Mittelmeergebiet führte. Ihr Ausbau ist nicht notwendig, selbst nicht für die *Mekkapilger*, denn nur wenige kommen per Auto. Der normale Tourismus wird sich lediglich für den Südteil interessieren und per Flugzeug über Sanaa anreisen.

Der *Wüstentourismus* gewinnt zunehmend an Bedeutung (POPP 2000). In den Halbwüsten der USA hat er begonnen, angezogen von den markanten Landformen (z.B. *Monument Valley, Painted Desert, Canyons*), den großen Kakteen und der Exotik der dort lebenden indianischen Bevölkerungsreliktgruppen. In der Alten Welt ist die Vegetation nicht so attraktiv, dafür ist aber der Reiz des Unerschlossenen umso größer und das Traditionelle wesentlich vielseitiger, was bereits an den vielen handwerklichen Erzeugnissen gesehen werden kann, die in einem größeren Oasenbazar feilgeboten werden. Beim Relief gibt es zwar keinen *Colorado Canyon*, aber z.B. am Südrand des Atlas eine Vielfalt an Schichtstufen, Zeugenbergen und Schluchten oder in den *zentralsaharischen* Gebirgen eine grandiose Kombination von Vulkanruinen, Inselbergen und Schichtstufen, die in dem Trockenklima so bizarr herauskommen, dass es sogar für Alpinisten noch zum überwältigenden Erlebnis wird. Ein besonderes Interesse gilt Dünengebieten, wovon in Afrika und Eurasien die großen *Ergs*, die *Karakum* und die *Taklamakan* heute gut zu erreichen sind, selbstverständlich auch die *Namib*.

Die Sehnsucht nach Sanddünenwüste kann auch zu Überlastungen führen, wie bei dem leicht zu erreichenden, aber kleinen *Erg* Chebbi in Marokko. Dort sind auf seinen 25 km Länge 34 Herbergen von 1980 bis 1997 entstanden (Karte bei POPP 2000, S. 54).

Das Freiheitsgefühl einer Wüstenfahrt darf nicht durch zuviele Bestimmungen und Kontrollen zerstört werden, auch nicht an den Grenzen. Freiheit und Abenteuer sind die Hauptmotive eines stark zunehmenden *Wüstentourismus*. Aber diese Motive sollten nicht in eine allgemeine Nachahmung der harten, zerstörerischen Wüstentouren wie bei der *Rallye Paris-Dakar* ausarten.

Bei zuviel *Geländewagen-Tourismus* entstehen hässliche Pistengewirre, und es wird viel der kostbaren Ressource Erdöl verschwendet bzw. unnötig Treibhausgas produziert. *Kameltouren* sind sinnvoller und werden heute in Afrika und Asien schon angeboten. Bei *Fahrradtouren* durch die Wüste, wie sie in Australien üblich werden, sind die Menschen sehr durch UV-Strahlung gefährdet.

Ein stärkerer Schutz der Wüstentierwelt (Kap. 4.6.6) würde sich auch positiv auf die Attraktivität der Wüsten auswirken. Aber der Nationalpark im Tassilin'Ajjer bewirkt eigentlich mehr Reisehemmnisse als Naturschutz. Vorbildlich sind dagegen die Reservate in Namibia und Australien, neuerdings auch in der Mongolei.

Es müssen auch sozialgeographische Gefahren des Tourismus vermieden werden. Überbesuch meeresnaher Oasen durch Badetouristen und leichter Verdienst im Fremdenverkehr stören das Sozialgefüge der Oasen, mindern den Wert der harten Arbeit als Basis des Lebens. Es ist ohnehin ein Problem, den notwendigen Arbeitsaufwand aufzubringen, um die Oasen vor dem Versanden zu schützen oder überhaupt zu bestellen, wenn im Bergbau oder in der Erdölwirtschaft ein Vielfaches verdient werden kann – aber doch nur von relativ wenigen Menschen.

4.5.4 Heutige Stellung in der Weltwirtschaft

Streng zonal gesehen sind die Wüsten- und Halbwüstenzonen aufgrund ihrer durch die niedrigen Regenmengen bedingten geringen *Produktivität* weltwirtschaftlich relativ unbedeutend. Lediglich die Schafzucht in den Halbwüsten Australiens, Südafrikas, Kasachstans, der Mongolei und im Innern Ostpatagoniens fällt ins Gewicht. Ihr Beitrag zur Versorgung der Welt mit Schafwolle ist jedoch schwer festzustellen, da die meisten Schafe in den anschließenden feuchteren Steppen- und Gehölzzonen gehalten werden (Kap. 3.6.5). Hoch ist dagegen naturgemäß aus den Halbwüsten- und Wüstenzonen der Anteil bei Kamelhaarwolle, aber deren Bedeutung auf dem Weltmarkt (z.B. für Decken) ist verschwindend gering. In jüngerer Zeit hat die Nachfrage nach der feinen Wolle der *Kashmirziegen* zugenommen, die in den Halbwüsten die höchste Qualität erreicht. (In feuchteren Gebieten verfilzt sie, in trockeneren ist zu wenig Futter vorhanden). Aus der *Gobi* kommen fast 90 % des Weltbedarfs.

Weltwirtschaftlich wichtiger als die Viehprodukte ist dagegen die Produktion aus den edaphisch feuchten bzw. bewässerten Regionen, den *Oasen*, wobei aber auch der Einfluss der Klimazone eine Rolle spielt. Die Regenlosigkeit ermöglicht bei dem bedeutendsten Produkt, der Baumwolle, die hochwertige, langstapelige *Maco*-Qualität, weil die geöffneten Kapseln nicht verfilzen. In bewässerten Trockengebieten erreicht *Baumwolle* auch die höchsten Erträge, weil viel Sonne das Blühen und die Fruchtbildung fördert, wenn es nicht heißer als 40 °C wird (REHM u. ESPIG 1976, S. 319). Es müssen allerdings mindestens 160 Tage frostfrei sein. Der Weltanteil der in den Flussoasen der Wüstenzonen erzeugten Baumwolle betrug 2002 insgesamt 19 % und der Anteil am Weltexport 23 %[60]. Der größte Produzent ist Pakistan mit 9 %, es hat aber nur 0,6 % Anteil am Weltexport. Der Qualitätsführer Ägypten produzierte 2002 zwar nur 1,7 % der Welternte, hat nur 1,2 % Mengenanteil am Weltexport von Baumwolle, aber 2,0 % an seinem Wert, was die höhere Qualität verdeutlicht. Obwohl die Baumwollflächen im *Gezira-Projekt* beeindrucken, erreicht die Republik Sudan nur noch 0,4 % der Welternte. Irak und Iran sind unbedeutend mit wesentlich weniger als 1 % Weltanteil. Mengenmäßig auch gering (0,2 %) ist die Produktion in Peru, aber berühmt wegen ihrer Qualität. Außerhalb der Tropen und Subtropen gelegen, aber noch genügend Sommerwärme für Baumwolle haben die alten Oasen und jungen, übermäßig intensivierten Bewässerungsregionen des zentralasiatischen Tieflands, vor allem in Usbekistan (5,4 % Anteil an der Welterzeugung, 15,7 % an der Weltexportmenge u. 14,7 % am -wert), Turkmenistan (0,8, 1,2 u. 3,0 %) und Kasachstan (0,5, 1,1 u. 1,0 %).

Für die Erzeugung exportfähiger *Datteln* ist sommerheißes Klima (Kap. 4.4.3) wichtig, und die Winterfröste sind bei -10 °C limitierend. Außerdem sollte es trocken sein, Regen würde die Bestäubung behindern und die Fruchtqualität schädigen. Kontinental subtropische Tiefländer mit regional für Datteln erreichbarem, d.h. nicht mehr als 10 m tiefem Grundwasser, wie sie im Irak zu finden sind, haben die besten Bedingungen. Dieses Land bringt 10,3 % der Welterzeugung (2002). Vor dem Golfkrieg und dem anschließenden Embargo waren es noch 25 %, denn der Irak war auch im Weltexport führend. Inzwischen wurde er vom Iran mit 14 %, Ägypten mit 18 % und Saudi-Arabien mit 13 % der Weltproduktion (2002 6,3 Mio. t) überholt. Selbstverständlich spielt auch die auf Datteln eingestellte Tradition der arabischen Wüstenvölker eine Rolle, aber die anderen Länder holen auf: Von der Natur her können in den Wüsten Pakistans auch viele Dattelpalmen gedeihen, und es ist mit 10 % der Welternte 2002 der fünftgrößte Produzent und seit 1998 mit 13,5 % des Weltexports (444.000 t) führendes Exportland geworden. Außerdem ist dort die Kultivierung von Gewürzen bedeutend.

Die von der zonalen Umwelt induzierte handwerkliche und kleinindustrielle *regionale* bzw. *lokale Produktion* muss noch erwähnt werden, vor allem die Verarbeitung der Schafwolle zu Teppichen, für die sowohl zum Bedecken der Lehmböden in den Oasenhäusern als auch der Zeltböden der Nomaden seit Jahrtausenden ein Bedarf besteht. Zentren dafür sind die großen Oasen Zentralasiens und Persiens (*Orientteppiche*), wo die Kultureinflüsse kumulieren und die Fingerfertigkeit groß ist, während im Westen Nordafrikas die Technik einfacher blieb (*Berberteppiche*). Ein z.T. zonaler Rohstoff ist auch das Leder, dessen Verarbeitung in den Oasen einen hohen Stand erreicht hat, insbesondere von Kamelleder. Andere Handwerkskunst der Oasen basiert auf nicht zonalen Rohstoffen wie Silber oder Jade, aber die Nachfrage ist zonal *induziert*, denn die Nomadenfrauen können ihren Reichtum fast nur in tragbarer Form, d.h. vor allem in Schmuck anlegen bzw. zeigen.

Halbwüsten- und Wüstenzonen 257

4.5.5 Azonale Einflüsse durch Lagerstätten

In einer methodisch streng zonalen Geographie würden sie nicht behandelt, aber in einer die Zonen weiter regional differenzierenden *Regionalgeographie* müssen diese azonalen Einflüsse genannt werden, denn sie können regional der dominierende *Geofaktor* sein, und für die Stellung in der Weltwirtschaft sind sie hier wichtiger als die zonalen Produkte.

Vorrangig ist hier das *Erdöl* zu nennen. Es ist ein erdgeschichtlicher Zufall, dass sich besonders große Lagerstätten in den Ländern der Wüsten- und Halbwüstenzone der Nordhalbkugel finden. Sie erbrachten am Ende des 20. Jahrhunderts rund 30 % der Weltförderung und annähernd 50 % des Weltexports dieses wertvollen Rohstoffs. Die relative Bedeutung hat in den letzten Jahrzehnten zugenommen. 1950 betrug der Anteil an der Erdölförderung noch keine 20 % (Saudi-Arabien 6 %, Iran 5 %). Die Entdeckungen, besonders der 50er und 60er Jahre, in Kuwait, Abu Dhabi, Libyen und Algerien (auch *Erdgas*) veränderten die Positionen. 1997 lagen in Produktion und Export Saudi-Arabien mit 12 bzw. 19 %, der Iran mit 5 bzw. 8 %, Abu Dhabi mit 3 bzw. 6 %, Kuwait mit 3 bzw. 15 % und Libyen mit 2 bzw. 3 % vorn. Die Prägung von *Wirtschaftsregionen* erfolgt auch indirekt: Städte wachsen, nicht nur wegen der unmittelbar und mittelbar mit dem Öl zusammenhängenden Arbeitsplätze, sondern auch wegen des hereinkommenden Geldes, wie z.B. in Abu Dhabi besonders zu sehen ist. Andererseits leiden den Fördergebieten oder Städten benachbarte *Oasen* unter Arbeitskräfteschwund, weil sie nicht diese Verdienstmöglichkeiten bieten können. Gegenwärtig laufen die größten Erschließungen im Tarim-Becken, wo inzwischen bereits 200.000 Arbeiter beschäftigt sind.

Auf die *Eisenerzlager* in der Wüste Mauretaniens, die *Uranvorkommen* am Aïr und in der *Namib*, die dortigen *Diamanten* und auf die *Kupferminen* in der *Atacama* kann aus Platzmangel hier nicht eingegangen werden (s. GEIGER 1986).

Die *Salpeterlager* in der *Atacama* sind nicht ganz azonal, denn die extreme Trockenheit dieser Wüste hat die Wegspülung dieser leicht löslichen Verbindung verhindert (VEIT 2000, Karte S. 6). 1810 entstand die erste Abbaugrube, 1879 bis 1883 nahm Chile im „Salpeterkrieg" den Nachbarstaaten Peru und Bolivien die Wüstenanteile mit *Salpeterlagern* weg, weil sie von Chile aus erschlossen wurden. Über 100 Jahre lang beherrschte *Chilesalpeter* den Weltmarkt als Düngemittel und für die Schießpulverherstellung. 1925 waren 61.000 Menschen bei der Salpetergewinnung in der Wüste beschäftigt und haben die *Atacamaregion* stark geprägt (BÄHR 1979). Heute gibt es dort „Geisterstädte", denn nach der Erfindung der Stickstoffsynthese in Deutschland (HABER-BOSCH-Verfahren) 1913 und seiner großindustriellen Umsetzung in den zwei Jahrzehnten danach sank die Produktion auf rund ein Viertel der Boomzeit, und nur noch 1 % des Weltbedarfs an Stickstoffdünger kommt aus Chile, von wenigen rationalisierten Großbetrieben geliefert.

In einem noch stärkeren zonalen Zusammenhang sind die *Guanolager* (peruan. *huano* = Mist) auf den Inseln und Halbinseln der nordchilenischen und peruanischen Küstenwüste zu sehen, die den begehrten Naturdünger einstmals in großem Umfang lieferten: Die Exkremente der Seevögel häufen sich hier so mächtig an, weil die kalten Meeresströmungen und Auftriebswasser sehr fischreich sind und große Vogelkolonien ermöglichen. Andererseits verhindert das kalte Wasser die Niederschlagsbildung, was zur Erhaltung der *Guanolager* mit ihren löslichen Pflanzennährstoffen beigetragen hat. Die bis 60 m mächtigen Ablagerungen der Exkremente enthalten 11 bis 16 % N, 8 bis 12 % P_2O_5 und 2 bis 3 % K_2O. Besonders wichtig ist außerdem der Gehalt an Spurenelementen, weshalb *Guano* auch heute noch als wertvoller Naturdünger gefragt ist.

Die geringen Niederschläge im Gebiet des ehemals spanischen Kolonialteils der *Westsahara* haben die dortigen *Phosphatlager* vor Auslaugung bewahrt und ihren Abbau im Tagebau sowie den offenen Transport in einem 96 km langen Förderband zur Küste ermöglicht. Es sind mit 60 % der Vorräte die größten Lagerstätten der Welt dieses wichtigen Düngemittels und Rohstoffs. Deshalb sind sie leider auch ein Grund geopolitischer Auseinandersetzungen. Der Erschließung durch Spaniens Kolonialverwaltung 1972 trotz der bereits 1966 von der UN geforderten *Entkolonialisierung* folgte 1975 die Besetzung durch Marokko, was ab 1976 zum Dauerkleinkrieg mit der Unabhängigkeitsbewegung *Polisario* führte, die vom Nachbarstaat Algerien aus operiert. 20 % der Weltproduktion von *Phosphat* kommen von dort. Kleinere *Phosphatlager* finden sich in anderen Staaten mit Trockengebieten, wie in den USA, Tunesien, Jordanien, China und den südlichen GUS-Staaten.

Von der negativen Wasserbilanz begünstigt ist die Bildung von *Salzlagern*. Auch kann in *Salzgärten* das Salz aus Meerwasser leicht gewonnen werden. Aber diese haben sich meist in der Nähe von Siedlungen entwickelt, die in den günstigeren semiariden Zonen liegen, z.B. an der Küste der Camargue, wo das Wasserdefizit von 1000 mm im Jahr immer noch für eine rentable Salzgewinnung ausreicht.

Halbwüsten- und Wüstenzonen 259

4.6 Erhaltungs-, Entwicklungs- und Umweltprobleme

4.6.1 Ausdehnung der Wüsten infolge Bevölkerungszunahme und Sesshaftwerdung

Durch Übernutzung „verwüstet" der Mensch die an die Halbwüstenzone anschließenden Savannen oder Steppen und bewirkt dadurch weitflächige *anthropogene Halbwüsten* (MENSCHING 1990 und 1993). In der Dornsavanne der Sahelzone werden nach Angaben der FAO im Durchschnitt jährlich Gebiete von der Größe Bayerns zu Halbwüsten oder gar Wüsten durch Überweidung und andere Formen der *Desertifikation*. Die Pflanzen werden abgefressen, bevor sie Samen bilden können. Der Feinboden wird ausgeweht und abgespült. *Rotationsweide*, Futterbau und Futterstrauchanpflanzungen können helfen, aber wenn die Bevölkerung wie bisher wächst und dadurch ihren Viehbestand vergrößern muss, hilft es nur für eine kurze Zeit. Australische Salzbusch-Arten (*Atriplex nummularia* u. *A. vesicaria*) haben sich zur Anpflanzung bei solcher *Überweidungs-Verwüstung* bewährt, weil sie nur bei starkem Futtermangel von den Tieren gefressen werden und deshalb in feuchteren Jahren Zeit zum Wachsen haben. Wenn jedoch Halbwüsten durch Überweidung zu Vollwüsten werden, ist es sehr schwer und zeitraubend, die disperse Dauervegetation zu reetablieren, weil sie nur in besonders feuchten Jahren gut anwächst.

Besonders krass ist die Überweidung um die Siedlungen sesshaft gemachter Nomaden (Kap. 4.6.2). Hier wächst fast nichts mehr, denn auch was die Tiere nicht fressen, wird geholt, wenn es sich zur *Feuerung* benutzen lässt oder zum Kralbau. Inselartige *Überweidungswüsten* kommen von den feuchteren Geozonen bis in die Halbwüsten vor. Im Umkreis einer Tagesweide (ca. 10 km Radius) um Brunnen oder um Dauersiedlungen geht die Überweidung oft soweit, dass gar nichts mehr wächst, eine Vollwüste ist dort entstanden. Man hat versucht, die Probleme durch zusätzliche Brunnenbohrungen zu lösen, um die Siedlungsplätze besser zu verteilen. Dadurch fiel jedoch die trockenzeitliche Schonung der dortigen Weiden weg und noch mehr Vegetation wurde zerstört. Vielleicht könnte eine *Weiderotation* durch zeitweiliges Öffnen und Schließen der Brunnen erzwungen werden.

Andere anthropogene Halbwüsten fallen flächenmäßig nicht so ins Gewicht. Rückt der *Regenfeldbau* zu weit in die marginalen Trockengebiete vor, wo die Abstände der einzelnen Kulturpflanzen mehr als doppelt so groß wie normal sein müssen, dann ist die Gefahr von *Bodenverlusten* durch *Denudation* und *Deflation* so stark, dass sie auch zur *Desertifikation* führen können (*Denudations-Halbwüsten*). Zu starke Holznutzung in den Dornsavannen kann zusätzlich die Ursache sein. Die flache Übersandung von den Wüsten her ist dagegen eine geringere Gefahr, denn Sand der Trockengebiete ist nicht so ausgelaugt wie der in humiden Zonen und enthält deshalb neben Quarz noch nährstoffhaltige Mineralien. Er hat außerdem eine bessere Wasseraufnahme- und Speicherfähigkeit als viele andere Böden. Selbstverständlich ist die *Übersandungsgefahr* durch Wanderdünen ein großes Problem, vor allem wenn festigende Vegetation durch Überweidung und Brennholzbedarf zerstört wird wie um die Oasen im Süden der *Taklamakan*.

Bodenversalzung durch ungenügende oder unsachgemäße Bewässerung führt zu anthropogenen *Versalzungswüsten* und -halbwüsten, z.b. in Pakistan. Dort ist es der durch die Bewässerung angestiegene Grundwasserspiegel, der zur Versalzung führt (Kap. 4.6.4).

Nach Angaben des *Desertifikationssekretariats* der UN (UNCCD) bei der Weltkonferenz in Bonn Ende 2000 sind über 250 Mio. Menschen unmittelbar und rund 1,2 Mrd. mittelbar von *Desertifikation* bedroht. Jährlich gehen dadurch 10 Mio. ha Land verloren. Zum Kampf dagegen wurde 1996 die *United Nations Convention to Combat Desertification* (UNCCD) eingerichtet. Auch die Deutsche Gesellschaft für Technische Zusammenarbeit (GTZ) hat im Auftrag der Bundesregierung ein *Schwerpunktprogramm zur Desertifikationsbekämpfung* aufgestellt

4.6.2 Ansiedlung von Nomaden oder Unterstützung ihrer Lebensweise?

Die ersten und größten Versuche, die Nomaden sesshaft bzw. halbsesshaft zu machen, wurden in den 20er Jahren des 20. Jahrhunderts in den sozialistisch gewordenen Ländern unternommen. In denen der Sowjetunion stand starker staatlicher Druck dahinter, in der **Mongolei** dagegen, die ihre Revolution 1921 hatte, wehrten sich die Nomaden eine Generation lang erfolgreich gegen die fundamentale Änderung ihrer Lebensweise. Erst in den 50er Jahren gelang die *Kollektivierung*, indem man sie mit einer *verwaltungsmäßigen Neustrukturierung* verband. Die Nomaden mussten sich jeweils einem *Sum-Zentrum*, einem neugeschaffenen zentralen Ort unterster Stufe, unterordnen, der ihnen andererseits Funktionen wie Schule, Krankenstation, Veterinärdienst, Vermarktungseinrichtung, Post und Laden bot. Seine Gebietsgrenzen durften sie mit den Herden jedoch nur in Notfällen und nur in Absprache mit den benachbarten *Sums* überschreiten (BARTHEL 1990). Das Vieh wurde zum Gemeinsbesitz in dem Nomadenkollektiv, das damit einer *Kolchose* entsprach. Eine gewisse Beweglichkeit der Hirten und ihrer Wohnplätze musste jedoch erhalten bleiben, denn es muss in der Halbwüstenzone der *Gobi* der Weideplatz im Jahr 8 bis 12 mal verlegt werden, und die jährlichen Wanderwege sind bis 140 km lang, bei Dürren bis 350 km (NATSAGDORI 2000).

Diese Distanzen zeigen bereits, dass zumindest in Dürrezeiten die Gebiete

Halbwüsten- und Wüstenzonen 261

einer *Nomadenkolchose* zu klein waren, und die Absprachen mit anderen *Sums* waren problematisch. Man hat versucht, durch Futteranbau in Staatsgütern (*Sowchosen*) feuchterer Gebiete und Notfutterlieferung in den Halbwüstenzonen die Nomaden zu unterstützen, hat aber dadurch ihre alten Ausweichstrategien verkümmern lassen. Der Hauptfehler war jedoch die Bildung des gemeinsamen Viehbestandes. Ein Hirte möchte seine eigenen Tiere haben, er hat ein besonderes, persönliches Verhältnis zu ihnen. Es war daher kein Wunder, dass beim Zusammenbruch der sozialistischen Macht 1990-92 die *Nomadenkolchosen* wieder aufgelöst und das Vieh verteilt wurde. Damit fingen jedoch neue Probleme an (F.-V MÜLLER 1999, MÜLLER u. JANZEN 1997). Die Unterstützungsstruktur brach zusammen. Viele neue Nomaden scheiterten.

Auf der anderen Seite werden in der Halbwüstenzone der *Gobi* die *Kashmirziegen* übermäßig vermehrt (in 7 Jahren auf die dreifache Zahl seit 1992), weil der Preis der Kashmirwolle stieg und sie sich nach China relativ leicht verkaufen lässt. Aber Ziegen zerstören bekanntlich am stärksten die Vegetation, weil sie die Pflanzen mit der Wurzel ausreißen.

Die abgefressene und lückig gewordene Vegetationsdecke hinterlässt besonders in einem trockenen Sommer wie 1999 kein „stehendes Heu" für den Winter. Kommt dann ein stärkerer Schneefall wie 1999/2000 (*weißer Zud*), ist fast kein Halm mehr zu finden, und ein Massensterben setzt ein (3,5 Mio. Tiere). Die frühere Futterunterstützung durch den Staat fehlt, denn die Staatsgüter sind privatisiert, und wenn sie überhaupt noch funktionieren, dann mit Geld bringendem Weizenanbau, nicht mit Notfutter.

Die verschiedenen Gründe für die Sesshaftwerdung vieler Nomaden im **Saharabereich** beschreibt MAINGUET (1999, S. 147 ff) sehr überzeugend. Heute versuchen dort die Regierungen, die Nomaden sesshaft zu machen, um ihnen einerseits mehr Dienstleistungen zukommen zu lassen, andererseits um sie politisch besser unter Kontrolle zu haben. Schule, Wasserstelle, Laden und Krankenstation werden als Positiva angeführt, aber die Überweidung, die Entfremdung von der an die Umwelt angepassten Lebensweise und schließlich die Verelendung werden heruntergespielt. Ein weiteres Argument, dass sesshaft gemachte Nomaden ihre Weiden besser pflegen würden, ist grundsätzlich falsch, denn die häufige Weideplatzverlagerung ist eine *offene Rotation* und ermöglicht immer wieder ihre Regeneration. Von Natur aus lässt sich dieser Wanderungsbereich nicht auf ein überschaubares Areal eingrenzen, denn die klimatischen Schwankungen erfordern oft eine Herdenverlagerung auf große Distanz. So war z.B. der Versuch, Ende der 80er Jahre auch bei den Nomaden in den Halbwüsten von Nordkenia „Group Ranches" einzuführen oder zumindest die Distriktgrenzen für Viehwanderungen zu sperren, zum Scheitern verurteilt, denn Dürregebiete umfassen mehrere Distrikte. Staatliche Hilfe wäre stattdessen bei Dürre erforderlich, um die besten Tiere zu retten. Armeelaster könnten sie in feuchtere Gebiete bringen und als Rückfracht Notfutter herbeischaffen. Wichtig ist dann auch ein verstärkter Aufkauf von Vieh sowie Trockenfleischbereitung, damit Wanderhirten nach der Dürre wieder ihre Existenzbasis aufbauen können, denn von den geringen Arbeitslöhnen kann man sich keine neue Herde ersparen.

Es zeigt sich, wie schon SCHOLZ (1974 bis 1999) mehrfach darstellte, dass auch heute noch der Nomadismus die angepassteste Lebens- und Wirtschaftsform in den Halbwüsten (bis Wüsten) ist, dass er aber einer infrastrukturellen und Notfallunterstützung bedarf, weil einerseits die Lebensansprüche an die allgemeine Entwicklung anzugleichen wären und andererseits die früheren Ausweichgebiete verlorengegangen sind. Die vom Anbau noch nicht okkupierten Gebiete der an die Halbwüsten anschließenden Dornsavannen- bzw. Steppenzonen sind so klein geworden, dass sie von dort lebenden Hirtenvölkern schon voll genutzt werden und kaum noch Weideplatzverlagerungen dorthin möglich sind. Neugebohrte Brunnen mit einer zeitweiligen Öffnung und Elektrozäune mit Sonnenbatterien könnten vielleicht helfen, durch Beweidungspausen zur Regeneration der Blattflächen, eine höhere *Assimilation*, d.h. größere Biomasseproduktion zu ermöglichen und damit insgesamt auch eine höhere Tierzahl, die von der wachsenden Bevölkerung gebraucht wird.

Ein Kompromiss ist die Teilansiedlung von Frauen, Kindern und Alten mit wenigen Tieren, während die Jugendlichen mit den Hauptherden unterwegs sind, wie es z.B. in den Halbwüsten Nordostafrikas üblich ist. Diese Verbindung von möglicher *Teil-Sesshaftigkeit* und notwendigem *Teil-Nomadismus* sollte unterstützt werden. Geeignete Bedingungen dafür gibt es aber nur in den feuchteren Subzonen der Halbwüsten bzw. wo günstigere Gebirge nahe sind. Zur Unterstützung würden ein besser organisierter Vieh-Aufkauf, die Vermarktung von Trockenfleisch, Futterzufuhr und Kleinkredite gehören, insbesondere bei Dürren.

Zahlenmäßig ist die Wanderhirtenbevölkerung, großräumig gesehen, meist in der Minderheit und hat deshalb nur wenig politischen Einfluss. Selbst in der Mongolei, dem typischsten Nomadenland, umfasst sie einschließlich der Steppennomaden nur 40 %. Es gibt vielfältige Verbindungen zwischen den Wirtschaftsgruppen Wanderhirten, Oasenbauern und Städter. Früher waren die Nomaden meist kriegerisch, haben die Oasen erobert und die ansässigen Bauern zu Pächtern gemacht. Weitere Einnahmen bezogen sie aus dem Handel und Transportwesen. In der Kolonialzeit sind bereits viele Nomaden zum Oasenfeldbau übergegangen, weil mit der Einführung der Lastwagen ihre Transport- und Handelsfunktion weitgehend wegfiel. Andere Nomaden wurden nach der Kolonialzeit Oasenbauern, um zu überleben, weil durch Bodenreformen ihre Pachteinnahmen verlorengingen, wie z.B. in Algerien. Am feuchteren Rand der Halbwüste versuchen einzelne fortschrittliche Nomaden, zusätzlich zur Weidewirtschaft etwas Getreide durch Was-

Halbwüsten- und Wüstenzonen 263

serkonzentrationsanbau zu erzeugen (s.u.).

Es gibt vereinzelt noch Nomaden, die Kamelkarawanen-Handel betreiben: Die *Tuareg* im südöstlichen Hoggar, des Aïr und am Tassili der Ajjer tauschen Salz von Bilma und anderen Salzquellen, z.T. auch Datteln, gegen Hirse aus der Sahel- und Sudanzone, wofür die Karawanen wochenlang durch die Sandwüste des Tenéré ziehen (GÖTTLER 1989, F. SCHOLZ 1995, S. 84, SPITTLER 2002). Man hat per Entwicklungshilfe versucht, dies durch Lastwagen-Kooperativen zu ersetzen. Aber die Lastwagen waren unzuverlässiger, in der abgelegenen Region schwer zu reparieren, und die Zerstörung der alten Lebensweise brachte einen Verlust an Lebensqualität mit sich, so dass die Nomaden zum Karawanenhandel zurückkehrten.

Ein besonderes Problem der Nomaden in der Halbwüste besteht darin, dass ihre Ausweichgebiete für die langen Trockenzeiten und Dürren in der Dornsavanne inzwischen von *Hackbauern* aufgesiedelt sind. Wenn dafür kein Ausgleich, z.B. durch *sylvipastorale Reservate* wie im Senegal, geschaffen wird, kann das bei Dürren zu einem gewaltsamen Eindringen aus der Halbwüste in die etwas günstigere Nachbarzone führen, wie von den *Tuareg* im Sahel von Mauretanien und Niger 1991/92.

Das Nomadenproblem besteht selbstverständlich auch in Vorderasien und Südasien bis zur Wüste *Tharr*. Auch dort wäre die Unterstützung der Lebensweise der Nomaden wichtiger als ihre Ansiedlung, worauf F. SCHOLZ (1999 u. früher) als bester Kenner mehrfach hingewiesen hat.

4.6.3 Wasserkonzentrationsanbau in den Halbwüsten: neue Perspektiven für altes Wissen?

Wo die Niederschläge in mehr als 70 % der Jahre noch mindestens 50 mm erreichen, sind noch Möglichkeiten des Anbaus durch *Wasserkonzentration* vorhanden (*Runoff catching agriculture, water harvesting*). Das ist eine Art von natürlicher Bewässerung, bei der das von geneigten Geländeflächen abrinnende Regenwasser an geeigneten Stellen konzentriert wird, meist in einem beginnenden, breit werdenden Wadi, das von kleinen Querdämmen durchzogen wurde. (Diese Wasseranreicherung heißt *Sail* in Südarabien, *Tussur* in Nordafrika). An der Mittelmeerküste von Ägypten wurden durch eine Kombination von solchem Wasserkonzentrationsanbau und Methoden des *Dry farming* in den letzten drei Jahrzehnten in der Zone von mehr als 100 mm mittlerem Jahresniederschlag rund 100.000 ha erschlossen.

Wenn mehr als 80 mm Niederschlag pro Regenzeit fallen, reicht das, wie EVENARI (1982) bei Avdat im *Negev* (97 mm Jahresmittel) bewiesen hat, für einen kleinflächigen Anbau von Gerste, Sonnenblumen und Fruchtbäumen (Oliven, Mandeln, Pistazien, Granatäpfel) aus, denn das von den Hängen bei den wenigen Starkregen herabfließende Wasser wird durch kleine Wälle zu einer günstigen Stelle im Wadi geleitet, so dass dort etwa 500 mm zusammenkommen. Der Schwemmlehm im Wadi speichert dann diese Menge so gut, dass selbst nach mehrmonatiger Trockenheit die Bäume noch nicht welken. Auch auf nur sanft geneigten Hängen lässt sich diese Technik anwenden. Das Wassereinzugs- zum Wasserverbrauchsgebiet beträgt in den infrage kommenden Halbwüsten zwischen 25 : 1 und 5 : 1, je nach Niederschlagsmenge, -zuverlässigkeit, -abflussmenge und Kulturpflanzen. Für Bäume ist das Risiko der extremen Dürrejahre jedoch sehr problematisch. Aber neben Weidepflanzen ließen sich Pistazien und Mandeln rentabel anbauen (EVENARI 1982, S. 73).

Diese Technik wurde schon in der Antike angewendet, z.B. von den Nabbatäern im *Negev*, bis Beduinen im 7. Jahrhundert die Anlagen zerstörten. Prof. EVENARI von der Universität Jerusalem hat sie wiederentdeckt und modernisiert. Reste ähnlicher Methoden finden sich noch in Südarabien und in Halbwüsten sowie etwas feuchteren Gebieten im Süden der Atlasländer bei berberischen Volksstämmen (KUTSCH 1982).

Durch Benetzung des Bodens mit Paraffin, Silicon oder schwerem Heizöl lässt sich der Abflussanteil z.b. von 20 % auf 80 % steigern (EVENARI 1982, S. 72), aber das ist teuer und umweltgefährdend. Als Grundschwierigkeit bleibt neben der Unsicherheit der Niederschläge auch ihre gelegentliche Stärke, die zu flutartigem Abfluss führt, der mehr vernichtet als nützt.

4.6.4 Störungen durch Übernutzung der Wasservorkommen und Versalzung

Die übermäßige Ausnutzung der Wasser des Amu und des Syr Darja zum Baumwollanbau führte zu dramatischen Problemen seit 1965: Der Aralsee ist am Austrocknen (GIESE 1997), die Fläche ist seitdem um die Hälfte geschrumpft, das Ufer um durchschnittlich 100 km zurückgegangen. Das zurückbleibende Salz wird durch Staubstürme in die Umgebung geweht. Eine früher umfangreiche Fischereiwirtschaft geht ein. Die Pestizide der Baumwoll-Monokultur belasten die Flüsse und das Grundwasser. Nach den Voruntersuchungen des 1999 von der UN, der Weltbank und den betroffenen fünf zentralasiatischen Ländern langfristig angelegten *Aralseeprojekts* liegt die Schadstoffbelastung, auch durch Schwermetalle, bis zu 40-mal über dem Grenzwert, was vor allem zu gravierenden Gesundheitsschäden bei Kindern führt. Eine Abhilfe kann nur teilweise geschaffen werden, weil der Baumwollanbau als wichtigster Devisenbringer nicht eingeschränkt werden wird. Aber es soll rationeller bewässert werden. In der Schädlingsbekämpfung ist DDT bereits verboten worden.

In Pakistan stützt die starke Ausnutzung des Wassers des Indus und seiner Nebenflüsse mit Weizen- und Baumwollerzeugung zwar die Wirtschaft des Landes, aber die damit verbundene *Versalzung* führt zu großen Problemen. Es wird jedoch schon lange etwas dagegen getan: So war zwischen 1975 und 1979 die von Versalzung beeinträchtigte Bewässerungsfläche von 42 % bereits auf 25 % zurückgegangen (SCHOLZ 1984, S. 224), und neue große Entsalzungsprojekte wurden von 1985 an in Angriff genommen.

Die Erfolge der Bewässerungswirtschaft dürfen nicht darüber hinwegtäuschen, dass der weitere Ausbau eng begrenzt ist und nicht mit dem gegenwärtigen Zuwachs der Bevölkerung in den betreffenden Entwicklungsländern Schritt halten kann. Selbst der Landgewinn durch das Großprojekt Assuan-Hochdamm ist längst durch die Bevölkerungszunahme aufgezehrt, ganz abgesehen von den nachteiligen Wirkungen, die er bedingt, von denen hier nur die zwei wichtigsten genannt werden können: Es fehlt der düngende Nilschlamm und die Versalzungsgefahr steigt.

Das Hauptproblem in allen Bewässerungsgebieten arider Zonen, auch in den kleinen Oasen, bleibt die Versalzung (s. ZECH 2002). Durch die Bewässerung werden Salze im Boden gelöst, und der bis in 2 m Tiefe wirkende starke *Verdunstungssog* zieht Reste des Bewässerungswassers an die Oberfläche oder gar Grundwasser an, wenn dessen Spiegel durch die Bewässerung oder Versickerung neben unbetonierten Kanälen angestiegen ist. Reichliche, durchspülende Bewässerung und gleichzeitige Entwässerung (am besten mit Drainage-Röhren) wäre die Antwort, aber das Wasser ist dafür meistens zu knapp.

In Abhängigkeit von der pot. Evapotranspiration (PET) des Bewässerungsstandorts schlägt CAESAR (1986, S. 88) folgende Formel zur Berechnung der für die Salzauswaschung zusätzlich erforderlichen Wassermenge in mm vor:

$$LR = ECi : (ECd - ECi) \times PET$$

ECi = Elektrische Leitfähigkeit des Bewässerungswassers (mS/cm)
ECd = Elektrische Leitfähigkeit des Dränwassers (mS/cm)
PET = pot. Evapotranspiration (in mm für einen definierten Zeitraum)

Vorsichtige Bewässerung durch wurzelnahe Tropföffnungen in ausgelegten Schläuchen verbraucht wenig Wasser und bewirkt fast keine Versalzung. Diese *drip irrigation* wurde besonders von den Israelis entwickelt und wird inzwischen vielerorts, sogar in Indien, angewandt, wenn sie auch infolge des hohen Kapitalbedarfs nur für hochwertige Marktkulturen infrage kommt.

4.6.5 Nationalparks und andere Schutzgebiete

Es geht auch bei dieser Geozone nicht nur um Reservatspolitik, sondern um die Erhaltung sowohl als *Ökosystemkomplex* als auch als *Wirtschaftszone* mit ihren traditionellen Sozialsystemen. Überweidung, „Modernisierung" und Tourismus stellen die größten Gefahren dar. Entwicklungen müssten in die richtigen Bahnen gelenkt und die Umwelt dabei vor Zerstörung bewahrt werden.

Mit dem Schutz der empfindlichen Wüsten- und Halbwüstenökosysteme sah es bis in die 70er Jahre des 20. Jahrhunderts sehr schlecht aus, denn es wurde nur selten eine typische Region der Geozone geschützt, sondern es ging um *besondere* Sehenswürdigkeiten wie die Felszeichnungen im Tassili-Nationalpark der *Sahara*. Erst das **Biosphärenprogramm** der UNESCO hat ein System in Gang gebracht, das jede Region durch ein Schutzgebiet erhalten will. Aber die Erfassung ist noch nicht vollständig (Tab. 9), und auf der Ebene des *Welterbes* bleibt auch noch viel zu tun. 1982 wurde der Tassili-Nationalpark zum Welterbe erklärt. Die Naturreservate im Aïr und in der *Ténéré* Sandwüste wurden 1991 aufgenommen. Das *Arabian Oryx Sanctuary* in Oman kam 1994 dazu. Die Mongolei hat 1999 die beiden *Gobi*-Biosphärenreservate (Tab. 9) für den UNESCO-Welterbeschutz angemeldet.

Die Biosphärenreservate nutzen bereits bestehende Nationalparke und andere Schutzgebiete oder wurden eigens geschaffen. Am stärksten konnte hierbei in den USA auf Bestehendes zurückgegriffen werden, denn sie hatten als *National Monuments* und *State Parks* schon einige typische Regionen unter Schutz gestellt.
- Das *Yoshua Tree National Monument* in der *Mohave Desert* in Südkalifornien (Schopfbaum-Halbwüste)
- der *Saguaro Nat. Park* im Osten der *Gila Desert* von Arizona (typische Kakteen-Halbwüste)
- das *Organ Pipe Cactus Nat. Mon.* in der *Sonora Desert* von Arizona (besondere Kakteen-Halbwüste)
- das *Death Valley Nat. Mon.* in Südostkalifornien (Kern- und Extremwüste).

Davon erhielten alle außer dem *Saguaro Nat. Park* den Status als Biosphärenreservat (Tab. 10), und ein *Desert* genanntes in Utah kam noch hinzu, das im *Great Basin* die Zwergstrauch-Halbwüste repräsentiert. Der *Big Bend National Park* ist zum Biosphärenreservat für eine Strauch-Halbwüste erklärt worden, das auch noch einen Teil der mexikanischen Chihuahuawüste einbezieht (*Mapimi*).

Vorbildlich ist die Mongolei, wo in der *Gobi* zwei große Schutzgebiete als Biosphärenreservate ausgewiesen sind (Tab. 9) und 1993 mit deutscher Hilfe der *Gobi Gurvan Saikhan*-Nationalpark geschaffen wurde. In ihm steht aber nicht die Wüste selbst, sondern ein in ihr liegendes Gebirge im Mittelpunkt,

Halbwüsten- und Wüstenzonen

der *Gobi-Altai*, der infolge seiner Höhe (bis 2825 m) mehr Niederschläge empfängt und daher hauptsächlich von Gebirgssteppen bedeckt ist. In den tieferen Randlagen herrscht Wüstensteppe vor.

Im südlichen Afrika wurden in Namibia das halbwüstenhafte *Kaokoveld* und die *Namib* unter Schutz gestellt. In Südafrika schützt der *Karoo National Park* die Zwergstrauch-Halbwüste der Großen *Karoo*, ist aber relativ klein. Seit 1992 steht die bizarre Sukkulenten-Halbwüste im *Richtersveld Nationalpark* unter Schutz. Der *Kalahari Gemsbock National Park* liegt mehr im Übergangsbereich von der Halbwüste zur Dornsavanne.

Tab. 9: Schutz der Halbwüsten- und Wüstenzonen durch UNESCO-Biosphärenreservate[1]

Regionale Subzone/Biom	Name und Staat	Lage	Höhe	Größe
Nordamerik. winterkalte Zwergstrauch-Halbwüste	*Desert,* Utah	38°40'N 113°45'W	1547 - 2565 m	225 qkm Kernzone
Nordamerik. Schopfbaum-Halbwüste bis Vollwüste	*Mojave and Colorado Deserts,* Kalifornien	33°10'N, 116°20'W 35°39'-37°05'N 116°22'-117°37'W 34°00'N,115°45'W	-86 - ca. 700 m	zusammen 12.973 qkm
Nordamerik. Sukkulenten-Halbwüste	*Organ Pipe Cactus N.M.,* Arizona	31°48'N-32°13'N 112°37'W-111°05'W	335 - 1472 m	1.333 qkm
Nordamerik. Strauch-Halbwüste	*Big Bend Nat. Park,* Zentrum Texas	29°30'N 102°03'E	553 - 2384 m	2.832 qkm Kernzone
	Mapimi, Mexiko	26°29'-52'N 103°-31'-58'W	1100 - 1800 m	200 qkm Kernzone
Südamerik. Nebelpfl.-Halbwüste	noch nicht ausgewiesen			
Südamerik. Dornpolster-Halbw.	noch nicht ausgewiesen			
Nordsaharische Dünenwüste	noch nicht ausgewiesen			
Nordsahar. Hammada-Halbwüste	*Omayed Exp.Res.Area,* Ägypten	29°00'-18'N 30°38'-52'E	0 - 110 m	758 qkm Kernzone
Zentralsahar. Hochplateau-Felswüste u. -Halbwüste	*Tassili n'Ajjer Nat.P.,* Algerien	23°15'-26°40'N 5°20'-12°00'E	1150 - 2158 m	72.000 qkm
Südsahar. Gebirgshalbwüste u. Sandwüste	*Aïr et Ténéré,* Niger	19°30'N Zentrum 8°30'E	441 - 2022 m	244.001 qkm
Südafrikan. Zwergstrauch-Halbw.	noch nicht ausgewiesen, aber im Karoo Nationalpark vorgesehen			
Südwestafrikan. Dünenwüste	noch nicht ausgewiesen, aber im Nationalpark Namib vorgesehen			
Asiat. Kies- u.Felshalbwüste	*Touran,* Iran	35°00'-36°22'N 55°00-57°02'E	600 - 2281 m	14.706 qkm
Asiat. Salzwüste u. Halbwüste	*Kavir Nat. Park,* Iran	34°17'-35°12'N 51°25'-53°04'E	609 - 2015 m	4.200 qkm
Südasiat. Strauch-Halbwüste	z.T. im *Lal Suhanra N.P.,* Pakistan	29°12'-28'N 71°48'-72°08'E	110 - 2347 m	658 qkm Kernzone
Asiat.Gebirgs-Halbwüste	*Geno,* Iran	27°18'-29'N 55°56'-56°18'E	50 - 2347 m	275 qkm
Asiat. sommerheiße Rutenstrauch-Dünenhalbwüste	*Repetek,* Karakum, Turkmenistan	38°16'N 63°13'E	180 - 220 m	346 qkm Kernzone
Asiat. winterkalte Rutenstrauch-Halbwüste bis Wüstensteppe und Kieswüste	*Great Gobi, Dzungarian Unit,* Mongolei	44°50'-45°40'N 92°00'-94°20'E	850 -	8.810 qkm
	Great Gobi, Trans-Altai Unit, Mongolei	42°30'-44°30'N 95°30'-99°10'E	2695 m	53.000 qkm
Austral. Spinifexgras-Halbwüste	noch nicht ausgewiesen			
Austral. Strauch-Halbwüste	*Uluru-Kata Tjuta,* Northern Territory, Austr.	24°25'-24°26'S 130°40'-131°20'E	600 - 850 m	1.325 qkm
Austral. Zwergstrauch-Halbwüste u. -Wüste	*Conservation Park of South Australia*	28°05'-30°11'S 129°00'-131°00'E	150 - 495 m	21.326 qkm

[1]Stand 1.5.2002. Näheres unter *http://www.unesco.org/mab/br/brdir*

In Australien wird das Gebiet um den *Ayers Rock* (Uluru), Teile der *Nullarbor Plain (Conservation Park of S.A.*, Tab. 9) und die *Simpson Desert* geschützt, außerdem gibt es viele kleinere Nationalparks und Schutzgebiete. Große Regionen der australischen Halbwüsten sind auch den Aborigines zuerkannt worden und dürfen ohne Genehmigung nicht betreten werden.

An der Kultur der Nomaden und der in den Oasen besteht heute ein breites Interesse. **Kulturschutz** ist deshalb auch in dieser Zone wichtig, auch im Interesse der dort noch traditionell lebenden Menschengruppen. Die Mongolei ist da wiederum vorbildlich, indem sie in dem *Gobi*-Nationalpark auch die dort lebenden Nomaden integrierte. Aber wer schützt die Touareg- und die Beduinenkultur? Sie wird von den meisten dortigen Staaten eher als ein Fremdkörper angesehen, Jordanien und Saudi-Arabien ausgenommen. Die noch traditionell lebenden Nomadenstämme in den Halbwüsten Nordkenias werden von der Zentralregierung als rückständig verachtet und als unruhig gefürchtet. In Westafrika haben die meisten der einst stolzen Mauretanier oder andere Nomaden in den Sahel-Dürren ihre Herden verloren und vegetieren arbeitssuchend in den Slums der Städte dahin. Unterstützung ist also notwendig, aber nicht als die Kultur zerstörende Dauerfütterung, sondern als Kredit zum Wiederaufbau der Herden nach einem klimatischen Desaster, aber nur bis zur nachhaltig tragbaren Bestockungsdichte. Reste von Wildbeuterkulturen in den Halbwüsten gibt es noch im westlichen Innern Australiens.

Tab. 10: Kulturschutz in den Halbwüsten- und Wüstenzonen durch Klassifizierung als UNESCO-Weltkulturerbe

Kulturensemble	Schutzgebiet bzw. -objekt	Land
Prähistorische Felszeichnungen	Tassili n'Ajjer Nat. Park	Algerien
	Tadrart Acacus	Libyien
	Tsodilo	Botswana
Bauten früher Bewässerungs-	Pyramiden v. Gizeh bis Dashur	Ägypten
Hochkulturen	Theben und Tal der Könige	"
	Abu Simbel-Philae	"
	Hatra	Irak
	Moenjodaro (Induskultur)	Pakistan
	Chan chan (6 km² große Ruinenstadt)	Peru
	Nazca (riesige Bodenbilder)	"
Städte mittelalterlicher Bewäss.-	Buchara	Usbekistan
Hochkultur und des Fernhandels	Khiva/Itchan Kala	"
	Shibam	Jemen
	Bahla	Oman
Mittelalterl. bis jüngere Oasenkultur	Aït Ben Haddou (Kasbahs)	Marokko
	M'zab-Tal	Algerien
Antike ehem. Fernhandels-	Palmyra	Syrien
Stadtkultur	Petra	Jordanien
Mittelalterl.-jüngere Fernhandels-	Timbuktu	Mali
Kultur	Ghadames (schon Oase in der Antike)	Libyen
Mittelalt. bis jüng. Marktort-Kultur	Chinguetti, Ouadane, Oualata u. Tichitt	Mauretanien
Alte Residenzen	Tchoga Zanbil (Königstadt, 13.Jh.v.Chr.)	Iran
	Q'useir Amra (Wüstenburg, 8. Jh.)	Jordanien

Nach Kulturensembles zusammengestellt v. R. JÄTZOLD, aus: http://www.unesco/who/heritage.html, 20.9.2002

Halbwüsten- und Wüstenzonen 269

Schutzwürdige Werte aus der Oasenkultur wurden schon im 19. Jahrhundert aus archäologischem Interesse gesehen. Da gibt es von den alten Küstenkulturen Perus über die altägyptischen Hochkulturen bis zur Induskultur viel zu bewahren. Das ist heute meist als Weltkulturerbe geschützt (Tab. 9). Aber auch die jüngere Kulturumwelt enthält schützenswerte Ensembles. Man denke nur an die *Kasbahs* in Südmarokko, typische Burgbauten der Oasenbauern gegen Nomadenüberfälle, desgleichen die Wehrmauern. Weil fast alles aus Lehm gebaut wurde, schreitet jedoch nach der heutigen Funktionslosigkeit der Verfall rasch fort, aber einige typische Beispiele sollte man erhalten, was von den betreffenden Staaten und der UNESCO bereits erkannt wurde (Tab. 10, aber die Bevölkerung des alten *Ghadames* ist von GHADDAFI in eine Neustadt umgesiedelt worden). Regionaltypischen Wert haben auch die eng gebauten, charakteristischen Wohn- und Handwerkerviertel. Die kunstvolle Kultur der Handwerker verdient einen besonderen Schutz vor der Konkurrenz billiger Industriemassenware, aber das liegt bereits außerhalb der geographischen Zuständigkeit.

4.6.6 Besondere Zukunftschancen durch Nutzung der Sonnenenergie

In kommenden Zeiten des Energie- und Nahrungsmangels bekommen sonnenenergiereiche Zonen wie die Wüsten- und Halbwüstenzone wahrscheinlich noch eine besondere Bedeutung. Die Umwandlung der Strahlungsenergie in Strom über *Photozellen* wird allmählich wirtschaftlich, wie Sonnenkraftwerke im Südwesten der USA beweisen. Für *Windgeneratoren* ist nur in besonderen Regionen genügend Luftbewegung vorhanden. Andere Methoden haben sich nicht bewährt, wie die Erzeugung von thermischem Aufwind unter einem großen Foliendach und Nutzung dieses aus einer konischen Öffnung in der Mitte ausströmenden Luftstroms durch einen Windgenerator. Die solare *Heißwassererzeugung* ist in der Regel nur für den Hausgebrauch geeignet. Parabolspiegel können Kochhitze erzeugen, sind aber sand- und staubempfindlich. Über Verdunstungskälte kann man mit der Strahlungsenergie auch leicht kühlen. Neuerdings wird auch schon die elektrolytische *Wasserstofferzeugung* für Knallgasmotoren geplant für die Zeit der weiteren Verteuerung und Erschöpfung des Erdöls, das ohnehin eine zu kostbare Ressource ist, um sie in die Luft zu blasen, wo das CO_2 die Atmosphäre weiter aufheizt, was bei der Wasserstoffverbrennung entfällt.

Die Wüsten- und Halbwüstenzone wird in Zukunft als Standort an Bedeutung gewinnen. Als Wohn- oder zumindest Winterstandort für Pensionäre zeigt sich das schon im Südwesten der USA und zwar in einem so großen Ausmaß, dass es bereits landesplanerische Maßnahmen erfordert. Es ist durchaus überlegenswert, wie lange es noch möglich und sinnvoll ist, Erdöl und Erdgas zur Heizung für nicht unbedingt notwendige Wohnstandorte in kühleren Regionen zu verwenden (bzw. zu verschwenden).

Neben der direkten Nutzung der Sonnenenergie scheint die indirekte durch Erzeugung von *Algen* vielversprechend zu sein, denn salziges Wasser steht an vielen Orten der Wüste zur Verfügung, und Algen bestehen in ihrer Trockensubstanz überwiegend aus Eiweiß. Sie verbrauchen nicht wie die Landpflanzen den größten Anteil der *Assimilationsenergie* mit dem Aufbau von Wassertransport- und Stützsystemen (Wurzeln, Stengel). Die Produktion von Algen beträgt nach Angaben der israelischen Wüstenforschungsstation Avdat im *Negev* bereits in natürlichen Salzseen ungefähr 15 kg pro m^2 und Jahr, das sind 150.000 kg pro ha. In den dortigen Versuchsanlagen werden die Erträge noch beträchtlich erhöht, indem ein Rührwerk Luft untermischt, wodurch CO_2 für die Assimilation der Algen zugeführt wird. Deshalb sind die Anlagen O-förmige Becken, in denen das Wasser kreisförmig strömt, bewegt von den am hinteren Ende der Anlage angebrachten Flügeln eines elektrisch von Sonnenzellen getriebenen Rührwerks. Diese Flügel können auch durch einen Windmotor angetrieben werden, im Notfall sogar von Hand. Die ausgefilterten Algen lassen sich zu nahrhaften Suppen und anderen Speisen verarbeiten oder sie werden als Viehfutter verwendet. Theoretisch könnte durch dieses äußerst effiziente Ökosystem der Nahrungsbedarf eines Menschen von ca. 5 m^2 Fläche gedeckt werden, wenn das Wasser außerdem optimal mit Düngermineralien versetzt wird und entsprechend tief ist. Das ist selbstverständlich nur ein Rechenexempel, zeigt aber, dass hier noch Nahrungsreserven bis zur Eindämmung der Bevölkerungsexplosion erschließbar sind.

Wüstenküsten bieten auch gute Möglichkeiten für *Aquafarming*. Zum Beispiel werden am Roten Meer an der Küste von Eritrea seit 1998 in großen Mengen Shrimps in Salzwassergärten erzeugt (über 2000 kg/ Tag). Nebenbei fallen Fische an, und der dort wachsende Queller (*Salicornia spec.*) lässt sich als Gemüse, Brenn- und Baumaterial verwerten, aus den Samen kann sogar Öl gepresst werden.

56 Kara kum = "schwarze Wüste", weil sie durch die vielen Saxaul-Sträucher und ihre Humusbildung dunkel wirkt, besonders im feuchteren Südteil, wo sie deshalb nur eine Halbwüste ist, von den Dünenfeldern abgesehen.

57 Nach Angaben des *Desert Museums* bei Tucson können Riesen-Kandelaberkakteen 200 Jahre alt, 15 m hoch und vollgesogen 8.000 kg schwer werden. Von den dann 7.000 l Wassergehalt ist mehr als die Hälfte variabel.

58 Der Übergang zur Zwergstrauchsteppe ist fließend. Sie wird von den Amerikanern zum großen Teil auch noch als Desert bezeichnet. Andererseits kann bei lokal guter Wasserversorgung der *Big Sagebrush (Artemisia tridentata)* auch übermannshoch werden.

59 Trotz dieser relativ seltenen Wasserführung sind wegen deren Unberechenbarkeit Wadis keine sicheren Lagerplätze oder Wege, vor allem nicht, wenn sie steile Talwände haben. Aber auch sonst kann bei Starkregen der Abfluss gefährlich sein, wenn er als Wasserwalze kommt.

60 Neuere Zahlen direkt von http://www.fao.org

5. AUSBLICK AUF FORSCHUNGS-NOTWENDIGKEITEN

Es genügt nicht, nur analytisch zurückzublicken, wie es auch in dem von BABAYEW (1999) herausgegebenen Werk geschieht. Den semiariden und ariden Geozonen drohen besondere Zukunftsgefahren. Weitere „Verwüstung" durch Übernutzung infolge wachsenden Bevölkerungsdrucks gilt es zu verhindern. Die zunehmende *Aridisierung* durch die Klimaerwärmung ist noch nicht exakt quantifizierbar, aber wäre im semiariden Anbaubereich katastrophal. Gegenwärtig versuchen einige Forschergruppen, durch Analyse des *Paläoklimas* herauszufinden, ob in den semiariden Klimazonen mit der Klimaerwärmung auch eine Zunahme der Aridität zu erwarten ist. ANHUF, FRANKENBERG u. LAUER (1999) haben z.B. in einer Karte dargestellt, dass zur postglazialen Wärmephase vor 8.000 Jahren die Ausdehnung der *Sahara* viel geringer war als heute, aber trotzdem erwarten die Autoren für die Zukunft nur lokal eine Ausdehnung feuchterer Vegetation, weil die Erwärmung in den nächsten Jahrzehnten nicht mit einer *Perihelstellung* der Nordhalbkugel zusammenfällt und der Mensch die Wasserbilanz nachhaltig gestört hat. (Infolge der Vegetationszerstörung v.a. in den semiariden Zonen kommt weniger Wasserdampf und darin enthaltene Energie in die Atmosphäre).

Eine südafrikanische Forschergruppe um JEAN TERLANCHE ist im *Souht African Rainfall Enhancement Program* daran, eine effektive Methode zu finden, um Regen künstlich hervorzurufen. Sie fliegen mit Fackeln, die Ruß und Mikropartikel *hygroskopischer Salze* (NaCl und KCl) abgeben, in die Basis von Wolken, deren Aufwinde diese Kondensatronskerne im Wasserdampf verteilen. Das wirkt zuverlässiger und ist rentabler als das frühere Versprühen von *Silberjodid*.

Der Vegetationsgeograph KLAUS MÜLLER-HOHENSTEIN hat 1993 auf einem Seminar des Geographischen Arbeitskreises „Entwicklungstheorie" in Berlin folgende Forderungen für eine praxisorientierte geographische Forschung in Trockengebieten erhoben:

- Erarbeitung einer praxisrelevanten klimatischen Kennzeichnung und Differenzierung von Trockengebieten, evtl. unterstützt durch Bioindikation.
- Erarbeitung überprüfbarer Daten und reproduzierbarer Ergebnisse, die Degradierung in Trockengebieten belegen, z.B. in Beispielräumen, in denen nachweislich Niederschlagsaufkommen und Vegetationsentwicklung divergieren, d.h. die degradierte Vegetation das klimatische Wuchspotenzial nicht mehr ausschöpfen kann.

- Fortlaufende Datensammlung auf den wenigen existierenden Versuchsflächen in Trockengebieten.
- Erarbeitung eines Nachhaltigkeitbegriffs für Trockengebiete.
- Entwicklung qualitativer und quantitativer Bewertungsverfahren von Potenzialen und Belastungen in Trockenräumen.
- Erklärung der sogenannten „*Sahelisierung*" der Vegetation in afrikanischen Trockenräumen.
- Studien zur agroforstlichen Futterergänzung in Trockenperioden.
- Entwicklung nachhaltiger Landnutzungskonzeptionen für Trockengebiete, in denen Weidewirtschaft und Ackerbau nicht als Konkurrenten gesehen werden und in welchen endogene Strategien der Trockengebietsbevölkerung ebenso Platz finden wie standörtliche Differenzierungen; Erhaltung der Agrodiversität (endemische Nutzpflanzen und Agrartechniken).
- Versuche der Fixierung remobilisierter fossiler Dünenfelder in Randwüstenbereichen durch angepasste Pflanzenarten.
- Studien zum Salzexport aus Bewässerungsflächen mit Hilfe von Kulturpflanzen oder *Halophyten*.
- Mitarbeit an Querschnittsanalysen zum Stand der Desertifikationsforschung.

Dem ist nicht viel hinzuzufügen. Solche Forschungen wurden seither z.T. gefördert, außerdem wurde mit der *Agenda 21* von Rio, Weltklimakonferenzen und den UN-Desertifikationsbekämpfungs- sowie Biodiversitätskonventionen eine breite öffentliche Basis geschaffen. Aber wenn die Umsetzung der Ergebnisse weiterhin so schleppend verläuft, weil sie wirtschaftliche Einschränkungen bedeutet, wird unser gesamtes Geosystem mehr und mehr gefährdet. Die Mammutkonferenz von Johannesburg 2002 hat noch nicht den Durchbruch zur weltweiten Akzeptanz dieser überlebensnotwendigen Einsicht gebracht.

6. Literatur

ABRAHAMS, A. and A. PARSONS (eds.): Geomorphology of desert environments. London 1994

ACHENBACH, H.: Agronomische Trockengrenzen im Lichte hygrischer Variabilität – dargestellt am Beispiel des östlichen Maghreb. In: GIESSNER, K. u. H.G. WAGNER (Hrsg.): Geographische Probleme in Trockenräumen der Erde. Würzburg 1981, S. 1-21 (Würzburger Geographische Arbeiten 53)

ACHENBACH, H.: Die agraren Produktionszonen der Erde und ihre natürlichen Risikofaktoren. Geogr. Rundschau 46/2 (1994), S. 58-63

ACHTNICH, W.: Bewässerungslandbau. Stuttgart 1980

AHNERT, F., ROHDENBURG, H. u. A. SEMMEL: Beiträge zur Geomorphologie der Tropen (Ostafrika, Brasilien, Zentral- u. Westafrika). Cremlingen 1982 (Catena Supplement 2)

ALBL,S: Conservancies auf kommerziellem Farmland in Namibia. *Diplomarbeit im FB VI, Univ. Trier 2001*

ALI, A.R.: Water relations strategies of two grasses and shrub species as influenced by prescribed burning in a semiarid ecosystem in Kenya. MSc. Thesis, Texas A&M University, College Station 1984

ALLANT, T. and A. WARREN (eds.): Deserts, the encroaching wilderness. London 1993

ANDREAE, B.: Die Farmwirtschaft an den agronomischen Trockengrenzen. Wiesbaden 1974

ANDREAE, B.: Agrargeographie – Strukturzonen und Betriebsformen in der Weltlandwirtschaft. 2. Auflage Berlin 1983

ANHUF, D.: Niederschlagsschwankungen und Anbauunsicherheit in der Sahelzone. Geographische Rundschau 42 (1990) H. 9, S. 152-158

ANHUF, D. u. P. FRANKENBERG: Die naturnahen Vegetationszonen Westafrikas. Die Erde 122 (1991), S. 243-265

ANHUF, D., FRANKENBERG, P. u. W. LAUER: Die postglaziale Warmphase vor 8.000 Jahren. Eine Vegetationsrekonstruktion für Afrika. Geographische Rundschau 51 (1999), S. 454-459

ARBEITSGRUPPE INTEGRIERTE LANDNUTZUNGSPLANUNG (Hrsg.): Landnutzungsplanung. Strategien, Instrumente, Methoden. GTZ, Eschborn 1995

ARNOLD, A.: Agrargeographie. Paderborn, München, Wien, Zürich 1985

ARNOLD, A.: Algerien. Gotha und Stuttgart 1995 (Klett/Perthes Länderprofile)

ARNOLD, A.: Allgemeine Agrargeographie. Gotha u. Stuttgart 1997

ARNON, I.: Agriculture in drylands: principles and practices. Amsterdam 1992 (Developments in Agricultural and Managed-Forest Ecology 26)

ASE, L.-E.: A note on the water budget of Lake Naivasha, Kenya – especially the role of Salvinia molesta Mitch and Cyperus papyrus L.. Geografiska Annaler 69A/3-4 (1987), S. 415-429

ASNANI, G.C. and J.H. KINUTHIA: Meso-scale dry region due to dynamical effect of a recently discovered meso-scale jet in north Kenya. Kenya Meteorological Department Nairobi 1986 (Research Report No.1/86)

ASRES, T.: Agroecological zones of Southwest Ethiopia. Trier 1996 (Materialien zur Ostafrika-Forschung 13)

BAAS, S.: Weidepotential und Tragfähigkeit in Zentral Somalia. *Dissertation Universität Freiburg 1992*

BABAYEV, A.G. (ed.): Desert problems and desertification in Central Asia. Berlin u.a. 1999

BADER, F.-J.: Vegetationsgeographie – Ostafrika (Kenya, Uganda, Tanzania) 2° N-2° S, 32-38° E. Vegetationsaufnahmen und Vegetationskomplexe. Berlin u. Stuttgart 1979 (Afrikakartenwerk, Serie E, Beiheft zu Blatt 7)

BÄHR, J.: Chile. Stuttgart 1979

BAILEY, R.G.: Ecoregions. The ecosystem geography of oceans and continents. New York 1998

BAKER, B.H.: Geology of the Baragoi area. Degree Sheet 27, NE-Quarter. Nairobi 1963 (Geological Survey of Kenya, Report No. 53)

BARANOW, A.H. (Hrsg.): Atlas SSSR. Moskau 1969

BARNET, Y.M.: Nitrogen-fixing symbiosis with Australian native legumes. In: MURRELL, W.G. and I.R. KENNEDY (eds.): Microbiology in action, New York, Chichester, Toronto 1988, S. 81-92

BARSCH, H. u. BURGER, K.: Naturressourcen der Erde und ihre Nutzung. Gotha u. Stuttgart, 2. Aufl. 1996

BARROW, C.J.: Land Degradation: Development and breakdown of terrestrial environments. Cambridge University Press, London 1991

BARTH, H.K.: Der Geokomplex Sahel – Untersuchungen zur Landschaftsökologie im Sahel Malis als Grundlage agrar- und weidewirtschaftlicher Entwicklungsplanung. Tübingen 1977 (Tübinger Geographische Studien 71)

BARTH, H.K. (Hrsg.): USA – Bewässerungslandwirtschaft und ihre Grundlagen. Paderborn 1990

BARTH, H.K. u. K. SCHLIEPHAKE: Saudi-Arabien. Gotha und Stuttgart 1998 (Perthes Länderprofile)

BARTHEL, H.: Die regionale und jahreszeitliche Differenzierung des Klimas in der Mongolischen Volksrepublik. Studia Geographica 34 (1983), S. 3-91

BARTHEL, H.: Die Mongolei. Land zwischen Taiga und Wüste. Gotha 1990

BAUM, E. (Hrsg.): Nomaden und die Umwelt im Wandel. Der Tropenlandwirt 1989, Beiheft Nr. 38

BAUM, E. and R. JÄTZOLD: The Kilombero Valley. Characteristic features of the economic geography of an East African floodplain and its margin. München 1968 (Afrika-Studien des IFO-Instituts 28)

BAUMHAUER, R. u. H. HAGEDORN: Problems of groundwater capture in the Kawar (Niger). Applied Geography and Development 36. Tübingen 1990, S. 99-109

Literatur

BAUMHAUER, R. u. D. LANGE: Der Alaun des Kawar (Niger). Vorkommen und Abbau. Paideuma 37 (1991), S. 223-231

BAUMHAUER, R.: Zur Genese der Schichtstufenvorlandsenken in der südlichen zentralen Sahara. Würzburg 1993b, S. 85-105 (Würzburger Geographische Arbeiten 87)

BAUMHAUER, R.: Zur Grundwassersituation im Becken von Bilma, zentrale Sahara. Würzburg 1997, S. 131-146 (Würzburger Geographische Arbeiten 92)

BAYER, W. u. A. WATERS-BAYER: Beziehungen zwischen Ackerbau und Tierhaltung in traditionellen Landnutzungssystemen im tropischen Afrika. Der Tropenlandwirt 9 (1990), S. 133-145

BEAUMONT, P.: Environmental management and development in drylands. London 1989

BECK, H.(Hrsg.): Alexander von Humboldt, Studienausgabe. Bd. I : Schriften zur Geographie der Pflanzen. 7 Bände, Darmstadt 1989

BECKER, B.: Wildpflanzen in der Ernährung der Bevölkerung afrikanischer Trockengebiete: Drei Fallstudien aus Kenia und Senegal. Göttingen 1984 (Göttinger Beiträge zur Land- und Forstwirtschaft in den Tropen und Subtropen 6)

BEESE, F.: Böden und globaler Wandel. Spektrum der Wissenschaft, Dossier: Welternährung 2/97 (1997), S. 74-79

BEGG, J.E.: Morphological adaptations of leaves to water stress. In: TURNER, N.C. and P. KRAMER (eds.): Adaptation of plants to water and high temperature stress, New York, Toronto, Chichester, Brisbane 1980, S. 33-42

BELSKY, A.J., AMUNDSON, R.G., DUXBURY, J.M., RIHA, S.J., ALI, A.R. and S.M. MWONGA: The effects of trees on their physical, chemical, and biological environments in a semiarid savanna in Kenya. Journal of Applied Ecology 26 (1989), S. 1005-1024

BENDER, G. L. (ed.): Reference handbook of the deserts of North America. Westport und London 1982

BERG, L.S.: Die geographischen Zonen der Sowjetunion. 2 Bde., deutsche Ausgabe Leipzig 1958/59

BESCHORNER, N.: Water and instability in the Middle East. (Adelphic Paper 273), London 1992

BESLER, H.: Geomorphologie der ariden Gebiete. Darmstadt 1992

BESLER, H.: Dünen als Klimaarchive. Geographische Rundschau 52 (2000) H. 9, S. 30-36

BETKE, D. u. J. KÜCHLER: Erschließung zentralasiatischer Trockengebiete Chinas. Praxis Geographie 16 (1986) H. 10, S. 43-47

BIEHL, M.: Die Landwirtschaft in Indien und China. Frankfurt am Main, Berlin, München 1979

BINSWANGER, H. and P. PINGALI: Technological priorities for farming in sub-Saharan Africa. World Bank Research Observer 3 (1988), S. 81-98

BLENCK, J., BRONGER, D. u. H. UHLIG: Südasien. Frankfurt 1977 (Fischer-Länderkunde)

BLÜMEL, W.D., HÜSER, K. u. B. EITEL: Landschaftsveränderungen in der Namib. Geographische Rundschau 52 (2000) H. 9, S. 17-23

BLUME, H.-P., EGER, H., FLEISCHHAUER, E., HEBEL, A., REIJ, C. and K.G. STEINER (eds.): Towards sustainable land use. 2 Vol., Reiskirchen 1998 (Advances in GeoEcology 31)

BÖLKOW, L.: Die Zukunft verpflichtet. München 2000

BÖHNER, J.: Säkulare Klimaschwankungen und rezente Klimatrends Zentral- und Hochasiens. Göttingen 1996 (Göttinger Geographische Abhandlungen 101)

BOGDAN, A.V.: Tropical pasture and fodder plants. New York 1977

BOHLE, H.-G.: 20 Jahre „Grüne Revolution" in Indien. Eine Zwischenbilanz. Geographische Rundschau 41 (1989) H. 2, S. 91-98

BOHLE, H.-G.: Hungerkrisen und Ernährungssicherung. Geographische Rundschau 44 (1992) H. 2, S. 78-87

BOHLE, H.-G., DOWNING, T.E., FIELD, J.O. and F.N. IBRAHIM (eds.): Coping with vulnerability and criticality. Freiburg 1993 (Freiburger Studien zur Geographischen Entwicklungs-forschung 1)

BOKHARI, U.G. and J.D. TRENT: Proline concentrations in water stressed grasses. Journal of Range Management 38 (1985), S. 37-38

BOURLIER, F. (ed.): Tropical savannas. Amsterdam 1983 (Ecosystems of the World 13)

BRAEDT, O., SCHROEDER, J.-M., HEUVELDOP, J. and O. SAUER: The miombo woodlands – a resource base for the woodcraft industry in southern Zimbabwe. In: Proceedings des Deutschen Tropentages 2000, Session: Management and utilization of natural ecosystems, Stuttgart-Hohenheim 2000

BRAMER, H.: Geographische Zonen der Erde. Gotha 1977 (Teubner Studienbücher Geographie 15)

BRAMER, H. u. H. LIEDTKE: Geographische Zonen der Erde. In: M. HENDL u. H. LIEDTKE (Hrsg.): Lehrbuch der Allgemeinen Physischen Geographie. Gotha 1997, S. 721-848

BRAUN, B. u. R. GROTZ: Die Wirtschaft Australiens. In: BADER, R. (Hrsg.): Australien. Eine interdisziplinäre Einführung, Trier 1996, S. 39-74

BREMAN, H. et N. DE RIDDER: Manuel sur les pâturages des pays sahéliens. Paris u. Wageningen 1991

BREMER, H.: Die Tropen. Berlin u. Stuttgart 1999

BREUER, M.: Möglichkeiten der Landnutzungsoptimierung in den kleinbäuerlichen Anbaugebieten von Zimbabwe mit Hilfe einer auf Computersimulationsmodelle gestützten agro-ökologischen Zonierung am Beispiel des Gutu District, Mashvingo Province. *Diplomarbeit Universität Trier 1993*

BREYMEYER, A.I. (ed.): Managed grasslands, regional studies. Amsterdam 1990 (Ecosystems of the World 17A)

BRONNER, G.: Vegetation and landuse in the Mathews Range Area, Samburu District, Kenya. Stuttgart 1990 (Dissertationes Botanicae 160)

BROSZINSKY-SCHWABE, E.: Kultur in Schwarzafrika. Köln 1988

BROWN, L. et al.: Grasslands. 3. Aufl. New York 1997

BRÜCHER, H.: Der reiche Gen-Fundus vergessener tropischer Nutzpflanzen. Geowissenschaften in unserer Zeit 3 (1985), S. 8-14

BÜDEL, J.: Klima-Geomorphologie. 2. Auflage, Berlin 1981

Literatur

BÜNSTORF, J.: Formen der Viehwirtschaft im argentinischen Gran Chaco. Geogr. Rundschau 22 (1971) H. 12, S. 462-471

BÜNSTORF, J.: Landnutzungsbeispiele der argentinischen Trockenzone. Praxis Geographie 14 (1984) H. 11, S. 17-21

BÜNSTORF, J.: Argentinien. Gotha und Stuttgart 1992 (Klett/Perthes Länderprofile)

BUDER, M.: GUS – Aktuelle Probleme wirtschaftlicher Umgestaltung. Praxis Geographie 24 (1994) H. 10, S. 14-18

BURKE, I.C., T.G.F. KITTEL et al.: Regional analysis of the Central Great Plains. Sensitivity to climate variability. BioScience 4 (1991), S. 685-692

CAESAR, K.: Einführung in den tropischen und subtropischen Pflanzenbau. Frankfurt/M. 1986

CEBALLOS-LASCURAIN, H.: Tourism, ecotourism and protected areas. IUCN Gland, Cambridge 1996

CHAMBERS, R.: Rural appraisal: rapid, relaxed and participatory. Brighton 1992 (Institute of Development Studies. Discussion Paper 311)

CLAABEN, K.: „Vergib uns Aral, bitte komm zurück". Geographie heute 101 (1992), S. 36-40

COLE, M.M.: The savannas. London 1986

COLE, J.: A geography of the World's major regions. London 1996

COUGHENOUR, M.B., ELLIS, J.E., SWIFT, D.M., COPPOCK, D.L., GALVIN, K., MCCABE, J.T. and T.C. HART: Energy extraction and use in a nomadic pastoral ecosystem. Science 230 (1985), S. 619-625

COUPLAND, R.T. (ed.): Natural grasslands. Amsterdam 1992 u. 93 (Ecosystems of the World 8A and B)

COYNE, D.P. and J.L.P. SERRANO: Diurnal variations of soluble solids, carbohydrates and respiration rate of drought tolerant and susceptible bean species and varieties. Madison 1963, S. 543-460 (American Society for Horticultural Science, Proceedings 83)

CRAWSHAW, B.: Nahrungshilfe und Ernährungssicherung. Geographische Rundschau 44 (1992) H. 2, S. 110-115

CURRY-LINDAHL, K. u. J.P. HARROY: National parks of the World. 2 vols., New York 1972

CURRY-LINDAHL, K.: Wildlife of the grassland. New York 1981. Deutsch als: Knaurs Tierleben in Steppe und Savanne. München u. Zürich 1981

DARKOH, M.B.K.: Trends in natural resource use and prospects for sustainable resource management in Kenya's arid and semi-arid lands. Land Degradation and Rehabilitation (1990), Vol. 2, S. 177-190

DECH, S.W. u. R. RESSL: Die Verlandung des Aralsees. Eine Bestandsaufnahme durch Satellitenfernerkundung. Geographische Rundschau 45 (1993) H. 6, S. 345-359

DE RIDDER, N., STROOSNIJDER; L., CISSE, A.M. and H. VAN KEULEN: Productivity of sahelian rangelands. Wageningen 1982

DE TROYER, C.: Desertification control in the Sudanian and Sahelian zones of West Africa – better management of the renewable resource base. Forest Ecology and Management 16 (1986), S. 233-241

DOORENBOS, J. and A.H. KASSAM: Yield response to water. Rome 1979 (FAO Irrigation and Drainage Paper 33)

DOPPLER, W.: Landwirtschaftliche Betriebssysteme in den Tropen und Subtropen. Stuttgart 1991

DOPPLER, W.: Landwirtschaftliche Betriebssysteme in den Tropen und Subtropen. Geographische Rundschau 46 (1994) H. 2, S. 65-71

DOW, M.: Issues in research and institutional development related to drought, desertification and food deficit in Africa. In: AFRICAN ACADEMY OF SCIENCES (ed.): Environmental crisis in Africa: scientific response (Proceedings of the International Conference on Drought, Desertification and Food Deficit in Africa, 3-6 June 1986 Nairobi/Kenya), Nairobi 1989, S. 30-56

DOWNING, T.E., KANGETHE, W.G. and C.M. KAMAU: Coping with drought in Kenya: National and local strategies. Boulder 1989

DREISER, C.: Mapping and monitoring of Quelea habitats in East Africa. Berlin 1993 (Berliner Geographische Studien 37)

DÜRR, H. u. U. WIDMER: Steppenprobleme in China. Praxis Geographie 14 (1984) H. 11, S. 37-41

DUBIEF, J.: Le climat du Sahara. (Mem. Inst. Réch. Sah. 1), Alger 1959 (2), Alger 1963

EGER, H., FLEISCHHAUER, E., HEBEL, A. and W.G. SOMBROEK: Conclusions and recommendations. Taking action that matters. In: BLUME, H.-P., EGER, H., FLEISCHHAUER, E., HEBEL, A., REIJ, C. and K.G. STEINER (eds.): Towards sustainable land use. Reiskirchen, Vol. II, 1998, S. 1545-1556 (Advances in GeoEcology 31)

EHLERINGER, J.E., MOONEY, H.A., RUNDEL, P.W., EVANS, R.D., PALMA, B. and J. DELATORRE: Lack of nitrogen cycling in the Atacama desert. Nature 359 (1992), S. 316-317

EHLERS, E.: Die Turkmenensteppe in Nordpersien und ihre Umrandung – eine landeskundliche Studie. Wiesbaden 1970, S. 1-52 (Erdkundl. Wissen, H. 26),

EHLERS, E.: Iran; Grundzüge einer geographischen Landeskunde. Darmstadt 1980 (Wissenschaftliche Länderkunden 18)

EHLERS, E.: Die agraren Siedlungsgrenzen der Erde. Geogr. Zeitschr. Beih., Wiesbaden 1984

EICHLER, H.: Wo einst Wüste war. Praxis Geographie 16 (1986) H. 10, S. 30-33

EIDEN, G., DREISER, C. et al.: Large scale monitoring of rangeland vegetation using NOAA/11 AVHRR LAC data. Nairobi u. Oberpfaffenhofen 1991

EIDEN, G.: Charakterisierung der raumzeitlichen Vegetationsdynamik von dürre- und desertifikationsgefährdeten, ariden und semiariden Regionen. Trier 2000 (Materialien zur Ostafrika-Forschung 22)

EITEL, B.: Bodengeographie. Braunschweig 1999 (Das Geographische Seminar)

ELKIN, A.P.: The Australian Aborigines. Reprint der Ausgabe 1979 (Originalausgabe 1938), London, Sydney, Melbourne, Singapur, Manila 1981

ELLENBERG, H.: Wald in der Pampa Argentiniens? Veröff. Geobot. Inst. Zürich, H. 37 (1962), S. 39-56

ELLENBERG, L.: Jagdtourismus in Tansania. Geographische Rundschau 52 (2000) H. 2, S. 11-15

ENGEL, B.: Possibilities of optimizing planning processes in Integrated Food Security Programmes of the Tropics by using Geographical Information Systems (GIS) – the Integrated Food Security Programme Eastern Province (IFSP-E), Mwingi District/Eastern Kenya. *Diplomarbeit Universität Trier 1998*

ENGELBERTH, J.: Nutzung von freilebenden N2-fixierenden Bakterien für die Stickstoffversorgung von Hirsen auf marginalen Böden. Göttingen 1991 (Göttinger Beiträge zur Land- und Forstwirtschaft in den Tropen und Subtropen 58)

ENGELS, E.: Morama. The Bulletin of Agricultural Research in Botswana 2 (1984), S. 93-97

ERCKENBRECHT, C.: Land und Landrecht der australischen Aborigines. Bonn 1988 (Mundus Reihe Ethnologie 25)

ERIKSEN, W.: Kolonisation und Tourismus in Ostpatagonien. Bonn 1970 (Bonner Geographische Abhandlungen 43)

EVENARI, M.: Ökologisch-landwirtschaftliche Forschungen im Negev. Darmstadt 1982

EVENARI, M. et al.: Hot deserts and arid shrublands. Amsterdam 1985 and 1986 (Ecosystems of the World 12 A and B)

EVENARI, M.: Und die Wüste trage Frucht. Gerlingen 1987

FALKNER, F.R.: Die Trockengrenze des Regenfeldbaues in Afrika. Petermanns Geographische Mitteilungen 84 (1938), S. 209-214

FAO (ed.): Report on the Agro-ecological Zones Project. Vol. 1: Methodology and results for Africa. Rome 1978 (World Resources Rep. 48/1)

FAO-UNESCO: Carte des sols du monde. Vols. 1-10, Paris 1971-79

FARAH, K.O.: A comparative study of plant water relations in *Chloris gayana* Kunth and *Setaria sphacelata* S&H. MSc. Thesis, University of Nairobi 1982

FARMER, G.: Seasonal forecasting of the Kenya coast short rains, 1901-1984. Journal of Climatology 8 (1988), S. 89-497

FLOHN, H.: Studies on the meteorology of tropical Africa. Bonn 1965, S. 20-25 (Bonner Meteorologische Abhandlungen 5)

FLURY, M.: Regenfeldbau an der Trockengrenze. *Dissertation Universität Bern 1985*

FRANKENBERG, P.: Zum Problem der Trockengrenze. Geographische Rundschau 37 (1985) H. 7, S. 350-358

FRANKENBERG, P. u. W. LAUER: Erde – Klima. In: DIERCKE-Weltatlas, Neubearbeitung, Braunschweig 1988, S. 220-221

FRANKE-SCHERF, I., KRINGS, M., PLATTE, E. u. H. THIEMEYER: Neuland am Tschadsee – dauerhafte Nutzungspotenziale? Geographische Rundschau 52 (2000) H. 11, S. 28-34

FRANQUIN, P. et F. FOREST: Des programmes pour l'evaluation et l'analyse frequentielle des termes du bilan hydrique. Agronomie Tropicale 32 (1977), S. 1-11

FRENKEN, G., HORNETZ, B., JÄTZOLD, R. and W. WILLEMS: Actual landuse advice in marginal areas of SE-Kenya by atmosphere-ocean-teleconnection. Der Tropenlandwirt 94 (1993), S. 3-12

FRICKE, W.: Die Rinderhaltung in Nord-Nigeria und ihre natur- und sozialräumlichen Grundlagen. Frankfurt 1969 (Frankfurter Geographische Hefte 46)

FUCHS, P.: Überlebensstrategien der Nomaden im Sahel. In: BAUM, E. (Hrsg.): Nomaden und ihre Umwelt im Wandel. Witzenhausen 1989, S. 243-256 (Der Tropenlandwirt, Beiheft Nr. 38)

GABRIEL, A.: Die Wüsten der Erde und ihre Erforschung. Berlin, Göttingen, Heidelberg 1961

GABRIEL, B.: Die Sahara im Quartär. Geographische Rundschau 34 (1982) H. 6, S. 262-268

GANSSEN, R.: Trockengebiete: Böden, Bodennutzung, Bodenkultivierung, Bodengefährdung. Mannheim 1968

GEIGER, F.: Tropisch-subtropische Wüsten und Halbwüsten. In: NOLZEN, H. (Hrsg.): Handbuch des Geographieunterrichtes Bd. 12/1, Köln 1995, S. 118-150

GEIGER, M.: Durch und über die Wüsten. Praxis Geographie 16 (1986) H. 10, S. 12-13

GEIGER, M.: Schätze aus den Wüsten. Praxis Geographie 16 (1986) H. 10, S. 18-21

GEIST, H.: Agrare Tragfähigkeit im westlichen Senegal. Hamburg 1989 (Arbeiten aus dem Institut für Afrikakunde 60)

GENTILLI, J.: Australian climate patterns. Melbourne 1972

GEORGE, U.: Die Wüste. Vorstoß zu den Grenzen des Lebens. 5. Aufl. Hamburg 1991

GIESE, E.: Nomaden in Kasachstan. Geographische Rundschau 35 (1983) H. 11, S. 575-588

GIESE, E.: Die ökologische Krise der Aralseeregion. Geographische Rundschau 49 (1997) H. 5, S. 293-299

GIESSNER, K.: Sahara – „Die Große Wüste" als Forschungsobjekt der Physiogeographie. Eichstätt 1988 (Eichstätter Hochschulreden 50)

GIESSNER, K. u. H.G. WAGNER (Hrsg.): Geographische Probleme in Trockenräumen der Erde. Würzburg 1981 (Würzburger Geographische Arbeiten 53)

GITONGA, N.M., SHISANYA, C.A., HORNETZ, B. and J.M. MAINGI: Nitrogen fixation by *Vigna radiata* L. Wilczek in pure and mixed stands in SE-Kenya. Symbiosis 27 (1999), S. 239-250

GLANTZ, M.H.: Drought and economic development in sub-Saharan Africa. In: GLANTZ, M. (ed.): Drought and hunger in Africa. Cambridge u. London 1987, S. 37-58

GLANTZ, M.H.: Currents of change: El Niño's impact on climate and society. Cambridge 1996

GLANTZ, M. H. and R.W. KATZ: When is drought a drought? Nature 267 (1977), S. 192-193

GLANTZ, M.H., KATZ, R.W. and N. NICHOLLS (eds.): Teleconnections linking worldwide climate anomalies: Scientific basis and societal impact. Cambridge 1991

GLATZLE, A.: Kleine Datensammlung (Mennonitenkolonien, Zentralchaco). Unveröffentlichtes Manuskript, Philadelphia 1990

GLENNIE, K.W.: Desert sedimentary environments. Amsterdam, London, New York 1970

GÖTTLER, G. (Hrsg.): Die Sahara. Köln 1984 (Dumont Kultur- und Landschaftsführer)

GÖTTLER, G.: Die Tuareg. Köln 1989

GOODIN, J.R. and D.K. NORTHINGTON (eds.): Arid land plant resources. Int. Center for Arid and Semi-Arid Land Studies. Lubbock, Texas 1979

Literatur 281

GOUDIE, A.S.: Dust storms in space and time. Progress in Phys. Geogr. 7 (1983), S. 502-529

GOUDIE, A. and J. WILKINSON: The warm desert environment. Cambridge 1977

GRADMANN, R.: Die Steppenheide. Aus der Heimat 46/4 (1933), S. 98-123

GRADMANN, R.: Vorgeschichtliche Landwirtschaft und Besiedlung. Geographische Zeitschrift 42 (1936), S. 163-177

GRAF, W.L.: Fluvial processes in dryland rivers. Heidelberg, New York, London 1981

GROBE-HAGEL; K.: Ein Lockruf mit ungeahnten Folgen. Deutsche in Zentralasien. Oxus 1 (1999), S. 6-10

GROß, D.: Nationalparks, Wildparks und Kulturstätten in Ostafrika. Trier 1982 (Materialien zur Ostafrika-Forschung 3)

GROVE, A.T. (Ed.): The Niger and its neighbours. Rotterdam 1985

GUENTHER, M.: The Nharo Bushmen of Botswana. Tradition and change. Hamburg 1986 (Quellen zur Khoisan-Forschung 3)

HAMMER, T.: Desertifikation im Sahel – Lösungskonzepte der dritten Generation. Geographische Rundschau 52 (2000) H. 11, S. 4-10

HAMMER, T.: Strategie nachhaltiger Entwicklung der Sahel-Staatengemeinschaft CILSS. Geographische Rundschau 52 (2000) H. 11, S. 18-26

HANSEN, V.E., ISRAELSEN, O.W. and G.E. STRINGHAM: Irrigation principles and practices. 4th ed., New York 1990, S. 144-170

HARKE, H. u.a.: Lehrbuch der Physischen Geographie. Thun u. Frankfurt/M. 1985

HARRINGTON, G.N., WILSON, A.D. and M.D. YOUNG (eds.): Management of Australias rangelands. Melbourne 1984

HEATHCOTE, R.L.: Arid lands: their use and abuse. London and New York 1983

HECKLAU, H.: Ostafrika (Kenya, Tanzania, Uganda). Darmstadt 1989 (Wissenschaftliche Länderkunden 33)

HECKLAU, H.: Nationalparkprobleme in Ostafrika. In: HORNETZ, B. u. D. ZIMMER (Hrsg.): Beiträge zur Kultur- und Regionalgeographie. Festschrift für RALPH JÄTZOLD. Trier 1993, S. 147-164 (Trierer Geographische Studien 9)

HENNING, I.: Hydroklima und Klimaxvegetation der Kontinente. Münster 1994 (Münstersche Geographische Arbeiten 37)

HENNINGS, W. u. T. RHODE-JUCHTEM: Die Wüste wächst. Praxis Geographie 16 (1986) H. 10, S. 26-29

HERKENDELL, J. u. E. KOCH: Bodenzerstörung in den Tropen. München 1991 (Beck'sche Reihe 436)

HERLOCKER, D.: Vegetation of southwestern Marsabit District, Kenya. UNEP Nairobi 1979 (IPAL Technical Report Number D-1)

HILBIG, W.: Pflanzengesellschaften in der Mongolei. Halle/Saale 1990, S. 1-146 (Erforsch. biol. Ress. der Mongolischen Volksrepublik 8)

HILBIG, W.: The vegetation of Mongolia. Amsterdam 1995

HILGER, T., HERFORD, J., BARROS, I. de, GAISER, T., SABOYA, L.M.F., FERREIRA, L.G.R. and D.E. LEIHNER: Potential of EPIC/ALMANAC for crop growth simulation in semiarid environments of NE Brazil. In: Proceedings des Deutschen Tropentages 2000, Session: Water resources management, Stuttgart-Hohenheim 2000

HILLS, E.S. (ed.): Arid lands. A geographical appraisal. London u. Paris 1969

HIRSCH, S.M.: Suggestions for possible ecologically and socially sustainable land use planning and systems in the semiarid areas of the Huri Hills (Northern Kenya) (with special reference to the limitations of rainfed agriculture). Trier 1997 (Materialien zur Ostafrika-Forschung 16)

HÖVERMANN, J.: Das System der klimatischen Geomorphologie auf landschaftskundlicher Grundlage. Zeitschrift für Geomorphologie, NF, Suppl.-Bd. 56 (1985), S. 143-153

HOMRICH, R.: Klimaabhängige Produktivität semiarider tropischer Weidegräser. *Diplomarbeit Universität Trier 1991*

HOPKINS, D.M. et al.: Paleoecology of Beringia. New York 1982

HOPPE, W.: Bodenversalzung und Trockenfeldbau in den nördlichen Great Plains. Dortmund 1998 (Duisburger Geographische Schriften 17)

HOPPE, W.: Trockenfeldbau in den kanadischen Prärien. Geographische Rundschau 52 (2000) H. 10, S. 20-27

HORNETZ, B.: Vergleichende Streßphysiologie von Tepary-Bohnen als „Minor Crop" und Mwezi Moja-Bohnen als Hochleistungsleguminose im tropischen Landbau. Journal of Agronomy and Crop Science 164 (1990), S. 1-15

HORNETZ, B.: Optimierung der Landnutzung im Trockengrenzbereich des Anbaues. Trier 1991 (Trierer Geographische Studien 8)

HORNETZ, B.: Möglichkeiten ökophysiologischer Untersuchungen als Basis einer auf Computersimulationsmodelle und GIS gestützten ressourcenschonenden Landnutzungsplanung an der Trockengrenze des Anbaues in N-Kenya (am Beispiel von Marama-Bohnen – *Tylosema esculentum* -). In: HORNETZ, B. u. D. ZIMMER (Hrsg.): Beiträge zur Kultur- und Regionalgeographie. Festschrift für RALPH JÄTZOLD. Trier 1993, S. 165-179 (Trierer Geographische Studien 9)

HORNETZ, B.: Ressourcenschutz und Ernährungssicherung in den semiariden Gebieten Kenyas. Berlin 1997

HORNETZ, B.: Regionale Eigenheiten des Wasserhaushaltes in den Tropen. In: ELLENBERG, H. (Hrsg.): Proceedings of the 8th Annual Congress of the German Society for Tropical Ecology, Hamburg, 2nd to 5th February 1995. Hamburg 1998, S. 5-18 (Mitteilungen der Bundesforschungsanstalt für Forst- und Holzwirtschaft 190)

HORNETZ, B., JÄTZOLD, R., LITSCHKO, T. u. D. OPP: Beziehungen zwischen Klima, Weideverhältnissen und Anbaumöglichkeiten in marginalen semiariden Tropen mit Beispielen aus Nord- und Ostkenya. Trier 1992 (Materialien zur Ostafrika-Forschung 9)

HORNETZ, B., SCHIFF, Chr. u. D. ZÜHLKE: Entwicklung methodischer Ansätze zur Früherkennung und Vorhersage von Vegetations- und Bodendegradierung in den semiariden Gebieten Nordkenyas. In: LEISCH, H. (Hrsg.): Perspektiven der Entwicklungsländerforschung. Festschrift für Hans Hecklau Trier 1995, S. 157-169 (Trierer Geographische Studien 11)

HORNETZ, B., SHISANYA, C.A. and N.M. GITONGA: Studies on the ecophysiology of locally suitable cultivars of food crops and soil fertility monitoring in the semi-arid areas of Southeast Kenya. Trier 2000 (Materialien zur Ostafrika-Forschung 23)

HOUGHTON, J.T.: Globale Erwärmung – Fakten, Gefahren, Lösungswege. Berlin u. Heidelberg 1997

HULME, M.: Is environmental degradation causing drought in the Sahel? An assessment from recent empirical research. Geography 74 (1989), S. 38-46

HUMPHREYS, L.R.: Environmental adaption of tropical pasture plants. London 1981

HUNTLEY, B.J. and B.H. WALKER (eds.): Ecology of tropical savannas. Berlin 1982 (Ecological Studies 42)

IBRAHIM, F.N.: The ecological imbalance in the Republic of the Sudan. With reference to the desertification in Darfur. Bayreuth 1984 (a). (Bayreuther Geowissenschaftliche Arbeiten 6)

IBRAHIM, F.N.: Savannen – Ökosysteme. Geowissenschaften in unserer Zeit 2/5 (1984) (b), S. 145-159

IBRAHIM, F.N.: Viehhaltung bei den Hirsebauern der Sahelzone des Sudan – eine Überlebensstrategie. Die Erde 119 (1988), S. 219-225

IBRAHIM, F.N.: Überlebensstrategien der Sahelbauern. Nürnberg 1991, S. 55-65 (Geographiedidaktische Forschungen 18)

IBRAHIM, F.N.: Global denken – lokal handeln. Gießen 1991, S. 161-175 (Ökozid 7)

IBRAHIM, F.N.: Gründe des Scheiterns der bisherigen Strategien zur Bekämpfung der Desertifikation in der Sahelzone. Basel 1992, S. 71-93 (Geomethodica 17)

IBRAHIM, F.N.: Agropastoralism and current cultural change among the Maasai of Northern Tansania – a case study in Ormoti-Naberere area. In: HORNETZ, B. u. D. ZIMMER (Hrsg.): Beiträge zur Kultur- und Regionalgeographie. Festschrift für RALPH JÄTZOLD Trier 1993, S. 181-190 (Trierer Geographische Studien 9)

IBRAHIM, F.N.: Pastoralists in transition – a case study from Lengijape, Maasai Steppe. Geojournal 36.1 (1995), S. 27-48

INTA y GTZ: Lucha contra la desertificación en la Patagonia a través de un sistema de monitore ecológico. Rio Gallegos, Trelew, Puerto Madryn, Bariloche 1995

IPCC: Climatic change. Report of the Shanghai-Conference, http://www.ipcc.ch 2001

ISAKOW, Y. and U. KRINITZKI: The system of protected natural areas in the USSR and prospects for its development. Soviet Geography 27/2 (1986), S. 102-114

ISMAIL, S.: Long-range seasonal rainfall forecast for Zimbabwe and its relation with El Niño/ Southern Oscillation (ENSO). Theoretical and Applied Climatology 38 (1987), S. 93-102

IUCN, The World Conservation Union (Hrsg.): Richtlinien für Management-Kategorien von Schutzgebieten. IUCN Gland, Cambridge, Grafenau 1994

JÄKEL, D. u. M. WAGNER: Landschaftsentwicklung. Siedlungsmuster und Wirtschaftsformen während des Neolithikums in „Horqin Sandy Land" in Nordostchina. Würzburg 1993, S. 513-530 (Würzburger Geographische Arbeiten 87)

JÄTZOLD, R.: Aride und humide Jahreszeiten in Nordamerika. Stuttgart 1961 (Stuttgarter Geographische Studien 71)

JÄTZOLD, R.: Die Nachwirkungen des fehlgeschlagenen Erdnußprojekts in Ostafrika. Erdkunde 19 (1965), S. 210-233

JÄTZOLD, R.: Ein Beitrag zur Klassifikation des Agrarklimas der Tropen (mit Beispielen aus Ostafrika). In: BLUME, E. u. K.-H. SCHRÖDER (Hrsg.): Beiträge zur Geographie der Tropen und Subtropen. Festschrift zum 60. Geburtstag von HERBERT WILHELMY. Tübingen 1970, S. 57-69 (Tübinger Geographische Studien 34)

JÄTZOLD, R.: Der Agro-Sahel in Kenya und seine Entwicklungsmöglichkeiten. In: BORCHERDT, C. u. R. GROTZ (Hrsg.): Festschr. für W. MECKELEIN. Stuttgart 1979, S. 185-203. (Stuttgarter Geographische Studien 93)

JÄTZOLD, R.: Agro-climatic conditions for land use in the settlement areas east of Thika. Trier 1979 (a). (Materialien zur Ostafrika-Forschung 1)

JÄTZOLD, R.: Die Bestimmung der unteren Anbaugrenze des Hochlandes von Kenya – Ein Beitrag zur Trockengrenzdiskussion. Basel 1979, S. 83-120 (b). (Geomethodica 4)

JÄTZOLD, R.: Entwicklungsmöglichkeiten im Grenzgebiet des Regenfeldbaus in Kenya. Entwicklung und Ländlicher Raum 6 (1980), S. 3-8

JÄTZOLD, R.: Landschaftsgürtel. 12 Diareihen mit Erläuterungsheften, V-Dia, Heidelberg 1980-82; darunter Trockensavannen-, Dornsavannen-; Steppen-, Halbwüsten- und Wüstengürtel

JÄTZOLD, R.: Klimatypen der Tropen. Erläuterungsheft zur Klimakarte Ostafrika, 1:1 Mio. Stuttgart 1981 (Afrika-Kartenwerk der DFG, E 5)

JÄTZOLD, R.: Das System der Agro-ökologischen Zonen der Tropen als Beispiel der Angewandten Klimageographie. 44. Deutscher Geographentag, Münster 1983, Tagungsbericht. Stuttgart 1984, S. 85-93

JÄTZOLD, R.: Die Steppengebiete der Erde – Bedingungen und Möglichkeiten. Praxis Geographie 14 (1984) H. 11, S. 10-15

JÄTZOLD, R: Savannengebiete der Erde. Praxis Geographie 15 (1985) H. 11, S. 6-15

JÄTZOLD, R.: Wüsten und Halbwüsten. Praxis Geographie 16 (1986) H. 10, S. 6-11

JÄTZOLD, R.: Climatic maps of Marsabit District. Range Management Handbook of Kenya, Vol. II, 1. Ministry of Livestock Development, Nairobi 1988, Map 3-11 (a)

JÄTZOLD, R.: Ein System der agroökologischen Zonen der Tropen und seine agroökonomische Dynamik. In: MÄCKEL, R. (Hrsg.): Festschrift für WALTER MANSHARD. Freiburg 1988, S. 135-143 (b). (Erdkundliches Wissen 90)

JÄTZOLD, R.: The eco-climatic range management formula: a useful tool for a geographical subzonation to optimize livestock production in the arid and semi-arid tropics ? In: YOSHINO, M. (Ed.): Studies on tropical and subtropical climates and their impacts. Tsukuba 1991, S. 11-18 (Climatological Notes 41)

JÄTZOLD, R.: Dürren und Dürremanagement in Australien. Erdkunde 47 (1993), S. 301-313 (a)

JÄTZOLD, R.: An improved method for an eco-climatic zonation and ist application as zones in arid grasslands, semideserts and deserts. In: Journal of Arid Land Resources and Environments, Vol. 7, No. 3, 4. Beijing (Peking) 1993 (b)

Literatur

JÄTZOLD, R.: Die heutigen Möglichkeiten der früher durch Reaktionselastizität umweltschonenden mobilen Weidewirtschaft, insbesondere in Ostafrika. In: LEISCH, H. (Hrsg.): Perspektiven der Entwicklungsländerforschung. Festschrift für HANS HECKLAU Trier 1995, S. 171-183. (Trierer Geographische Studien 11)

JÄTZOLD, R.: Semi-arid regions of the Boreal Zone as demonstrated in the Yukon Basin. Erdkunde 54/1 (2000), S. 1-19

JÄTZOLD, R.: Aktuelle Beobachtungen im südlichen Zentralasien. Geographische Rundschau 54 (2002) H. 3, S. 52-55

JÄTZOLD, R. and H. KUTSCH: Agro-ecological zones of the Tropics, with a sample from Kenya. Der Tropenlandwirt 83 (1982) H. 2, S. 15-34

JÄTZOLD, R. and H. SCHMIDT (eds.): Farm Management Handbook of Kenya. Vol. II Natural conditions and farm management information. 3 Parts, Eschborn (GTZ), Roßdorf and Nairobi 1982/83

JAHN, R.: Die Böden der Winterfeuchten Subtropen. Geographische Rundschau 52 (2000) H. 10, S. 28-33

JAHNKE, H.E.: Landwirtschaftliche Entwicklung in den Sommerfeuchten Tropen. Geographische Rundschau 52 (2000) H. 10, S. 40-47

JANZEN, J.: Mobile Viehwirtschaft – Überlebensstrategie für die Sahelländer? – Somalia als Beispiel. In: K. FIEGE u. L. RAMALHO (Hrsg.): Agrarkrisen. Fallstudien zur ländlichen Entwicklung in der Dritten Welt. Saarbrücken, Fort Lauderdale 1988, S. 171-192

JANZEN, J.: Mobile Tierhaltung und Weltmarkt. Ein wirtschaftsgeographischer Beitrag zur Bedeutung von mobiler Tierhaltung und Lebendviehexporten in den Ländern des altweltlichen Trockengürtels. In: BARSCH, D. u. H. KARRASCH (Hrsg.): Verhandlungen des Deutschen Geographentages Bochum, Bd. 3: Die Dritte Welt im Rahmen weltpolitischer und weltwirtschaftlicher Neuordnung. Stuttgart 1995, S. 85-104

JANZEN, J. u. D. BAZARGUR: Der Transformationsprozeß im ländlichen Raum der Mongolei. In: JANZEN, J. (Hrsg.): Räumliche Mobilität und Existenzsicherung. FRED SCHOLZ zum 60. Geburtstag. Berlin 1999, S. 47-82 (Abhandlungen – Anthropogeographie 60)

JOB, H.: Probleme afrikanischer Großschutzgebiete – die Situation Kenias und das Fallbeispiel Samburu National Reserve. Petermanns Geographische Mitteilungen 143 (1999), S. 3-15

JOB, H. u. S. WEIZENEGGER: Anspruch und Realität einer integrierten Naturschutz- und Entwicklungspolitik in den Großschutzgebieten Schwarzafrikas. In: MEYER, G. u. A. THIMM (Hrsg.): Naturräume in der Dritten Welt. Mainz 1999, S. 37-64 (Interdisziplinärer Arbeitskreis Dritte Welt, Veröffentlichungen Band 13)

JOSS, P.J. et al. (eds.): Rangelands: A resource under siege. Canberra 1986

JONES, C.A.: C4-grasses and cereals: growth, development and stress responses. New York 1985

KAHLHEBER, ST. and K. NEUMANN: Man and environment in the West African Sahel – an interdisciplinary approach. Frankfurt 2001 (Ber. des SFB 268 „Kulturentw. u. Sprachgesch. im Naturraum Westafrik. Savanne", Bd. 17)

KAREKEZI, S. and G.A. MACKENZIE: Energy options for Africa. London 1993

KAUFMANN, B.: Analysis of pastoral camel husbandry in Northern Kenya. Weikersheim 1998 (Hohenheim Tropical Agricultural Series 5)

KENNTNER, G. u. W.A. KREMNITZ: Kalahari – Expedition zu den letzten Buschleuten im südlichen Afrika. Andechs-Frieding 1993

KESSLER, J.-J.: Agroforestry and sustainable land-use in semi-arid Africa. Zeitschrift für Wirtschaftsgeographie 37 (1993) H. 2, S. 68-77

KEYA, G.A.: Impact of land use patterns and climate on the vegetation ecology of arid and semi-arid nomadic pastoral ecosystems of northern Kenya. Trier 1998 (Materialien zur Ostafrika-Forschung 17)

KINBACHER, C.Y. and E.J. SULLIVAN: Thermal stability of fraction I protein from heat-hardened *Phaseolus acutifolius* Gray, 'Tepary Buff'. Crop Science 7 (1967), S. 241-244

KIRCHSHOFER, R.: Kamele und Menschen – Bezwinger der Wüsten. Praxis Geographie 16 (1986) H. 10, S. 22-25

KLAUS, D.: Desertifikation im Sahel. Geographische Rundschau 38 (1986) H. 11, S. 577-583

KLEIN, R.: Zur Ökologie des Goldsperlings (*Passer luteus*) in der Republik Niger unter besonderer Berücksichtigung seiner Schadwirkungen in Kulturlandschaften. *Dissertation Universität Saarbrücken 1988*

KLOHN, W.: Der Ogallala Aquifer. Geographie heute 101 (1992), S. 24-28

KLOHN, W. u. H.W. WINDHORST: Die Bewässerungslandwirtschaft in den Great Plains. Vechta 1995 (Vechtaer Studien zur Angewandten Geographie und Regionalwissenschaft 14)

KLOHN, W. u. H.W. WINDHORST: Die Landwirtschaft der USA. 2. Auflage, Vechta 1997 (Vechtaer Materialien zum Geographieunterricht 1)

KLOOS, H.: Settler migration during the 1984/85 resettlement in Ethiopia. GeoJournal 19 (1989), S. 113-127

KLUTE, F. (Hrsg.): Die Siedlungsformen in verschiedenen Klimazonen. Breslau 1933

KNAPP, R.: Die Vegetation von Nord- und Mittelamerika und der Hawaii-Inseln. Stuttgart 1965

KNAPP, R. (Hrsg.): Weidewirtschaft in Trockengebieten. Stuttgart 1965

KÖNIGSTEIN, K.: Chancen und Risiken des Ackerbaues im Bereich der agroökologischen Trockengrenze – Agrarklimatologische Untersuchungen im zentralen Chaco von Paraguay. *Diplomarbeit Universität Trier 1995*

KÖNNECKE, M.: Regenfeldbau – Bewässerungsfeldbau: Möglichkeiten und geoökologische Grenzen. Geographische Rundschau 43 (1991) H. 7-8, S. 446-452

KOSHEAR, J.: Hopi agriculture: environmental and cultural change. Winslow 1987

KOTSCHI, J. (Hrsg.): Towards control of desertification in African drylands: problems, experiences, guidelines. Eschborn, Roßdorf 1986 (Sonderpublikation der GTZ 168),

KOWAL, J.M. and A.H. KASSAM: Agricultural ecology of savanna. A study of West Africa. Oxford 1978

KRINGS, T.: Kulturgeographischer Wandel in der Kontaktzone von Nomaden und Bauern im Sahel von Obervolta. Hamburg 1980 (Hamburger Geographische Studien 36)

Literatur

KRINGS, T.: Standortgerechte Landwirtschaft in Afrika. Erfahrungen in Ostafrika – Möglichkeiten und Modelle in der Sudanzone Westafrikas. Geographische Rundschau 40 (1988) H. 6, S. 47-54

KRINGS, T.: Agrarwissen bäuerlicher Gruppen in Mali/Westafrika. Berlin 1991 (Abhandlungen Anthropogeographie, Sonderheft 3)

KRINGS, T.: Probleme der Existenzsicherung im Zeichen von Nachhaltigkeit am Beispiel eines Ressourcenschutzprojekts in der Republik Niger/Westafrika. In: JANZEN, J. (Hrsg.): Räuml. Mobilität und Existenzsicherung. Berlin 1999 (Abh. Anthropogeogr., Inst. f. Geogr. Wiss. der FU Berlin, Bd. 60, Festschr. für F. SCHOLZ)

KRÜGER, C. (Hrsg.): Sahara. Wien u. München 1967

KUST, G.S.: Desertification assessment and mapping in the Pre-Aral Region. Desertification Control Bulletin 21 (1992), S. 38-43

KUTSCH, H.: Das Zerealienklima der marokkanischen Meseta. Transpirationsdynamik von Weizen und Gerste und verdunstungsbezogene Niederschlagswahrscheinlichkeit. Trier 1978 (Trierer Geographische Studien 3)

KUTSCH, H.: Principal features of a form of water-concentrating culture on small-holdings with special reference to the Anti Atlas. Trier 1982 (Trierer Geographische Studien 5)

KUTSCH, H. and H.J. SCHUH: Simplified computer-based modelling of water balance in defined crop stands. In: REINER, L. and H. GEIDEL (eds.). Informationsverarbeitung Agrarwissenschaft. München 1983, S. 239-253

LAMPING, H.: Zur Bedeutung geographischer Forschung für den neuen Staat. In: LAMPING, H. u. U. JÄSCHKE (Hrsg.): Aktuelle Fragen der Namibia-Forschung. Frankfurt/M. 1991, S. 7-17 (Frankfurter Wirtschafts- und Sozialgeographische Schriften 56)

LANCASTER, N.: Geomorphology of desert dunes. London 1995

LARCHER, W.: Ökologie der Pflanzen. 4. Aufl., Stuttgart 1984

LASSBERG. D. v. u. R. MOCZYNSKI: Baumwollanbau in Usbekistan. Würzburg 1989, S. 215-220 (Würzburger Geographische Manuskripte 24)

LATTIN, G. de: Grundriß der Zoogeographie. Jena 1967

LAUER, W.: Humide und aride Jahreszeiten in Afrika und Südamerika und ihre Beziehung zu den Vegetationsgürteln. Bonn 1952, S. 15-98 (Bonner Geographische Abhandlungen 9)

LAUER, W.: Die Pampa. Ein Klimagebiet beiderseits der Trockengrenze? Erdkunde 22 (1968), S. 155-160

LAUER, W.: Klimatologie. 2. Aufl., Braunschweig 1995 (Das Geographische Seminar)

LAUER, W. u. P. FRANKENBERG: Untersuchungen zur Humidität und Aridität von Afrika. Bonn 1981 (Bonner Geographische Abhandlungen 66)

LAUER, W. u. P. FRANKENBERG: Klimaklassifikation der Erde. Geographische Rundschau 40/6 (1988), S. 55-59. Karte im DIERCKE-Weltatlas ab 1988, Wandkarte b. Westermann, Braunschweig 1989

LAUER, W., D. RAFIQPOOR u. P. FRANKENBERG: Die Klimate der Erde. Eine Klassifikation auf ökophysiologischer Grundlage der realen Vegetation. Erdkunde 50 (1996), S. 275-300

LAUNER, E.: Zum Beispiel Blumen. Göttingen 1994

LAVERGNE, M. u. B. DUMORTIER: Dubai – von der Wüstenstadt zur Stadt in der Wüste. Geographische Rundschau 52 (2000) H. 9, S. 46-51

LAYTA, H.: Ostafrika. Olten 1980

LEHMKUHL, F.: Der Naturraum Zentral- und Hochasiens. Geographische Rundschau 49 (1997) H. 5, S. 300-306

LEHMKUHL, F.: Rezente und jungpleistozäne Formungs- und Prozeßregionen im Turgen-Kharkhiraa, Mongolischer Altai. Erde 130 (1999), S. 151-172

LE HOUEROU, H.N., BINGHAM, R.L. and W. SKERBEK: Relationship between the variability of primary production and the variability of annual precipitation in world arid lands. Journal of Arid Environments 15 (1988), S. 1-18

LEISCH, H. Hrsg: Perspektiven der Entwicklungsländerforschung. Festschrift für HANS HECKLAR. Trier 1995 (Trierer Geographische Studien 11)

LENZ, K.: Die Prärieprovinzen Kanadas. Marburg 1965 (Marburger Geographische Schriften 21)

LESER, H.: Landschaftsökologische Forschungen in Trockengebieten. Dargestellt an Beispielen aus der Kalahari und ihren Randlandschaften. Erdkunde 25 (1971), S. 209-223

LESER, H.: Namibia. Stuttgart 1982

LESER, H.: Ökozonen in naturräumlichen und landschaftsökologischen Gliederungskonzepten. Geographische Rundschau 52 (2000) H. 10, S. 56-60

LESER, H., HAAS, H.-D., MOSIMANN, T. u. PAESLER, R.: Wörterbuch der allgemeinen Geographie. 2 Bde., 3. Auflage, Braunschweig 1987

LEUPOLT, M. u. H. MEYER-RÜHEN: Umsetzung von Erfahrungen in neue Konzepte der Ländlichen Regionalentwicklung – der GTZ-Ansatz. Entwicklung und Ländlicher Raum 27 (1993) H. 2, S. 12-14

LEVITT, J.: Responses of plants to environmental stresses. New York, London 1972

LISS, C.-C.: Die Besiedlung und Landnutzung Ostpatagoniens unter besonderer Berücksichtigung der Schafestancien. Göttingen 1979 (Göttinger Geographische Abhandlungen 73)

LITSCHKO, T.: PASTURE – A water balance model for the estimation of growing periods in the rangelands of Kenya. In: WALTHER, D. and S. SHABAANI (eds.): Range Management Handbook of Kenya, Vol. III, 4, Nairobi 1993

LITTLE, P.D.: The elusive granary. (African Studies Series 73), Cambridge, New York, Port Chester, Melbourne, Sydney 1992

LÖFFLER, E.: Die Wüsten Australiens. Geographische Rundschau 52 (2000) H. 9, S. 10-16

LÖFFLER, E. u. R. GROTZ: Australien. Darmstadt 1995 (Wissenschaftliche Länderkunden 40)

LOUIS, H.: Über Rumpfflächen- und Talbildungen in den wechselfeuchten Tropen, besonders nach Studien in Tanganyika. Zeitschrift für Geomorphologie, NF 8 (1964), S. 43-70

LOUIS, H.: Allgemeine Geomorphologie. 4. Auflage (unter Mitarbeit von K. FISCHER), Berlin 1979

Literatur

LOURENS, U.W. and J.M. JAGER: A computerized drought monitoring system suitable for Southern Africa. In: Proceedings of the 4th Annual Scientific Conference. SADC-Land and Water Management Research Programme, Windhoek 1993, S. 64-72

LUDLOW, M.M.: Ecophysiology of C4 grasses. In: LANGE, O.L., KAPPEN, L. and E.-D. SCHULZE (eds.): Water and plant life – problems and modern approaches. Berlin 1976, S. 364-386 (Ecological Studies 19)

LUDLOW, M.M.: Adaptive significance of stomatal responses to water stress. In: TURNER, N.C. and P. KRAMER (eds.): Adaptation of plants to water and high temperature stress, New York, Toronto, Chichester, Brisbane 1980, S. 123-138

LUDLOW, M.M.: Photosynthesis and dry matter production in C3 and C4 pasture plants, with special emphasis on tropical C3 legumes and C4 grasses. Australian Journal of Plant Physiology 12 (1985), S. 557-572

LÜPNITZ, D.: Zur Physiognomie des kanarischen Sukkulentenbusches. Mainz 1971, S. 133-148 (Mainzer Naturwissenschaftliches Archiv 10)

MÄCKEL, R.: Oberflächenformung in den Trockengebieten Nordkenias. In: Relief-Boden-Paläoklima. Berlin-Stuttgart 1986, S. 85-225 (Studien zur tropischen Reliefbildung 4)

MÄCKEL, R.: Probleme der Landdegradierung in den Dornsavannen der tropisch/subtropischen Trockengebiete. Geographische Rundschau 52 (2000) H. 10, S. 34-39

MÄCKEL, R. u. D. WALTHER: Die landschaftsökologische Bedeutung der Bergwälder für die Trockengebiete Nordkenyas. Die Erde 114 (1983), S. 211-235

MÄCKEL, R. and D. WALTHER: Monitoring of geomorphological processes for a sustainable range management in Kenya. Zeitschrift für Geomorphologie, NF, Supplement-Bd. 92 (1993), S. 159-172

MÄCKEL, R. u. D. WALTHER: Naturpotential und Landdegradierung in den Trockengebieten Kenias. Stuttgart 1993 (Erdkundliches Wissen 113)

MÄUSBACHER, R. (Hrsg.): Degradierte Landschaften, Jena 1997

MABBUTT, J.: Desert landforms. Cambridge und Canberra 1977

MAGADZA, C.H.D.: Some insights into relation between drought, food production and food consumption in the Omay Communal Lands, Lake Kariba. In: BOHLE, H.-G. (ed.): World of pain and hunger. Geographical perspectives on disaster vulnerability and food security. Saarbrücken, Fort Lauderdale 1993, S. 87-98 (Freiburger Studien zur Geographischen Entwicklungsforschung 5),

MAINGUET, M.: Aridity. Droughts and human development. Berlin, Heidelberg, New York 1999

MANSHARD, W.: Desertifikation, Ressourcen – Management und Entwicklungshilfe. Paideuma 30 (1984), S. 9-19

MANSHARD, W.: Entwicklungsprobleme in den Agrarräumen des tropischen Afrika. Darmstadt 1988

MANSHARD, W.: Umwelt, Landnutzung und Bevölkerung in den Tropen. In: HORNETZ, B. u. D. ZIMMER (Hrsg.): Beiträge zur Kultur- und Regionalgeographie. Festschrift für RALPH JÄTZOLD Trier 1993, S. 215-226 (Trierer Geographische Studien 9)

MANSHARD, W. u. R. MÄCKEL: Umwelt und Entwicklung: Naturpotential und Landnutzung in den Tropen. Darmstadt 1995

MASSEY, G.: Subsistence and change: Lessons of agropastoralism in Somalia. Boulder 1987

MAURER, U.: Nutzungspotential und Landdegradation im semi-ariden Namibia; ein Beitrag zur Desertifikationsforschung. Göttingen 1995

MECKELEIN, W.: Forschungen in der Zentralen Sahara. Bd. 1 Klimageomorphologie. Berlin 1959

MECKELEIN, W.: Die Trockengebiete der Erde – Reserveräume für die wachsende Menschheit? Bonn 1983, S. 25-58 (Colloquium Geographicum 17)

MEDINA, O.A., KRETSCHMER Jr., A.E. and D.M. SYLVIA: Growth response of field-grown Siratro (*Macroptilium atropurpureum* Urb.) and *Aeschynomene americana* L. to inoculation with selected vesicular-arbuscular mycorrhizal fungi. Biology and Fertility of Soils 9 (1990), S. 54-60

MEIER-HILPERT, G. u. E. THIES: Geozonen. Köln 1987 (Unterr. Geogr. Bd. I)

MEIGS, P.: World distribution of arid and semi-arid homoclimates. In: UNESCO Arid Zone Research Series 1, 1953, S. 203-209

MENSCHING, H.: Die Sahelzone Afrikas: Ursachen und Konsequenzen der Dürrekatastrophe. Afrika-Spektrum 13 (1974), S. 4-20

MENSCHING, H. (Hrsg.): Physische Geographie der Trockengebiete. Darmstadt 1982 MENSCHING, H.: Die Sahelzone. Köln 1986, S. 17 ff. (Problemräume der Welt 6)

MENSCHING, H.: Desertifikation. Ein weltweites Problem der ökologischen Verwüstung in den Trockengebieten der Erde. Darmstadt 1990

MENSCHING, H.: Nutzungspotentiale und Nutzungsgrenzen in Randgebieten der Trockenzone, insbesondere im nördlichen Afrika. Nova Acta Leopoldina NF 64, Nr. 276 (1991), S. 107-117

MENSCHING, H.: Die globale Desertifikation als Umweltproblem. Geographische Rundschau 45 (1993) H. 6, S. 360-365

MENZ, G.: Niederschlag und Biomasse in den wechselfeuchten Tropen Ostafrikas. Stuttgart 1996

MERZ, G.: Was heißt nachhaltige Entwicklung? WWF Journal 3/95 (1995), S. 18-20

MILLER, W.: A new history of the United States. London 1970

MOHR, H. u. P. SCHOPFER: Lehrbuch der Pflanzenphysiologie. 3. Auflage, Berlin, Heidelberg, New York 1978

MÜLLER, F.-V.: Ländliche Entwicklung in der Mongolei: Wandel der mobilen Tierhaltung durch Privatisierung. Die Erde 125 (1994), S. 213-222

MÜLLER, F.-V.: Die Wiederkehr des mongolischen Nomadismus. Räumliche Mobilität und Existenzsicherung in einem Transformationsland. In: JANZEN, J. (Hrsg.): Räumliche Mobilität und Existenzsicherung. FRED SCHOLZ zum 60. Geburtstag. Berlin 1999, S. 11-46 (Abhandlungen – Anthropogeographie 60)

MÜLLER, F.-V. u. B. BOLD: Zur Relevanz neuer Regelungen für die Weidelandnutzung in der Mongolei. Die Erde 127 (1996), S. 63-82

MÜLLER, F.-V. u. J. JANZEN: Die ländliche Mongolei heute. Mobile Tierhaltung von der Kollektiv- zur Privatwirtschaft. Geographische Rundschau 49 (1997) H. 5, S. 272-278

MÜLLER, M.: Handbuch ausgewählter Klimastationen der Erde. Trier 1979 (5. Auflage 1996) (Forschungsstelle Bodenerosion der Universität Trier 5)

MÜLLER, P.: The dispersal centres of terrestrial vertebrates in the Neotropical realm. Biogeographica 2 (1973), S. 1-243

MÜLLER, P.: Tiergeographie. Stuttgart 1977

MÜLLER, P.: Arealsysteme und Biogeographie. Stuttgart 1980 (a)

MÜLLER, P.: Biogeographie. Stuttgart 1980 (b)

MÜLLER-HOHENSTEIN, K.: Nordafrikanische Trockensteppengesellschaften. Erdkunde 32 (1978), S. 28-39

MÜLLER-HOHENSTEIN, K.: Die Landschaftsgürtel der Erde. 2. Aufl. Stuttgart 1981 (Teubner Studienb. Geogr.)

MÜLLER-HOHENSTEIN, K.: Die geoökologischen Zonen der Erde. Geographie und Schule 59 (1989), S. 2-15

MÜLLER-HOHENSTEIN, K.: Weideökologisches Management. Geographische Rundschau 51 (1999) H. 5, S. 275-279

MURRAY, J. (Hrsg.): Weltatlas der alten Kulturen Afrikas. München 1981

MUSTERS, G.C.: At home with the Patagonians. London 1871

MUTTER, T.: Beratung von Kleinbauern im Nordosten von Brasilien. In: HOPP, J. u. SCHWIEBERTH, P. (Hrsg.): Wüstenwind und Tropenregen, Berlin 1993, S. 305-316

NAN-TING CHOU and H.E. DREGNE: Desertification control: cost/benefit analysis. Desertification Control Bulletin 22 (1993), S. 20-26

NATSAGDORI, T.: Improved pastureland management can lead to greater profit potential. Ulan Bator 2000, S. 1-4 (Gobi Business News No. 4)

NES (NATIONAL ENVIRONMENT SECRETARY) (ed.): Participatory rural appraisal hand-book. Washington, DC 1990 (Natural Resources Management Support Series – No. 1)

NEW, T.R.: A biology of acacias. Oxford 1984

NIEUWOLT, S.: Rainfall variability and drought frequencies in East Africa. Erdkunde 32 (1978), S. 81-88

NIR, D.: The semi-arid world: man on the fringe of the desert. London 1974

NOLZEN, H. (Hrsg.): Geozonen. Köln, Teil I 1995, Teil II 1996 (Handb. des Geographieunterr., Bd. 12)

NUDING, M.: Potential der Wildtierbewirtschaftung für die Entwicklungszusammenarbeit. GTZ Eschborn 1996

OBA, G.: The role of indigenous range management knowledge for desertification control in Northern Kenya. Uppsala 1994 (Environmental Policy and Society, Research Report No. 4)

ODHIAMBO, T.R.: Statement of the problem. In: AFRICAN ACADEMY OF SCIENCES (ed.): Environmental crisis in Africa: scientific response (Proceedings of the International Conference on Drought, Desertification and Food Deficit in Africa, 3-6 June 1986 Nairobi/Kenya), Nairobi 1989, S. 16-29

ODINGO, R.S.: Implementation of the Plan of Action to Combat Desertification (PACD) 1978-1991. Desertification Control Bulletin 21 (1992), S. 6-14

OGALLO, L.: Relationship between seasonal rainfall in East Africa and the southern oscillation. Journal of Climatology 8 (1988), S. 31-43

OTZEN, U.: Ecological grazing management. A development alternative for brittle environments – the case of Namibia. Quarterly Journal of International Agriculture 29 (1990), S. 250-273

PALUTIKOF, J.P., FARMER, G. and T.M.L. WIGLEY: Strategies for the amelioration of agricultural drought in Africa. In: WMO (ed.): Proceedings of the Technical Conference on Climate – Africa. Arusha 1982, S. 229-248

PANDER, K.: Zentralasien. Köln 1996 (DuMont Kunstreiseführer)

PAULY, M.: Dürre-Frühwarnsysteme und nationales Dürremanagement am Beispiel der Trockenräume Nord- und Südostkenias – welchen Beitrag kann die statistische Analyse leisten? Trier 1993 (Materialien zur Ostafrika-Forschung 11)

PENCK, A.: Versuch einer Klimaklassifikation auf physiographischer Grundlage. Sitzungsber. Kgl. Preuß. Ak. der Wiss., Phys.-math. Kl. 12 (1910), S. 236-246

PENMAN, H.L.: Natural evaporation from open water, bare soil and grass. In: Proceedings of the Royal Society, Series A, 193, London 1948, S. 120-146

PENMAN, H.L.: Evaporation, an introductory survey. Netherlands Journal of Agricultural Science 4 (1956), S. 9-29

PETROV, M. P.: Deserts of the world. Org. russ. 1975, Übersetzung New York und Toronto 1976

PHILLIPS, D.L. and J.A. MACMAHON: Competition and spacing patterns in desert shrubs. Journal of Ecology 69 (1981), S. 97-115

PIERI, C.J.M.G.: Fertility of soils. A future for farming in the West African savannah. Heidelberg 1992

POPP, H.: Wüstentourismus in Nordafrika. Geographische Rundschau 52 (2000) H. 9, S. 52-59

RAO, A. u. U. STAHL: Leben mit der Dürre. Geographische Rundschau 52 (2000) H. 9, S. 38-45

RAUCH, T.: Ländliche Regionalentwicklung: LRE aktuell. Eschborn, Rossdorf 1993 (Schriftenreihe der GTZ 232)

RATUSNY, A.: Atacama-Oasen Nordchiles im Umbruch. Geographische Rundschau 46 (1994) H. 2, S. 96-103

REDMER, H.: Wüstenstaat Mauretanien: Probleme eines Entwicklungslandes. Praxis Geographie 16 (1986) H. 10, S. 34-37

REHM, S. u. G. ESPIG: Die Kulturpflanzen der Tropen und Subtropen. 2. Auflage, Stuttgart 1984

REENBERG, A. and B. FOG: The spatial pattern and dynamics of a sahelian agro-ecosystem. GeoJournal 37/4 (1995), S. 489-500.

REIKAT, A. (Hrsg.): Landnutzung in der westafrikanischen Savanne. Frankfurt 1997 (Berichte des SFB 268 „Kulturentwicklung und Sprachgeschichte im Naturraum Westafrik. Savanne", Bd. 9)

Literatur 293

RICHARDSON, J.L.: Changes in the level of Lake Naivasha, Kenya, during postglacial times. Nature 209 (1966), S. 290-291

RICHTER, G.: Stoffwechselphysiologie der Pflanzen. 4. Auflage, Stuttgart, New York 1982

RICHTER, M.: Allgemeine Pflanzengeographie. Stuttgart 1997 (Teubner Studienb. Geographie)

RICHTER, R.E.: Umweltflüchtlinge in Westafrika. Geographische Rundschau 52 (2000) H. 11, S. 12-17

RINSCHEDE, G.: Die Wanderviehwirtschaft im gebirgigen Westen der USA und ihre Auswirkungen im Naturraum. Regensburg 1984 (a) (Eichstätter Beiträge, Abt. Geographie 10)

RINSCHEDE, G.: Nutzungswandel der Steppen in Wyoming/USA. Praxis Geographie 14 (1984) H. 11, S. 22-31 (b)

RINSCHEDE, G.: Ranching im Westen. Saisonale Weidenutzung. Geographie heute 7/38 (1986), S. 30-36

RÖNICK, V.: Regionale Entwicklungspolitik und Massenarmut im ländlichen Raum Nordost-Brasiliens. Paderborn 1986 (Münstersche Geographische Arbeiten 25)

RÖTTER, R.: Simulation of the biophysical limitations to maize production under rainfed conditions in Kenya. Trier 1993 (Materialien zur Ostafrika-Forschung 12)

ROCHELEAU, D., WEBER, F. and A. FIELD-JUMA: Agroforestry in dryland Africa. Nairobi (ICRAF) 1988

ROMMEL, M.: Bewässerungslose Landwirtschaft in ariden und semiariden Klimazonen. Witzenhausen 1974 (Der Tropenlandwirt, Beiheft Nr. 5)

ROSTANKOWSKI, P.: Steppen der Sowjetunion. Praxis Geographie 14 (1984) H. 11, S. 32-36

ROTHER, K.: Mediterrane Subtropen. Braunschweig 1984 (Das Geographische Seminar)

RUTHENBERG, H.: Farming systems in the Tropics. Oxford 1980

SAGGERSON, E.P.: Geology of the Kasigau-Kurase area. Nairobi 1962 (Geological Survey of Kenya, Report No. 51)

SAIDI, K.: Angepasste Entwicklungsstrategien nomadischer Viehhalter im Norden Kenias. In: BAUM, E. (Hrsg.): Nomaden und ihre Umwelt im Wandel. Witzenhausen 1989, S. 179-242 (Der Tropenlandwirt, Beiheft Nr. 38)

SALZMANN, U.: Are modern savannas degraded forests? – A Holocene pollen record from the Sudanian vegetation zone of NE Nigeria. Vegetation History and Archaeobotany (2000), H. 9, S. 1-15

SCHAMP, E.: Agrobusiness in Afrika – Formen und Folgen. In: HESKE, H.: (Hrsg.): Ernte-Dank? Landwirtschaft zwischen Agrobusiness, Gentechnik und traditionellem Landbau Gießen 1987, S. 54-72 (Ökozid-Reihe 3)

SCHAMP, H.: Der Nil. Segen oder Fluch für Ägyptens Landwirtschaft. Praxis Geographie 13 (1983), S. 37-45

SCHAPERA, I.: The Khoisan peoples of South Africa. Bushmen and Hottentots. Reprint der Ausgabe 1930, London 1965

SCHEFFER, F. u. P. SCHACHTSCHABEL: Lehrbuch der Bodenkunde. 11. Auflage, Stuttgart 1982, 14. Auflage 1998

SCHIFFERS, H. (Hrsg.): Die Sahara und ihre Randgebiete. München 1971

SCHIFFERS, H.: Nach der Dürre. Die Zukunft des Sahel. München 1976 (IFO-Institut für Wirtschaftsforschung München. Afrika Studien Nr. 94)

SCHIFFERS, H.: Die Sahara. Entwicklungen in einem Wüstenkontinent. Kiel 1980 (Geo-Kolleg 8)

SCHIFFLER, M.: Wasserkonflikte im Nahen Osten. In: SCHEFFRAN, J. u. W. VOGT (Hrsg.): Kampf um die Natur. Darmstadt 1998

SCHILDKNECHT, H.: Turgorine – neue Signalstoffe des pflanzlichen Verhaltens. Spektrum der Wissenschaft (Nov. 1986), S. 44-53

SCHMIDT, S.: Mongolia in transition. The impact of privatisation on rural life. Saarbrücken 1995

SCHMIEDER, O.: Die Neue Welt, II. Teil. Nordamerika. Heidelberg u. München 1963

SCHMIEDER, O.: Die Neue Welt, I. Teil. Mittel- und Südamerika. Heidelberg 1968

SCHMITHÜSEN, J.: Die räumliche Ordnung der chilenischen Vegetation. Bonn 1956 (Bonner Geographische Abhandlungen 17)

SCHMITHÜSEN, J.: Allgemeine Vegetationsgeographie. Berlin, 3. Aufl. 1968 (Lehrbuch der Allgemeinen Geographie IV)

SCHMITHÜSEN, J. u. R. HEGNER: Atlas zur Biogeographie. Mannheim, 2. Aufl. 1976

SCHNEIDER, M.: Agriculture in Namibia. In: LAMPING, H. u. U. JÄSCHKE (Hrsg.): Aktuelle Fragen der Namibia-Forschung. Frankfurt/M. 1991, S. 141-161 (Frankfurter Wirtschafts- und Sozialgeographische Schriften 56)

SCHÖNHUTH, M. u. U. KIEVELITZ: Partizipative Erhebungs- und Planungsmethoden in der Enwicklungszusammenarbeit: Rapid Rural Appraisal, Participatory Rural Appraisal. Eschborn, Roßdorf 1993 (Schriftenreihe der GTZ 231)

SCHOLZ, F.: Belutschistan (Pakistan). Eine sozialgeographische Studie des Wandels in einem Nomadenland seit Beginn der Kolonialzeit. Göttingen 1974

SCHOLZ, F.: Bewässerung in Pakistan. Erdkunde 38 (1984), S. 216-226

SCHOLZ, F.: Nomaden – Mobile Tierhaltung. Zur gegenwärtigen Lage von Nomaden und zu den Problemen und Chancen mobiler Tierhaltung. Berlin 1991

SCHOLZ, F.: Nomadismus – Mobile Tierhaltung. Geographische Rundschau 46 (1994) H. 2, S. 72-78

SCHOLZ, F.: Nomadismus. Theorie und Wandel einer sozio-ökologischen Kulturweise. Stuttgart 1995

SCHOLZ, F.: Nomadismus ist tot. Geographische Rundschau 51 (1999) H. 5, S. 248-255

SCHOLZ, F. u. J. JANZEN (Hrsg.): Nomadismus – Ein Entwicklungsproblem? Berlin 1982 (Abhandlungen – Anthropogeographie, H. 33)

SCHOLZ, U.: Die feuchten Tropen. Braunschweig 1998 (Das Geographische Seminar)

SCHRENK, F.: Die Frühzeit des Menschen: der Weg zum Homo sapiens. München 1997

SCHROEDER, F.-G.: Lehrbuch der Pflanzengeographie. Heidelberg 1998

SCHÜLE, C.: Ökosystemare Aspekte von Wildnutzungsstrategien auf der Südhalbkugel. *Dissertation Universität Trier* 2001

Literatur

SCHÜTT, P.: Weltwirtschaftspflanzen. Herkunft, Anbauverhältnisse, Biologie und Verwendung. Berlin 1972

SCHUG, W., LEON, J. u. H.O. GRAVERT: Welternährung: Herausforderungen an Pflanzenbau und Tierhaltung. Darmstadt 1996

SCHULTZ, J.: Die Ökozonen der Erde. Stuttgart 1988, 2. Aufl. 1995

SCHULTZ, J.: Konzept einer ökozonalen Gliederung der Erde. Geographische Rundschau 52 (2000) H. 10, S. 4-11(a)

SCHULTZ, J.: Handbuch der Ökozonen. Stuttgart 2000 (b) (UTB Große Reihe)

SEMMEL, A.: Grundzüge der Bodengeographie. 3. Aufl. Stuttgart 1993 (Teubner Studienb. Geographie)

SHISANYA, C.A.: Chances and risks of maize and beans growing in the semi-arid areas of SE-Kenya during deficient, normal and above normal rainfall of the short rainy season. Trier 1996 (Materialien zur Ostafrika-Forschung 14)

SIEGMUND, A. u. P. FRANKENBERG: Klimatypen der Erde. Geographische Rundschau 51 (1999) H. 9, S. 494-499

SIGMUND, R. and P. LENTES: Investigations on vegetation, land use and degradation in the area of the Ndoto Mountain Range. A complex approach to state the role of mountainous regions in the drylands of Northern Kenya. Trier 1999 (Materialien zur Ostafrika-Forschung 21)

SINGER, H.W.: A global view of food security. Entwicklung und Ländlicher Raum 30/5 (1996), S. 3-6

SINHA, R. K.: Taming the Thar Desert of Rajasthan, India. Desertification Control Bulletin 22 (1993), S. 31-35

SMARTT, J.: Tropical pulses. London 1976

SPÄTH, H.J.: Die agro-ökologische Trockengrenze. Erdkunde 34 (1980), S. 224-231

SPENCER, P.: Nomads in alliance. London, New York, Toronto, Nairobi 1973

SPITTLER, G.: Die Salzkarawane der Kel Ewey Tuareg. Geograph. Rundschau 54 (2002) H. 3, S. 22-29

SPÖNEMANN, J.: Geomorphologie – Ostafrika (Kenya, Uganda, Tansania). 2° N–2° S, 32° –38° E. Berlin, Stuttgart 1984 (Afrika-Kartenwerk, Blatt E 2)

SPOOMER, B. and H.S. MANN: Desertification and development: dryland ecology in social perspective. London 1982

STADELBAUER, J.: Die Entwicklung der Agrarwirtschaft in der Mongolischen Volksrepublik der 70er Jahre – Ein Beitrag zur Frage der Adoption des sowjetischen Vorbildes regionaler Agrarstrukturförderung. Die Erde 115 (1984), S. 235-260

STANTON, N.L.: The underground in grasslands. In: Ann. Review Ecol. Syst. 19 (1988), S. 573-589

STRASBURGER, E., NOLL, F., SCHENCK, H. und A.W.F. SCHIMPER: Lehrbuch der Botanik. 33. Auflage, Stuttgart, Jena, New York 1991

STROHSCHEIDT, E.: Australien –'Gemeinschaft der Diebe ?' Landrechte der Aborigines und Torres Strait Islanders. Geographische Rundschau 47 (1995) H. 11, S. 634-639

STÜBEN, P.E. u. V. THURN (Hrsg.): Wüsten der Erde – der Kampf gegen Durst, Dürre und Desertifikation. Gießen 1991 (Ökozid 7)

STURM, H.J.: Produktions- und weideökologische Untersuchungen in der subhumiden Savannenzone Westafrikas. Basel 1994, S. 121-147 (Geomethodica 19)

STURM, H.J.: Weidewirtschaft in Westafrika. Geographische Rundschau 51 (1999) H. 5, S. 269-274

SUPP, E.: Australiens Aborigines: Ende der Traumzeit. Bonn 1985

SZABOLCS, I.: Salinization of soil and water and its relation to desertification. Desertification Control Bulletin 21 (1992), S. 32-37

SZYNKIEWICZ, S.: Mongolia's nomads build a new society again: Social structures and obligations on the eve of private economy. Nomadic Peoples 33 (1993), S. 163-172

TAERUM, R.: Comparative shoot and root studies on six grasses in Kenya. East African Agricultural and Forestry Journal 36 (1970), S. 94-113

TETZLAFF, G., PETERS, N. u. L.J. ADAMS: Meteorologische Aspekte der Sahel-Problematik. Die Erde 39 (1985), S. 109-120

THOMÄ, H.: Agrarindustrie – Feedlots in den südlichen Plains. Praxis Geographie 12 (1982) H. 11, S. 40-47

TIESSEN, E. (Hrsg.): Ferdinand Richthofens Tagebücher aus China. Bd. 2, Berlin 1907

TIFFEN, M., MORTIMORE, M. and F. GICHUKI: More people, less erosion: Environmental recovery in Kenya. Chichester, New York, Brisbane, Toronto, Singapur 1994

TOTHILL, J.C. and J.J. MOTT (eds.): Ecology and management of the world's savannas. Canberra 1985

TOULMIN, C.: Cattle, women and wells – managing household survival in the Sahel. Oxford 1992

TRAUTMANN, W.: Probleme der Nomadismus-Klassifikation, dargestellt am Beispiel Algeriens. Zeitschrift für Agrargeographie 5 (1987), S. 167-179

TRENBERTH, K.E.: General characteristics of El Niño Southern Oscillation. In: GLANTZ, M.H., KATZ, R.W. and N. NICHOLLS (eds.): Teleconnections linking worldwide climate anomalies. Cambridge 1991

TRETER, U.: Gebirgs-Waldsteppe in der Mongolei. Geographische Rundschau 48 (1996) H. 11, S. 655-661

TROLL, C.: Das Pflanzenkleid der Tropen in seiner Abhängigkeit von Klima, Boden und Mensch. In: Deutscher Geographentag Frankfurt 1951. Tagungsberichte und wissenschaftliche Abhandlungen, Remagen 1952

TROLL, C.: Die tropischen Gebirge. Bonn 1959 (Bonner Geographische Abhandlungen, H. 25)

TROLL, C.: Die Physiognomik der Gewächse als Ausdruck der ökologischen Lebensbedingungen. In: Verhandlungen des Deutschen Geographentages 32, Wiesbaden 1960, S. 97-122

TROLL, C.: Qanat-Bewässerung in der Alten und Neuen Welt. Mitteilungen der Österreichischen Geographischen Gesellschaft 105 (1963), S. 313-330

Literatur

TROLL, C.: Das Pampaproblem in landschaftsökologischer Sicht. Erdkunde 22 (1968), S. 152-155

TROLL, C. u. K.H. PAFFEN: Die Jahreszeitenklimate der Erde. Erdkunde 18 (1964), S. 5-27

TUELLER, P.: Remote sensing science applications in arid environments. Remote Sensing of Environment 23 (1987), S. 143-154

TUELLER, P.T. (ed.): Vegetation science applications for rangeland analysis and management. Dordrecht 1988 (Handb. Veg. Science 14)

TURNER, N.C. and J.E. BEGG: Responses of pasture plants to water deficits. In: WILSON, J.R. (ed.): Plant relations in pasture. Melbourne 1978, S. 50-66

TURNER, N.C. and P. KRAMER (eds.): Adaptation of plants to water and high temperature stress. New York, Toronto, Chichester, Brisbane 1980

UNCED (Hrsg.): Agenda 21. Rio de Janeiro 1992

UNESCO: The state-of-art of hydrology and hydrogeology in the arid and semi-arid areas of Africa. Proc. Sahel Forum Ouagadugu 1989, Int. Water Resources Assoc., Urbana, Ill. 1990

VAN KEKEM, A.J.: Soils of the Mount Kulal-Marsabit area. Kenya Soil Survey, Nairobi 1986 (Reconnaisance Soil Survey Report, No. R12)

VAN KEULEN, H. and H. BREMAN: Agricultural development in the West African Sa-helian region: a cure against land hunger? Agriculture, Ecosystems and Environments 32 (1990), S. 177-197

VARESCHI, V.: Vegetationsökologie der Tropen. Stuttgart 1980

VEIT, H.: Klima- und Landschaftswandel in der Atacama. Geographische Rundschau 52 (2000) H. 9, S. 4-9

VESER, Th. u. M. THALER (Hrsg.): Schätze der Menschheit. Kulturdenkmäler und Naturparadiese unter dem Schutz der UNESCO-Welterbenkonvention. 7. Aufl. München 2000

VESTE, M. u. S.-W. BRECKLE: Negev – pflanzenökologische und ökosystemare Analysen. Geographische Rundschau 52 (2000) H. 9, S. 46-51

VINCENT, C.E., DAVIES, T.D. and A.K.C. BERESFORD: Recent changes in the level of Lake Naivasha, Kenya, as an indicator of equatorial westerlies over East Africa. Climatic change 2/1 (1979), S. 175-189

VOGG, R.: Bodenresourcen arider Gebiete. Stuttgart 1981 (Stuttgarter Geogr. Studien 97)

VORLAUFER, K.: Tourismus in Entwicklungsländern. Darmstadt 1996

WAGNER, F.H.: Wildlife of the deserts. New York 1980. Deutsch als: Knaurs Tierleben in der Wüste. München und Zürich 1980

WAHR, J.: Luftbildgestützte Erfassung aktueller und historischer Degradierungsprozesse bei Chikal im Sahel Nigers/Westafrika. In: Proceedings des Deutschen Tropentages 2000, Session: Land use planning, Stuttgart-Hohenheim 2000

WALTER, H.: Das Pampaproblem in vergleichend ökologischer Betrachtung und seine Lösung. Erdkunde 21 (1967), S. 181-203

WALTER, H.: Vegetationszonen und Klima. (UTB), Stuttgart 1970

WALTER, H.: Die ökologischen Systeme der Kontinente (Biogeosphäre). Stuttgart 1976

WALTER, H. u. S.W. BRECKLE: Spezielle Ökologie der tropischen und subtropischen Zonen. Bd. 2, Stuttgart 1984

WALTER, H. u. S.W. BRECKLE: Ökologie der Erde Bd. 3: Spezielle Ökologie der Gemäßigten und Arktischen Zonen Euro-Nordasiens. 2. Aufl., Stuttgart 1994

WALTER, H. u. S.W. BRECKLE: Vegetation und Klimazonen. 7. Aufl., Stuttgart 1999

WALTER, H. u. H. LIETH: Klimadiagramm-Weltatlas. Jena 1967

WALTHER, D.: Landnutzung und Landschaftsbeeinträchtigungen in den Rendille-Weidegebieten des Marsabit-Distriktes, Nordkenia. Freiburg 1987 (Freiburger Geographische Hefte 28)

WALTHER, M. u. S. NAUMANN: Beobachtungen zur Fußflächenbildung im ariden bis semiariden Bereich der West- und Südmongolei (Nördliches Zentralasien). Stuttgart 1997, S. 154-171 (Stuttgarter Geographische Studien 126)

WALZ, G.: Nomaden im Nationalstaat – Zur Integration der Nomaden in Kenia. Berlin 1992 (Abhandlungen – Anthropogeographie, H. 49)

WEICKER, M.: Die Beziehungen zwischen Nomaden und Bauern im senegalesischen Sahel. Bayreuth 1982 (Bayreuther Geowissenschaftliche Arbeiten 4)

WEIN, N.: Sibirien. Gotha u. Stuttgart 1999 (Perthes Regionalprofile)

WEYER, H. u. H. LOHTE: Sahara. Zürich 1980

WEISCHET, W.: Einführung in die allgemeine Klimatologie. Stuttgart 1977

WEISCHET, W.: Regionale Klimatologie, Teil 1: Die Neue Welt, Stuttgart 1996 (Teubner Studienb. Geographie)

WEISCHET, W. und W. ENDLICHER: Regionale Klimatologie, Teil 2: Die Alte Welt. Stuttgart 2000 (Teubner Studienb. Geographie)

WIESE, B.: Afrika. Stuttgart 1997 (Teubner Studienbücher der Geographie – Regional 1)

WIJNGAARDEN, W. and V.W.P. VAN ENGELEN (Hrsg.): Soils and vegetation of the Tsavo area. Kenya Soil Survey, Nairobi 1985 (Reconnaissance Soil Survey No. R7)

WILHELMY, H.: Wald und Grasland als Siedlungsraum in Südamerika. Geographische Zeitschrift 46 (1940), S. 208-219

WILHELMY, H. u. W. ROHMEDER: Die La Plata-Länder. Braunschweig 1963

WILHITE, D.A. and M. GLANTZ: Understanding the drought phenomenon: The role of definitions. In: WILHITE, D.A. and W.E. EASTERLING (eds.): Planning for drought, Boulder 1987, S. 11-29

WILLEMS, W.: El Niño und die 'short rains' in den Trockenräumen von Kenya. Saisonale Niederschlagsvorhersage für einen Trockenraum auf der Basis eines stochastischen Model-les für tägliche Niederschläge. Trier 1993 (Materialien zur Ostafrika-Forschung 10)

WILSON, R. T.: The camel. London and New York 1984

WINDHORST, H.-W.: Schweine aus dem Rinderland. Praxis Geographie 27 (1997) H. 4, S. 34-38

WINDHORST, H.-W. u. W. KLOHN: Entwicklungsprobleme ländlicher Räume in den Great Plains der USA. Vechta 1991 (Vechtaer Studien zur Angewandten Geographie und Regionalwissenschaft 2)

Literatur

WINDHORST, H.-W. u. W. KLOHN: Die Bewässerungslandwirtschaft in den Great Plains – Strukturen, Probleme, Perspektiven. Vechta 1995 (Vechtaer Studien zur Angewandten Geographie und Regionalwissenschaft 14)

WIRTHMANN, A.: Geomorphologie der Tropen. Darmstadt 1987

WISSMANN, H.v.: Pflanzenklimatische Grenzen der warmen Tropen. Erdkunde 2 (1948), S. 81-92

WITTIG, W.: Einsatz von Naturfasern in Kfz-Bauteilen. In: Verband deutscher Ingenieure (VDI, Hrsg.): Kunststoffe im Automobilbau, Düsseldorf 1994

WORZ, A.: Die Pflanzenwelt Australiens. Stuttgarter Beiträge zur Naturkunde. Serie C: Allgemeinverständliche Aufsätze 38. Stuttgart: Staatl. Museum für Naturkunde 1995

XIA, X., MU, G. et al.: Guidebook of the Taklamakan Desert and the vicinity. Urumqi 1993

YAALON, D.H. (ed.): Aridic soils and geomorphic processes. Selected papers of the Int. Conf. of the Int. Soc. of Soil Science 1981. Cremlingen 1982 (Catena Supplement 1)

YANG XIAOPING: Geomorphologische Untersuchungen in Trockenräumen NW-Chinas unter besonderer Berücksichtigung von Badanjilin und Takelamagan. 1991 (Göttinger Geographische Abhandlungen 96)

YOSHINO, M.: Wind and rain in the desert region of Xinjiang, Northwest China. Erdkunde 46 (1992), S. 203-216

YOUNG, A.: Tropical soils and soil survey. Cambridge 1976

ZECH, W.:Salzböden. Geographische Rundschau 54 (2002), H. 3, S. 36-40

ZHU, Z., LIU, S. et al.: Deserts in China. Lanzhou 1986

7. Stichwortverzeichnis

Aborigines ....69 ff., 241
Acacia albida 40,77,87,218
Acacia tortilis 40 f.,87,112
Acalypha-Stufe 44
Acrisole..66
Adobe 180
Affenbrotbaum.................................39
Agrarklimaklassifikation 53
Agrobusiness ....107 f.
Agroforestry 115
Agrohygrogramm...........................60 f
Agromining 84,93,170,203
Agronomische
  Trockengrenze...........60 ff.,111 f,170 f.
Agroökologische Subzonen 57 f.,60
Agroökologische
  Trockengrenze............................170
Agroökologische Zonen..............54 ff.,60
Agropastorale Systeme............85 ff.,112 f.
Agropastoralismus ....84 ff.
Agrosahelzone 54,126
Agrosilvipastoralismus ....87 f.,112 f.
Agrosilvipastorale Systeme............112 f.
Akkumulationsebenen...................51 f.
Alkaliböden 67,238
Ananas..109
Anpassungen ....17 ff.
Annuelle Gräser ....26,234 f.
Aphyllie 24
Aquafarming 270
Arabische Oryx..............................226
Arenosole ....64 f.
Argania-Steppe........................156,192
Ariditätsdefinitionen................13 f.,137
Artemisia 221
Artesische Brunnenoasen.................245 f.
Arul 177
Assuandamm 248
Ascania nova 205
Atbara..249 f.
Aufsiedelung ....181 f.
Ausbreitungszentrum......................153
Ausgleichszonen..............................12
Außenfelder....................................84
Australopithecinen...........................68

Badlands...................................165,206
Balanites aegyptiaca 41
Bambarra-Erderbsen.....................62,116

Baumwolle ....104 ff.,255 f,
Besatzdichte ....79,97 f.,195,242 f,
Besenhirse......................................61
Bevölkerungsdichten....................101 ff.
Bevölkerungsexplosion................101 ff.
Bewässerung ....196 f.,243 ff.,248 ff.
Bezoarziege 227
Bienenkorbhütte 92
Binnenwüsten 210
Biosphärenreservate............205 f.,266 ff.
Bioturbation.................................167
Bison ....159 f.
Bisonjagd................................171,184
Bison-Ranching..........................194 f.
Bjeloglaska 168
Black Cotton Soils ....65 f.
Blattverlust 23
Blaubock 160
Blue grass Region 149
Bodenbildung ....49,64 ff.,167 ff.
Bodenverdichtung..........................203
Bodenversalzung............203,260 f.,264 f.
Bola...177
Buffalo gourds 42,64,242
Büffeljägerkultur ....175 f.
Bumerangs 177
Buntbock ....160 f.
Buren..182
Burosjem 168
Buschleute ....71 ff.,241 f.

C4-Pflanzen.............................20 ff.,39
Caatinga 30
Calcrete.......................................238
Cambisole..................................64 f.
CAM-Säurestoffwechsel..................22
Cashewnüsse..................................58
Cassava....................................58,83
*Central Arid Zone
  Research Institute* 38,59
Central Kalahari Game Reserve 74
Cereus giganteus..........................220
Chance cropping...........................170
Chancen-Beweidung.......................247
Chinesische
  Steppenkolonisation 182,190
Chitimene-Kultur.............................83
*Colombia Basin
  Reclamation Projekt* 197
Corn belt..................................169 f.
Cramcram-Gras 42,222

Dambobaden...............................49,65
Dambos...................................42, 65

Stichwortverzeichnis

Dasselfliegen ....164 f.
Datteln 256
Daueranbausysteme ....88 ff.
Deflation................51,166,201 f.,231 f.
Degradation..................................127 ff.
Denudation 166,201 f.,233
Denudationskanten 49,166
Desert 156,158,266
Desertifikation 127 ff.,203 f.,260
Deutsche Siedlungen.......................181 f.
Digger Indians ....241 f.
Dogon 90
Domestizierung 177,253
Doppelte Einebnungsfläche 48
Dormanz 19
Dornen 24
Dorngehölze ....42 f.
Dornpolster-Halbwüsten.....................222
Dorn-Puna 45
Dornsavanne....................................40 ff.
Dornsavannenklimate........................36 ff.
Dorn-Sierra 45
Dornstrauch-Halbwüsten ....218 f.
Drip irrigation 250,265
Drought escaping plants......................26
Drought Monitoring System 126
Dryfarming 170,191
Dünenformen ....232 f.
Düngetechnik ....90 f.
Dürrefrühwarnsysteme ....125 f.
Dürregefahr ....174 ff.
Dürremanagement............................124 f.
Dürren 62 f.,100,121 ff.,171 f.,195
Dürrerisiko..................................63,171
Dürrewahrscheinlichkeit ....63,173 f.
Dust bowl..201

Edaphische Grassavanne 42
Einrollindex 23
El Niño-
  Phänomen ....32 ff.,47,121 f.,126 f.
Emu..163
ENSO = *El Niño-Southern
  Oscillation* ....33,126 f.
Ephemere Pflanzen.......................26,225
Erdnuss...103 f.
Erdöl 257
Erg ....229 f.
Espinal 155
Estancias ....188 f.,194 f.
Estancieros......................................186
Evaporation.......................................32
Evapotranspiration............13,32,142,145
Extremwüste 225

Farmen.......................................95,184
Federgrassteppe 153
Feed lots..194
Ferralsole 48,66
Fettschwanzschafe 242
Feuchtpampa ....151 ff.
Feuchtsteppen.....................139,141,150 ff.
Fiederblättrigkeit 24
Filzblättrigkeit 23
Flachdachhäuser 92 f.,247
Flächenrelief......................................47 f.
Flächenspülung..................................48
Fleischextrakt 187,194
Flussoasen ....243 f.
Fluvisole 67
Foggara-Oasen 245
Foniohirse 59,61
Fossile Dünen 49
Freiräume 12
Fremdlingsflüsse 52,169,239
Fruchtbarer Halbmond...............167,178
Fulbe 76
Funnelling effect.........................24,40 f.
Fußflächen 166
Futter ....61 f.
Futter-Sorghum...............................191

Gabelböcke 161
Gao-Baum............................77,87,218
Gazellen ....46,161 f.,225 f.
Gebirgsfußoasen ....244 f.
Gefrierfleisch 187
Getreideanbau-Entstehung 178
Gezira Scheme ....105,248 f.
*Global Information and
  Early Warning System* 125
Goannas 164
Gran Chaco 74 f.,187
Gras-Halbwüsten ....222 f.
Graslandklimate.....................26 f.,143 ff.
Grassodenhütte 180
Graubrauner
  Halbwüstenboden 168
Great American Desert......................183
Great Plains ....154,175 ff.,183 f.
Große Grüne Mauer........................202
Großranching 247
Grundwasseroasen 245
Grüne Desertifikation 203
Grünholz 23
Guanako-Jäger...........................177,186
Guanakos 161
Guano 258
Gueltas 238

Halbnomadismus ....75 ff.,243,261 f.
Halbtrockene Zonen ....14 f.
Halbwüsten ....209 ff.
Halbwüsten-Subzonen ....218 ff.
Halbwüstenverbreitung ....209 ff.
Halfagras 148,223
Halophyten ....19,223 f.
Hamada ....230 f.
Hartlaubstrauch-Halbwüste 219
Heimstättengesetz........................184,191
Heu auf dem Halm....................64,171,173
Hirsen 59
Hitzestress..17
Hochgrassteppe........................150 ff.,171
Höhen-Subzonen...............................43 ff.
Holistic Range Management ....117 f.
Homestead 191
Homo sapiens sapiens ....69 f.
Hopi-Indianer 179
Horstgräser..24,156
Horstgras-Halbwüsten..........................223
Horstgrassteppen 157
Hungerkrisen ....123 f.
Hydratationssprengung........................232
Hyperarides Klima.................................14

Igelpolster...25
Igelpolster-Wuchsform........................157
Imperial Valley.......................................251
Indianerkriege.......................................184
Indus 250,265
Inhibitoren 24
Innenfelder ....84 f.
Inselberge ....48 f.
Integrierte Landnutzungsplanung.......1118
*Intern. Crop Res. Inst. for the
   Semi-arid Tropics* 39,104
ITC = Innertropische
   Konvergenzzone 12,31,38

Jägerkulturen ....175 ff.
Juniperus procera 44
Jurte...179 f.,192

Kaffernkriege..182
Kalahari..71 ff.,218
Kamele...226
Kamptechnik...98
Kandelaberkaktus.............................220 f.
Karakulschafe.......................................98 f.
Karawanenhandel 253 f.,263
Karbonathorizont 168
Kareze...245
Kasachstan.............................161,190,198

Kashmirziegen................171,193,255,261
Kastanienfarbiger Steppenboden.........168
Kastanosjem 168
Kationenaustauschkapazität 64,66
Kefir...177
Kegeldachhaus..92
Kernwüste ....224 f.
Kettendörfer..93
Khitan 182
Kieselsteinpflanzen..............................221
Kieswüste ....230 f.
Kleinhirsen 59
Klimaerwärmung.................................139
Köcherbaum 220
Kolchosen 189
Kolonisation ....181 ff.
Kornkammern ....139,197 ff.
Korsak...163
Koyoten...162
Kraftfutteranbau 171,191
Kralsiedlung...93
Krotowinen 162,167
Künstlicher Regen 271
Kulturschutz................82,206 f.,267 ff.
Kumys 177
Kuppelhütte ....92,94, 246 f.
Kurd 177
Kurzgrassteppe..........................154 f.,171
Kurzgrassteppenzone ....154 f.
Kurzzyklischer Mais..............................61
Kurzzyklischheit....................................26
Küstenwüsten ....210,213 f.

Land runs..184
Ländliche Regionalentwicklung........119 f.
Landschaftsverdunstung........................15
Landwechselwirtschaft......................83 f.
Langgras-Steppe ....150 ff.
Lateritkruste...66
Latosol..48
Lauftiere...45 ff.
Lee-Steppen ....141,146 ff.
Leewüsten 210
Lithops 221
Llareta-Formation................................222
Lomavegetation....................................223
Löss..165
Lösshöhlen...180
Luvisole..64,66

Maasai...76,79 f.
Magdeburger Börde.............................150
Maghrebländer ....191 f.
Mainzer Adelsverein ....181 f.

Stichwortverzeichnis

Maisanbaugebiete .... 169 f.
Malakophylle Xerophyten 18
Mallee 157
Man made desert 128
Mara 162
Marama beans 42,62,116
Matorral 155,205
Mbuga 42
Median 145
Mediterrane Subtropen 15
Mendesantilope 226
Mennoniten 18,100
Mesquite 64,155
Mesquite-Grasland 155
Metabolismus 21
Mikrophyllie 23
Mikrospülstufen 49,51,166
Minor crops .... 115 f.
Miombowald 30,42
Mitchell-Grasland .... 157 f.
Mohenjo Daro 255
Mojave Desert 225
Mongolei .... 192 ff.,199,260 f.
Monte-Vegetation 155
Mopanewald 30,42
Mormonen 188
Mulga 41,43,155,158,220
Mungbohnen 63
Mustangs 164,175
Mykorrhiza-Inokulation 117

Nachhaltige Landnutzung 81
Nagana 75
Nährstoffanreicherung .... 39 f.
Nama 71,75
Nandus 163
Nara-Melone .... 240 f.
National grasslands .... 185 f.,207 f.
Nationalparks .... 135,205 ff.,266 f.
Nebelpflanzen-Halbwüsten 223
Nebkha 233
New Valley 248
New World Screwworm 165
Ngorongoro 135
Niederschlags-
    schwankungen .... 32 f.,35, 38 f.,173 f.
Nitosole 67
Nomadenstämme .... 75 ff.
Nomadenzelt 246
Nomadis-
    mus ..... 75 ff.,177 f.,192 ff.,242 f.,260 ff.
Nomadismusentwicklung,
    jüngere .... 78 ff.,192 ff.,260 ff.
Nomadismus-Zone 65,236

Oasentypen .... 243 ff.
Ogallala Aquifer 197
Oklahoma 184
Ökoklimatische Basiskennwerte ... 55,63
Ökotourismus 135
Ölsaaterzeugung .... 199 f.
Open range 184
Oregon Trail 183
Oryx-Antilopen 226
Osmotische Adjustierung 19
Ostpatagonien .... 19 f.,195 f.
Owragi 165

Pampa 141 f.,151 ff.,169
Pampahirsch 162
Pampanutzung .... 186 f.
Pampaproblem .... 151 ff.
Pampawolf 162
Parahelionastie 23,40
Parasiten 47
Participatory Rural Appraisal ...... 119 f.
Partizipativ-integratives Konzept .. 119 f.
Passatwüsten 210,213
Pastroökologische Zonen 56,63
Patagonische Steppenregion ... 19 f.,157
Pedimente 49 f.,233
Pediment-Regionen .... 50 f.
Pemmikan 176
Perlhirse 59,61
Pferdereiternomadismus ...... 177 f.,192 f.
Phosphatlager 258
Phyllokladien 24
Phytomasseproduktion 171
Pioniergrenze .... 183 ff.
Plantagen .... 95 ff.
Polsterwuchs 25
Postglaziale Wärmezeit 145
Potenzielle Evapotranspiration 13
Prairie 141 ff.,150 f.,153
Prairiehund 162
Proso Millet 59
Przewalski-Wildpferd 160
Punjab 105 f.,250
Puszta 141,143,1551,153

Qanate 245
Qsar 246
Quelloasen 245

Ranching Zone 63
Ranching .... 62 f.,97 ff., 194 ff.
Ranching, modernes .... 98 ff.
Randwüste 224
Rapid Rural Appraisal .... 119 f.

Reaktionselastizität 81	Sklerophyllie 23
Regenfeldbau ....112 ff.	Solonchak 238
Regenfeldbau-	Sommertrockene
grenzbereich ....59 ff.,112 ff.,185 f.	Steppenzonen ....141 ff.,146 ff.
Regosole 67	Sonnenblumen 61,172
Regur ....65,90 f.	Sonnenenergie ....269 f.
Rhodesgras 40,44	Sorghumhirse ....55,58 f.,170,190 f.
Rinderhaltung ....63,75,187,200 f.	*Southern Oscillation Index* ....126 f.
Rispenhirse 61	*Spinifex*-Gras 25,223
Rumpffläche ....47 f.	Spülfläche ....47 f.
Runoff-catching agriculture 113	Spülmulde ....47 f.
Rutenstrauch-Halbwüsten ....219 f.	Squatter 187
	Stacheldrahteinführung 184
Sagebrush 156,221	Stadtentstehung 178
Sahelo-sudanische Regionen 110	Stammassimilation 23,42
Sahelzone 30,76,80 f.,121	*Standing hay* 63
Saiga-Antilope 161	Staubstürme ....201 f.
Salpeter ....257 f.	Staubwüste 231
Saltbush 62,219,222,234,264	Steinpflasterböden ....232,237 f.
Salzböden 168	Steinwüsten 230
Salzpfannen ....168,239 f.	*Stenohydre Xerophyten* 18
Salzpflanzen-Halbwüsten ....223 f.	Steppenadler 163
Salzseen 52,168	Steppenbison ....159 f.
Salzsprengung 232	Steppendefinition 139
Salzsteppen 157	Steppenebenen ....166 f.
Salztonwüste 231	Steppen-Gebirge 207
Salzwüste 231	Steppengehölze ....155 f.
Sammelwirtschaft 176	Steppenheiden 150
Sandfahnen 233	Steppenhexen 155
Sandwüsten ....229 f.	Steppeninseln 141,150
Satteldachhaus 92	Steppenlemming 162
Savannenverbreitung ....28 ff.	Steppenmurmeltier 162
Saxaul 219	Steppenproblem ....141 ff.
Schafhaltung ....188 f., 195 f.,200 f.	Steppenroller 155
Schildwüste 231	Steppenschluchten 165,169
Schirmkronen ....24,39 f.	Steppenschutzgebiete ....205 f.
Schnittblumen 109	Steppenseen 168 f.,207
Schopfbaum-Halbwüsten 220	Steppen-Tierwelt ....159 f.
Schotts 168	Steppenzonenverbreitung ....141 ff.
Schutzwaldstreifen ....201 f.	Stickstoff-Fixierung ....116 f.
Schwarzerde ....167 f.	Strangblättrigkeit 24
Schwarzerdesteppe 151	Strauchsteppe 155
Seidenstraße 253	Straußenfarmen 201
Seifenbeerenbaum 41	Streusiedlungen 93
Semidesert 158	Südafrika, junge Veränderungen 192
semihumid 14,32	Sukkulenten-Halbwüsten ....220 f.
Seminomadismus ....192 f.,234 f.,242 f.	Sukkulenz ....25 f.,41 f.
Serengeti 135	
Serer 85	Tabak ....106 f.
Serir ....230 f.	Taipan 164
Sertão ....30,131 f.	Takyrboden 168
Shifting cultivation ....82 f.	*Tallgrass prairie* 151
Silcrete 238	Tarpan 160
Sisal ....58,96 f.	Tau-Seen 169

Stichwortverzeichnis

Tepary-Bohnen 19,62,114,116
Tharr 75
Tierra fria 44
Tierra helada 45
Tipi 175,179
Tola-Formation 222
Tonwüste 231
Topnaar-Namas .... 240 f.
Tourismus .... 134 f.,207 f.,253 ff.
Tragfähigkeit .... 79,195,242 f.
Transhumanz 188
Transsaharienne 253
Trappen 163
Trichterwuchs 24,40
Trockenfleisch 81
Trockengrenze .... 111 ff.
Trockenheitsanpassung .... 16 ff.
Trocken-Puna 45
Trockensavanne .... 39 f.,45 f.
Trockensavannenklimate .... 32 ff.
Trocken-Sierra 45
Trockensteppe .... 154 ff.
Trockenwald 39 f.,42,46
Trockenzeitweide 63
Trypanosomiasis 75,95
Tsetsefliegen 46
Tuareg 76,80
Tussock-Grasland 157

Überbestockung 128 ff.,196,203
Übergangssteppenzone 153
Übergangswüste 224
Überschwemmungen 126
Überweidung .... 128,132,152,196,259 f.
Uluru 135
Umtriebsweidewirtschaft 98
UNCCD 260
UNEP .... 129 f.

Veld 141,160 f.,182
Verbuschung .... 27,130,148,195,203 f.
Versalzung .... 129,203,264 f.
Vertisol .... 49,65 f.
Verzwergstrauchung 130 f.,148
Viehwirtschaft der Steppenzone ... 192 ff.
Village Resource Management 119
vollarid 14,32,137
vollhumid 14,32,137
Vollnomadismus 177 f.,192 ff.,242 f.,260 ff.
Vollwüste .... 224 f.

Wadis 52,239,264
Waldsteppenzone .... 149 ff.
Walking safaris 135

Wanderfeldbau 82
Wanderheuschrecken 47,229
Wanderweidewirt-
  schaft .... 172,177,234 f.,242 f.,260 ff.
Warane 164
Wasserbilanz .... 16 f.
Wasserkonzentrations-
  anbau .... 112 f.,240,263 f.
Wasserspeicherung 25
Wasserstress .... 17 f.
Water-harvesting .... 111,263 f.
Webervögel 47
Weideunkräuter 203
Weidewirtschafts-
  potenzial 64 f.,171 ff.,233
Weihrauchstraße 258
Weizenerzeugung .... 198 ff.
Weizengürtel 170
Welt-Naturerbe .... 205 f.
Welt-Viehwirtschaft .... 200 f.
Welwitschia mirabilis 221
Wiesensteppe .... 150 ff.
Wildpferde 160
Wildweizenarten 178
Windschirm 91
Windschutzstreifen .... 201 f.
Wolof .... 83 f.
World Conservation Union 134
Wuchszeitübersichten 39,173 f.,235,249
Wurzelformen 25
Wüstendefinition .... 207,224 f.
Wüstenlack .... 232 f.
Wüstensteppenzone .... 156 f.
Wüstentourismus .... 253 f.
Wüstenverbreitung .... 209 f.

Xerophyten 18
Xerosole .... 236 f.

Yermosole .... 236 ff.
Yuccas 220

Ziesel 162
Zonale Steppennutzung .... 169 ff.
Zonale Umweltgefährdung 11
Zusatzberegnung 191
Zwergstrauch-Halbwüsten .... 221 f.
Zwergstrauchsteppe 156
Zwergwuchs 25

Abobestellung?

Archivrecherche?

Neuigkeiten und Angebote?

Themenvorschau?

Downloads?

Exklusive Angebote für Abonnenten?

Die Homepage der GR!

www.geographischerundschau.de